LEHRBÜCHER UND MONOGRAPHIEN

AUS DEM GEBIETE DER

EXAKTEN WISSENSCHAFTEN

25

CHEMISCHE REIHE

BAND V

DAS
POLARISATIONSMIKROSKOP

EINE EINFÜHRUNG IN DIE MIKROSKOPISCHE UNTERSUCHUNGSMETHODIK
DURCHSICHTIGER KRISTALLINER STOFFE FÜR MINERALOGEN, PETROGRAPHEN,
CHEMIKER UND NATURWISSENSCHAFTER IM ALLGEMEINEN

VON

CONRAD BURRI

PROFESSOR AN DER EIDGENÖSSISCHEN TECHNISCHEN HOCHSCHULE
IN ZÜRICH

Springer Basel AG

1950

VORWORT

Angesichts der bereits existierenden Einführungen in die Kristalloptik und Anleitungen zum Arbeiten mit dem Polarisationsmikroskop in verschiedenen Sprachen, bedarf der Versuch einer neuen Darstellung des Stoffes vielleicht einer kurzen Rechtfertigung. Wenn auch die Tatsache, daß gegenwärtig verschiedene, z. T. altbewährte diesbezügliche Werke infolge der herrschenden Zeitumstände vom Markte verschwunden sind, die Inangriffnahme des vorliegenden Werkes mit veranlaßt hat, so waren doch in erster Linie andere Gründe maßgebend.

Seit seiner Studienzeit hat es der Verfasser immer wieder als Mangel empfunden, daß keine neuere Darstellung des Stoffes existierte, die zwischen den ausgesprochen elementaren Einführungen, die meist vor der Anwendung der einfachsten Formeln zurückschrecken, und den umfangreichen, von einem großen mathematischen Apparat Gebrauch machenden, jedoch die praktischen Anwendungen kaum berücksichtigenden Darstellungen in den physikalischen Handbüchern die Mitte hält. Das ausgezeichnete Werk von DUPARC und PEARCE entspricht dieser Forderung nach einer Behandlung des Stoffes, die zwischen den beiden Extremen vermittelt, wohl am ehesten. Aber abgesehen davon, daß es nur noch sehr schwer erhältlich ist, ist es nun doch auch schon über 40 Jahre alt und daher in methodischer wie instrumenteller Hinsicht notgedrungen veraltet, so erstaunlich modern es zur Zeit seines Erscheinens (1907) war.

Dem Verfasser schwebte eine Darstellung des Stoffes vor, die folgenden Punkten gerecht zu werden versucht:

1. Es sollte eine elementare, leichtverständliche Einführung in die Kristalloptik und das Arbeiten mit dem Polarisationsmikroskop gegeben werden. Vorauszusetzen waren hierbei die Elemente der geometrischen Kristallographie, insbesondere der Formen- und Symmetrielehre, sowie Vertrautheit mit der stereographischen Projektion, wie sie z. B. an den Zürcher Hochschulen im 1. Semester erworben werden. Auf dem Gebiete der Optik waren die Voraussetzungen niedrig zu halten, da viele Studierende polarisationsmikroskopische Praktika besuchen, bevor sie in der Physik bis zur Optik vorgedrungen sind. Bau und Wirkungsweise des Mikroskops mußten jedoch eingehender als vielfach üblich behandelt werden, da es sich beim Polarisationsmikroskop um ein physikalisches Meßinstrument handelt, dessen Anwendung ohne Verständnis für seinen Aufbau nicht möglich ist, im Gegensatz zum gewöhnlichen Mikroskop, das in erster Linie ein Vergrößerungsinstrument darstellt.

2. Es sollte dem Studierenden, der tiefer in die Materie eindringen möchte, Gelegenheit geboten werden, sich mit Fragen, Überlegungen und Beweisen bekannt zu machen, auf welche in den einführenden Vorlesungen aus Zeitmangel

gewöhnlich nicht eingegangen werden kann. Die Erfahrung hat dem Verfasser im Verlauf der mehr als 20 Jahre, während welcher er polarisationsmikroskopische Praktika leitete, immer wieder gezeigt, daß die Zahl derartig interessierter Studierender erfreulich groß ist. Die Auswahl des behandelten Stoffes war jedoch nach Ansicht des Verfassers so zu treffen, daß in erster Linie solche theoretische Darlegungen erfolgen, wie sie später als Grundlagen für praktische Methoden in Frage kommen. Aus diesem Grunde mußte auf die Behandlung vieler rein theoretisch interessanter Phänomene, wie z. B. der konischen Refraktion, verzichtet werden. Es schien dem Verfasser jedoch wichtig, auf die in den meisten bisherigen Darstellungen kaum gestreiften Verhältnisse des elliptischen Lichtes näher einzugehen. Die sich bei den Biologen neuerdings einer großen Beliebtheit erfreuende Methode der Gangunterschiedsmessung nach DE SÉNAR-MONT oder die von BEREK entwickelten quantitativen Methoden zur Untersuchung absorbierender anisotroper Medien, welche für die Erzmikroskopie von so großer Bedeutung sind, beruhen im wesentlichen auf einer Analyse elliptisch polarisierten Lichtes und machen daher eine vermehrte Berücksichtigung dieses Phänomens notwendig.

3. Neben den theoretischen Grundlagen waren auch die sich darauf gründenden praktischen Methoden eingehend zu behandeln, da ja auch eine Anleitung zum praktischen Arbeiten gegeben werden sollte. Dabei war bewußt davon abzusehen, die Dünnschliffuntersuchung in den Vordergrund zu stellen. In Anbetracht dessen, daß sich z. B. an den Zürcher Hochschulen zirka 90% der Teilnehmer an den einführenden polarisationsmikroskopischen Kursen aus Kreisen der Chemiker und Biologen rekrutieren, war der Untersuchung von Einzelkristallen bzw. Körnerpräparaten und der Lichtbrechungsbestimmung nach der Immersionsmethode besondere Aufmerksamkeit zu schenken. Wenn dabei nicht davor zurückgeschreckt wurde, die elementare Technik eingehend zu behandeln, so ist dies vor allem durch Praktikumserfahrungen des Verfassers bedingt. Da die erfolgreiche und zugleich hinsichtlich Zeit- und Materialverbrauch ökonomische Durchführung einer Methode durch das Erfassen ihrer theoretischen Grundlagen allein nicht gewährleistet ist, sondern die spezielle Technik hierbei auch eine große Rolle spielt, wurden bei vielen praktischen Verfahren, besonders neueren, noch nicht allgemein bekannten, ausgiebige Literaturzitate gegeben.

Wie weit es dem Verfasser gelungen ist, den dargelegten Programmpunkten gerecht zu werden, kann nur die Erfahrung lehren. Er wäre den Fachgenossen sehr zu Dank verpflichtet, wenn sie ihm ihre diesbezüglichen Bemerkungen mitteilen würden und ihn auf eventuelle Fehler und Lücken der Darstellung aufmerksam machten.

Zum Schluß möchte er noch allen denjenigen danken, die ihm bei der Abfassung des Buches mit Rat und Tat behilflich gewesen sind. Seinem Lehrer, Herrn Prof. Dr. P. NIGGLI, Direktor des Mineralogisch-Petrographischen Institutes der Eidgenössischen Technischen Hochschule und der Universität Zürich, verdankt er die erste Einführung in die Kristalloptik und seither ungezählte Anregungen in vielen Diskussionen über kristalloptische Fragen und die Gestaltung des Unterrichtes. Dasselbe gilt auch für Herrn Prof. Dr. L. WEBER in Freiburg

(Schweiz), früher in Zürich. Ganz besondern Dank schuldet der Verfasser Herrn Prof. Dr. M. BEREK † in Wetzlar, welcher sich in zuvorkommender Weise der großen Mühe unterzog, das ganze Manuskript zu lesen. Von ihm stammen auch die außerordentlich klare, hier zum ersten Male in dieser Form veröffentlichte Darstellung des Strahlenganges im Mikroskop und die anderwärts ebenfalls noch nicht publizierten Darlegungen über die Kippwinkelkorrektur am U-Tisch. Leider sollte er das Erscheinen des Buches, welches seiner wohlwollenden und anregenden Kritik so viel verdankt, nicht mehr erleben. Er starb am 15. Oktober 1949 nach längerem Leiden, jedoch unerwartet rasch, tief betrauert nicht nur von seinen Angehörigen und Freunden, sondern auch von den Mineralogen und Petrographen aller Länder, welche ihm für seine zahlreichen Konstruktionen von Apparaturen sowie für seine theoretischen Arbeiten, vor allem auf dem Gebiet der Optik der anisotropen absorbierenden Media, zu bleibendem Danke verpflichtet sind.

Seinem Kollegen an der Eidgenössischen Technischen Hochschule, Herrn Prof. Dr. E. STIEFEL, verdankt der Verfasser die konstruktiven Grundlagen für die Figuren 19 und 89, sowie mannigfache Aufschlüsse in geometrischen Fragen, Herrn Dr. H. WALDMANN in Basel die Zeichnung seines Achsenwinkeldiagrammes und Herrn dipl. ing. geol. H. RÖTHLISBERGER die Konstruktion einiger weiterer Figuren. Herr dipl. sc. nat. ETH. E. Dal VESCO in Locarno und Herr J. LANGHAMMER, Zürich, besorgten mit großer Sorgfalt das Reinzeichnen der Figuren für den Druck. Herr Prof. Dr. R. MOSEBACH in Tübingen stellte in zuvorkommender Weise Manuskripte und Korrekturbogen seiner damals noch unveröffentlichten Untersuchungen über das Arbeiten mit Drehkompensatoren zur Verfügung, so daß sie noch berücksichtigt werden konnten.

Den im Text erwähnten optischen Firmen bzw. ihren Zürcher Vertretern ist der Verfasser für die Überlassung einer Reihe von Druckstöcken von Instrumenten zum Danke verpflichtet. Die Vielzahl der berücksichtigten Fabrikate soll die diesbezügliche Unabhängigkeit des Verfassers unter Beweis stellen.

Beim Lesen der Korrekturen genoß der Verfasser die Unterstützung der Herren J. SCHROETER und cand. phil. K. GÄHLER sowie seiner Frau, Dr. phil. MARIETTE BURRI, welche auch bei der Anfertigung des Sachregisters mithalf. Besondern Dank schuldet er auch dem Verlag Birkhäuser für die sorgfältige Drucklegung und Ausstattung des Buches sowie dafür, daß alle Wünsche hinsichtlich der Illustrierung in liberalster Weise Berücksichtigung fanden.

Zum Schluß möchte der Verfasser noch den zahlreichen Studierenden danken, welche durch ihr konstantes Interesse an der Materie und durch ihre Fragen ihn in erster Linie von der Notwendigkeit der vorliegenden Darstellung überzeugten. Wenn sie darin finden, was sie suchen, so ist das angestrebte Ziel erreicht.

Zürich, Mineralogisch-Petrographisches Institut
der Eidgenössischen Technischen Hochschule

7. März 1950   *Conrad Burri*

INHALTSVERZEICHNIS

A. Grundbegriffe der Kristalloptik

C. Untersuchungen im natürlichen Licht

D. Orthoskopische Untersuchungsmethoden

E. Absorbierende Kristalle (Pleochroismus)

F. Konoskopische Untersuchungsmethoden

G. Die Bestimmung der Lichtbrechung nach der Immersionsmethode

H. Universaldrehtisch-(U-Tisch-) oder Fedorow-Methoden

A. Grundbegriffe der Kristalloptik

I. DIE NATUR DES LICHTES

1. Historisches

Von einer wissenschaftlichen Theorie muß verlangt werden, daß sie in einem gegebenen Zeitpunkt die Gesamtheit der bekannten Erscheinungen eines Gebietes befriedigend zu deuten vermag und zu keiner derselben in Widerspruch steht. Werden in der Folge neue Tatsachen bekannt, zu deren Erklärung sie nicht mehr ausreicht, so muß sie erweitert und umgestaltet oder durch eine neue und umfassendere ersetzt werden. Historisch betrachtet tritt dieser Umstand in keinem andern Gebiet der Physik so anschaulich zu Tage wie in der Optik[1]).

Zur Zeit NEWTONS standen die Erscheinungen der *geradlinigen Fortpflanzung*, der *Reflexion* und *Brechung* des Lichtes im Vordergrund des Interesses und ließen sich durch die *Emissionstheorie* (Korpuskulartheorie) befriedigend deuten. Dies traf jedoch für die bald darauf entdeckten Phänomene der *Beugung* und *Interferenz* nicht mehr zu. Die in der Folge durch HUYGENS und FRESNEL entwickelte *skalare Wellentheorie* (Longitudinalwellen) vermochte zwar, diese wie auch die erstgenannten Erscheinungen zu erklären, sie versagte jedoch angesichts der bald darauf entdeckten *Polarisationserscheinungen*. Besonders in Verbindung mit den Untersuchungen über die Interferenz des polarisierten Lichtes durch YOUNG und vor allem durch FRESNEL und ARAGO lieferten diese den eindeutigen Beweis für den transversalen Charakter der Lichtschwingungen und führten in der Folge zur *vektoriellen elastischen Lichttheorie* FRESNELS. Sie vermochte für längere Zeit die Gesamtheit der damals bekannten optischen Phänomene befriedigend zu deuten und gestattete auch Voraussagen über neue Erscheinungen, welche sich später experimentell bewahrheiteten. Gewisse Schwierigkeiten ergaben sich allerdings schon bald aus dem Umstand, daß sich gemäß der inzwischen entwickelten Elastizitätstheorie Transversalwellen ohne begleitende Longitudinalwellen nur in einem festen inkompressiblen Medium fortpflanzen können. Diese Eigenschaft konnte jedoch dem sowohl die festen Körper als auch den Weltenraum erfüllenden hypothetischen *Lichtäther*, der nach FRESNEL der Träger der Lichtschwingungen sein sollte, nicht zugeschrieben werden, da sie u. a. nicht ohne Einfluß auf die Bewegung der Gestirne hätte sein können. Tatsächlich war aber ein solcher nicht nachzuweisen. Das entscheidende Versagen der elastischen Lichttheorie ergab sich jedoch angesichts der Entdeckung der *elektrooptischen Phänomene* (Faraday-, Zeeman- und Kerr-Effekt). Diese erwiesen einen engen Zusammenhang zwischen magnetischen, elektrischen und optischen Erscheinungen, worüber von der alten, rein mechanischen Theorie naturgemäß keine Aussage erwartet werden konnte.

Die neue Lösung brachte die inzwischen von MAXWELL geschaffene *elektromagnetische Lichttheorie*, welche die zusammenfassende Betrachtung und einheitliche Deutung der elektrischen, magnetischen und optischen Erscheinungen

---

[1]) Vgl. z. B. O. WIENER, *Entwicklung der Wellenlehre des Lichtes*, in: *Die Kultur der Gegenwart, ihre Entwicklung und ihre Ziele*, hg. von P. HINNEBERG, III. Teil, Bd. 1: *Physik* (Leipzig 1915), S. 517--574.

in die Physik einführte. Durch diese neue Interpretation der Lichtwellen, welche die Fortpflanzung des Lichtes in einem nichtabsorbierenden Medium als identisch mit der Fortpflanzung elektromagnetischer Wellen in einem Isolator erkannte, wurde die Optik gewissermaßen zu einem Kapitel der Elektrodynamik. Diese Auffassung blieb so lange unerschüttert, bis im *photoelektrischen Effekt* eine Erscheinung bekannt wurde, die wiederum auf eine in gewissem Sinne korpuskulare Natur des Lichtes hinzudeuten schien.

Es ist somit beim gegenwärtigen Stande der Erkenntnis nicht möglich, alle optischen Erscheinungen einheitlich zu erklären. Nach DE BROGLIE[1]) kann man folgende Kategorien unterscheiden: Phänomene, welche nur auf Grund der *Wellennatur* gedeutet werden können; Phänomene, welche auf eine *Korpuskularstruktur* des Lichtes hinzuweisen scheinen, und schließlich solche, welche beiden Deutungen zugänglich sind, sich somit gewissermaßen *neutral* verhalten. Um die Aufklärung dieses scheinbaren Widerspruches bemüht sich die *Wellenmechanik*. Tabelle 1 gibt nach DE BROGLIE[2]) eine instruktive Übersicht der bis

Tabelle 1

Übersicht über die optischen Phänomene und ihre Deutungsmöglichkeiten
(nach L. DE BROGLIE)

Wellenmechanik

Photonentheorie (EINSTEIN)

Alte Korpuskulartheorie (NEWTON)

I	II	III	IV	V
Phänomene mit korpuskularem Aspekt	*Neutrale Phänomene*	*Skalare Wellenphänomene*	*Vektorielle Wellenphänomene*	*Phänomene elektromagnetischen Charakters*
(Photoelektrischer Effekt, Compton-Effekt, Raman-Effekt)	(Geradlinige Fortpflanzung, Reflexion, Brechung)	(Interferenz, Beugung)	(Polarisation, Doppelbrechung)	(Übereinstimmung der Lichtgeschwindigkeit im leeren Raum mit dem Verhältnis der elektrostatischen und elektromagnetischen Einheiten, Faraday-Effekt, Zeeman-Effekt, Kerr-Effekt)

Skalare Wellentheorie (Lichtvariable)
HUYGENS, FRESNEL

Vektorielle Wellentheorie (Lichtvektor)
FRESNEL

Elektromagnetische Lichttheorie (MAXWELL)

---

[1]) L. DE BROGLIE, *Matière et Lumière* (Paris 1937); deutsche Ausgabe: *Licht und Materie* (Hamburg 1943), S. 115—139.

[2]) L. DE BROGLIE, l. c. (1937), S. 172; deutsche Ausgabe, l. c. (1943), S. 153.

jetzt bekanntgewordenen optischen Phänomene und der Gültigkeitsbereiche der verschiedenen Lichttheorien. Für die hier allein interessierenden Untersuchungen mit dem Polarisationsmikroskop kommen ausschließlich die Phänomene der Gruppen II, III und IV in Betracht, die sowohl nach der *vektoriellen Wellentheorie* von Fresnel als auch nach der *elektromagnetischen Lichttheorie* von Maxwell gedeutet werden können, welche beide formal auf die gleichen Resultate führen.

Nach der Fresnelschen Theorie beruht die Lichtwirkung auf der periodischen Bewegung der Teilchen des hypothetischen Lichtäthers, dessen Existenz von der Physik nicht mehr anerkannt wird, da sämtliche Versuche, sein Vorhandensein zu beweisen, negativ verliefen. Die elektromagnetische Lichttheorie hält ihrerseits an der Auffassung des Lichtes als Schwingungsvorgang fest, deutet ihn jedoch elektromagnetisch. Vom Standpunkt der neueren Erkenntnisse über den diskontinuierlichen Aufbau der Materie aus ist es dabei unbefriedigend, daß die Materie als Kontinuum aufgefaßt wird und ihr optisches Verhalten einfach durch gewisse richtungsabhängige Materialkonstanten (Hauptdielektrizitätskonstanten, Hauptbrechungsindizes) charakterisiert wird. Es blieb daher die Aufgabe, diese Konstanten auf die Eigenschaften der Masseteilchen zurückzuführen und das Verhalten der Kristallgitter gegenüber den elektromagnetischen Wellen zu untersuchen. Diese *gittertheoretische* Begründung der Kristalloptik wurde durch Ewald und Born durchgeführt. Ihre Überlegenheit gegenüber der klassischen Maxwellschen Darstellung zeigt sich darin, daß sie im Gegensatz zu dieser auch die Erscheinung der optischen Aktivität und der Dispersion ohne zusätzliche Hypothesen zu erklären vermag und daß sie auch Zusammenhänge zwischen optischen und andern physikalischen Eigenschaften liefert, z. B. mit der spezifischen Wärme oder Elastizitätskonstanten. Da sie im übrigen auf die gleichen Resultate führt wie die klassische Kontinuumstheorie, so braucht auf Einzelheiten nicht näher eingegangen zu werden.

Angesichts der eben geschilderten Situation ist es daher für die hier verfolgten, rein praktischen Ziele erlaubt, die Lichtschwingungen einfach als die periodische Veränderung einer Vektorgröße, des sogenannten *Lichtvektors*, zu betrachten, ohne sich um die verschiedenen physikalischen Interpretationsmöglichkeiten desselben zu bekümmern. Im Sinne der mechanischen Äthertheorie ist sein Endpunkt mit einem schwingenden Ätherteilchen identisch, nach der elektromagnetischen Lichttheorie entspricht er der sich periodisch ändernden sogenannten dielektrischen Verschiebung oder Induktion. Jede zukünftige Lichttheorie, von welchen speziellen Voraussetzungen sie auch ausgehen mag, muß zur Deutung der Phänomene der Interferenz und Polarisation ebenfalls auf den Lichtvektor führen, als der einfachsten zusammenfassenden Darstellung der experimentellen Tatsachen.

Von diesem Gesichtspunkt aus sollen in den folgenden Abschnitten die grundlegenden Tatsachen der Optik dargestellt werden. Die Auswahl des Gebotenen ist dabei ausschließlich durch die hier verfolgten, rein praktischen Ziele bedingt. Es sollen die zum Verständnis der Wirkungsweise und der Anwendung des Polarisationsmikroskops notwendigen theoretischen Unterlagen vermittelt werden. Eine Gesamtdarstellung der Kristalloptik, auch nur abrißweise, ist nicht beabsichtigt. Kapitel, welche praktisch für den Mikroskopiker ohne Bedeutung sind, werden daher weggelassen, mögen sie von noch so hohem theoretischem Interesse sein. In Anbetracht des nur beschränkt zur Verfügung stehenden Raumes kann auf längere Ableitungen und Beweise oft nicht eingegangen werden. In wichtigen Fällen wird jedoch immer angegeben, wo sich der betreffende Beweis an leicht zugänglicher Stelle in der Literatur findet.

Im folgenden sind einige ausgewählte Darstellungen der Kristalloptik zusammengestellt. Unter I finden sich hauptsächlich Werke einführenden Charakters mit besonderer Berücksichtigung der mikroskopischen Methoden. Unter II ist eine Reihe größerer, z. T. klassischer Werke über Kristalloptik angegeben, die hauptsächlich den theoretischen Standpunkt berücksichtigen. Anschließend sind unter III einige Datensammlungen natürlicher und künstlicher Kristallarten angeführt. Wichtige Spezialliteratur, besonders solche neueren Datums, die in den unter I und II erwähnten Werken noch nicht berücksichtigt ist, wird jeweils am entsprechenden Orte zitiert.

I. *Einführende Werke mit besonderer Berücksichtigung der mikroskopischen Methoden*

H. AMBRONN und A. FREY, *Das Polarisationsmikroskop, seine Anwendung in der Kolloidforschung und in der Färberei* (Leipzig 1926).

L. BERTRAND und M. ROUBAULT, *L'emploi du microscope polarisant* (Paris 1936).

L. DUPARC und FR. PEARCE, *Traité de technique minéralogique et pétrographique*, I: *Les méthodes optiques* (Leipzig 1907).

A. F. HALLIMOND, *Manual of the Polarizing Microscope* (hg. von Cooke, Troughton & Simms, Ltd., York 1948).

N. H. HARTSHORNE und A. STUART, *Crystals and the Polarizing Microscope. A handbook for chemists and others* (London 1934).

A. JOHANNSEN, *Manual of petrographic methods* (New York 1918).

C. E. MARSHALL, *Introduction to Crystal Optics* (hg. von Cooke, Troughton & Simms, Ltd., York 1949).

P. NIGGLI, *Lehrbuch der Mineralogie und Kristallchemie*, 3. Aufl., Bd. 2 (Berlin 1942).

FR. RAAZ und H. TERTSCH, *Geometrische Kristallographie und Kristalloptik und deren Arbeitsmethoden* (Wien 1939).

FR. RINNE und M. BEREK, *Anleitung zu optischen Untersuchungen mit dem Polarisationsmikroskop* (Leipzig 1934).

H. ROSENBUSCH, *Mikroskopische Physiographie der petrographisch wichtigen Mineralien*, Bd. I, 1. Hälfte: *Untersuchungsmethoden*, 5. Aufl. von E. A. WÜLFING (Stuttgart 1921—24).

A. E. H. TUTTON, *Crystallography and practical crystal measurement*, Bd. 2: *Physical and chemical* (London 1922).

F. E. WRIGHT, *The methods of petrographic-microscopic research, their relative accuracy and range of application*, Carnegie Institution of Washington Publ. No. 158 (Washington D. C. 1911).

II. *Ausführliche Darstellungen der theoretischen Kristalloptik*

M. BORN, *Optik. Ein Lehrbuch der elektromagnetischen Lichttheorie* (Berlin 1933).

G. BRUHAT, *Cours d'Optique*, 3. Aufl. (Paris 1942).

H. BUTTGENBACH, *Cours d'Optique Cristalline* (Paris und Liège 1936).

TH. LIEBISCH, *Physikalische Kristallographie* (Leipzig 1891).

TH. LIEBISCH, *Grundriß der physikalischen Kristallographie* (Leipzig 1896).

F. POCKELS, *Lehrbuch der Kristalloptik* (Leipzig und Berlin 1906).

G. SZIVESSY, *Kristalloptik. Handbuch der Physik*, .Bd. 20 (hg. von H. Geiger & K. Scheel, Berlin 1928), S. 635—904, sowie: *Polarisation*, ibid., S. 83—120, und: *Besondere Meßmethoden, elliptisch polarisiertes Licht*, ibid., Bd. 19, S. 917—972 (1928).

An ältern, klassischen Darstellungen seien auswahlsweise erwähnt:

E. MASCART, *Traité d'optique*, 2 Bde. (Paris 1889—91).

TH. PRESTON, *Theory of light* (London und New York 1895).

E. VERDET, *Leçons d'optique physique*, 2 Bde. (Paris 1869—70), deutsche Ausgabe von K. EXNER unter dem Titel: *Die Wellentheorie des Lichtes*, 2 Bde. (Braunschweig 1881—87).

III. *Einige Sammlungen kristalloptischer Daten*

P. ALOISI, *I minerali delle rocce e la loro determinazione per mezzo del microscopio* (Milano 1929).

S. DUPLAIX, *Détermination microscopique des Minéraux des Sables* (Paris und Liège 1948).

W. H. FRY, *Tables for the microscopic determination of inorganic salts*, Bull. U.S. Dept. Agriculture No. 1108 (1922).

P. v. GROTH, *Chemische Kristallographie*, 5 Bde. (Leipzig 1906—21).

E. S. LARSEN und H. BERMAN, *The microscopic determination of the nonopaque minerals*, U. S. Geol. Surv. Bull. 848, 2. Aufl. (1934).

H. B. MILNER, *Sedimentary Petrography*, 3. Aufl. (London 1940).

G. R. RIGBY, *The Thin-Section Mineralogy of Ceramic Materials* (hg. von der British Refractories Research Association, 1948).

H. ROSENBUSCH, *Mikroskopische Physiographie der petrographisch wichtigen Mineralien*, Bd. I, 2. Hälfte: *Spezieller Teil*, 5. Aufl. von O. MÜGGE (Stuttgart 1927).

N. H. und A. N. WINCHELL, *Elements of optical mineralogy*, 2. Teil: *Description of minerals*, 3. Aufl. (New York 1937).

A. N. WINCHELL, *The microscopic characters of artificial inorganic solid substances or artificial minerals* (New York 1931).

A. N. WINCHELL, *The optical properties of organic compounds* (Madison 1943).

2. Das Licht als Schwingungsvorgang

a) *Analytische Formulierung der Lichtschwingung*

Die Lichtschwingung ist die Änderung des Lichtvektors nach absolutem Betrag und Richtung in Funktion der Zeit. Sie erfolgt *periodisch*, was bedeutet, daß die Funktion $y = f(t)$ für zwei beliebige, durch ein Zeitintervall T getrennte Momente immer wieder den gleichen Wert annimmt. T ist die sogenannte *zeitliche Periode* der Funktion, über deren speziellen Verlauf damit noch nichts ausgesagt ist und die vorerst noch als mehr oder weniger kompliziert angenommen werden kann. Die Erfahrung hat jedoch gezeigt, daß der Vorgang der Lichtschwingung, unabhängig von jeder Lichttheorie, durch die einfachsten bekannten periodischen Funktionen, nämlich die harmonischen Funktionen Sinus und Kosinus, darstellbar ist. Sie folgt somit dem gleichen Gesetz wie andere weitverbreitete periodische Vorgänge der Physik, elastische, akustische, elektrische Schwingungen usw. Ob zur Darstellung eines Schwingungsvorganges der Sinus oder Kosinus gewählt wird, ist an und für sich vollständig gleichgültig. Da $\cos t = \sin (\pi/2 \pm t)$ ist, hängt es nur von der geeigneten Wahl des Zeitbeginns ab, ob ein Schwingungsvorgang durch die Sinus- oder Kosinusfunktion dargestellt wird. Unter Verwendung des Sinus lautet die *Gleichung der Lichtschwingung* in ihrer einfachsten Form:

$$y = a \sin \alpha = a \sin \omega\, t. \tag{A 1}$$

Dabei ist t die Zeit als unabhängige Variable und a und ω sind Konstanten, deren Bedeutung später erläutert werden wird.

Da die Sinusfunktion die Periode 2π aufweist, muß y immer wieder den gleichen Wert annehmen, wenn das Argument $\omega\, t$, die sogenannte «*Phase*» der Schwingung, um diesen Betrag zunimmt, d. h. es muß sein

$$y = a \sin \omega\, t = a \sin (\omega\, t + 2\pi) = a \sin \omega \left(t + \frac{2\pi}{\omega} \right).$$

$2\pi/\omega = T$ ist somit der Betrag, um welchen die Variable t anwachsen muß, damit die Funktion y wiederum den gleichen Wert annimmt, d. h. die schon erwähnte zeitliche Periode der Funktion. Es ist daher

$$y = a \sin \omega\, t = a \sin \omega\, (t + T). \tag{A 2}$$

Nennt man die Anzahl Schwingungen pro Zeiteinheit die *Frequenz* oder *Schwingungszahl* ν, so ist $\nu = 1/T = \omega/2\pi$ oder $\omega = 2\pi\nu$ die Anzahl Schwingungen in 2π Sekunden, die sogenannte *Kreisfrequenz*.

Da die Sinusfunktion für eine volle Periode von $+1$ bis -1 variiert, so nimmt y die Extremwerte $\pm\, a$ an. Man nennt a die *Amplitude* der Schwingung. Ihr Betrag ist insofern von praktischer Bedeutung, als sich zeigen läßt, daß ganz allgemein die Energie einer Schwingung, hier somit die Lichtintensität, proportional a^2 ist.

Die Zusammenhänge zwischen a, α, T, t und ω lassen sich sehr schön an Hand einer auf FRESNEL zurückgehenden Darstellung übersehen (Fig. 1). Nach

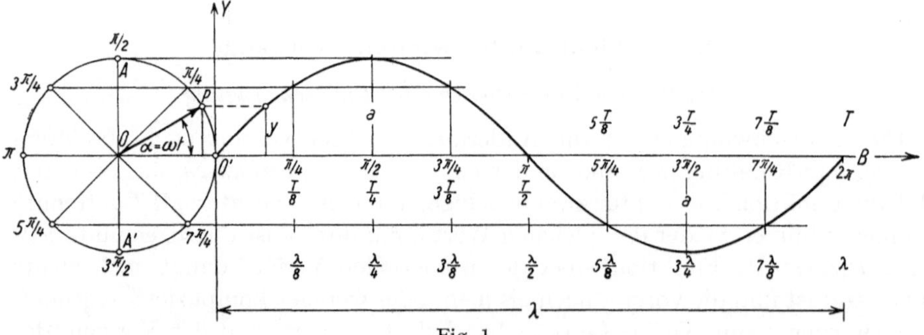

Fig. 1

Einfache harmonische Schwingung, als Projektion einer Zentralbewegung aufgefaßt. Beginn der Bewegung zur Zeit $t = 0$.

dieser kann eine harmonische Schwingung immer auf eine *Zentralbewegung* zurückgeführt werden, indem das schwingende Teilchen bzw. der Endpunkt des Lichtvektors als Projektion eines sich auf einer Kreisbahn vom Radius a mit der konstanten Winkelgeschwindigkeit ω und der Umlaufzeit T fortbewegenden Punktes auf einen beliebigen Kreisdurchmesser, bzw. eine dazu parallele Gerade, betrachtet wird. Befindet sich der rotierende Punkt zur Zeit t in P, so beträgt seine Elongation y in Übereinstimmung mit (A 1) : $y = a \sin \alpha$ $= a \sin \omega\, t$. Hierbei bedeutet a wiederum die Amplitude (maximale Elongation), ω die Winkelgeschwindigkeit und t die zum Durchlaufen des Winkels α benötigte Zeit. Bezeichnet man die Umlaufszeit des Punktes P, die einer vollständigen Schwingung oder Periode $O \rightarrow A \rightarrow O \rightarrow A' \rightarrow O$ entspricht, mit T, so ergeben sich die schon früher abgeleiteten Beziehungen $\omega\, T = 2\,\pi$ bzw. $\omega = 2\,\pi\,\nu$, wenn wiederum $\nu = 1/T$ gesetzt wird.

Trägt man die vom Radiusvektor OP durchlaufenen Winkel, im Bogenmaß gemessen, als Abszissen auf, indem man $O'B = 2\,\pi$ macht, sowie die zugehörigen Elongationen als Ordinaten, so erhält man als Kurvenbild die bekannte Sinuslinie. Statt des vom Radiusvektor OP zurückgelegten Weges im Bogenmaß kann man auch die dazu proportionalen Zeiten, als Bruchteile der Periode T ausgedrückt, als Abszissen abtragen, wobei $O'B = T$ zu machen ist.

Eine weitere Möglichkeit der Darstellung ergibt sich daraus, daß die Wellenbewegung eine doppelte Periodizität aufweist, indem der zeitlichen Periode zugleich eine räumliche entspricht. Diese findet ihren Ausdruck in dem während der Zeit T stattfindenden Fortschreiten der Welle im Raum, welches als *Wellenlänge λ* bezeichnet wird. Die Wellenlänge kann ganz allgemein definiert werden als der räumliche Abstand zweier Punkte gleichen Schwingungszustandes nach Absolutbetrag und Vorzeichen der Elongation.

b) *Phasendifferenz zweier Wellen*

Aus $y = a \sin \omega\, t$ folgt, daß für $t = 0$ auch $y = 0$ wird, d. h. daß im Zeitbeginn die Amplitude den Wert 0 aufweist. Dies braucht nicht der Fall zu sein, wenn Schwingungsbeginn und Beginn der Zeitrechnung nicht zusammenfallen. Dies kann dadurch zum Ausdruck gebracht werden, daß der Phase $\omega\, t$ eine sogenannte *Phasenkonstante δ* zugefügt wird, die die Phase zur Zeit $t = 0$ angibt. Die allgemeine Gleichung einer Schwingung lautet daher

$$y = a \sin(\omega\, t - \delta). \tag{A 3}$$

Sind zwei gleichperiodische Schwingungen gleicher Fortpflanzungsrichtung derart gegeneinander verschoben, daß die Punkte gleichen Schwingungszustandes nach Absolutbetrag und Vorzeichen der Elongation nicht zusammenfallen, so weisen ihre Phasen in einem bestimmten Zeitmoment nicht den gleichen Wert auf, d. h. es besteht eine sogenannte *Phasendifferenz*. Sind die beiden Schwingungen gegeben durch

$$y_1 = a \sin(\omega\, t - \delta_1),$$
$$y_2 = a \sin(\omega\, t - \delta_2),$$

so ist ihre Phasendifferenz gegeben durch $(\delta_2 - \delta_1) = \delta$. Durch geeignete Wahl des Zeitbeginns kann $\delta_1 = 0$ gemacht werden, wodurch $\delta_2 = \delta$ wird. Damit lauten die Gleichungen der beiden Schwingungen

$$y_1 = a \sin \omega\, t,$$
$$y_2 = a \sin(\omega\, t - \delta).$$

Entsprechend dem Umstand, daß sich die Periodizität einer Schwingung verschieden ausdrücken läßt, kann auch eine vorhandene Phasendifferenz verschieden formuliert werden.

α) Formulierung als Phasenwinkel φ, ausgedrückt in Bruchteilen von 2π

Da sowohl die Sinus- als auch die Kosinusfunktion die Periode 2π besitzt, d. h. bei einer Veränderung des Argumentes um diesen Betrag immer wieder den gleichen Wert annimmt, muß der Betrag der Phasenkonstanten δ zwischen 0 und 2π liegen. δ kann daher in Bruchteilen einer ganzen Umdrehung als sogenannter *Phasenwinkel* φ angegeben werden. Eine anschauliche Darstellung der geometrischen Bedeutung des Phasenwinkels φ ergibt sich wieder auf Grund der Fresnelschen Darstellung, indem man die beiden Schwingungen wieder auf Zentralbewegungen zurückführt. Ihre Phasendifferenz δ ist dabei durch den Winkel φ gegeben, welchen die beiden Radienvektoren miteinander einschliessen, d. h. es ist $\varphi_2 - \varphi_1 = \varphi$. Auch hier kann durch geeignete Wahl des Zeitbeginns $\varphi_1 = 0$ gemacht werden, so daß $\varphi_2 = \varphi$ wird (Fig. 2). Unter Verwen-

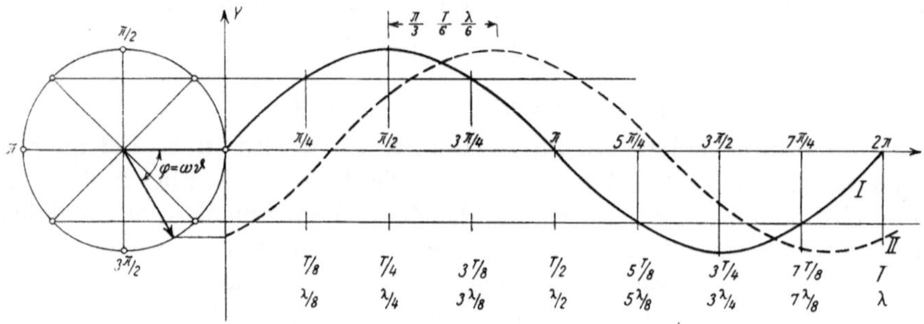

Fig. 2
Zwei Schwingungen gleicher Periode mit einer Phasendifferenz von $\varphi = \pi/3$.

dung des Phasenwinkels φ zur Formulierung der Phasendifferenz lauten daher die Gleichungen der beiden Schwingungen:

$$\begin{aligned} y_1 &= a \sin \omega t, \\ y_2 &= a \sin (\omega t - \varphi). \end{aligned} \tag{A 4}$$

In Fig. 2 ist $\varphi = \pi/3$ angenommen.

$$y = a \sin (\omega t - \varphi) \tag{A 5}$$

allein ist somit ein allgemeiner Ausdruck einer Schwingung für den Fall, daß der Radiusvektor der zugehörigen Zentralbewegung im Zeitbeginn nicht mit der Abszissenachse zusammenfällt ($\varphi = 0$), sondern mit ihr den Winkel φ einschließt.

β) Formulierung als Zeitdifferenz, ausgedrückt in Bruchteilen der Periode T

Bezeichnet man die Zeit, welche der Radiusvektor zum Durchlaufen des Winkels φ benötigt, mit ϑ, so ist $\varphi = \omega\,\vartheta$, und es wird demnach

$$y = a \sin(\omega\,t - \varphi) = a \sin \omega \left(t - \frac{\varphi}{\omega}\right) = a \sin \omega\,(t - \vartheta).$$

Die Phasendifferenz der beiden Schwingungen ist somit gegeben durch $\delta = \omega\,\vartheta = 2\,\pi\,\vartheta/T$, wobei ϑ in Bruchteilen von T ausgedrückt wird. Im speziellen Fall von Fig. 2 ist $\vartheta = T/6$, d. h. Funktion y_2 (Schwingung II) ist gegenüber Funktion y_1 (Schwingung I) um $\vartheta = T/6$ verzögert und nimmt für die Zeitmomente $(t + T/6)$ Werte an, die Funktion y_1 schon für t aufweist.

$$y = a \sin \omega\,(t - \vartheta) \tag{A 6}$$

ist somit ebenfalls ein allgemeiner Ausdruck für eine Schwingung, deren Elongation im Zeitbeginn nicht den Wert Null aufweist.

γ) Formulierung als Wegdifferenz (Gangunterschied) in Bruchteilen der Wellenlange λ

Bezeichnet man mit x den Weg, den eine Schwingung in der Zeit ϑ zurücklegt, sowie ihre Fortpflanzungsgeschwindigkeit mit v, so ist $x = v\,\vartheta$ und folglich

$$y = a \sin \omega\,(t - \vartheta) = a \sin \omega \left(t - \frac{x}{v}\right).$$

Da der während einer Periode T zurückgelegte Weg definitionsgemäß gleich der Wellenlänge λ ist, so gilt auch $\lambda = v\,T$ und weiter

$$y = a \sin \omega \left(t - \frac{x}{v}\right) = a \sin \frac{2\,\pi}{T}\left(t - x\,\frac{T}{\lambda}\right) = a \sin 2\,\pi \left(\frac{t}{T} - \frac{x}{\lambda}\right). \tag{A 7}$$

Betrachtet man zwei Schwingungen gleicher Periode und Fortpflanzungsrichtung, von denen in einem gewissen Zeitpunkt t die eine den Weg x_1, die andere x_2 zurückgelegt hat, so ergibt sich ihre Phasendifferenz zu $\delta = (2\,\pi/\lambda)\,(x_1 - x_2)$. Die lineare Wegdifferenz $x_1 - x_2$ wird als *Gangunterschied* R bezeichnet und in Längeneinheiten, z. B. $\mu\mu$ oder Å oder in Wellenlängen λ einer bestimmten homogenen Lichtart gemessen. Durch geeignete Wahl des Zeitbeginns kann auch hier wiederum $x_2 = 0$ gemacht werden, so daß $x_1 = x$ wird. Die Phasendifferenz der beiden Wellen ergibt sich dann in Funktion des Gangunterschiedes zu $\delta = 2\,\pi\,x/\lambda$ bzw. $2\,\pi\,R/\lambda$. In Fig. 2 ist $x = \lambda/6$, entsprechend einer Phasendifferenz von $\delta = \pi/3$ angenommen.

Wie (A 3), (A 5) und (A 6) stellt auch (A 7) wieder eine allgemeine Formulierung für eine Schwingung oder Welle dar, für welche die Elongation zur Zeit $t = 0$ nicht ebenfalls Null ist, sondern welche einer solchen gegenüber eine Phasen- und Wegdifferenz aufweist.

c) *Konstanz der Schwingungszahl*

Aus $\nu = 1/T$ und $\lambda = v\,T$ folgt $v = \nu\,\lambda$. Im leeren Raum ist die Lichtgeschwindigkeit, wie das Experiment zeigt, eine von λ unabhängige Konstante vom Werte $c = 3 \cdot 10^{10}$ cm s^{-1}. In ponderablen Medien ändert sich sowohl die Fortpflanzungsgeschwindigkeit als auch die Wellenlänge, während ν konstant bleibt. Es ist somit für alle Wellenlängen

$$\nu = \frac{v}{\lambda} = \text{const.} \tag{A 8}$$

Diese wichtige Beziehung bezeichnet man als das Gesetz von der *Konstanz der Schwingungszahl*.

Bezeichnet man mit λ_0 und $v_0 = c$ Wellenlänge und Fortpflanzungsgeschwindigkeit für den leeren Raum, mit λ_1 und v_1 dieselben Größen für ein beliebiges ponderables Medium, so gilt nach dem oben Gesagten $\nu = v_0/\lambda_0 = v_1/\lambda_1$ bzw. $\lambda_0/\lambda_1 = v_0/v_1$. Da anderseits nach dem Brechungsgesetz gilt, daß $v_0/v_1 = n_1/n_0$, wenn man mit n_0 und n_1 die Brechungsindizes für den leeren Raum und das betreffende Medium bezeichnet, so ergibt sich, für $n_0 = 1$ gesetzt,

$$\lambda_1 = \frac{\lambda_0}{n_1}, \tag{A 9}$$

d. h. die Wellenlänge einer bestimmten Lichtart in einem ponderablen Medium ist gleich der Wellenlänge im leeren Raum, dividiert durch den Brechungsindex des betreffenden Mediums. Da der Brechungsindex von Luft von demjenigen des leeren Raumes nur sehr wenig abweicht, kann für die hier verfolgten Zwecke immer die Wellenlänge in Luft gleich derjenigen in Vakuum gesetzt werden.

d) *Weißes Licht und homogenes Licht*

Das gewöhnliche «*weiße*» Licht ist ein Gemisch von Lichtschwingungen verschiedener Frequenz. In Luft variiert für den sichtbaren Teil des Spektrums die Wellenlänge von zirka 400 $\mu\mu$ bis zirka 800 $\mu\mu$ bzw. von zirka 4000 Å bis zirka 8000 Å (1 Å = 10^{-8} cm). Der Frequenzbereich erstreckt sich demnach etwa über eine Oktave.

Licht, welches nur aus einer Wellenlänge besteht, wird *homogenes* oder *monochromatisches* (einfarbiges) Licht genannt. Streng monochromatisches Licht erhält man in der Praxis durch Verwendung der Emissionslinien gewisser chemischer Elemente. Am meisten gebraucht wird wegen ihrer leichten Produzierbarkeit und großen Intensität die Na-Linie $D = 589,3\ \mu\mu$ (eigentlich eine Doppellinie $D_1 = 589,0\ \mu\mu$ und $D_2 = 589,6\ \mu\mu$). *Optische Konstanten werden, wenn nichts anderes bemerkt wird, immer auf diese Wellenlänge bezogen.* An Stelle des streng homogenen Lichtes, wie es von Spektrallinien geliefert wird, verwendet man in der Praxis sehr oft solches eines engbegrenzten Spektralbereichs mit der angegebenen Wellenlänge als Schwerpunkt, wie man ihn aus einem prismatischen Spektrum durch Ausblenden mittels eines engen Spaltes erhält. Dem weißen Tageslicht wird konventionellerweise ein Schwerpunkt bei $\lambda = 550\ \mu\mu$ zugeschrieben.

Einige wichtige, oft benutzte Spektrallinien sind folgende:

Bezeichnung	Farbe	Wellenlänge in $\mu\mu$
H	extremes Violett . . .	396,8
h	violett	410,2
G	violettblau	430,8
F	blau	486,1
E	grün	527,0
D	gelb	589,3
C	rotorange	656,3
A	rot	760,0

e) *Natürliches Licht und polarisiertes Licht*

Licht, für welches keine der auf der Fortpflanzungsrichtung senkrecht stehenden Richtungen ausgezeichnet ist, heißt *natürliches* Licht. Für solches muß angenommen werden, daß der Lichtvektor seine Richtung fortwährend in völlig regelloser Weise ändert, jedoch immer normal zur Fortpflanzungsrichtung, und zwar innerhalb von Zeiten, welche als klein angenommen werden können im Vergleich zur Dauer von Lichtimpulsen, die das menschliche Auge noch zu trennen vermag, so daß sich eine regellose, sehr schnelle Folge verschiedener, für sich einzeln definierter Polarisationszustände ergibt. Eine derartige Lichtbewegung muß in den sogenannten *isotropen* Medien vorhanden sein, für welche alle Richtungen gleichwertig sind.

Für sogenannte *anisotrope* Medien (nichtkubische Kristalle) trifft die Gleichwertigkeit der Richtungen nicht zu, so daß erwartet werden muß, daß sich das Licht in ihnen in einer Form fortpflanzt, bei der gewisse Lagen des Lichtvektors ausgezeichnet sind. Das Experiment zeigt denn auch, daß dies tatsächlich der Fall ist sowie daß es überhaupt möglich ist, durch Reflexion, Brechung oder Absorption in anisotropen Medien das gewöhnliche Licht so zu modifizieren, daß seine Schwingungsform verändert wird und eine gewisse Symmetrie aufweist. Erfolgen die Schwingungen konstant innerhalb ein und derselben Ebene, so spricht man von *linear polarisiertem Licht*, oder, da dieser Fall der wichtigste ist, von *polarisiertem Licht* schlechthin. Beschreibt der Endpunkt des Lichtvektors eine Ellipse oder einen Kreis, so liegt *elliptisch* bzw. *zirkular polarisiertes Licht* vor.

Wie später (Kap. B, II, 6a) näher ausgeführt werden wird, entsteht polarisiertes Licht u. a. durch Reflexion unter gewissen Bedingungen. Dabei ist es üblich, nach MALUS die Reflexionsebene, d. h. die durch Einfallslot und reflektierten Strahl bestimmte Ebene, als *Polarisationsebene* zu bezeichnen. Aus Symmetriegründen müssen die Lichtschwingungen entweder parallel oder senkrecht zu dieser Ebene erfolgen. Nach der Hypothese von NEUMANN ist das erstere, nach derjenigen von FRESNEL das letztere der Fall. Der Neumannsche Lichtvektor liegt somit in der Polarisationsebene, der Fresnelsche normal dazu. Ein allgemeingültiger Entscheid zwischen den beiden Annahmen für das Innere von Kristallen ist nicht möglich. Versuche mit stehenden Wellen in Luft sprechen für die Fresnelsche Auffassung.

Eine weitere Stütze erfährt diese durch die elektromagnetische Lichttheorie. Da es in hohem Maße wahrscheinlich ist, daß die physiologischen Reize, welche das Auge als Licht empfindet, durch die sogenannte dielektrische Verschiebung bewirkt

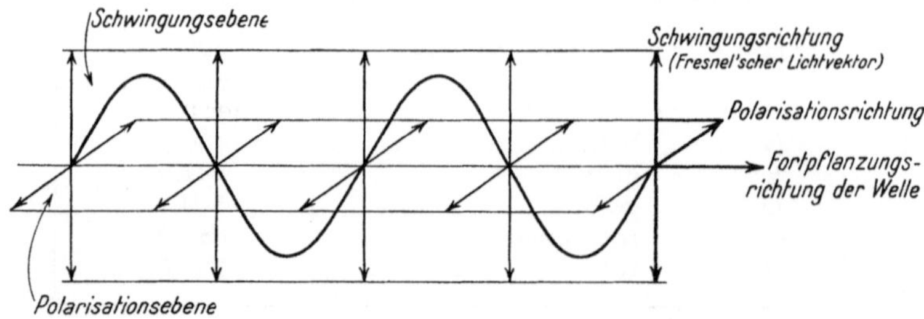

Fig. 3
Schwingungsebene und Polarisationsebene.

werden, ist der Lichtvektor dieser gleichzusetzen. Weil die dielektrische Verschiebung jedoch normal zur Polarisationsebene im oben definierten Sinne steht, entspricht sie dem Fresnelschen Lichtvektor. Die durch diesen Lichtvektor und die Fortpflanzungsrichtung bestimmte Ebene, welche zur Polarisationsebene senkrecht steht, wird als *Schwingungsebene* bezeichnet, die Richtung des Lichtvektors als *Schwingungsrichtung*. Unter *Polarisationsrichtung* versteht man die in der Polarisationsebene gelegene Normale zur Schwingungsebene. Sie würde dem Neumannschen Lichtvektor entsprechen. Fig. 3 gibt eine bildliche Darstellung der geschilderten Verhältnisse. Auf die Beziehungen zu den Feldvektoren der elektromagnetischen Lichttheorie soll später (Kap. A, I, 4 a und b) näher eingegangen werden.

Ob man zur Charakterisierung einer linearen polarisierten Welle deren *Schwingungsebene* und *Schwingungsrichtung* oder deren *Polarisationsebene* und *Polarisationsrichtung* angibt, ist an und für sich gleichgültig. In Übereinstimmung mit der in der Mineralogie vorwiegend üblichen Darstellungsweise sollen hier immer die *Schwingungsebene* bzw. *Schwingungsrichtung* benützt werden.

3. Zusammensetzung von Schwingungen

Das Problem der Zusammensetzung von Schwingungsbewegungen gleicher Fortpflanzungsrichtung kann ganz allgemein behandelt werden, d. h. für Schwingungen verschiedener Periode, verschiedener Amplitude, verschiedener Phase und Schwingungsebene. Es handelt sich dabei im Prinzip immer um die geometrische Addition der die Schwingung charakterisierenden Vektoren. Als praktisch wichtige Fälle treten in der Optik auf: die Zusammensetzung von Schwingungen gleicher Periode mit parallelen und senkrecht zueinander stehenden Schwingungsebenen bei verschiedenen Phasen und gleichen oder verschiedenen Amplituden.

a) *Parallele Schwingungsebenen (Interferenz)*

Die Behandlung des Problems erfolgt nach der von FRESNEL gegebenen Methode, nach welcher die Schwingungen auf Zentralbewegungen bzw. rotierende Vektoren zurückgeführt werden. Nach (A 5) seien zwei Schwingungen gleicher Schwingungsebene und Periode, aber von verschiedener Phase, gegeben durch

$$y_1 = a_1 \sin(\omega t + \varphi_1),$$
$$y_2 = a_2 \sin(\omega t + \varphi_2).$$

Der Drehvektor a (Fig. 4), dessen Spitze in ihrer Projektion die resultierende Schwingung ergibt, wird durch geometrische Addition der Vektoren a_1 und a_2 als Diagonale im Parallelogramm mit a_1 und a_2 als Seiten und $\varphi_2 - \varphi_1 = \varphi$ als eingeschlossenem Winkel erhalten. Da allgemein die Projektion der Summe von zwei Vektoren auf eine beliebige Gerade immer gleich der Summe der Projektionen auf dieselbe ist, so muß bei Rotation des Vektorparallelogramms um O für jede beliebige Stellung die Projektion des resultierenden Vektors a gleich der Summe der Projektionen von a_1 und a_2 sein. Aus Dreieck OA_1A folgt ferner nach dem allgemeinen Pythagoras, wenn man berücksichtigt, daß $\sphericalangle\, OA_1A = \pi - \varphi$ ist,

$$a^2 = a_1^2 + a_2^2 + 2\,a_1\,a_2 \cos\varphi. \tag{A 10}$$

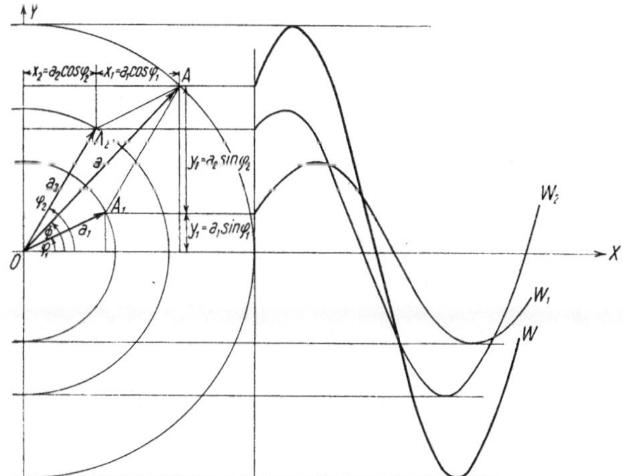

Fig. 4

Zusammensetzung zweier Wellen W_1 und W_2 von gleicher Schwingungsebene und Periode mit verschiedenen Amplituden a_1 und a_2 bei einer Phasendifferenz $\varphi_2 - \varphi_1 = \varphi$; W = Resultante.

Der Phasenwinkel Φ der resultierenden Schwingung wird wie folgt erhalten. Sind

$$a_x = a_1 \cos\varphi_1 + a_2 \cos\varphi_2 \quad \text{und} \quad a_y = a_1 \sin\varphi_1 + a_2 \sin\varphi_2$$

die Projektionen von a auf die X- bzw. Y-Achse, so ist tg $\Phi = a_y/a_x$. Die resultierende Schwingung ist somit gegeben durch

$$y = a \sin(\omega t - \Phi). \tag{A 11}$$

Die Methode läßt sich auch auf die Zusammensetzung einer beliebigen Anzahl von Schwingungen gleicher Periode anwenden, indem man das entsprechende Vektorpolygon konstruiert. Sie eignet sich auch zur Zerlegung einer gegebenen Schwingung in Komponenten.

Von besonderer Bedeutung sind folgende *zwei Spezialfälle:*

α) Bei gleicher Amplitude betrage die Phasendifferenz $(2\,k+1)\,\pi$ bzw. der Gangunterschied $(2\,k+1)\,\lambda/2$ oder $(2\,k+1)\,T/2$. Dann wird nach (A 10):

$$a^2 = a_1^2 + a_1^2 + 2\,a_1\,a_1\cos(2\,k+1)\,\pi = 2\,a_1^2 - 2\,a_1^2 = 0, \qquad \text{(A 12)}$$

d. h. die Amplitude der resultierenden Schwingung ist gleich Null, die beiden Wellen vernichten sich durch Interferenz (Fig. 5a).

β) Bei wiederum als gleich groß angenommenen Amplituden $a_1 = a_2$ betrage die Phasendifferenz $2\,k\,\pi$ bzw. der Gangunterschied $2\,k\,\lambda/2 = k\,\lambda$ oder $2\,k\,T/2 = k\,T$. In diesem Falle ist

$$a^2 = a_1^2 + a_1^2 + 2\,a_1\,a_1\cos 2\,k\,\pi = 2\,a_1^2 + 2\,a_1^2 = 4\,a_1^2 \ \text{ oder } \ a = 2\,a_1, \qquad \text{(A 13)}$$

d. h. die Amplitude der resultierenden Schwingung ist gleich der Summe derjenigen der Ausgangswellen, diese interferieren unter maximaler gegenseitiger Verstärkung (Fig. 5b).

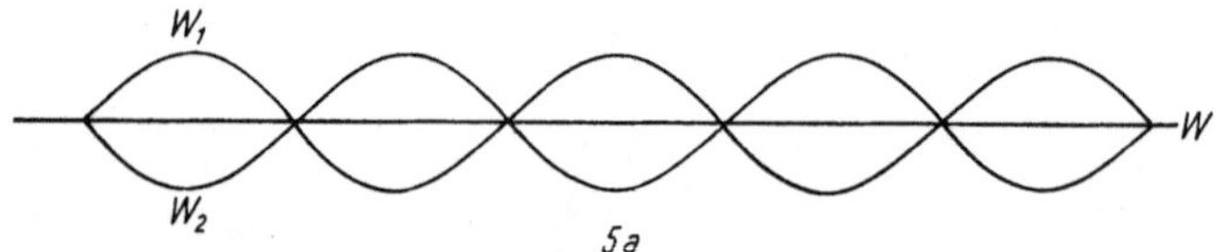

Phasendifferenz der beiden Wellen W_1 und W_2 $\varphi = (2k+1)\pi$
bzw. Gangunterschied $R = (2k+1)\frac{T}{2}$ oder $(2k+1)\frac{\lambda}{2}$; W = Resultante

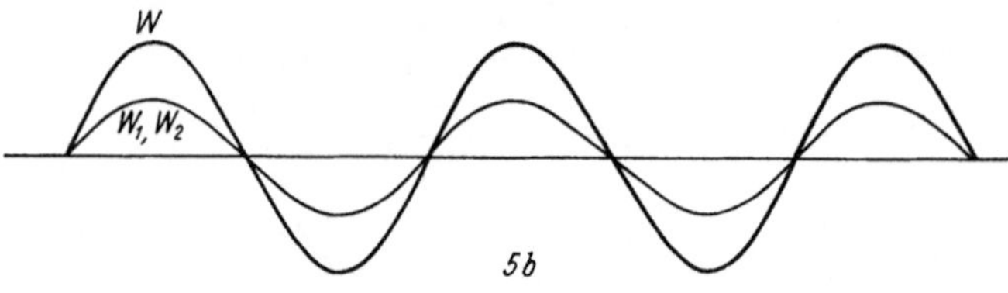

Phasendifferenz der beiden Wellen W_1 und W_2 $\varphi = 2k\pi$
bzw. Gangunterschied $R = 2k\frac{T}{2} = kT$ oder $2k\frac{\lambda}{2} = k\lambda$; W = Resultante

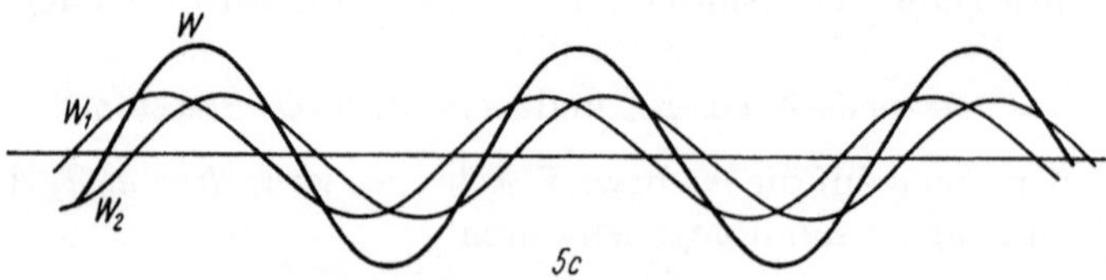

Phasendifferenz der beiden Wellen W_1 und W_2 $\varphi = \frac{\pi}{3}$
bzw. Gangunterschied $R = \frac{T}{6}$ oder $\frac{\lambda}{6}$; W = Resultante

Fig. 5

Zusammensetzung (Interferenz) zweier Wellen W_1 und W_2 von gleicher Schwingungsebene und Periode, bei gleichen Amplituden für verschiedene Phasendifferenzen.

Für den Fall paralleler Schwingungsebenen werden somit die Elongationen der resultierenden Welle auf einfache Weise konstruktiv durch Addition der Einzelelongationen in jedem Zeitmoment erhalten. In Fig. 5c ist dies für zwei Wellen gleicher Amplitude bei einer Phasendifferenz von $\pi/3$ bzw. einem Gangunterschied von $\lambda/6$ oder $T/6$ ausgeführt. Die Konstruktion läßt sich auch für Schwingungen verschiedener Amplitude und Periode durchführen.

b) *Senkrecht zueinander stehende Schwingungsebenen* (*elliptisch oder zirkular polarisiertes Licht*)

Es seien zwei Schwingungen gleicher Periode mit senkrecht zueinander stehenden Schwingungsebenen gegeben. Die Amplituden seien a und b, die Schwingungsrichtungen sollen der X- und der Y-Achse eines rechtwinkligen Koordinatensystems entsprechen, die Fortpflanzungsrichtung dessen Z-Achse. Die Phasendifferenz sei φ. Nach (A 4) lassen sich die beiden Wellen, bei geeigneter Wahl des Zeitbeginns geben durch

$$x = a \sin \omega t,$$

$$y = b \sin (\omega t - \varphi).$$

Die Gleichung der resultierenden Schwingungsbahn erhält man durch Elimination von t. Durch Multiplikation der ersten Gleichung mit $\sin \varphi$ erhält man

$$\frac{x}{a} \sin \varphi = \sin \omega t \sin \varphi. \tag{a}$$

Ferner ist

$$\frac{y}{b} = \sin (\omega t - \varphi) = \sin \omega t \cos \varphi - \cos \omega t \sin \varphi = \frac{x}{a} \cos \varphi - \cos \omega t \sin \varphi$$

und weiter

$$\frac{y}{b} - \frac{x}{a} \cos \varphi = - \cos \omega t \sin \varphi. \tag{b}$$

(*a*) und (*b*) quadriert und addiert, ergeben

$$\frac{x^2}{a^2} + \frac{y^2}{b^2} - 2 \frac{x y}{a b} \cos \varphi - \sin^2 \varphi = 0. \tag{A 14}$$

Der Ausdruck ist von der Form $A x^2 + 2 B x y + C y^2 + F = 0$, stellt somit einen *Kegelschnitt* dar. Da die Diskriminante $A C - B^2 > 0$ ist (abgesehen für $\varphi = 0$ und $\varphi = 2 k \pi$, für welche Fälle die Gleichung linear wird), handelt es sich um eine *Ellipse*. Da x von $-a$ bis $+a$ und y von $-b$ bis $+b$ variieren kann, muß diese einem Rechteck von der Seitenlänge $2a$ parallel der X- und $2b$ parallel der Y-Achse eingeschrieben sein. Länge und Lage der Ellipsenachsen sind von den Amplituden der beiden Ausgangsschwingungen sowie von deren Phasendifferenz φ abhängig. Über die Abhängigkeit der Schwingungsbahn von φ bei gegebenem a und b gibt die Diskussion des Ausdruckes (A 14) Aufschluß.

Für $\varphi = 0$ oder $\varphi = 2\,k\,\pi$ wird $\cos\varphi = +1$ und $\sin\varphi = 0$ und der Ausdruck demzufolge linear. Die Ellipse entartet zur Diagonale des I. und III. Quadranten des umschriebenen *Rechtecks*. Für $\varphi = (2\,k + 1)\,\pi$ wird $\cos\varphi = -1$ und $\sin\varphi = 0$. In diesem Fall verläuft die Diagonale durch den II. und IV. Quadranten des Rechtecks.

Für $\varphi = (2\,k + 1)\,\pi/2$ verschwindet das Glied in $x\,y$, und die Schwingungsbahn spezialisiert sich zu einer Ellipse von der Gleichung $x^2/a^2 + y^2/b^2 - 1 = 0$, d. h. zu einer Ellipse, deren Achsen mit den Koordinatenachsen zusammenfallen. Eine nähere Betrachtung der Schwingungszustände für verschiedene Zeitmomente, z. B für $t = 0$, $t = T/4$ usw. zeigt, daß die Ellipse im Gegenuhrzeigersinn durchlaufen wird (sogenannte «*linke*» Ellipse), wenn $\varphi = \pi/2$ ist, jedoch im Uhrzeigersinn (sogenannte «*rechte*» Ellipse), wenn $\varphi = 3\,\pi/2$ beträgt. Konventionsgemäß wird der Beobachter als der Fortpflanzungsrichtung entgegenblickend angenommen. Da zu allen φ-Werten immer $2\,k\,\pi$ hinzuaddiert werden kann, so folgt, daß «*linke*» Ellipsen allgemein dann auftreten, wenn $\varphi = \pi/2 + 2\,k\,\pi = (4\,k + 1)\,\pi/2$ und «*rechte*» dann, wenn $\varphi = 3\,\pi/2 + 2\,k\,\pi = (4\,k + 3)\,\pi/2$ beträgt. Mit andern Worten treten «*linke*» Ellipsen dann auf, wenn $\varphi = (1, 5, 9, \ldots)\,\pi/2$ beträgt, «*rechte*» für den Fall, daß $\varphi = (3, 7, 11, \ldots)\,\pi/2$ ist. Da $3\,\pi/2 = -\pi/2$ ist bzw. allgemein im positiven Drehsinn gezählte Winkel $\varphi > \pi$ durch negative $\varphi' < \pi$ ersetzt werden können (wobei man auch hier ganze Umdrehungen hinzuzählen kann), so gilt auch, daß «*linke*» Ellipsen für *positive* und «*rechte*» für *negative* φ-Werte auftreten, für den Fall, dass $|\varphi| < \pi$ genommen wird.

Für zwischen den eben betrachteten φ-Werten liegende Werte von $0 < \varphi < \pi/2$ und $\pi/2 < \varphi < 3\,\pi/2$ bzw. $\pi < \varphi < 3\,\pi/2$ und $3\,\pi/2 < \varphi < 2\,\pi$ treten «*linke*» bzw. «*rechte*» Ellipsen verschiedener Lage und Gestalt auf, deren Achsen mit den Koordinatenachsen nicht zusammenfallen. Fig. 6 gibt einen Überblick über die für Phasendifferenzen von $\varphi = 0$ bis $\varphi = 2\,\pi$ resultierenden Schwingungsformen.

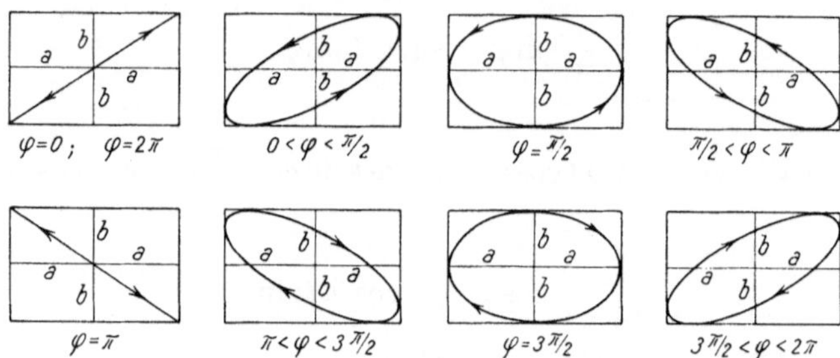

Fig. 6

Zusammensetzung zweier sich senkrecht zur Bildebene auf den Beschauer zu fortpflanzender Wellen mit senkrecht aufeinander stehenden Schwingungsebenen und verschieden großen Amplituden a und b, für verschiedene Phasendifferenzen φ. Im allgemeinen resultiert elliptisch polarisiertes Licht.

Im allgemeinen Fall der schiefliegenden Ellipse kann durch eine Drehung des Koordinatensystems eine Transformation durchgeführt werden, wodurch sich Lage und Länge der Ellipsenachsen bestimmen lassen. Hier sei nur das Resultat mitgeteilt und für die Ableitung auf eingehendere Darstellungen der Kristalloptik verwiesen[1]).

Setzt man das *Amplitudenverhältnis* der beiden primären Schwingungen $b/a = \operatorname{tg}\Theta$ und das *Achsenverhältnis* der resultierenden Schwingungsellipse, ihre sogenannte «*Elliptizität*» $b_1/a_1 = \operatorname{tg}\vartheta$, und nennt man den *Winkel*, den die

---

[1]) Vgl. z. B. F. Pockels, l. c. (1906), S. 8–10, oder M. Born, l. c. (1933), S. 22–23.

große Ellipsenachse mit der X-Achse bildet, ψ (Fig. 7), so gelten eine Reihe von Beziehungen, die sich in folgender *Merkregel* zusammenfassen lassen[1]:

Betrachtet man die Größen $2\,\Theta$, $2\,\vartheta$, $2\,\psi$ und φ gemäß Fig. 8 als Elemente

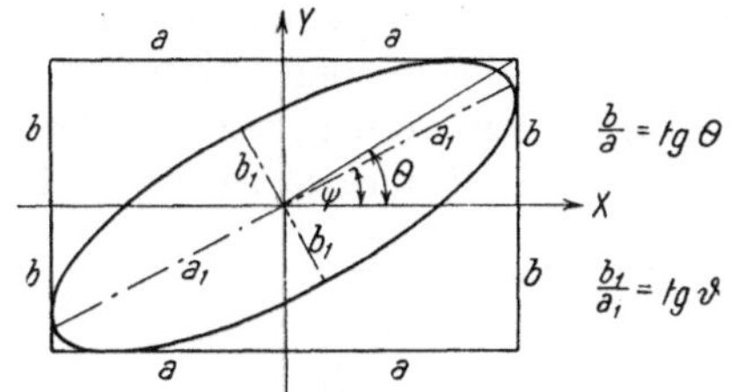

Fig. 7

Bezeichnung der Elemente einer elliptischen Schwingung. $tg\,\Theta = b/a$: Amplitudenverhältnis der linearen Komponenten; $tg\,\vartheta = b_1/a_1$: Achsenverhältnis (Elliptizität) der Schwingungsellipse; ψ = Winkel zwischen der großen Ellipsenachse und der positiven x-Achse.

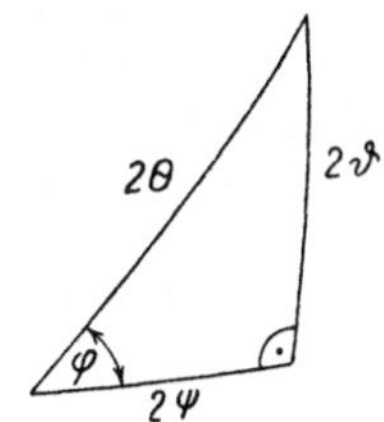

Fig. 8

Merkregel für die zwischen den Elementen einer elliptischen Schwingung bestehenden Beziehungen. φ = Phasendifferenz der beiden linearen Komponenten; übrige Bezeichnungen wie in Fig. 7. Die Beziehungsgleichungen ergeben sich aus der Auflösung des rechtwinkligen sphärischen Dreiecks.

eines rechtwinkligen sphärischen Dreiecks, so ergeben sich nach der bekannten Napierschen Gedächtnisregel für die Auflösung desselben (abgesehen vom Vorzeichen) folgende Beziehungen:

$$tg\,2\,\psi = tg\,2\,\Theta \cos\varphi \qquad (A\,15)$$

$$\sin 2\,\vartheta = \mp \sin 2\,\Theta \sin\varphi \qquad (A\,16)$$

$$\cos 2\,\Theta = \cos 2\,\psi \cos 2\,\vartheta \qquad (A\,17)$$

$$tg\,2\,\vartheta = \mp \sin 2\,\psi \, tg\,\varphi \qquad (A\,18)$$

Dabei gilt das obere Zeichen für «rechte», das untere für «linke» Ellipsen.

Ein wichtiger Spezialfall tritt ein, wenn die Amplituden der beiden primären Schwingungen gleich groß sind, d. h. wenn $a = b$. Aus (A 13) wird dann

$$\frac{x^2}{a^2} + \frac{y^2}{a^2} - 2\,\frac{xy}{a^2}\cos\varphi - \sin^2\varphi = 0. \qquad (A\,19)$$

Es handelt sich wiederum um eine *Ellipse*, die jedoch dieses Mal einem *Quadrat* von der Seitenlänge $2a$ eingeschrieben ist und deren Achsen mit dessen Diagonalen zusammenfallen. Da $tg\,\Theta = b/a = 1$ ist, so folgt $\Theta = \pi/4$, also $\sin 2\,\Theta = 1$ und nach (A 16) $\sin 2\,\vartheta = \mp \sin\varphi$ oder $2\,\vartheta = \mp \varphi$ bzw. $\vartheta = \mp \varphi/2$.

---

[1] Diese zuerst von M. Berek gegebene Merkregel folgt aus einer von H. Poincaré stammenden Betrachtungsweise, bei welcher die verschiedenen Schwingungszustände des Lichtes durch Punkte auf der Kugel dargestellt werden. Man trägt hierzu von einem beliebig gewählten Nullmeridian aus auf dem Äquator den Wert $2\,\psi$ ab und auf dem Meridian dieser Länge den Wert $2\,\vartheta$, nach oben oder unten, je nachdem die betrachtete Schwingung eine «*linke*» oder eine «*rechte*» ist. Durch Verbindung des so erhaltenen Punktes mit dem Ursprung (Schnittpunkt des Nullmeridians mit dem Äquator) entsteht das Dreieck Fig. 8, für welches sich zeigen läßt, daß die dritte Seite $2\,\Theta$ und der $2\,\vartheta$ gegenüberliegende Winkel φ entspricht. Vgl. z. B. Ch. Mauguin, Bull. Soc. franç. Min. *34*, 6—15 (1911), und L. Capdecomme, ibid. *68*, 157—164 (1945), für elementare Darstellungen der Methode, oder H. Joachim, N. Jb. Min. etc. B.B. *21*, 540—656 (1906) (auch Inaug.-Diss. Univ. Göttingen), für eine ausführlichere. Die Lösung der auftretenden Probleme in stereographischer Projektion behandelt F. E. Wright, J. Opt. Soc. Amer. *20*, 529–564 (1930).

Das Achsenverhältnis der Schwingungsellipse ist daher (Bedeutung der Vorzeichen wie oben)

$$\frac{b_1}{a_1} = \operatorname{tg}\vartheta = \mp \operatorname{tg}\frac{\varphi}{2}\,, \qquad\qquad (A\,20)$$

d. h. es ist einzig eine Funktion der Phasendifferenz der beiden primären Wellen.

Im übrigen können die Verhältnisse, wie sie sich im allgemeinen Fall für verschiedene Phasendifferenzen ergaben, direkt übertragen werden, wie ein Vergleich von Fig. 6 mit Fig. 9 ergibt. Von besonderem Interesse ist der Fall

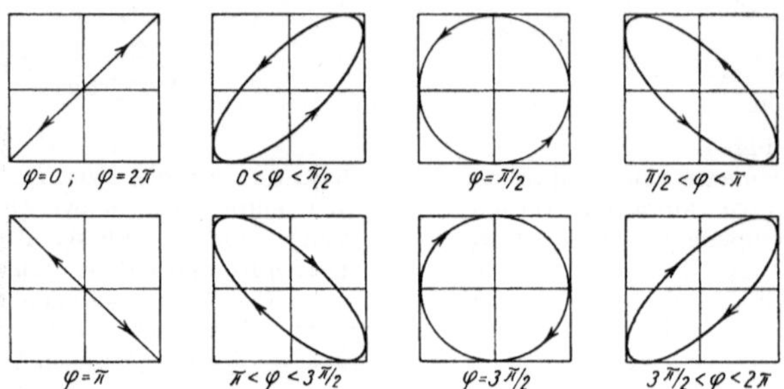

Fig. 9

Zusammensetzung zweier sich senkrecht zur Bildebene auf den Beschauer zu fortpflanzender Wellen mit senkrecht zueinander stehenden Schwingungsebenen und gleichen Amplituden für verschiedene Phasendifferenzen φ. Für $\varphi = \pi/2$ bzw. $3\pi/2$ resultiert zirkular polarisiertes Licht.

$\varphi = \pi/2$ bzw. $\varphi = 3\,\pi/2$ oder allgemein $\varphi = (4\,k + 1)\,\pi/2$ bzw. $\varphi = (4\,k + 3)\pi/2$, wo als Schwingungsbahn statt einer Ellipse ein «linker» oder «rechter» *Kreis* auftritt, d. h. links- oder rechts-*zirkular polarisiertes Licht* resultiert.

4. Die Gesetze der Lichtausbreitung

a) *Lichtausbreitung in isotropen Medien*

Die Lichtausbreitung erfolgt, wie das Experiment zeigt, innerhalb ein- und desselben Mediums *geradlinig*. Das von einem leuchtenden Punkt L ausgesandte Licht erreicht nach einer gewissen Zeit eine geschlossene Oberfläche. Für *isotrope* Medien, bei denen sich alle Richtungen gleich verhalten, ist diese Fläche eine Kugel. Die Radienvektoren sind *Lichtstrahlen* oder Richtungen des Energietransportes. Da jedoch in jedem Punkt der Kugeloberfläche der Radius normal auf ihrer Tangentialebene steht, so spielen die Radienvektoren nicht nur die Rolle von Lichtstrahlen, sondern auch von *Wellennormalen*, d.h. von Richtungen, in welchen sich die Wellenfront verschiebt. *Für isotrope Medien fallen folglich Strahlen- und Wellennormalenrichtung zusammen* (Fig. 10). Bei immer größer werdendem Radius der Kugelwelle gleicht sich ein beliebig herausgegriffenes Oberflächenelement derselben immer mehr seiner Tangentialebene E an und kann schließlich als identisch mit E angesehen werden. Die Kugelwelle kann daher bei hinreichend großer Distanz vom Erregerzentrum durch eine *ebene Welle* ersetzt werden, wobei die Ebene E als *Wellenebene* bezeichnet wird.

In der Praxis werden ebene Wellen auch dadurch verwirklicht, daß die von einer Lichtquelle ausgehenden divergenten Strahlen durch Linsen oder Hohlspiegel parallel gemacht werden.

Im folgenden soll kurz skizziert werden, wie sich die Verhältnisse isotroper Medien vom Standpunkt der *elektromagnetischen Lichttheorie* aus darstellen. Die *Dielektrizitätskonstante ε* hat in diesem Fall einen konstanten, von der Richtung unabhängigen Wert. Da zwischen der mit dem Lichtvektor identifizierten dielektrischen Verschiebung $\mathfrak{D}$ und der elektrischen Feldstärke $\mathfrak{E}$ nach der Theorie die einfache Beziehung $\mathfrak{D} = \varepsilon\,\mathfrak{E}$ besteht, müssen die beiden Vektoren $\mathfrak{D}$ und $\mathfrak{E}$ gleiche Richtung aufweisen. Infolge der Transversalität der Schwingungen stehen sie senkrecht auf der Wellennormalen und entsprechen der Schwingungsrichtung. Die magnetische Feldstärke $\mathfrak{H}$ steht nach der Theorie normal zur Schwingungsebene, entspricht somit nach dem früher Gesagten der Polarisationsrichtung. Die Richtung des Energieflusses (Lichtstrahl) steht nach der Theorie (Satz von Poynting) normal auf $\mathfrak{E}$ und $\mathfrak{H}$, fällt also mit der Wellennormalenrichtung zusammen, in Übereinstimmung mit Fig. 10. Fig. 11 veranschaulicht die Lage der verschiedenen Feldvektoren nach der elektromagnetischen Lichttheorie für den Fall eines isotropen Mediums (vgl. auch Fig. 3).

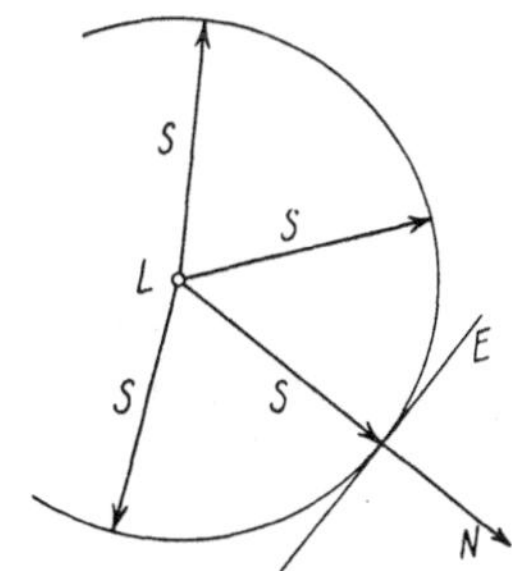

Fig. 10
Lichtausbreitung in isotropen Medien, ausgehend von einer punktförmigen Lichtquelle L. Die Strahlen- wie die Wellenfläche ist eine Kugel. Strahl S und Wellennormale N, senkrecht zur Wellenebene E, sind identisch.

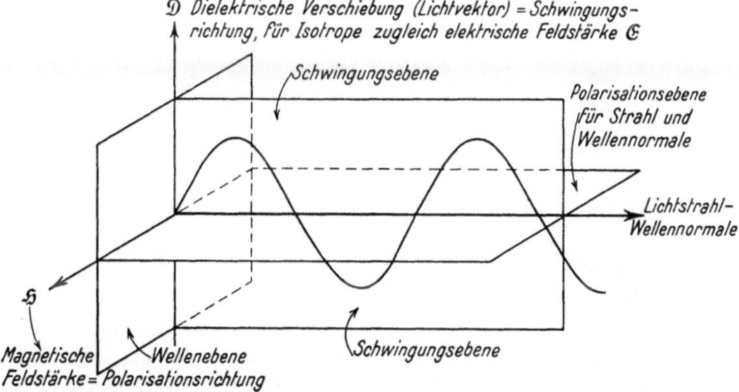

Fig. 11
Fortpflanzung von Lichtwellen in isotropen Medien nach der elektromagnetischen Lichttheorie.

Die Wellenfläche für einen gewissen Zeitpunkt $(t + \varDelta t)$ kann, statt aus dem ursprünglichen Leuchtpunkt, auch so abgeleitet werden, daß man die Punkte der Wellenfläche zur Zeit t selber als leuchtend annimmt und zu den von ihnen während des Zeitintervalls $\varDelta t$ ausgesandten Wellen die einhüllende Fläche konstruiert. Es läßt sich zeigen, daß in allen Punkten, welche dieser nicht angehören, sich die Elementarwellen durch Interferenz gegenseitig vernichten. Dieses sogenannte Huygens-Fresnelsche Prinzip gestattet eine einfache und anschauliche Ableitung der Reflexions- und Brechungsgesetze, wofür jedoch auf die Lehrbücher der Optik verwiesen werden muß. An dieser Stelle sollen nur kurz die Resultate rekapituliert werden, unter besonderer Berücksichtigung der Punkte, die für die weiteren Darlegungen von Wichtigkeit sind.

α) Reflexion

Trifft ein Lichtstrahl unter einem schiefen Winkel auf eine reflektierende Oberfläche, so wird er zurückgeworfen (reflektiert). Dabei bildet der reflektierte Strahl R mit der auf der reflektierenden Fläche errichteten Normalen N (Fig. 12) den gleichen Winkel (Reflexionswinkel) r, wie ihn der einfallende Strahl E mit dem Lot bildet (Einfallswinkel i). Der reflektierte Strahl liegt außerdem in der durch den einfallenden Strahl und das Lot bestimmten Ebene, der sogenannten Einfallsebene.

β) Brechung

αα) Allgemeines

Fällt ein Lichtstrahl unter einem schiefen Winkel auf die ebene Grenzfläche zweier durchsichtiger Medien, in welchen sich das Licht mit verschiedener Geschwindigkeit fortpflanzt, so wird er gebrochen. Der gebrochene Strahl liegt in der durch den einfallenden Strahl und das auf der Grenzfläche errichtete Lot bestimmten Ebene. Nennt man (Fig. 13) die beiden Medien M_1 und M_2, die

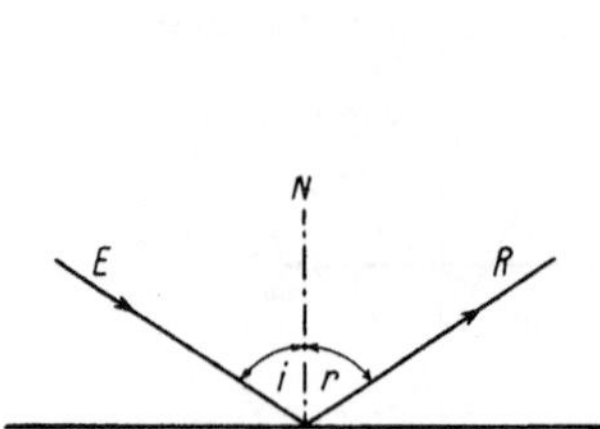

Fig. 12

Reflexionsgesetz. Der Reflexionswinkel r ist gleich dem Einfallswinkel i. Einfallender Strahl E, Normale auf reflektierender Fläche (Einfallslot) N und reflektierter Strahl R liegen in einer Ebene.

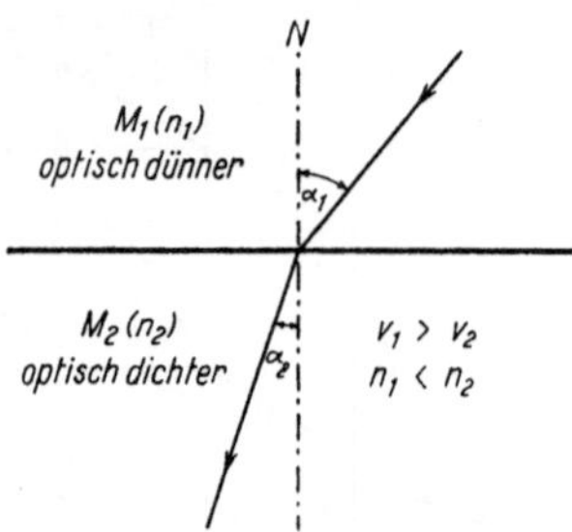

Fig. 13

Snelliussches Brechungsgesetz. Beim Übergang vom optisch dünnern Medium zum optisch dichteren erfolgt Brechung zum Lot N, d. h. Einfallswinkel α_1 > Brechungswinkel α_2.

entsprechenden Fortpflanzungsgeschwindigkeiten v_1 und v_2, wobei $v_1 > v_2$ angenommen sei, und die Winkel, welche die beiden Strahlen in den beiden Medien mit dem auf der Grenzfläche errichteten Lot N bilden, α_1 und α_2, so gilt nach dem Snelliusschen Brechungsgesetz

$$\frac{\sin \alpha_1}{\sin \alpha_2} = \frac{v_1}{v_2} = \frac{n_2}{n_1} \quad \text{bzw.} \quad n_1 \sin \alpha_1 = n_2 \sin \alpha_2. \tag{A 21}$$

n_1 und n_2 werden die *Brechungsindizes* der beiden Medien M_1 und M_2 genannt. Da wegen der Konstanz der Schwingungszahl gemäß (A 8)

$$\nu = \frac{v_1}{\lambda_1} = \frac{v_2}{\lambda_2} \quad \text{bzw.} \quad \frac{v_1}{v_2} = \frac{\lambda_1}{\lambda_2}$$

ist, so folgt

$$\frac{\lambda_1}{\lambda_2} = \frac{n_2}{n_1} \quad \text{bzw.} \quad n_1 \lambda_1 = n_2 \lambda_2, \tag{A 22}$$

wenn λ_1 und λ_2 die Wellenlängen des Lichtes in den Medien M_1 und M_2 sind. Spricht man vom Brechungsindex eines Mediums schlechthin, so versteht man darunter allgemein seinen Brechungsindex gegenüber Vakuum, dessen Brechung konventionsgemäß $= 1$ gesetzt wird. Setzt man $M_1 =$ Vakuum, so folgt $\sin\alpha_1/\sin\alpha_2 = n_2/1 = n_2$. In erster Näherung gilt dieser Wert auch für Luft, deren Brechungsindex, bezogen auf Vakuum, $= 1{,}00029$ beträgt (für $0°$C und 760 mm Hg). Genau gilt somit, wenn $M_1 =$ Luft ist, für den Brechungsindex von M_2 bezogen auf Vakuum

$$n_2 = \frac{\sin\alpha_1}{\sin\alpha_2} \, 1{,}00029. \tag{A 23}$$

Nach (A 21) sind Fortpflanzungsgeschwindigkeit v und Brechungsindex n umgekehrt proportional zueinander. Wenn man die Lichtgeschwindigkeit im Vakuum $= 1$ setzt oder wenn man, was auf dasselbe herauskommt, als Zeiteinheit statt 1 s den Wert $1/3 \cdot 10^{10}$ s einführt, so wird $1/v_1 = n_1$ und $1/v_2 = n_2$. Von dieser Beziehung wird in der Folge vielfach Gebrauch gemacht werden. Es darf jedoch daraus nicht etwa geschlossen werden, daß dem Brechungsindex die Dimension einer reziproken Geschwindigkeit zukomme. Als Verhältnis zweier Geschwindigkeiten, von denen eine, nämlich diejenige im äußern Medium, $= 1$ gesetzt wird, ist er vielmehr eine unbenannte Zahl.

$\beta\beta$) Brechung an planparallelen Platten

Weil die mikroskopischen Präparate vorwiegend die Gestalt planparalleler Platten besitzen, ist es notwendig, deren Brechungsverhältnisse kurz zu betrachten. An einer derartigen Platte erfolgt (Fig. 14) für einen unter dem Winkel i_1 schräg zur Plattennormalen einfallenden Strahl beim Ein- und Austritt Brechung. Nach (A 21) ist, wenn man den Brechungsindex der Platte mit n, denjenigen des äußeren Mediums mit n_0 bezeichnet, $n_0 \sin i_1 = n \sin i_2$ und $n_0 \sin i_4 = n \sin i_3$. Da aus Symmetriegründen $i_2 = i_3$ ist, muß somit auch $i_1 = i_4$ sein, d. h. der gebrochene Strahl verläßt die Platte unter dem gleichen Winkel, unter welchem er in sie eingetreten ist. Es erfolgt somit für den Lichtstrahl keine Richtungsänderung, sondern nur eine von der Plattendicke abhängige Parallelverschiebung.

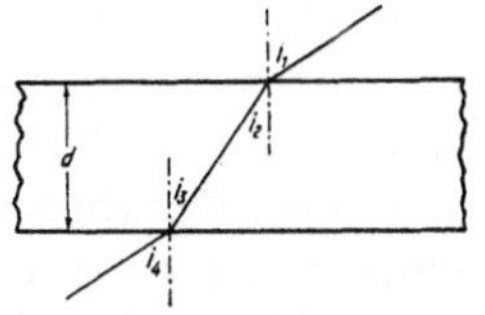

Fig. 14

Brechung an planparallelen Platten. Es erfolgt keine Richtungsänderung, sondern nur eine von der Plattendicke d abhängige Parallelverschiebung des einfallenden Strahls.

Findet normaler Eintritt statt ($i_1 = 0$), so erfolgt auch normaler Austritt ($i_4 = 0$), und es findet keine Parallelverschiebung statt.

Das Resultat bleibt erhalten, wenn statt einer einfachen Platte eine ganze
Serie planparalleler Platten von verschiedener Lichtbrechung und Dicke vom
Lichtstrahl durchlaufen wird, insofern nur das äußere Medium zu beiden Seiten
die gleiche Brechung aufweist. Einer derartigen Kombination verschieden brechender Medien in planparallelen Schichten entspricht z. B. ein Gesteins- oder
Mineraldünnschliff, bestehend aus Objektträger, Präparat, Deckglas und Kanadabalsam zu beiden Seiten des Präparates. Besteht die betrachtete Serie aus
k verschiedenen Platten mit den Brechungsindizes n_1, n_2, n_3, $\ldots$, n_{k-1}, n_k und bezeichnet man die Brechungswinkel in diesen Medien mit i_1, i_2, i_3, $\ldots$, i_{k-1}, i_k
sowie Einfalls- und Brechungswinkel im äußeren Medium mit e_0 und i_0, so gilt
nach dem Brechungsgesetz (A 21), wenn man den Brechungsindex des äußern
Mediums mit n_0 bezeichnet:

$$n_0 \sin e_0 = n_1 \sin i_1$$
$$n_1 \sin i_1 = n_2 \sin i_2$$
$$n_3 \sin i_2 = n_3 \sin i_3$$
$$\ldots \ldots \ldots \ldots \ldots \ldots \ldots$$
$$n_{k-1} \sin i_{k-1} = n_k \sin i_k$$
$$n_k \sin i_k = n_0 \sin i_0,$$

woraus durch Multiplikation folgt

$$\frac{\sin e_0 \sin i_1 \sin i_2 \sin i_3 \ldots \sin i_{k-1} \sin i_k}{\sin i_1 \sin i_2 \sin i_3 \sin i_4 \ldots \sin i_k \sin i_0} = \frac{n_1 n_2 n_3 \ldots n_{k-1} n_k n_0}{n_0 n_1 n_2 \ldots n_{k-1} n_k} = 1,$$

also $\quad \dfrac{\sin e_0}{\sin i_0} = 1 \quad$ oder $\quad e_0 = i_0,$

d. h. der austretende Strahl ist parallel zum einfallenden, auch wenn beliebig
viele und beliebig dicke planparallele Platten verschiedener Lichtbrechung durchlaufen werden, sofern nur das äußere Medium zu beiden Seiten die gleiche Lichtbrechung aufweist.

$\gamma\gamma$) Abhängigkeit des Brechungsindex von der Wellenlänge (Dispersion)

Der Brechungsindex einer Substanz ist eine Funktion der Wellenlänge λ.
Der Zusammenhang wird durch die sogenannten *Dispersionsformeln* gegeben. Im
folgenden werden nur nichtabsorbierende oder schwach absorbierende Medien
mit sogenannter normaler Dispersion in Betracht gezogen. Die Dispersionsformeln gestatten, die Lichtbrechung für ein beliebiges λ zu berechnen, wenn sie
für eine Anzahl anderer λ gegeben ist. Für wie viele verschiedene λ dies der Fall
sein muß, hängt von der Anzahl der Konstanten ab, welche die betreffende Formel
enthält. Neben den theoretisch wohlbegründeten Dispersionsformeln gibt es auch
rein empirische, wie z. B. diejenige von J. HARTMANN. Nach dieser ist der Zusammenhang zwischen Brechungsindex n und Wellenlänge λ für das sichtbare
Spektrum gegeben durch

$$n = a + \frac{c}{(\lambda - b)^\alpha}, \tag{A 24}$$

wobei a, b, c und α Konstanten sind. Für die hier in Betracht kommenden Fälle
und die dabei verlangte Genauigkeit genügt es, $\alpha = 1$ zu setzen. Aus der
Schreibweise $(\lambda - b)(n - a) = c$ folgt, daß die Dispersionskurve für diesen Fall eine
gleichseitige Hyperbel mit den Asymptoten parallel den Koordinatenachsen

und dem Mittelpunkt in (b, a) sein muß. Zur Bestimmung der drei Konstanten muß n für drei verschiedene λ bekannt sein. Ist z. B.

$$n_1 = a + \frac{c}{\lambda_1 - b}\,, \qquad n_2 = a + \frac{c}{\lambda_2 - b}\,, \qquad n_3 = a + \frac{c}{\lambda_3 - b}\,,$$

so folgt daraus

$$a = \frac{k_1 d_2 - k_2 d_1}{l_1 d_2 - l_2 d_1}\,, \qquad b = \frac{a\, l_1 - k_1}{d_1}\,, \qquad c = (n_1 - a)\,(\lambda_1 - b),$$

wobei

$$k_1 = n_1 \lambda_1 - n_2 \lambda_2\,, \qquad d_1 = n_2 - n_1\,, \qquad l_1 = \lambda_1 - \lambda_2\,,$$
$$k_2 = n_2 \lambda_2 - n_3 \lambda_3\,, \qquad d_2 = n_3 - n_2\,, \qquad l_2 = \lambda_2 - \lambda_3\,.$$

Für viele Zwecke ist auch die Dispersionsformel von CAUCHY sehr gut verwendbar. Nach ihr gilt folgender Zusammenhang zwischen n und λ

$$n = A + \frac{B}{\lambda^2} + \frac{C}{\lambda^4} + \cdots. \tag{A 25}$$

Für die hier angestrebte Genauigkeit von 3 bis 4 Dezimalstellen für die Brechungsindizes genügt es, die beiden ersten Glieder zu berücksichtigen:

$$n = A + \frac{B}{\lambda^2}\,. \tag{A 25a}$$

Da der Ausdruck nur zwei Konstanten enthält, genügt die Kenntnis des Brechungsindex für zwei Wellenlängen zu deren Berechnung.

Ist

$$n_1 = A + \frac{B}{\lambda_1^2} \quad \text{und} \quad n_2 = A + \frac{B}{\lambda_2^2}\,,$$

so folgt daraus

$$n_1 - n_2 = B\left(\frac{1}{\lambda_1^2} - \frac{1}{\lambda_2^2}\right).$$

Setzt man

$$n_1 - n_2 = d \quad \text{und} \quad \frac{1}{\lambda_1^2} - \frac{1}{\lambda_2^2} = k,$$

so berechnen sich die Konstanten zu

$$B = \frac{d}{k} \quad \text{und} \quad A = n_1 - \frac{B}{\lambda_1^2} = n_2 - \frac{B}{\lambda_2^2}\,.$$

γ) Totalreflexion

Ist $v_1 < v_2$ bzw. $n_1 > n_2$, so nennt man das Medium M_1 *optisch dichter* als M_2 bzw. M_2 *optisch dünner* als M_1. Aus dem Brechungsgesetz (A 21) ergibt sich, daß beim Übergang optisch dünner $\rightarrow$ optisch dichter der Strahl *zum Lot*, beim Übergang optisch dichter $\rightarrow$ optisch dünner jedoch *vom Lot weg* gebrochen wird. Bei senkrechter Inzidenz ist $\alpha_1 = \alpha_2 = 0$, d. h. es erfolgt überhaupt keine Brechung. Beim Übergang optisch dünner $\rightarrow$ optisch dichter gehört zu jedem zwischen 0 und $\pi/2$ gelegenen Einfallswinkel ein kleinerer Brechungswinkel; es findet somit in allen Fällen Übertritt des Lichtes in das optisch dichtere Medium statt. Dies ist jedoch nicht der Fall für den Übergang optisch dichter $\rightarrow$ optisch dünner. Es sei (Fig. 15) M_1 optisch dichter als M_2, somit also $n_1 > n_2$. Läßt man nun den Einfallswinkel α_1 kontinuierlich anwachsen, so nimmt der zugehörige Brechungswinkel α_2 rascher zu. Erreicht α_1 den Wert t (Strahl 3 in Fig. 15), so beträgt der zugehörige Brechungswinkel $\pi/2$, d. h. es erfolgt sogenannter streifender Austritt des gebrochenen Strahls. Bei noch weiterem Anwachsen von α_1 findet kein Übertritt von Licht nach M_2 mehr statt, sondern alles Licht wird an der Grenzfläche *total reflektiert*, wie z. B. Strahl 4–$4'$ in Fig. 15. Der Winkel t wird daher als *Grenzwinkel der Totalreflexion* bezeichnet. Nach (A 21) gilt $n_1 \sin t = n_2 \sin \alpha_2 = n_2 \sin \pi/2$, also die wichtige Beziehung

$$n_2 = n_1 \sin t. \qquad (A\ 26)$$

Weil der Grenzwinkel der Totalreflexion bei geeigneten Vorkehrungen gut meßbar ist, stellt diese Beziehung eine der wichtigsten Grundlagen zur Messung der Lichtbrechung von festen Körpern und Flüssigkeiten dar. Auf ihr beruht die Konstruktion der sogenannten *Totalreflektometer* oder *Totalrefraktometer*, wie z. B. des auf ABBE und PULFRICH zurückgehenden Halbkugelrefraktometers oder des Abbeschen Prismenrefraktometers zur Messung von Flüssigkeiten.

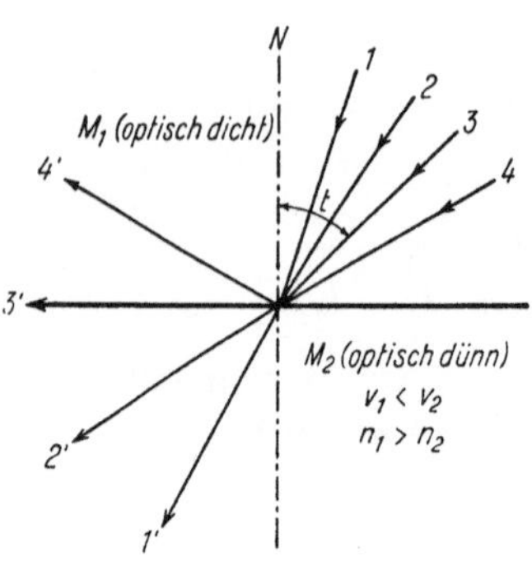

Fig. 15

Totalreflexion. Beim Übergang vom optisch dichteren zum optisch dünneren Medium erfolgt Brechung in letzteres nur für Lichtstrahlen, welche einen Einfallswinkel kleiner als t (sog. *Grenzwinkel der Totalreflexion*) mit dem Einfallslot N bilden (Strahlen 1 bis 3). Alle andern Strahlen mit größerem Einfallswinkel, wie z. B. 4, treten nicht in das optisch dünnere Medium über, sondern werden total reflektiert wie $4'$. Der unter dem Grenzwinkel t einfallende Strahl tritt streifend aus (3–$3'$).

b) *Lichtausbreitung in anisotropen Medien*

α) Lichtstrahl und Wellennormale

Die bis jetzt ausschließlich betrachteten Verhältnisse isotroper Medien sind im Kristallreiche nur für das kubische System verwirklicht. Nur in diesem verhalten sich alle Richtungen für die Lichtausbreitung gleichwertig, so daß die Strahlen- oder Wellenfläche eine Kugel ist. Alle nichtkubischen Kristalle verhalten sich *anisotrop*, d. h. Fortpflanzungsgeschwindigkeit bzw. Lichtbrechung sind in ihnen von der betrachteten Richtung abhängig. Dadurch wird die Kristalloptik vorwiegend zu einer Optik anisotroper Medien, und das isotrope Verhalten der kubischen Kristalle erscheint nur als ein Spezialfall von viel allgemeineren Gesetzmäßigkeiten. Für die nichtkubischen Kristalle kann demnach die Strahlenfläche keine Kugel sein, sondern sie muß eine andere zentrosymmetrische, geschlossene Fläche darstellen, deren spezielle Gestalt durch den Versuch ermittelt werden muß oder aus bestimmten theoretischen Vorstellungen abgeleitet werden kann. Das Abweichen von der Kugelgestalt hat jedoch zur

Folge, daß (Fig. 16), abgesehen von speziellen, durch besondere symmetrische Lage ausgezeichneten Richtungen, Lichtstrahl und Wellennormale nicht mehr zusammenfallen, wie dies für die Kugel der Fall war (Fig. 10). Man steht somit vor der Frage, ob man unter «Lichtgeschwindigkeit im Kristall» den von der Richtung des Energietransportes (Energieflusses), d. h. vom beobachtbaren Lichtstrahl in der Zeiteinheit zurückgelegten Weg verstehen will oder aber die zugehörige Verschiebung der Energiefront pro Zeiteinheit. Die erste Betrachtungsweise würde auf die «*Strahlengeschwindigkeit*» $\Delta S/\Delta t$, die zweite auf die «*Wellennormalengeschwindigkeit*» oder «*Normalengeschwindigkeit*» $\Delta N/\Delta t$ führen (Fig. 16).

Weil der Brechungsindex umgekehrt proportional zur Lichtgeschwindigkeit ist, müssen konsequenterweise auch zweierlei Brechungsindizes für anisotrope Medien unterschieden werden, nämlich ein sogenannter «*Strahlenindex*» und ein «*Normalenindex*». Für isotrope Medien erübrigt sich ihre Unterscheidung, da infolge der Kugelgestalt der Wellenfläche Strahlen- bzw. Wellennormalenrichtungen zusammenfallen. Da die beiden Richtungen in anisotropen Medien zueinander in gesetzmäßiger Beziehung stehen und bei bekannter Gestalt der Wellenfläche von der einen zur andern übergegangen werden kann, so ist es offenbar in erster Linie eine Frage der Zweckmäßigkeit, ob man den weiteren Betrachtungen die Strahlen- oder die Wellennormalenrichtungen zugrunde legen will. Für eine Bevorzugung der Strahlenrichtung scheint auf den ersten Blick zu sprechen, daß der Lichtstrahl das direkt beobachtbare Abbild des

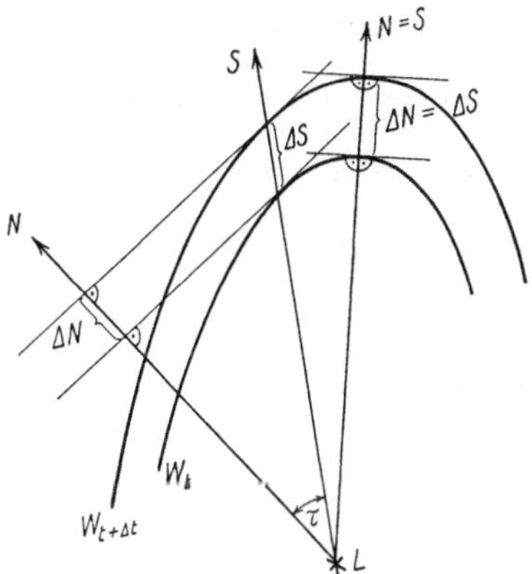

Fig. 16

Lichtausbreitung in anisotropen Medien, ausgehend von einer punktförmigen Lichtquelle *L*. Die Wellenfläche ist keine Kugel. Lichtstrahl *S* und Wellennormale *N* fallen daher im Gegensatz zu Fig. 10 im allgemeinen nicht zusammen. Dies trifft nur für bestimmte, durch besondere Symmetrie ausgezeichnete Richtungen zu. Zur Vereinfachung der Figur wurde von den beiden Wellenfronten, welche sich infolge der Doppelbrechung in einem anisotropen Kristall fortpflanzen, nur die eine, *W*, eingezeichnet (für die Zeitmomente *t* und *t* + Δt). Bei Berücksichtigung beider Wellenfronten würden sich für jede Normalenrichtung zwei Strahlen und für jeden Strahl zwei Normalen ergeben.

Energietransportes im Innern des untersuchten Kristalls darstellt. Nun sind aber unsere Beobachtungen nicht auf das Kristallinnere beschränkt, sondern Brechungsvorgänge an den Grenzflächen gegenüber dem umgebenden Medium spielen eine große Rolle, sei es, daß man den Kristall in Luft untersucht oder daß man ihn vorsätzlich in ein Medium bestimmter Lichtbrechung einbettet. Für die Strahlen ist nun aber bei anisotropen Medien das Brechungsgesetz sehr kompliziert: weder entspricht der Brechungsindex dem Verhältnis der Sinus des Einfalls- und Brechungswinkels, noch liegen im allgemeinen Fall der einfallende Strahl, das auf der Grenzfläche errichtete Lot und der gebrochene Strahl in einer Ebene. Im Gegensatz hierzu gilt das Snelliussche Brechungsgesetz in seiner für die isotropen Medien gegebenen Form (A 21) bzw.

(A 22) für die Wellennormalenrichtung, wenn auch naturgemäß mit der Einschränkung, daß der Brechungsindex eine Funktion ihrer Richtung ist.

Für die Bevorzugung der Wellennormalenrichtung spricht ferner, vom rein praktischen Standpunkt aus gesehen, daß die einzige an mikroskopisch kleinen Objekten durchführbare Methode der Lichtbrechungsbestimmung (Immersionsmethode) den Normalenindex und nicht den Strahlenindex liefert.

Im Anschluß an das früher für isotrope Medien Gesagte soll kurz gezeigt werden, wie sich die Verhältnisse vom Standpunkt der *elektromagnetischen Lichttheorie* aus darstellen. Im Gegensatz zu den isotropen Medien kann hier die Dielektrizitätskonstante kein Skalar mehr sein, weil sich die als richtungsabhängig erkannte Normalengeschwindigkeit nach der Theorie zu $v = c/\sqrt{\varepsilon}$ ergibt (c = Lichtgeschwindigkeit im leeren Raum, ε = Dielektrizitätskonstante). Dadurch wird jedoch der Zusammenhang zwischen der dielektrischen Verschiebung (Lichtvektor) $\mathfrak{D}$ und der elektrischen Feldstärke $\mathfrak{E}$ wesentlich komplizierter als dies für die isotropen Medien der Fall war. Die beiden Vektoren werden nur noch für ausgezeichnet symmetrische Richtungen zusammenfallen, im allgemeinen jedoch einen Winkel miteinander bilden. Die magnetische Feldstärke $\mathfrak{H}$ muß nach der Theorie senkrecht auf der Wellennormalen sowie auf $\mathfrak{E}$ und $\mathfrak{D}$ stehen, entspricht also auch hier der Polarisationsrichtung. Die durch die Wellennormale, $\mathfrak{D}$ und $\mathfrak{E}$ bestimmte Ebene ist wieder Schwingungsebene. $\mathfrak{D}$ steht normal zur Wellennormalen und zugleich zu $\mathfrak{H}$, d. h. normal zur Polarisationsebene der Wellennormalen. Weil der Energiefluß (Lichtstrahl) auch hier nach dem Satz von POYNTING normal zu $\mathfrak{E}$ und $\mathfrak{H}$ steht, fällt er nicht mit der Wellennormalenrichtung zusammen, wie dies für isotrope Medien der Fall war. Fig. 17 zeigt die geschilderte Lage der Feldvektoren der elektromagnetischen Lichttheorie, wie sie erstmals durch HERTZ gegeben wurde. Durch sie wird zugleich eine alte Streitfrage der verschiedenen mechanischen Lichttheorien beantwortet: der Lichtvektor steht normal zur Wellennormalen und nicht normal zur Strahlenrichtung. Durch Zusammenfallen von Strahl und Wellennormale resultiert aus Fig. 17 die schon früher gegebene Fig. 11 für isotrope Medien.

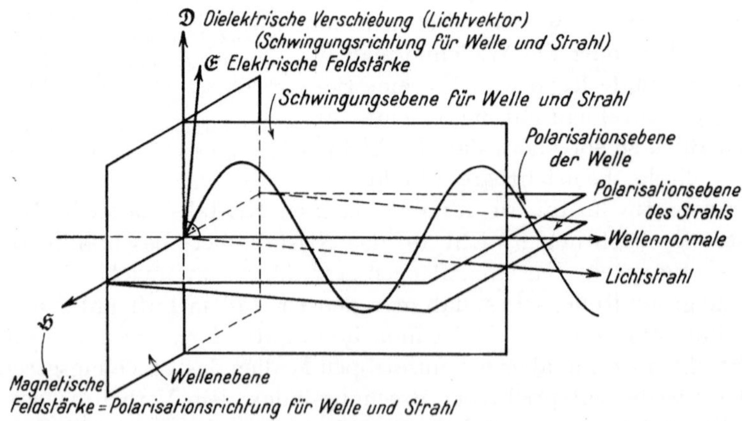

Fig. 17

Fortpflanzung von Lichtwellen in anisotropen Medien nach der elektromagnetischen Lichttheorie. Lichtstrahl und Wellennormale fallen im Gegensatz zu Fig. 11 nicht mehr zusammen. Die dielektrische Verschiebung (Lichtvektor) steht senkrecht auf der Wellennormalen.

Aus Fig. 16 geht auch hervor, daß wenn Strahl und Wellennormale voneinander abweichen und einen Winkel τ miteinander bilden, die Beziehung $v_N = v_S \cos\tau$ besteht. Das bedeutet, daß die Normalengeschwindigkeit höchstens gleich der Strahlengeschwindigkeit sein kann. Dies trifft zu für $\tau = 0$, d. h. für isotrope Medien immer, für anisotrope nur dann, wenn, wie z. B. für die Richtung $N = S$, die Normalen- und Strahlenrichtung infolge ausgezeichnet symmetrischer Lage in bezug auf die Wellenfläche zusammenfallen.

Aus diesen Darlegungen folgt, daß sowohl theoretische als auch praktische Erwägungen dafür sprechen, den weiteren Betrachtungen die Wellennormalen- und nicht die Strahlenrichtungen zugrunde zu legen. Wenn daher im folgenden vereinfachend nur von «*Lichtrichtung*» oder «*Fortpflanzungsrichtung des Lichtes*» gesprochen wird, so ist immer die *Wellennormalenrichtung* verstanden, wie unter «*Brechungsindex*» schlechthin immer der zur Normalengeschwindigkeit umgekehrt proportionale *Normalenindex* gemeint ist. Unter *Schwingungsrichtung* soll ferner ausschließlich die *Richtung normal zur Polarisationsebene der Wellennormalen* und nicht zu derjenigen des Strahls verstanden werden, in Übereinstimmung damit, daß der *Lichtvektor* mit der *dielektrischen Verschiebung* identifiziert wird.

β) Doppelbrechung

Nach dem Gesagten ist die Fortpflanzungsgeschwindigkeit bzw. die Lichtbrechung in einem anisotropen Medium richtungsabhängig. Trifft daher ein Lichtstrahl, d. h. eine Schar ebener Wellen, aus einem isotropen Medium, z. B. Luft, auf einen anisotropen Kristall, so treffen die Wellen, welche unter allen möglichen Azimuten transversal zur Fortpflanzungsrichtung schwingen, beim Eintritt in den Kristall je nach ihrer Schwingungsrichtung auf ganz verschiedene Verhältnisse. Statt daß sich nun, wie eventuell erwartet werden könnte, eine einzige Welle mittlerer Geschwindigkeit v_m und mittlerer Lichtbrechung $1/v_m = n_m$ im Kristall fortpflanzt, entstehen im allgemeinen Fall im Kristall zwei Wellen, wie das Experiment zeigt. Fortpflanzungsgeschwindigkeit und Lichtbrechung dieser beiden Wellen entsprechen dabei den beiden Extremwerten, welche unter den gegebenen Bedingungen überhaupt möglich sind, d. h. dem Maximum und Minimum. Diese allen anisotropen Kristallen eigene Erscheinung, welche schon im 17. Jahrhundert ERASMUS BARTHOLINUS und CHRISTIAAN HUYGENS durch ihre Untersuchungen am Kalkspat bekannt war, wird *Doppelbrechung* genannt.

Bei schiefer Inzidenz haben die beiden Wellen, welche sich durch die Doppelbrechung im Kristall bilden, verschiedene Wellennormalenrichtung, da sie verschieden stark gebrochen werden. Bei normaler Inzidenz ist die Normalenrichtung für beide Wellen identisch, weil keine Brechung erfolgt. Dies folgt aus dem Snelliusschen Brechungsgesetz, das für die Wellennormalenrichtungen auch bei anisotropen Medien gültig ist. Die zugehörigen Strahlenrichtungen fallen jedoch nur dann ebenfalls zusammen, wenn die gemeinsame Normalenrichtung im Kristall einer durch spezielle Symmetrie ausgezeichneten Richtung der Wellenfläche entspricht (vgl. Fig. 16). Im allgemeinen tritt auch bei normaler Inzidenz Doppelbrechung der Strahlen auf. Diese Erscheinung ist z. B. sehr gut zu konstatieren bei der Betrachtung einer Schrift oder dergleichen durch ein rhomboedrisches Spaltstück von Kalkspat, wo trotz normaler Inzidenz eine Verdoppelung des Bildes wahrzunehmen ist.

II. DIE OPTISCHE INDIKATRIX UND IHRE ANWENDUNGEN

1. Allgemeines

Zur Charakterisierung des optischen Verhaltens eines Kristalls im allgemeinen sowie zur Diskussion der Verhältnisse eines vorliegenden Präparates im speziellen, wurde im Laufe der Zeiten eine Reihe von *Referenz-* oder *Bezugsflächen* vorgeschlagen, welche die Abhängigkeit der optischen Eigenschaften anisotroper Kristalle von der betrachteten Richtung zu überblicken gestatten. Diese Flächen, z. T. ein-, z. T. zweischalig, stehen miteinander in gesetzmäßiger Beziehung und können auseinander abgeleitet werden. Für die hier verfolgten rein praktischen Ziele der mikroskopischen Kristalluntersuchung erweist sich die Beschränkung auf eine einzige dieser Flächen, die sogenannte *optische Indikatrix*[1]), als zweckmäßig.

Die Indikatrix kann theoretisch aus der elastischen oder der elektromagnetischen Lichttheorie gewonnen werden, sie ergibt sich aber auch rein experimentell aus Lichtbrechungsmessungen. Man denkt sich hierzu von einem Punkt im Innern des Kristalls alle möglichen Richtungen ausstrahlen. Vom Scheitel dieses Strahlenbüschels aus trägt man in jeder Richtung in einem bestimmten Maßstab eine Strecke ab, die dem Brechungsindex derjenigen Welle entspricht, für welche die betreffende Richtung Schwingungsrichtung ist. (Die Abtragung der Brechungsindizes erfolgt also senkrecht zur Wellennormalenrichtung und nicht parallel dazu.) Durch die Endpunkte dieser Strecken ist eine räumliche, geschlossene, zentrosymmetrische Fläche bestimmt: die *Indikatrix.*

Für den allgemeinen Fall eines triklinen Kristalls führt diese Untersuchung auf eine Fläche, deren Gleichung, bezogen auf ein rechtwinkliges Koordinatensystem, lautet

$$\frac{x^2}{n_\alpha^2} + \frac{y^2}{n_\beta^2} + \frac{z^2}{n_\gamma^2} = 1. \qquad (A\ 27)$$

n_α, n_β, n_γ sind die Brechungsindizes dreier senkrecht aufeinander stehender ausgezeichneter Schwingungsrichtungen, die, weil sie Symmetrieachsen der

---

[1]) Der Name Indikatrix stammt von L. FLETCHER (1892). Einige andere Bezeichnungen, welche in der Literatur synonym gebraucht worden sind: *Ellipsoïde inverse* (FRESNEL), *Ellipsoid E₁* oder *Indexellipsoid* (LIEBISCH), *Premier ellipsoïde* (VERDET), *Ellipsoid of Indices* (MACCULLAGH), *Ellipsoïde de polarisation* (CAUCHY), *Normalenellipsoid* (BORN) usw. Der Vollständigkeit halber sei bemerkt, daß unter *Indexfläche, Surface des indices* usw. eine andere, hier nicht benutzte zweischalige) Bezugsfläche verstanden wird.

Fläche darstellen, mit Vorteil zu Koordinatenachsen gewählt werden. In Polarkoordinaten lautet die Gleichung der Fläche

$$\frac{\cos^2 \psi_1}{n_\alpha^2} + \frac{\cos^2 \psi_2}{n_\beta^2} + \frac{\cos^2 \psi_3}{n_\gamma^2} = \frac{1}{n^2} \, . \tag{A 27a}$$

Dabei sind ψ_1, ψ_2, ψ_3 die Neigungswinkel einer beliebigen Richtung in bezug auf die Richtungen n_α, n_β, n_γ, und n ist der Brechungsindex derjenigen Welle, welche in dieser Richtung schwingt.

Die durch die Gleichungen dargestellte Fläche ist ein *dreiachsiges Ellipsoid* (Fig. 18) mit den Halbachsen n_α, n_β, n_γ. Man nennt n_α, n_β, n_γ die *Hauptbrechungsindizes*, die zu ihnen parallelen Schwingungsrichtungen die *Hauptschwingungsrichtungen*. Konventionell setzt man immer $n_\alpha < n_\beta < n_\gamma$. Der *Hauptbrechungsindex* n_α ist der *absolut kleinste* des betreffenden Kristalls. Lichtwellen, die parallel n_α schwingen, pflanzen sich mit der maximalen Geschwindigkeit $a = 1/n_\alpha$ im Kristall fort. Der *Hauptbrechungsindex* n_γ ist der *absolut größte* des Kristalls. Parallel n_γ schwingende Lichtwellen weisen im Kristall die minimale Fortpflanzungsgeschwindigkeit $c = 1/n_\gamma$ auf. n_β ist ein *mittlerer Wert* der Lichtbrechung, der zur Bestimmung der Indikatrix notwendig ist, der aber weder dem arithmetischen noch einem andern Mittel der beiden Extremwerte n_α und n_γ entspricht. Parallel n_β schwingende Wellen pflanzen sich mit einer mittleren Geschwindigkeit $b = 1/n_\beta$ im Kristall fort, welche aber auch keinen Mittelwert der beiden Extremgeschwindigkeiten a und c darstellt.

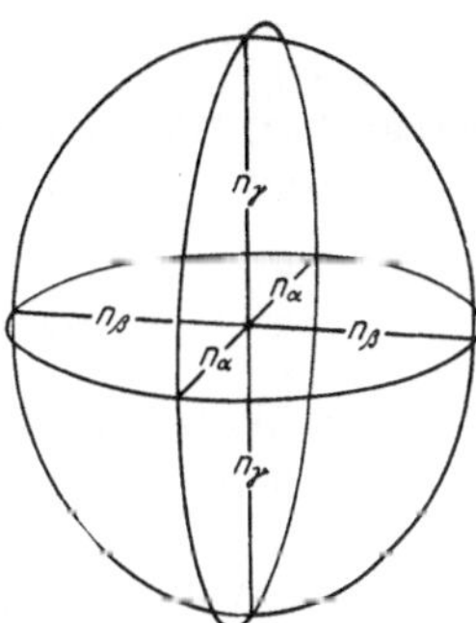

Fig. 18

Die Indikatrix ist im allgemeinen Falle ein dreiachsiges Ellipsoid mit den drei Halbachsen

$n_\alpha < n_\beta < n_\gamma$.

Die Indikatrix in der eben betrachteten allgemeinen Form weist orthorhombisch-holoedrische Symmetrie auf (V_h). Die drei Hauptschwingungsrichtungen (Koordinatenachsen) entsprechen den drei ungleichwertigen Digyren und werden auch als *optische Symmetrieachsen* bezeichnet. Die drei Spiegelebenen enthalten je zwei Hauptschwingungsrichtungen und stehen auf der dritten normal; sie werden *optische Symmetrieebenen* oder *Hauptschnitte genannt*.

Weil die Indikatrix im allgemeinen Fall ein dreiachsiges Ellipsoid darstellt, muß sie, wie es auch für alle andern Bezugsellipsoide der Kristallphysik zutrifft, für höhere Kristallsymmetrien eine entsprechende Spezialisierung zeigen. Außerdem muß die Indikatrix gegenüber dem Kristallgebäude eine Lage einnehmen, welche mit dessen Symmetrie in Einklang steht. In dieser Beziehung sind folgende fünf Fälle zu unterscheiden:

1. *Trikline Gruppe:* Die drei Ellipsoidachsen bleiben dem Kristallgebäude gegenüber vollkommen unbestimmt. Sie können sich bei Änderung der äußern Bedingungen (P, T) oder auch des erzeugenden Vorganges (λ) beliebig in ihrer Lage ändern, d. h. sogenannte *Lagendispersion* zeigen, sofern ihre gegenseitig rechtwinklige Anordnung erhalten bleibt.

2. Monokline Gruppe: Eine einzigartige Richtung liegt in der kristallographischen *b*-Achse (Digyre oder Normale zur Spiegelebene) vor. Eine Ellipsoidachse muß daher in *b* liegen, die andern beiden liegen beliebig in (010), wobei *Lagendispersion* möglich ist.

3. Orthorhombische Gruppe: Die drei Ellipsoidachsen liegen in den drei kristallographischen Achsen (Digyren oder Normalen zu den Spiegelebenen), *Lagendispersion ist nicht möglich.*

4. Wirtelige Gruppe (trigonal-rhomboedrisches, tetragonales und hexagonales System): Die Kristalle dieser Gruppe weisen alle eine ausgezeichnete Richtung auf (*c*-Achse), senkrecht zu welcher gleichwertige Richtungen unter Winkeln von 120°, 90° oder 60° vorhanden sind. Mit dieser Symmetrie ist ein dreiachsiges Ellipsoid nicht mehr verträglich; es spezialisiert sich daher zum Rotationsellipsoid mit Rotationsachse parallel *c*. *Lagendispersion ist nicht möglich.*

5. Kubische Gruppe: Alle Kristalle weisen drei aufeinander senkrecht stehende gleichwertige Richtungen auf, so daß sich das dreiachsige Ellipsoid zur *Kugel* spezialisiert. Die Kristalle verhalten sich in allen Richtungen optisch gleichwertig, d. h. isotrop.

2. Der Fundamentalsatz der Kristalloptik

Die Indikatrix ist bestimmt, wenn n_α, n_β, n_γ gegeben sind. Es muß daher auch möglich sein, Lichtbrechung und Schwingungsrichtung der beiden Wellen, welche infolge der Doppelbrechung entstehen und sich im Kristall längs einer beliebigen Wellennormalenrichtung fortpflanzen, aus ihr abzuleiten.

Man geht zu diesem Zwecke so vor, daß man *senkrecht* zur betrachteten *Wellennormalenrichtung* im Kristall eine *Diametralebene* durch den Mittelpunkt der Indikatrix legt (Fig. 19). Diese schneidet die Indikatrix im allgemeinen Fall in einer *Ellipse*. Die *Schwingungsrichtungen* der beiden Wellen sind dann durch die beiden *Hauptachsenrichtungen* der Schnittellipse gegeben, die *Brechungsindizes* durch die Längen der Halbachsen bzw. die Fortpflanzungsgeschwindigkeiten durch die reziproken Werte derselben. Dies ist der *Fundamentalsatz der Kristalloptik*, nach seinem Entdecker etwa auch Fresnelsches Gesetz genannt. Er gestattet, sich über das optische Verhalten einer beliebigen Richtung in einem anisotropen Kristall oder einer beliebig orientierten Platte eines derartigen Kristalls bei senkrechter Inzidenz ein Bild zu machen, sofern ihre Lage in bezug auf die Indikatrix bekannt ist.

Analytisch entsprechen die Brechungsindizes der beiden Wellen n_1 und n_2 den beiden positiven Wurzeln der Gleichung[1]

$$\frac{\cos^2 \psi_1}{1/n^2 - 1/n_\alpha^2} + \frac{\cos^2 \psi_2}{1/n^2 - 1/n_\beta^2} + \frac{\cos^2 \psi_3}{1/n^2 - 1/n_\gamma^2} = 0. \qquad \text{(A 28)}$$

[1] Dieser Ausdruck stellt die Gleichung der zweischaligen *Indexfläche* in Polarkoordinaten dar. Ihre Radien entsprechen den Brechungsindizes der beiden Wellen, welche sich in der betreffenden Richtung fortpflanzen. Er ergibt sich aus der Gleichung der ebenfalls zweischaligen *Normalengeschwindigkeitsfläche*, wenn man die reziproken Normalengeschwindigkeiten durch die Brechungsindizes ersetzt. Für die Herleitung dieser Fläche aus der Indikatrix unter Anwendung des Fundamentalsatzes der Kristalloptik siehe z. B. F. POCKELS, l. c. (1906), S. 33/34.

Dabei sind ψ_1, ψ_2, ψ_3 die Winkel der betrachteten Wellennormalen gegenüber n_α, n_β, n_γ. Im Abschnitt 4b dieses Kapitels soll gezeigt werden, wie sich Gleichung (A 28) für die Praxis umformen läßt. Eine graphisch-konstruktive Lösung der Aufgabe hat H. TERTSCH[1]) gegeben.

Im allgemeinen werden die Halbachsen der Schnittellipse in bezug auf Lage und Länge nicht mit den Hauptwerten der Indikatrix übereinstimmen. Man bezeichnet daher konventionell die größere Halbachse der Schnittellipse mit n'_γ, die kleinere mit n'_α, und nur für den Fall mit den für die Hauptbrechungsindizes reservierten Symbolen n_α, n_β, n_γ, daß die Schnittellipse mit einem Hauptschnitt zusammenfällt bzw. die betrachtete Wellennormalenrichtung einer Hauptschwingungsrichtung entspricht. Liegt die Wellennormale in einem Hauptschnitt, so fällt eine der beiden Hauptachsen der Schnittellipse mit einer Hauptschwingungsrichtung zusammen. Für eine allgemeine Schnittlage gilt immer, wie später exakt bewiesen werden soll:

$$n_\alpha \leqq n'_\alpha \leqq n_\beta \leqq n'_\gamma \leqq n_\gamma, \qquad \text{(A 29)}$$

d.h. von den beiden Wellen, welche infolge der Doppelbrechung entstehen, weist die erste eine Lichtbrechung auf, welche in ihrem Werte zwischen den beiden größern, die andere eine solche, welche zwischen den beiden kleinern Hauptbrechungsindizes gelegen ist.

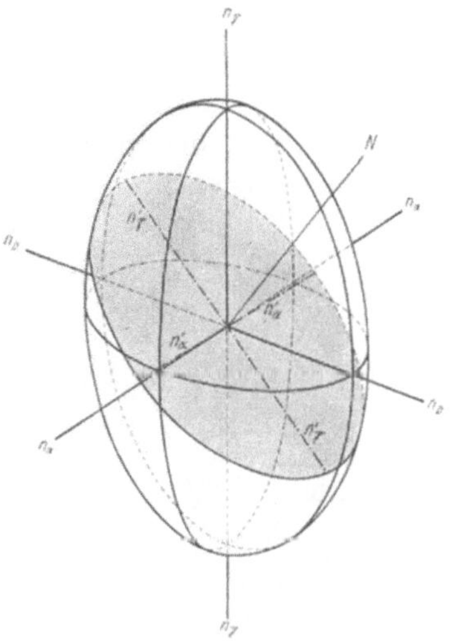

Die Differenz der beiden Brechungsindizes, mit denen sich zwei durch Doppelbrechung entstandene Wellen in einem Kristall fortpflanzen, wird schlechthin als *Doppelbrechung* bezeichnet. Sie entspricht der Differenz der beiden Hauptachsen der nach dem Fundamentalsatz der Kristalloptik konstruierten Schnittellipse $n'_\gamma - n'_\alpha$. Die Doppelbrechungen in Richtung der drei Hauptschwingungsrichtungen, nämlich $n_\gamma - n_\beta$ in Richtung von n_α, $n_\gamma - n_\alpha$ in Richtung von n_β und $n_\beta - n_\alpha$ in Richtung von n_γ, werden als *Hauptdoppelbrechungen* bezeichnet. $n_\gamma - n_\alpha$ ist zugleich die *maximale Doppelbrechung* des Kristalls. Durch gleichzeitige Addition und Subtraktion von n_β erhält man

$$n_\gamma - n_\alpha = (n_\gamma - n_\beta) + (n_\beta - n_\alpha),$$

d. h. die maximale Doppelbrechung ist gleich der Summe der beiden andern Hauptdoppelbrechungen.

Fig. 19

In Richtung N pflanzen sich im Kristall zwei senkrecht zueinander schwingende Wellen von verschiedener Geschwindigkeit mit den Brechungsindizes $n'_\gamma > n'_\alpha$ fort. Schwingungsrichtungen und numerische Werte der Brechungsindizes werden als Achsenrichtungen bzw. Längen der Halbachsen der Schnittellipse erhalten, in welcher eine normal zu N durch das Zentrum der Indikatrix gelegte Ebene diese schneidet. (Fundamentalsatz der Kristalloptik oder Fresnelsches Gesetz.)

[1]) H. TERTSCH, *Zur graphischen Berechnung der Brechungsquotienten für eine beliebige Richtung eines doppelbrechenden Kristalls aus der optischen Indikatrix, Z.* Kristallogr. *104*, 446–450 (1942).

3. Spezielle Eigenschaften der optischen Indikatrix

a) *Orthorhombische, monokline und trikline Gruppen*

Nach den vorhergegangenen Ausführungen ist die Indikatrix für diese Gruppen ein *dreiachsiges Ellipsoid* (Fig. 18) mit den drei Halbachsen $n_\alpha < n_\beta < n_\gamma$. Bezogen auf diese Richtungen als Koordinatenachsen lautet seine Gleichung nach (A 27)

$$\frac{x^2}{n_\alpha^2} + \frac{y^2}{n_\beta^2} + \frac{z^2}{n_\gamma^2} = 1.$$

Nach einem in der analytischen Geometrie des Raumes bewiesenen Satz weist jedes dreiachsige Ellipsoid zwei *Kreisschnittebenen* auf. Sie sind vom Radius n_β,

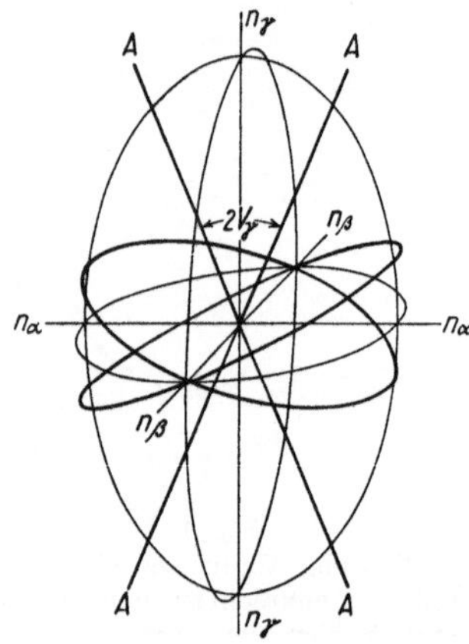

Fig. 20

Optisch zweiachsig positive Indikatrix. Die Bisektrix n_γ ist Halbierende des spitzen Achsenwinkels.

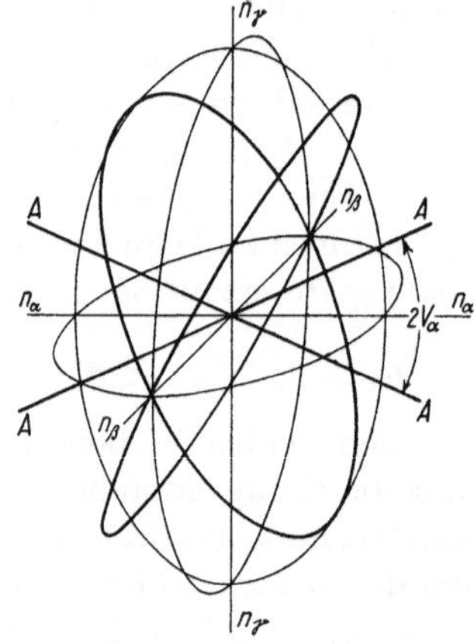

Fig. 21

Optisch zweiachsig negative Indikatrix. Die Bisektrix n_α ist Halbierende des spitzen Achsenwinkels.

schneiden sich in der mittleren Ellipsoidachse n_β und enthalten außerdem denjenigen Radiusvektor des Hauptschnittes $n_\gamma \, n_\alpha$, der ebenfalls den Wert n_β aufweist. Die auf den beiden Kreisschnittebenen normal stehenden Richtungen werden *optische Achsen* oder *Binormalen* genannt. Da aus Symmetriegründen deren zwei vorhanden sind, werden derartige Kristalle als *optisch zweiachsig* bezeichnet. Die beiden optischen Achsen sowie die beiden Hauptschwingungsrichtungen, welche den Extremwerten der Lichtbrechung n_γ und n_α parallel sind, liegen in einer Ebene, der sogenannten *optischen Achsenebene*. Dabei halbieren n_γ und n_α die beiden zueinander supplementären Winkel der optischen Achsen. Sie heißen daher *optische Mittellinien* oder *Bisektrizen* (Singular: Bisektrix). Die dem dritten Hauptbrechungsindex n_β entsprechende Hauptschwingungsrichtung ist nie Bisektrix, sondern steht immer normal auf der optischen Achsenebene, weshalb sie als *optische Normale* bezeichnet wird.

Man nennt die *Halbierende des spitzen Achsenwinkels* die *spitze* oder I. *Bisektrix* und diejenige des *stumpfen* die *stumpfe* oder II. *Bisektrix* bzw. Mittellinie. Nennt man ferner n_γ immer die *positive*, n_α jedoch die *negative Bisektrix* bzw. Mittellinie, so können zwei Fälle unterschieden werden:

   a) Die I. bzw. *spitze* Bisektrix ist zugleich *positive* Bisektrix (n_γ)
   und die II. bzw. *stumpfe* ist *negative* Bisektrix (n_α)   } optisch +

   b) Die I. bzw. *spitze* Bisektrix ist zugleich *negative* Bisektrix (n_α)
   und die *stumpfe* ist zugleich *positive* Bisektrix (n_γ)   } optisch −

Fall a wird als *optisch positiv*, Fall b als *optisch negativ* bezeichnet. Man spricht auch vom *positiven* oder *negativen Charakter der Doppelbrechung* des betr. Kristalls oder von dessen *positivem* bzw. *negativem Charakter* schlechthin. Fig. 20 und 21 sollen die beiden Fälle illustrieren. Sind die beiden Achsenwinkel

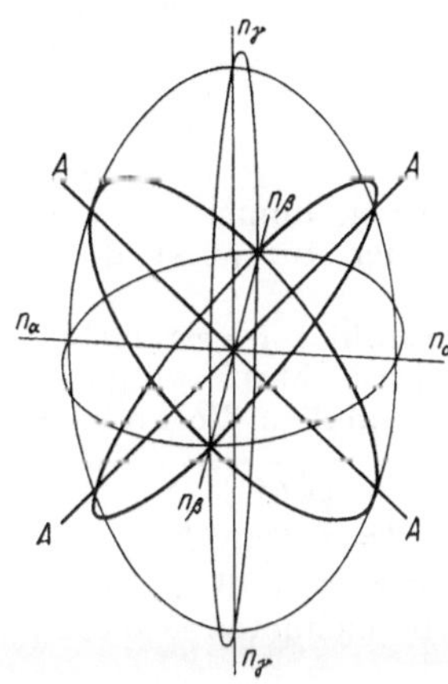

Fig. 22

Optisch zweiachsig neutrale Indikatrix. Die Kreisschnittebenen und die beiden optischen Achsen stehen beide senkrecht zueinander.

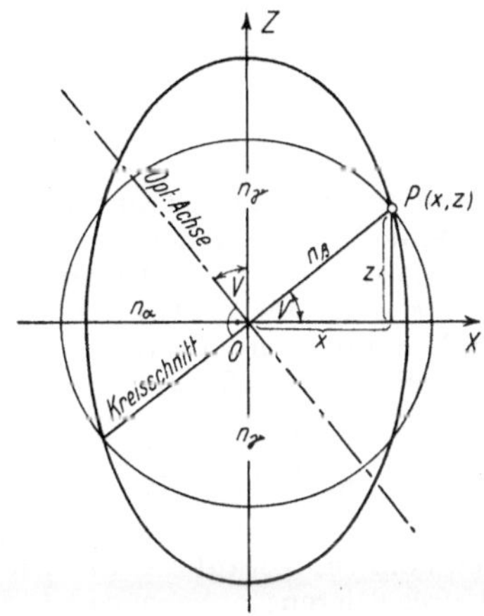

Fig. 23

Indikatrixschnitt eines optisch zweiachsig positiven Kristalls parallel zur Achsenebene mit Konstruktion der Spur einer Kreisschnittebene und einer optischen Achse.

gleich groß, d. h. ist jeder von ihnen 90°, so nennt man den Kristall *optisch neutral* (Fig. 22). Dieser Fall tritt besonders in gewissen Mischkristallreihen auf, bei welchen das eine Endglied optisch positiv, das andere aber optisch negativ ist.

Der Winkel der optischen Achsen, wie er eben definiert wurde, wird auch «*wahrer*» optischer Achsenwinkel benannt und üblicherweise mit 2 V bezeichnet. Er läßt sich auf verschiedene Weise durch die drei Hauptbrechungsindizes ausdrücken, wie leicht gezeigt werden kann.

Fig. 23 zeigt den Hauptschnitt der Indikatrix $\perp n_\beta = Y$ für den Fall eines optisch positiven Kristalls mit n_γ in Z und n_α in X. Um die Lage der Kreisschnitte zu finden, schlägt man mit n_β als Radius einen Kreis. Seine Schnittpunkte mit der Ellipse geben die Punkte, für welche der Radiusvektor den Wert n_β aufweist, d. h. die Schnittpunkte mit der Spur der Kreisschnitte (von welcher in Fig. 23 nur der eine eingezeichnet ist) und auf welchen die optischen Achsen normal stehen. Die Gleichung der Ellipse lautet $x^2 n_\gamma^2 + z^2 n_\alpha^2 = n_\gamma^2 n_\alpha^2$, diejenige des Kreises $x^2 + z^2 = n_\beta^2$. Die Koordinaten der Schnittpunkte müssen beide Gleichungen befriedigen. Man erhält daher

$$z^2 = n_\gamma^2 \; \frac{n_\beta^2 - n_\alpha^2}{n_\gamma^2 - n_\alpha^2} \, , \qquad x^2 = n_\alpha^2 \; \frac{n_\gamma^2 - n_\beta^2}{n_\gamma^2 - n_\alpha^2} \, .$$

Aus der Figur ergibt sich ferner $\sin V = z/n_\beta$ und $\cos V = x/n_\beta$, so daß folgt:

$$\sin V = \frac{n_\gamma}{n_\beta} \sqrt{\frac{n_\beta^2 - n_\alpha^2}{n_\gamma^2 - n_\alpha^2}} \, , \quad \cos V = \frac{n_\alpha}{n_\beta} \sqrt{\frac{n_\gamma^2 - n_\beta^2}{n_\gamma^2 - n_\alpha^2}} \, , \quad \mathrm{tg}\, V = \frac{n_\gamma}{n_\alpha} \sqrt{\frac{n_\beta^2 - n_\alpha^2}{n_\gamma^2 - n_\beta^2}} \quad \text{(A 30)}$$

oder in anderer Schreibweise

$$\sin V = \sqrt{\frac{1/n_\alpha^2 - 1/n_\beta^2}{1/n_\alpha^2 - 1/n_\gamma^2}} \, , \qquad \cos V = \sqrt{\frac{1/n_\beta^2 - 1/n_\gamma^2}{1/n_\alpha^2 - 1/n_\gamma^2}} \, ,$$

$$\mathrm{tg}\, V = \sqrt{\frac{1/n_\alpha^2 - 1/n_\beta^2}{1/n_\beta^2 - 1/n_\gamma^2}} \, . \qquad \text{(A 30a)}$$

In diesen Ausdrücken ist unter V, gemäß der Ableitung, immer der n_γ benachbarte Winkel zu verstehen, gleichgültig, ob er spitz oder stumpf ist, d. h. ob der Kristall positiv oder negativ ist[1].

Für *kleine Doppelbrechungen*, wie sie bei einer Großzahl von gesteinsbildenden Mineralien auftreten, können die Ausdrücke (A 30), wie E. MALLARD gezeigt hat, wesentlich vereinfacht werden. Für diesen Fall sind nämlich die drei Faktoren

$$\frac{n_\gamma}{n_\beta} \sqrt{\frac{n_\beta + n_\alpha}{n_\gamma + n_\alpha}} \, , \qquad \frac{n_\alpha}{n_\beta} \sqrt{\frac{n_\gamma + n_\beta}{n_\gamma + n_\alpha}} \, , \qquad \frac{n_\gamma}{n_\alpha} \sqrt{\frac{n_\beta + n_\alpha}{n_\gamma + n_\alpha}}$$

in den drei Formeln nur sehr wenig von 1 verschieden, so daß sie abgesondert werden können, worauf die als *Mallardsche Formeln* bezeichneten Näherungsausdrücke resultieren:

$$\sin V_\gamma = \sqrt{\frac{n_\beta - n_\alpha}{n_\gamma - n_\alpha}} \, , \qquad \cos V_\gamma = \sqrt{\frac{n_\gamma - n_\beta}{n_\gamma - n_\alpha}} \, , \qquad \mathrm{tg}\, V_\gamma = \sqrt{\frac{n_\beta - n_\alpha}{n_\gamma - n_\beta}} \, . \qquad \text{(A 31)}$$

Da $\mathrm{tg}\, 45° = 1$ ist, folgt aus der Mallardschen Formel für $\mathrm{tg}\, V_\gamma$, daß für einen optisch *positiven* Kristall $(n_\beta - n_\alpha) < (n_\gamma - n_\beta)$ und für einen *negativen* Kristall $(n_\beta - n_\alpha) > (n_\gamma - n_\beta)$ sein muß. Für optisch *neutrale* Kristalle $(2\,V = 90°)$ muß $n_\beta - n_\alpha = n_\gamma - n_\beta$ sein, d. h. die beiden in Richtung der beiden Bisektrizen n_γ und n_α wahrnehmbaren Doppelbrechungen sind einander gleich. Subtrahiert man von beiden Seiten der Gleichung $2 n_\alpha$, so folgt

$$n_\beta - n_\alpha - 2 n_\alpha = n_\gamma - n_\beta - 2 n_\alpha \, ,$$
$$n_\gamma + n_\alpha - 2 n_\alpha = 2\,(n_\beta - n_\alpha) \, ,$$
$$\frac{1}{2}\,(n_\gamma - n_\alpha) = n_\beta - n_\alpha \, .$$

Gleicherweise erhält man durch beidseitige Addition von $2 n_\gamma$ $\;(n_\gamma - n_\alpha)/2 = n_\gamma - n_\beta$, d. h. für optisch neutrale Kristalle ist die in Richtung der beiden Bisektrizen wahrgenommene Doppelbrechung gleich der halben Doppelbrechung in Richtung der optischen Normalen, d. h. gleich der halben maximalen Doppelbrechung.

---

[1] Bei der Angabe eines Achsenwinkels ist immer darauf zu achten, daß diese eindeutig erfolgt. Man gibt daher entweder die Bisektrix des Winkels an, z. B. $2\,V_\gamma = 36°$ oder $2\,V_\alpha = 52°$, woraus sich sofort der Charakter des Kristalls ergibt, oder man gibt diesen an, wodurch zugleich die Bisektrix bestimmt erscheint, also z. B. $(+)\,2\,V = 36°$ oder $(-)\,2\,V = 52°$. Eine andere Möglichkeit besteht darin, den auf n_γ bezogenen Achsenwinkel von $0-180°$ zu zählen.

Die zwischen $2V$ und den Hauptbrechungsindizes bestehenden Beziehungen wurden verschiedentlich auch in Form von Nomogrammen dargestellt, denen z. T. die exakten, z. T. die Mallardschen Näherungsformeln zugrunde liegen.

Weil diese Nomogramme oft langwierige Berechnungen ersparen und weil ihre Genauigkeit für mikroskopische Zwecke meist vollauf genügt, soll hier dasjenige von H. WALDMANN[1]), welches auf Grund der exakten Formeln entworfen wurde, wiedergegeben werden (Tafel I am Schlusse des Bandes). Das Diagramm besteht im Original aus zwei Feldern, von denen in Tafel I nur das untere wiedergegeben ist. Das obere Feld dient dazu, aus den gegebenen Brechungsindizes die Verhältnisse $A = n_\alpha/n_\beta$ und $C = n_\gamma/n_\beta$, welche gewissermaßen das kristallographische Achsenverhältnis der Indikatrix darstellen, auf graphischem Wege zu bestimmen. Diese können jedoch ebenso bequem mit dem Rechenschieber ermittelt werden. Aus dem Ausdruck für tg V in (A 30) ergibt sich auf diese Weise

$$\operatorname{tg}^2 V = \frac{1/A^2 - 1}{1 - 1/C^2},$$

welche Beziehung nur noch zwei unabhängige Variable enthält, so daß sie sich zur graphischen Darstellung in einer Ebene eignet. Diese ist im untern Diagramm enthalten, welches aus A und C das gesuchte $2V$ liefert. Für Einzelheiten muß auf die Erläuterung zur Tafel sowie auf die Originalarbeit verwiesen werden.

b) *Wirtelige Gruppe*
(*trigonal-rhomboedrisches, tetragonales und hexagonales System*)

Die Indikatrix spezialisiert sich, wie schon erwähnt, zu einem *Rotationsellipsoid* mit der c-Achse als Rotationsachse.

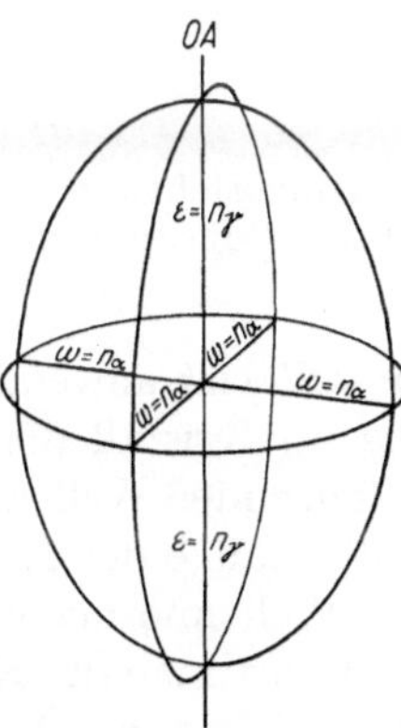

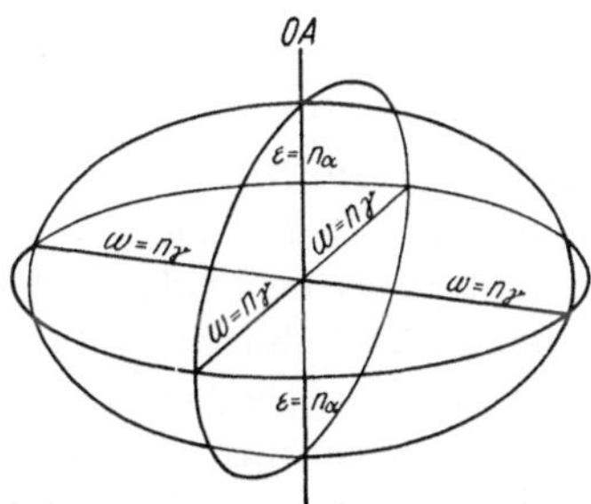

<table>
<tr><td>

Fig. 24

Optisch einachsig positive Indikatrix. Rotationsellipsoid mit der Hauptschwingungsrichtung der langsameren Welle n_γ als Rotationsachse.

</td><td>

Fig. 25

Optisch einachsig negative Indikatrix. Rotationsellipsoid mit der Hauptschwingungsrichtung der rascheren Welle n_α als Rotationsachse.

</td></tr>
</table>

Formal kann der Übergang vom dreiachsigen zum Rotationsellipsoid so vorgenommen werden, daß man zwei Hauptbrechungsindizes einander gleich werden läßt, wobei gleichzeitig $2V = 0$ wird. Läßt man $n_\beta = n_\alpha$ werden, so erhält

---

[1]) H. WALDMANN, *Über eine graphische Auswertung der Achsenwinkelgleichung*, Schweiz. min.-petr. Mitt. *25*, 327–340 (1945).

man ein Rotationsellipsoid mit n_γ als Rotationsachse und n_α als Radius. Läßt man $n_\beta = n_\gamma$ werden, so wird n_α Rotationsachse und n_γ Radius. Der erste Typus (Fig. 24), der auch aus einem *optisch positiv zweiachsigen Kristall* durch Nullwerden des spitzen Achsenwinkels hervorgeht, wird in Analogie dazu als *einachsig positiv* bezeichnet, der andere als *einachsig negativ* (Fig. 25). Bezogen auf ein rechtwinkliges Koordinatensystem, lauten die Gleichungen für diese Rotationsellipsoide

optisch positiv: optisch negativ:

$$\frac{x^2 + y^2}{n_\alpha^2} + \frac{z^2}{n_\gamma^2} = 1, \qquad \frac{x^2 + y^2}{n_\gamma^2} + \frac{z^2}{n_\alpha^2} = 1. \tag{A 32}$$

Die Gleichungen in Polarkoordinaten folgen aus (A 27a). Läßt man $n_\alpha = n_\beta$ werden, so wird

$$\frac{\cos^2 \psi_1 + \cos^2 \psi_2}{n_\alpha^2} + \frac{\cos^2 \psi_3}{n_\gamma^2} = \frac{1}{n^2}.$$

Da für die drei Richtungskosinus immer gilt, daß $\cos^2\psi_1 + \cos^2\psi_2 + \cos^2\psi_3 = 1$, so folgt

$$\frac{1 - \cos^2 \psi_3}{n_\alpha^2} + \frac{\cos^2 \psi_3}{n_\gamma^2} = \frac{\sin^2 \psi_3}{n_\alpha^2} + \frac{\cos^2 \psi_3}{n_\gamma^2} = \frac{1}{n^2} \tag{A 32a}$$

für das einachsig positive Rotationsellipsoid. Gleicherweise findet man für den optisch negativen Fall

$$\frac{\cos^2 \psi_1}{n_\alpha^2} + \frac{\sin^2 \psi_1}{n_\gamma^2} = \frac{1}{n^2}. \tag{A 32b}$$

Dabei ist ψ_3 bzw. $\psi_1 = \psi$ der Winkel, den die Schwingungsrichtung einer Welle mit dem Brechungsindex n mit der Rotationsachse (kristallographische c-Achse) bildet.

Man kann auch hier den *Fundamentalsatz der Kristalloptik* anwenden, nach welchem für eine beliebige Wellennormalenrichtung im Kristall die Schwingungsrichtungen der beiden sich parallel dazu fortpflanzenden Wellen und ihre Brechungsindizes durch die Lage der Achsen bzw. die Länge der Halbachsen der Schnittellipse gegeben sind, nach welcher eine zur Wellennormalenrichtung senkrechte Diametralebene die Indikatrix schneidet. Führt man die Konstruktion (Fig. 26) für eine Reihe von Normalenrichtungen durch, welche mit der c-Achse verschiedene Winkel ψ bilden, so erkennt man, daß die eine der beiden Wellen ihren Brechungsindex zwischen den beiden durch die halbe Rotationsachse und den Radius des Ellipsoides bestimmten Werten ändert, während die andere eine konstante, von ψ unabhängige Brechung aufweist. Da sich die zweite Welle somit genau so verhält, wie in einem isotropen Medium, so nennt man sie die *ordentliche Welle*, während die erstgenannte auf Grund ihres außerordentlichen Verhaltens als *außerordentliche* bezeichnet wird. Analogerweise spricht man auch von *ordentlichen* bzw. *außerordentlichen Strahlen*. Da für die ordentliche Welle die Wellenfläche eine Kugel sein muß (Fig. 10), so fallen für sie Strahlen- und Wellennormalenrichtung immer zusammen, während dies für die außerordentliche Welle nur in bestimmten ausgezeichneten Richtungen der Fall sein kann. Bezeichnet man eine durch die Rotationsachse und die betrachtete Wellennormale gelegte Ebene wiederum als *Hauptschnitt*, so folgt aus den Figuren, daß die *ordentliche Welle* immer *senkrecht zum Hauptschnitt* schwingt, die *außerordentliche* jedoch *parallel* dazu.

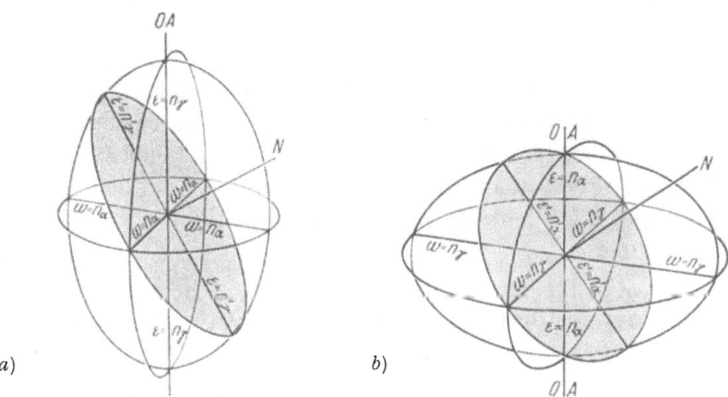

Fig. 26

Anwendung des Fundamentalsatzes der Kristalloptik auf optisch einachsige Kristalle. Für alle möglichen Lagen der zur Wellennormalenrichtung N normalen Diametralebene weist die eine Halbachse der Schnittellipse immer die gleiche Länge auf. Sie entspricht dem Brechungsindex der ordentlichen Welle ω. Zwei Fälle sind zu unterscheiden: a) Die ordentliche Welle ist die raschere der beiden sich in Richtung von N fortpflanzenden Wellen; es ist daher $\omega = n_\alpha$, $\varepsilon' = n'_\gamma$ bzw. $\omega < \varepsilon'$ (optisch positiv); b) die ordentliche Welle ist die langsamere, es ist daher $\omega = n_\gamma$, $\varepsilon' = n'_\alpha$ bzw. $\omega > \varepsilon'$ (optisch negativ).

Nennt man, wie üblich, den größeren Hauptbrechungsindex n_γ, den kleinern n_α und unabhängig hiervon den Brechungsindex der ordentlichen Welle ω, denjenigen der außerordentlichen ε bzw. ε', wenn es sich nicht um den Extremwert handelt, so ergeben sich folgende weitere Definitionen für den optischen Charakter einachsiger Kristalle:

<table>
<tr><td>optisch positiv:</td><td>optisch negativ:</td></tr>
</table>

$$c = n_\gamma \qquad\qquad c = n_\alpha$$
$$n_\gamma = \varepsilon \mid \varepsilon > \omega \qquad\qquad n_\gamma = \omega \mid \varepsilon < \omega$$
$$n_\alpha = \omega \mid (\varepsilon - \omega) > 0 \qquad\qquad n_\alpha = \varepsilon \mid (\varepsilon - \omega) < 0$$

Der Charakter stimmt somit mit dem Vorzeichen der Differenz $(\varepsilon - \omega)$ überein.

Fällt die betrachtete Wellennormale in die Richtung der Rotationsachse des Ellipsoides, so spezialisiert sich der zugehörige Normalschnitt zu einem *Kreis* vom Radius ω, d. h. n_α für positive und n_γ für negative Kristalle. Solche Schnitte weisen keine ausgezeichneten Schwingungsrichtungen mehr auf, sie verhalten sich *isotrop*, wie die Schnittlagen parallel den Kreisschnitten des dreiachsigen

Ellipsoides. Die Rotationsachse ist somit eine Richtung der Isotropie, d. h. eine *optische Achse*. Man nennt daher Kristalle mit einer Indikatrix von der Form eines Rotationsellipsoides *optisch einachsig*[1]).

c) *Kubische Gruppe*

Für kubische Kristalle wird $n_\alpha = n_\beta = n_\gamma = n$, d. h. die allgemeine Gleichung der Indikatrix in rechtwinkligen Koordinaten (A 27) geht über in

$$x^2 + y^2 + z^2 = n^2. \tag{A 33}$$

Die Indikatrix der kubischen Kristalle ist somit eine *Kugel* vom Radius n. Die zu einer beliebigen Wellennormalen senkrechten Diametralebenen schneiden die Kugel immer in einem *Kreis* vom Radius n, es tritt daher niemals Doppelbrechung auf. Lichtwellen pflanzen sich in kubischen Kristallen immer unabhängig von der speziellen Richtung mit der Lichtbrechung n fort, sie verhalten sich also *isotrop*.

4. Anwendung der Indikatrix zur Lösung wichtiger kristalloptischer Probleme

a) *Konstruktion der Schwingungsebenen für beliebige Wellennormalenrichtungen*

α) Optisch zweiachsige Kristalle

Nach dem Fundamentalsatz der Kristalloptik (Kap. A, II, 2) lassen sich die Schwingungsebenen für eine beliebige Wellennormalenrichtung angeben, wenn die Indikatrix nach Dimension und Lage im Kristall bekannt ist. Weil die optischen Achsen als Normalen auf die Kreisschnittebenen der Indikatrix ebenfalls festgelegt sind, sobald die Dimensionen der Indikatrix bekannt sind, können die Schwingungsebenen der beiden Wellen, welche zu einer beliebigen Normalenrichtung gehören, auch auf diese bezogen werden. Es zeigt sich sogar, daß dieser Zusammenhang besonders einfach und übersichtlich ist, so daß er als sogenannte Fresnelsche Konstruktion in der Praxis bevorzugt wird. Dieser wichtige Satz der Kristalloptik sagt aus: *Die gesuchten Schwingungsebenen sind die Halbierungsebenen der räumlichen Winkel, welche zwei durch die Wellennormale und die beiden optischen Achsen gelegte Ebenen miteinander bilden.* Denkt man sich aus dem Kristall eine planparallele Platte senkrecht zur betrachteten Wellennormalenrichtung herausgeschnitten, so liefern die Spuren der Schwingungsebenen die Schwingungsrichtungen der Platte. Diese sind also, anders ausgedrückt, die Winkelhalbierenden der Projektionen der beiden optischen Achsen auf die Platte.

---

[1]) Es soll jedoch ausdrücklich darauf hingewiesen werden, daß die Analogie zwischen der optischen Achse einachsiger Kristalle und den bei zweiachsigen gleichbezeichneten Richtungen (Binormalen) nicht vollständig ist. Während nämlich für eine sich in einer Binormalenrichtung fortpflanzende Welle die zugehörige Strahlenrichtung unbestimmt ist (Strahlenkegel der sogenannten *innern konischen Refraktion*), fallen in optisch einachsigen Kristallen für die Richtung der optischen Achse Strahl und Wellennormale immer zusammen. Auf die Erscheinungen der *innern* wie auch der *äußern konischen Refraktion* wird an dieser Stelle nicht näher eingegangen, da sie praktisch kaum von Bedeutung sind. Es muß hierfür auf die ausführlicheren Darstellungen der Kristalloptik verwiesen werden, z. B. auf FR. POCKELS, l. c. (1906), S. 55—61.

Konstruktiv geht man so vor, daß man mit Hilfe eines *Wulffschen Netzes* in stereographischer Projektion durch den Ausstichspunkt der Wellennormalen N (Fig. 27) und die beiden optischen Achsen A und B die beiden *Konstruk-*

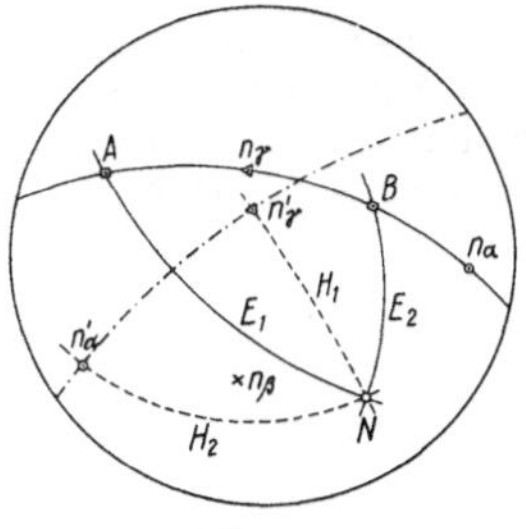

Fig. 27

Konstruktion der Schwingungsebenen für die sich in Richtung N eines optisch zweiachsigen Kristalls fortpflanzenden Wellen in stereographischer Projektion (Fresnelsche Konstruktion). Die gesuchten Schwingungsebenen sind die Halbierungsebenen H_1 und H_2 der beiden von den durch N und die optischen Achsen A und B gelegten Ebenen E_1 und E_2 eingeschlossenen räumlichen Winkel. Die Schwingungsrichtungen n_γ' und n_α' entsprechen in der Projektion den Schnittpunkten von H_1 und H_2 mit dem zu N polaren Großkreis (strichpunktiert).

tionsebenen E_1 und E_2 legt. Die gesuchten Schwingungsebenen sind dann die bei den *Halbierungsebenen* H_1 und H_2 der beiden durch E_1 und E_2 gebildeten räumlichen Winkel. Die Schwingungsrichtungen der zu N senkrechten Ebene (Präparatenebene) werden durch die Schnittpunkte der H_1 und H_2 entsprechenden Großkreise mit dem zu N polaren Großkreis dargestellt. n_α' liegt dabei im gleichen räumlichen Winkel $E_1 E_2$ wie n_α und n_γ' im gleichen Winkel wie n_γ des Kristalls.

Beweis: Durch die Normale N (Fig. 28) und die beiden optischen Achsen A_1 und A_2 werden die Ebenen E_1 und E_2 gelegt. Errichtet man im Zentrum der Indikatrix das Lot r_1 auf E_1, so gehört dieses, da es auf A_1 normal steht, dem Kreisschnitt K_1 an und hat demzufolge die Länge n_β. Aus dem gleichen Grunde gehört das Lot r_2, welches aus der Indikatrixmitte auf E_2 errichtet wird, dem Kreisschnitt K_2 an und hat ebenfalls die Länge n_β. Beide Lote stehen jedoch auch senkrecht auf der Normalen N, weil diese sowohl E_1 als auch E_2 angehört, und bestimmen daher die Ebene des zu N normalen elliptischen Indikatrixschnittes S. Aus Symmetriegründen müssen in diesem (in Fig. 29 unverzerrt dargestellt) die beiden Hauptachsen, d.h. die Schwingungsrichtungen, gemäß dem Fundamentalsatz der Kristalloptik, die Winkel zwischen Radien-

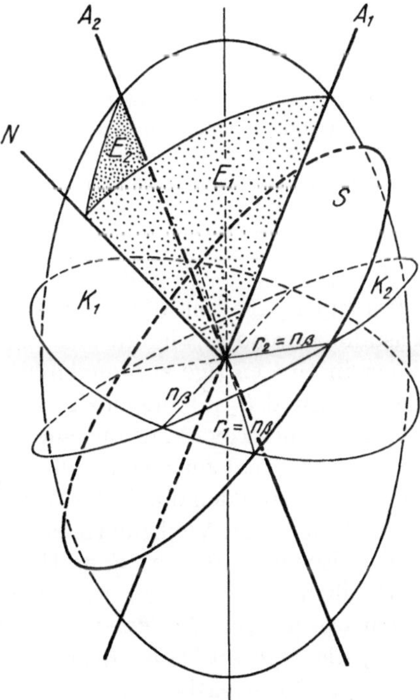

Fig. 28

Zum Beweis der Fresnelschen Konstruktion. Durch die Wellennormale N und die beiden optischen Achsen A_1 und A_2 werden die beiden Ebenen E_1 und E_2 gelegt. Die auf ihnen im Mittelpunkt der Indikatrix errichteten Lote r_1 und r_2 haben beide die Länge n_β, da sie den beiden Kreisschnitten K_1 und K_2 angehören. Sie bestimmen den zu N normalen Indikatrixschnitt S, der in Fig. 29 gesondert dargestellt ist.

vektoren gleicher Länge halbieren. Die Schwingungsrichtungen entsprechen somit auch den Spuren h_1 und h_2 der beiden auf S normalen Ebenen H_1 und H_2, welche die räumlichen Winkel zwischen den zu S und den beiden Radienvektoren r_1 und r_2 von der Länge n_β normalen Konstruktionsebenen E_1 und E_2 halbieren, was es zu beweisen galt.

Über die Verwendung der Fresnelschen Konstruktion zur Bestimmung der sogenannten Auslöschungsschiefe, d. h. des Winkels, den die Schwingungsrichtungen einer Kristallplatte mit bestimmten kristallographischen Richtungen bilden, sowie über Möglichkeiten der mathematischen Formulierung siehe Kapitel K.

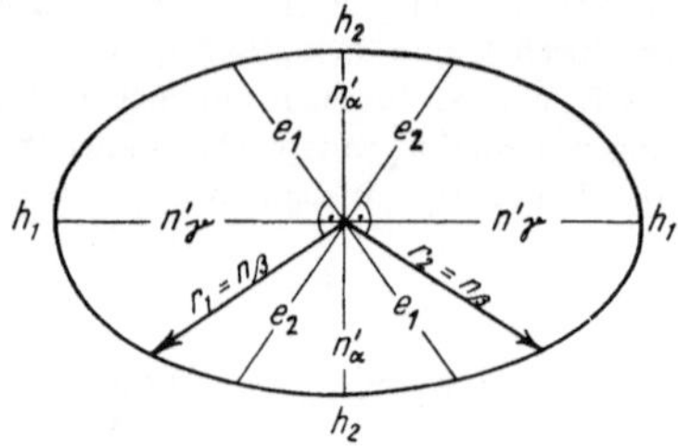

Fig. 29

Schnittebene S, senkrecht N, von Fig. 28. Die gesuchten Schwingungsrichtungen n'_γ und n'_α liegen als Ellipsenachsen symmetrisch zu den gleich langen Radienvektoren r_1 und r_2 bzw. zu den Spuren e_1 und e_2 der auf diesen senkrecht stehenden Ebenen E_1 und E_2. Sie fallen daher auch mit den Spuren h_1 und h_2 der Halbierungsebenen H_1 und H_2 der räumlichen Winkel, welche von E_1 und E_2 gebildet werden, zusammen.

β) Optisch einachsige Kristalle

Prinzipiell läßt sich die Fresnelsche Konstruktion ebensogut auf einachsige Kristalle anwenden wie auf zweiachsige. Da die beiden optischen Achsen bei diesen in eine einzige zusammenfallen, fallen auch die beiden Konstruktionsebenen E_1 und E_2 in eine einzige zusammen, und von den beiden Halbierungsebenen H_1 und H_2 verläuft die eine ebenfalls durch die optische Achse, während die andere normal zur ersten steht. Die Schwingungsebenen der beiden Wellen sind daher durch den durch die Wellennormale gelegten Hauptschnitt der Indikatrix, welcher die Wellennormale enthält, und die ebenfalls durch die Normale gelegte Ebene senkrecht zum Hauptschnitt gegeben, ein Resultat, das auf anschauliche Weise schon aus dem Fundamentalsatz der Kristalloptik erhalten wurde. Der *Hauptschnitt* ist immer *Schwingungsebene* der *außerordentlichen*, die *dazu senkrechte Ebene* der *ordentlichen Welle*. Für positive Kristalle ist $\varepsilon' = n'_\gamma$, für negative $= n'_\alpha$.

b) *Berechnung der Licht- und Doppelbrechung für beliebige Schnitte*

Bei der mikroskopischen Untersuchung von Kristallen liegen diese meist als *planparallele Platten* vor. Entweder handelt es sich um lose Kristallindividuen oder um Spaltblättchen von solchen, die von zwei parallelen Flächen begrenzt sind, oder es liegen orientiert angelegte planparallele Schliffe von Einzelkristallen vor, oder es sind Gesteinsdünnschliffe zu untersuchen, in welchen das einzelne Mineral ebenfalls die Gestalt einer planparallelen Platte von allgemeiner oder spezieller Schnittlage aufweist.

Je nachdem, ob man bei *normal* oder *schief einfallendem* Licht (orthoskopisch oder konoskopisch) beobachtet, erfolgt der Lichteinfall *parallel* oder *schief* zur Plattennormalen. Im ersten Fall besitzen die beiden zufolge der Doppelbrechung im Kristall entstehenden und sich mit verschiedener Geschwindigkeit fortpflanzenden Wellen eine *gemeinsame*, mit der Plattennormalen (Einfallsrichtung) identische Normalenrichtung, und ihre Schwingungsrichtungen stehen genau *senkrecht* aufeinander. Im Falle der schiefen Inzidenz treten im Kristall zwei *getrennte* Wellennormalenrichtungen auf, die mit der Plattennormalen verschiedene Winkel bilden. Dabei stehen im allgemeinen die Schwingungsrichtungen *nicht* mehr genau *senkrecht* aufeinander. Die Größe der Abweichung hängt vom Einfallswinkel und von der Doppelbrechung ab. Sie ist jedoch im allgemeinen so gering, daß sie hier immer vernachlässigt werden darf. Im folgenden sollen die beiden Fälle der normalen und der schiefen Inzidenz getrennt behandelt werden.

α) Berechnung
der Licht- und Doppelbrechung bei normaler Inzidenz
αα) Optisch zweiachsige Kristalle

Bei *normaler* Inzidenz ergeben sich die gesuchten Brechungsindizes der beiden Wellen sowie ihre Differenz, d. h. die Doppelbrechung, aus dem Fundamentalsatz der Kristalloptik, sobald die Orientierung der untersuchten Kristallplatte bzw. ihrer Normalen in bezug auf die Indikatrix bekannt ist. Ja nach dem angestrebten Ziel kann der Satz entweder mehr qualitativ zu einer ersten Orientierung oder in exakter Formulierung zur genauen Berechnung der gesuchten Brechungsindizes angewandt werden. Im erstgenannten Sinne eignet er sich in der mikroskopischen Praxis vor allem für Überlegungen in Verbindung mit der Immersionsmethode zur Bestimmung der Brechungsindizes, etwa in der Weise, daß sofort festgestellt werden kann, welche Brechungsindizes den beiden Schwingungsrichtungen einer Platte entsprechen bzw. welcher von ihnen einem Hauptbrechungsindex entspricht und sich daher zur Bestimmung eignet. In Anbetracht der Wichtigkeit, welche derartige Überlegungen für die Praxis der Immersionsmethode besitzen, seien sie hier für eine Anzahl wichtiger spezieller Schnittlagen durchgeführt.

Liegt die *Einfallsrichtung parallel einer Hauptschwingungsrichtung*, so pflanzen sich im Kristall zwei Wellen fort, welche parallel zu den beiden andern Hauptschwingungsrichtungen schwingen und somit diesen entsprechende Brechungsindizes aufweisen (siehe Fig. 30).

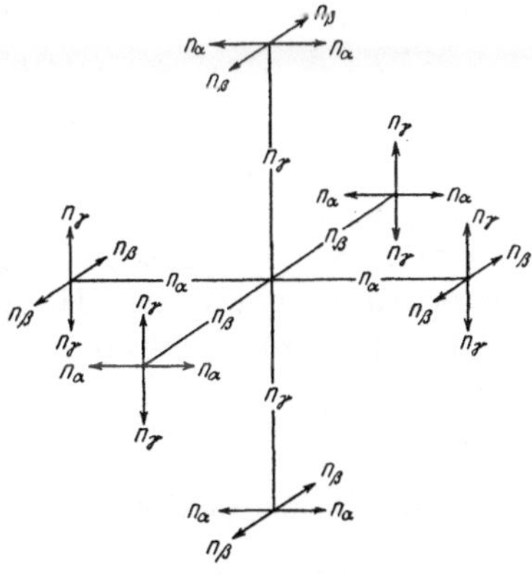

Fig. 30
Hauptschwingungsrichtungen eines
optisch zweiachsigen Kristalls.

Wellennormalenrichtung	Schwingungsrichtungen	Doppelbrechung
n_α	n_β und n_γ	$n_\gamma - n_\beta$
n_β	n_α und n_γ	$n_\gamma - n_\alpha$
n_γ	n_α und n_β	$n_\beta - n_\alpha$

Fällt die *Einfallsrichtung in einen Hauptschnitt*, ohne jedoch mit einer Hauptschwingungsrichtung zusammenzufallen, so entspricht nur die Lichtbrechung der senkrecht zum Hauptschnitt schwingenden Welle einem Hauptbrechungsindex, während diejenige der zweiten Welle einen zwischen den beiden andern Hauptbrechungsindizes liegenden Zwischenwert darstellt, welcher von der Neigung der Wellennormalen innerhalb des Hauptschnittes abhängt. Es sind folgende Fälle zu unterscheiden:

Wellennormalenrichtung	Schwingungsrichtungen
im Hauptschnitt $n_\alpha\, n_\gamma$	n_β und Zwischenwert $n_\alpha, \ldots, n_\gamma$
im Hauptschnitt $n_\alpha\, n_\beta$	n_γ und Zwischenwert $n_\alpha, \ldots, n_\beta$
im Hauptschnitt $n_\beta\, n_\gamma$	n_α und Zwischenwert $n_\beta, \ldots, n_\gamma$

Von besonderem Interesse sind die *Schnitte senkrecht zu einer optischen Achse*, d. h. parallel zu einem Kreisschnitt der Indikatrix. Für derartige Schnitte findet keine Doppelbrechung statt, es pflanzt sich in ihnen daher eine einzige Welle mit der Lichtbrechung n_β fort.

Liegt die *Einfallsrichtung ganz beliebig* in bezug auf die Indikatrix, so pflanzen sich im Kristall zwei Wellen mit den Brechungsindizes n_γ' und n_α' fort, wobei immer gilt $n_\alpha \leqq n_\alpha' \leqq n_\beta \leqq n_\gamma' \leqq n_\gamma$.

Zur exakten *Berechnung der Brechungsindizes* geht man von Gleichung (A 28) aus, wobei die gesuchten Indizes durch die beiden positiven Wurzeln gegeben sind. Die Rechnung gestaltet sich bedeutend übersichtlicher, wenn man an Stelle der Brechungsindizes die Normalengeschwindigkeiten $a = 1/n_\alpha$, $b = 1/n_\beta$, $c = 1/n_\gamma$ sowie $v = 1/n$ einführt. (A 28) geht dann über in

$$\frac{\cos^2 \psi_1}{v^2 - a^2} + \frac{\cos^2 \psi_2}{v^2 - b^2} + \frac{\cos^2 \psi_3}{v^2 - c^2} = 0, \qquad (A\,28a)$$

wobei ψ_1, ψ_2, ψ_3 wiederum die Richtungswinkel der betrachteten Wellennormalen mit den Normalengeschwindigkeiten $v_{1,2} = 1/n_{1,2}$ in bezug auf die zu Koordinatenachsen gewählten Hauptschwingungsrichtungen sind. Durch Wegschaffen der Brüche erhält man

$$\cos^2 \psi_1\, (v^2 - b^2)\, (v^2 - c^2) + \cos^2 \psi_2\, (v^2 - a^2)\, (v^2 - c^2) + \cos^2 \psi_3\, (v^2 - a^2)\, (v^2 - b^2) = 0,$$

und unter Berücksichtigung, daß $\cos^2 \psi_1 + \cos^2 \psi_2 + \cos^2 \psi_3 = 1$ ist, folgt

$$v^4 - [(b^2 + c^2)\cos^2 \psi_1 + (a^2 + c^2)\cos^2 \psi_2 + (a^2 + b^2)\cos^2 \psi_3]\, v^2 +$$
$$+ b^2 c^2 \cos^2 \psi_1 + a^2 c^2 \cos^2 \psi_2 + a^2 b^2 \cos^2 \psi_3 = 0.$$

Nennt man die Wurzeln dieser biquadratischen Gleichung v_1^2 und v_2^2, so ist nach dem Wurzelsatz von VIETA

$$v_1^2 + v_2^2 = (b^2 + c^2)\cos^2 \psi_1 + (a^2 + c^2)\cos^2 \psi_2 + (a^2 + b^2)\cos^2 \psi_3$$
$$v_1^2 v_2^2 = b^2 c^2 \cos^2 \psi_1 + a^2 c^2 \cos^2 \psi_2 + a^2 b^2 \cos^2 \psi_3.$$

Betrachtet man vorerst die Spezialfälle, daß die Wellennormale entweder mit einer *Hauptschwingungsrichtung* zusammenfällt oder in einer *Symmetrieebene* der Indikatrix (Hauptschnitt) liegt, so lassen sich die Wurzeln der Gleichung und damit die gesuchten Brechungsindizes leicht berechnen. Fällt die Einfallsrichtung mit n_α zusammen, so ist $\cos \psi_1 = 1$ und $\cos \psi_2 = \cos \psi_3 = 0$, und die Gleichung liefert ($v_1 > v_2$ gesetzt) $v_1 = b$ und $v_2 = c$, d. h. die sich längs der Hauptschwingungsrichtung n_α fortpflanzenden Wellen weisen die Brechungsindizes $n_\beta = 1/b$ und $n_\gamma = 1/c$ auf. Analogerweise findet man für die sich in Richtung von n_β fortpflanzenden Wellen n_α und n_γ sowie für n_γ als Normalenrichtung n_α und n_β, in Übereinstimmung mit Fig. 30.

Liegt die *Wellennormalenrichtung in einem Indikatrixhauptschnitt*, so wird der Richtungswinkel in bezug auf die zum Hauptschnitt normal stehende Hauptschwingungsrichtung $\pi/2$, während die beiden andern zueinander komplementär sind. Die eine Schwingungsrichtung entspricht einer Hauptschwingungsrichtung, die zweite nimmt eine Zwischenlage zwischen den beiden andern ein. Liegt die Normale z. B. in der optischen Symmetrieebene $n_\beta\, n_\gamma$, so ist $\cos \psi_1 = 0$ und $\cos^2 \psi_2 + \cos^2 \psi_3 = \cos^2 \psi_2 + \sin^2 \psi_2 = 1$. Somit ist

$$v_1^2 + v_2^2 = (a^2 + c^2) \cos^2 \psi_2 + (a^2 + b^2) \sin^2 \psi_2$$

$$v_1^2 v_2^2 = a^2 c^2 \cos^2 \psi_2 + a^2 b^2 \sin^2 \psi_2 .$$

Da $v_1 = a$ ist, wird

$$v_2 = \sqrt{b^2 \sin^2 \psi_2 + c^2 \cos^2 \psi_2} .$$

Für die Brechungsindizes der beiden Wellen folgt hieraus, wenn man, wie üblich, den kleineren mit n'_α und den größern mit n'_γ bezeichnet:

$$n'_\alpha = n_\alpha; \; n'_\gamma = \frac{n_\beta\, n_\gamma}{\sqrt{n_\gamma^2 \sin^2 \psi_2 + n_\beta^2 \cos^2 \psi_2}} \qquad \text{(Wellennormale in Ebene } n_\beta\, n_\gamma). \qquad \text{(A 24)}$$

Durch zyklische Vertauschung erhält man für die beiden andern Fälle:

$$n'_\alpha = n_\beta; \; n'_x = \frac{n_\gamma\, n_\alpha}{\sqrt{n_\alpha^2 \sin^2 \psi_3 + n_\gamma^2 \cos^2 \psi_3}} \qquad \text{(Wellennormale in Ebene } n_\gamma\, n_\alpha). \qquad \text{(A 34)}$$

Hierbei ist $n'_x = n'_\gamma$ oder $n'_x = n'_\alpha$, je nachdem $n'_x \gtrless n_\beta$, was davon abhängt, ob die Wellennormale im stumpfen oder spitzen Winkel $2V$ liegt.

$$n'_\gamma = n_\gamma; \; n'_\alpha = \frac{n_\alpha\, n_\beta}{\sqrt{n_\beta^2 \sin^2 \psi_1 + n_\alpha^2 \cos^2 \psi_1}} \qquad \text{(Wellennormale in Ebene } n_\alpha\, n_\beta). \qquad \text{(A 34)}$$

Die Formeln (A 34) stellen die quantitativen Ausdrücke für die bereits Seite 56 rein qualitativ gegebenen Beziehungen dar.

Für den *allgemeinen* Fall, daß keiner der Richtungswinkel $\psi = 0$ oder $\psi = \pi/2$ wird, ist die Berechnung der Wurzeln der biquadratischen Gleichung sehr umständlich. Es ist daher praktisch von großer Bedeutung, daß es möglich ist, v_1^2 und v_2^2 in einfacher rationaler Form darzustellen, wenn man die Normalenrichtung statt wie bisher durch die Winkel ψ_1, ψ_2, ψ_3, welche sie mit den als Koordinatenrichtungen gewählten Hauptschwingungsrichtungen bildet, durch die Winkel ϑ und ϑ' definiert, welche sie mit den beiden optischen Achsen einschließt.

Die Beziehungen zwischen den alten und neuen Winkeln ergeben sich aus Fig. 31. In $\triangle ANB$ ist nach dem Kosinussatz

$$\cos \vartheta = \cos \psi_2 \sin V + \cos V \sin \psi_2 \cos \tau.$$

Da in $\triangle ZNB$ mit $ZB = \pi/2$ aus dem gleichen Grunde $\cos \psi_3 = \sin \psi_2 \cos \tau$ ist, wird für $\cos \vartheta$, ausgedrückt in ψ_2, ψ_3 und V,

$$\cos \vartheta = \cos \psi_2 \sin V + \cos V \cos \psi_3.$$

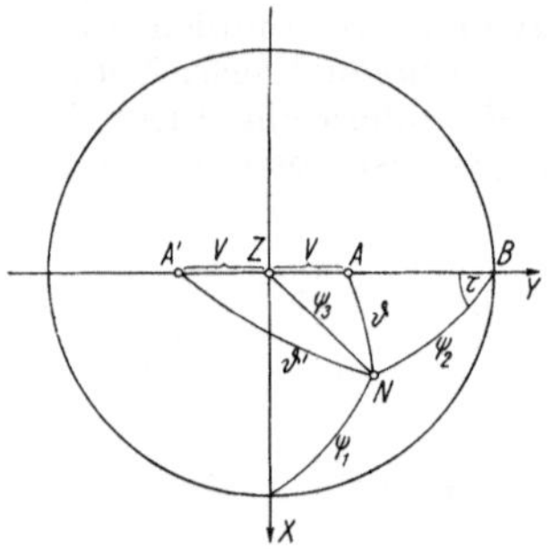

Gleicherweise findet man aus $\triangle A'NB$

$$\cos \vartheta' = - \cos \psi_2 \sin V + \cos V \cos \psi_3.$$

Durch Addition bzw. Subtraktion der beiden Ausdrücke erhält man umgekehrt

$$\cos \psi_3 = \frac{\cos \vartheta + \cos \vartheta'}{2 \cos V}, \qquad \cos \psi_2 = \frac{\cos \vartheta - \cos \vartheta'}{2 \sin V}.$$

Der dritte Richtungskosinus ergibt sich aus

$$\cos^2 \psi_1 + \cos^2 \psi_2 + \cos^2 \psi_3 = 1.$$

Setzt man diese Werte in (A 28a) ein, so erhält man nach einigen Umformungen[1]

$$\begin{aligned}
v_1^2 &= \frac{a^2 + c^2}{2} + \frac{a^2 - c^2}{2} \cos (\vartheta - \vartheta') \\
v_2^2 &= \frac{a^2 + c^2}{2} + \frac{a^2 - c^2}{2} \cos (\vartheta + \vartheta').
\end{aligned} \qquad (A\ 35)$$

Fig. 31

Zur Ableitung der Beziehungen zwischen den drei auf die Hauptschwingungsrichtungen bezogenen Richtungswinkeln ψ_1, ψ_2, ψ_3 einer Wellennormalenrichtung N und den Winkeln ϑ und ϑ', welche diese mit den beiden optischen Achsen A und A' bildet.

Diese Ausdrücke waren schon FRESNEL bekannt. Da sie jedoch erstmals 1834 durch F. NEUMANN in strenger Form abgeleitet und in der Folge vielfach angewandt wurden, werden sie gewöhnlich als Neumannsche Formeln bezeichnet.

Aus den Ausdrücken (A 35) läßt sich auch einfach die schon mehrfach ohne Beweis angeführte wichtige Beziehung $n_\alpha \lessgtr n_\alpha' \lessgtr n_\beta \lessgtr n_\gamma' \lessgtr n_\gamma$ herleiten. Läßt man nämlich die Normale N mit einer optischen Achse zusammenfallen, so wird $\vartheta + \vartheta' = 2V = \vartheta - \vartheta'$, und die längs N fortschreitende Welle hat die Geschwindigkeit $1/n_\beta = b$. Es wird somit nach (A 35)

$$b^2 = \frac{a^2 + c^2}{2} + \frac{a^2 - c^2}{2} \cos 2V.$$

Aus $\triangle ANA'$ (Fig. 31) ergibt sich, daß immer $\vartheta - \vartheta' \lessgtr 2V \lessgtr \vartheta + \vartheta'$ ist und daher $\cos (\vartheta - \vartheta') \gtrless \cos 2V \gtrless \vartheta + \vartheta'$. Also muß $v_1^2 \gtrless b^2 \gtrless v_2^2$ sein und folglich $n_\alpha' \lessgtr n_\beta \lessgtr n_\gamma'$. Da jedoch $n_\alpha \lessgtr n_\alpha'$ und $n_\gamma' \lessgtr n_\gamma$ ist, so folgt die zu beweisende Beziehung $n_\alpha \lessgtr n_\alpha' \lessgtr n_\beta \lessgtr n_\gamma' \lessgtr n_\gamma$.

---

[1] Siehe z. B. F. POCKELS, l. c. (1906), S. 37–38.

Setzt man in (A 35) an Stelle der Normalengeschwindigkeiten die *Brechungsindizes* ein, so erhält man, unter Berücksichtigung, daß $a > v_1 > b > v_2 > c$ und somit $n_\alpha < n'_\alpha < n_\beta < n'_\gamma < n_\gamma$ ist, die wichtigen Ausdrücke

$$n'_\alpha = n_\gamma\, n_\alpha \Big/ \sqrt{n_\gamma^2 + n_\alpha^2 + (n_\gamma^2 - n_\alpha^2)\cos(\vartheta - \vartheta')}\,, $$

$$n'_\gamma = n_\gamma\, n_\alpha \Big/ \sqrt{n_\gamma^2 + n_\alpha^2 + (n_\gamma^2 - n_\alpha^2)\cos(\vartheta + \vartheta')}\,. \qquad (A\,36)$$

Einen Ausdruck für die *Doppelbrechung* erhält man durch Subtraktion der beiden Ausdrücke (A 35)

$$v_1^2 - v_2^2 = \frac{a^2 - c^2}{2}\left[\cos(\vartheta - \vartheta') - \cos(\vartheta + \vartheta')\right]$$

oder, wenn man die Kosinus entwickelt,

$$v_1^2 - v_2^2 = (a^2 - c^2)\sin\vartheta \sin\vartheta'. \qquad (A\,37)$$

Ersetzt man wiederum die Normalengeschwindigkeiten durch die *Brechungsindizes*, so erhält man

$$\frac{1}{n_\alpha'^2} - \frac{1}{n_\gamma'^2} = \left(\frac{1}{n_\alpha^2} - \frac{1}{n_\gamma^2}\right)\sin\vartheta \sin\vartheta'. \qquad (A\,38)$$

Für *kleine Doppelbrechungen*, wie sie für die überwiegende Mehrzahl der gesteinsbildenden Mineralien charakteristisch sind, lassen sich aus dem für die Auswertung etwas unbequemen Ausdruck (A 38) zwei *Näherungsformeln* gewinnen, wie zuerst MALLARD gezeigt hat. Nach BUTTGENBACH gestaltet sich ihre Ableitung wie folgt. Man setzt

$$v_1 = b + d', \qquad v_2 = b - d'', \qquad a = b + \delta', \qquad c = b - \delta'',$$

wobei d' und d'' bzw. δ' und δ'' so klein sein müssen, daß ihre Produkte und Differenzen gegenüber b vernachlässigt werden dürfen. Aus (A 37) ergibt sich auf diese Weise

$$v_1^2 - v_2^2 = (v_1 + v_2)(v_1 - v_2) = (2b + d' - d'')(v_1 - v_2) = 2b(v_1 - v_2),$$
$$a^2 - c^2 = (a + c)(a - c) = (2b + \delta' - \delta'')(a - c) = 2b(a - c),$$
$$v_1 - v_2 = (a - c)\sin\vartheta \sin\vartheta'. \qquad (A\,39)$$

Werden wiederum die *Brechungsindizes* eingesetzt, so erhält man den gegenüber (A 38) bedeutend einfacher zu handhabenden Ausdruck

$$\frac{1}{n_\alpha'} - \frac{1}{n_\gamma'} = \left(\frac{1}{n_\alpha} - \frac{1}{n_\gamma}\right)\sin\vartheta \sin\vartheta'. \qquad (A\,40)$$

Auf ähnliche Weise erhält man für die Produkte $v_1 v_2$ und $a c$ die angenäherten Ausdrücke

$$\left.\begin{aligned} v_1 v_2 &= b^2 + b(d' - d'') - d'd'' \\ a c &= b^2 + b(\delta' - \delta'') - \delta'\delta'' \end{aligned}\right\} \text{ somit } v_1 v_2 = a c.$$

Dividiert man (A 39) durch dieses Resultat, so folgt

$$\frac{v_1 - v_2}{v_1 v_2} = \frac{a - c}{a c}\sin\vartheta \sin\vartheta'$$

oder, wenn man auch hier die Normalengeschwindigkeiten durch die *Brechungsindizes* ersetzt,

$$n'_\gamma - n'_\alpha = (n_\gamma - n_\alpha) \sin \vartheta \sin \vartheta' . \tag{A 41}$$

Diese Formel eignet sich sehr gut für rasche Überschlagsrechnungen, wobei man sich mit Vorteil der von WRIGHT gegebenen Nomogramme[1]) bedient.

$\beta\beta$) Optisch einachsige Kristalle

Für die optisch einachsigen Kristalle lassen sich die gleichen Überlegungen anstellen wie für die zweiachsigen. Dabei ergibt sich sofort, daß die Verhältnisse wegen der Rotationssymmetrie der Indikatrix bedeutend einfacher sind, da weniger prinzipiell verschiedene Fälle zu unterscheiden sind. Auch hier kann der Fundamentalsatz der Kristalloptik entweder mehr anschaulich-konstruktiv zur Anwendung gelangen (vgl. Fig. 26), oder es kann eine genaue rechnerische Behandlung durchgeführt werden.

Die erstgenannte Betrachtungsweise ist auch hier besonders in Verbindung mit der Immersionsmethode von Bedeutung, indem sie rasch erkennen läßt, ob beide Schwingungsrichtungen einer vorliegenden Kristallplatte von bekannter Orientierung gegenüber der Indikatrix Hauptschwingungsrichtungen sind oder nicht, d. h. ob beide oder nur ein Hauptbrechungsindex der Messung zugänglich sind. (Für optisch einachsige Kristalle ist auch bei beliebigen Schnittlagen immer eine Schwingungsrichtung Hauptschwingungsrichtung, nämlich diejenige der ordentlichen Welle.) Bezeichnet man den Winkel, den die Wellennormalenrichtung im Kristall mit der optischen Achse bzw. der kristallographischen c-Achse einschließt, wiederum mit ψ, so sind drei prinzipiell verschiedene Fälle zu unterscheiden:

Wellennormalenrichtung	Schwingungsrichtungen		Doppelbrechung
	optisch $+$	optisch $-$	
parallel zur optischen Achse $(\psi = 0)$	$\omega = n_\alpha$	$\omega = n_\gamma$	—
schief zur optischen Achse $(0 < \psi < \pi/2)$	$\left.\begin{array}{l}\omega = n_\alpha \\ \varepsilon' = n'_\gamma\end{array}\right\}$	$\left.\begin{array}{l}\omega = n_\gamma \\ \varepsilon' = n'_\alpha\end{array}\right\}$	$n'_\gamma - n_\alpha \ (+)$ $n_\gamma - n'_\alpha \ (-)$
normal zur optischen Achse $(\psi = \pi/2)$	$\begin{array}{l}\omega = n_\alpha \\ \varepsilon = n_\gamma\end{array}$	$\begin{array}{l}\varepsilon = n_\alpha \\ \omega = n_\alpha\end{array}$	$n_\gamma - n_\alpha$

Zur genauen Berechnung der Lichtbrechung der außerordentlichen Welle (diejenige der ordentlichen ist unabhängig von der Richtung konstant $= \omega$) kann man von den Neumannschen Formeln (A 35) ausgehen. Legt man wiederum n_γ in die Z-Achse, so liegt die spitze Bisektrix für einen optisch positiven Kristall in Z, für einen negativen in Y. Läßt man den spitzen Achsenwinkel Null werden, so ist in (A 35) für einen *positiv* einachsigen Kristall $\vartheta = \vartheta'$ zu setzen, für einen *negativen* jedoch $\vartheta + \vartheta' = \pi$ oder $\vartheta - \vartheta' = \pi - 2\,\vartheta$, wenn man in beiden Fällen ϑ und ϑ' auf die vor dem Nullwerden des spitzen Achsenwinkels

---

[1]) F. E. WRIGHT, Amer. J. Sci. *36* (1913), Pl. V, oder, in anderer Form, *Methods* etc. l. c. (1911), Pl. 5.

beim Übergang zweiachsig $\rightarrow$ einachsig symmetrisch zu n_γ liegenden positiven Achsenrichtungen bezieht. Für den *einachsig positiven* Fall ergibt sich auf diese Weise aus (A 35):

$$v_1^2 = a^2, \quad \text{somit} \quad v_1 = a \quad \text{und} \quad \frac{1}{v_1} = n'_\alpha = n_\alpha$$

$$v_2^2 = \frac{a^2 + c^2}{2} + \frac{a^2 - c^2}{2} \cos 2\vartheta = \frac{a^2}{2}(1 + \cos 2\vartheta) + \frac{c^2}{2}(1 - \cos 2\vartheta).$$

Da

$$1 + \cos 2\vartheta = 2 \cos^2 \vartheta \quad \text{und} \quad 1 - \cos 2\vartheta = 2 \sin^2 \vartheta$$

ist, folgt weiter

$$v_2^2 = a^2 \cos^2 \vartheta + c^2 \sin^2 \vartheta,$$

oder, wenn man zu den *Brechungsindizes* übergeht

$$\frac{1}{n'^2_\gamma} = \frac{\cos^2 \vartheta}{n_\alpha^2} + \frac{\sin^2 \vartheta}{n_\gamma^2} = \frac{n_\gamma^2 \cos^2 \vartheta + n_\alpha^2 \sin^2 \vartheta}{n_\alpha^2 n_\gamma^2}; \quad n'_\gamma = \frac{n_\alpha n_\gamma}{\sqrt{n_\gamma^2 \cos^2 \vartheta + n_\alpha^2 \sin^2 \vartheta}}.$$

Für optisch *negativ* erhält man auf analoge Weise

$$n'_\gamma = n_\gamma \quad \text{und} \quad n'_\alpha = \frac{n_\alpha n_\gamma}{\sqrt{n_\gamma^2 \sin^2 \vartheta + n_\alpha^2 \cos^2 \vartheta}}.$$

Da für optisch *positiv* gilt, daß $n_\alpha = \omega$, $n_\gamma = \varepsilon$ und $n'_\gamma = \varepsilon'$ ist und analog für optisch negativ $n_\gamma = \omega$, $n_\alpha = \varepsilon$ und $n'_\alpha = \varepsilon'$, so ergibt sich als *vom optischen Charakter unabhängiger Ausdruck* für den Brechungsindex der außerordentlichen Welle in einem einachsigen Kristall für den Fall, daß die Wellennormale mit der optischen Achse den Winkel ϑ einschließt:

$$\varepsilon' = \frac{\omega \varepsilon}{\sqrt{\omega^2 \sin^2 \vartheta + \varepsilon^2 \cos^2 \vartheta}} \quad \text{bzw.} \quad \frac{1}{\varepsilon'^2} = \frac{\cos^2 \vartheta}{\omega^2} + \frac{\sin^2 \vartheta}{\varepsilon^2} . \qquad \text{(A 42)}$$

Da der Brechungsindex der ordentlichen Welle den unveränderlichen Wert aufweist, folgt für die Doppelbrechung $\varepsilon' - \omega$ für optisch positiv bzw. $\omega - \varepsilon'$ für negativ einachsig.

Der Ausdruck (A 42) läßt sich auch auf eine allgemeinere, sowohl für Einachsige als auch für die Hauptschnitte Zweiachsiger gültige Form bringen. Bezeichnet man hierzu den der größern Ellipsenachse entsprechenden Brechungsindex mit n_g und den der kleinern entsprechenden mit n_k, sowie denjenigen einer sich in beliebiger Richtung R_x fortpflanzenden, im betreffenden Hauptschnitt schwingenden Welle mit n_x, so gilt

$$n_x = \frac{n_g n_k}{\sqrt{n_g^2 \sin^2 \sigma + n_k^2 \cos^2 \sigma}} . \qquad \text{(A 42a)}$$

Dabei wird der (zur Vermeidung von Verwechslungen) mit σ bezeichnete Winkel *immer von R_x zu n_g* gezählt, gleichgültig, ob z. B. bei Einachsigen n_g optische Achse ist oder nicht. n_g und n_k kann dabei folgende Bedeutung zukommen:

	einachsig		zweiachsig		
	+	−			
n_g	ε	ω	n_γ	n_γ	n_β
n_k	ω	ε	n_β	n_α	n_α

Zur graphischen Lösung hat R.C. EMMONS[1]) ein Nomogramm gegeben, das auf Tafel II am Schlusse des Bandes wiedergegeben ist. Gegenüber der von EMMONS mit Hinsicht auf die speziellen Bedürfnisse der Doppelvariationsmethode gegebenen Form wurde eine leicht modifizierte Darstellung bevorzugt.

β) Berechnung der Doppelbrechung bei schiefer Inzidenz
$\alpha\alpha$) Optisch zweiachsige Kristalle

Bei *schiefer* Inzidenz tritt insofern gegenüber den bis jetzt betrachteten Verhältnissen eine Komplikation ein, als die beiden Wellennormalen nicht mehr eine gemeinsame Richtung aufweisen, sondern verschieden gebrochen werden. Die Herleitung der diesbezüglichen exakten Beziehung stammt ebenfalls von F. NEUMANN. Sie ist von Bedeutung für die Erklärung der konoskopischen Erscheinungen (Interferenz- oder Achsenbilder) sowie für die Theorie der drehbaren Kompensatoren, in welchen Fällen vorsätzlich mit schiefer Inzidenz gearbeitet wird. Die Ableitung der Formel erfolgt an Hand der Fig. 32, welche einen Schnitt durch eine planparallele Platte eines zweiachsigen Kristalls parallel zur Einfallsebene darstellt.

Eine in Richtung AB einfallende ebene Welle wird in zwei Wellen gebrochen, deren Normalen BC und BD in der Einfallsebene liegen und mit der Plattennormalen N die Winkel r_1 und r_2 einschließen. Beim Austritt aus der Platte pflanzen sich die beiden Wellen längs CE und DKF parallel zu AB fort. Ihr Gangunterschied ist gleich der Differenz der Weglängen der beiden Wellennormalen vom Eintrittspunkt B bis zu einer beliebigen Ebene senkrecht zu denselben, z. B. CK. Zu seiner Ermittlung berechnet man zuerst die Zeitdifferenz Δt, welche

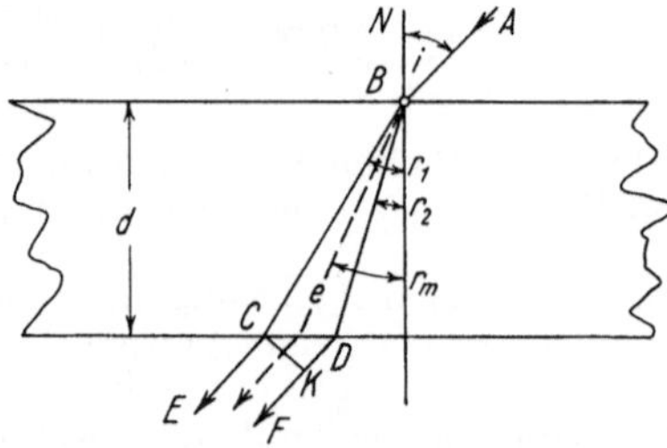

Fig. 32
Doppelbrechung an einer planparallelen anisotropen Kristallplatte bei schiefer Inzidenz.

die beiden Wellen nach dem Durchlaufen der Strecken BC und BDK aufweisen. Sind die Fortpflanzungsgeschwindigkeiten im Kristall v_1 für die längs BC fortschreitende und v_2 für die längs BD fortschreitende Welle, sowie v_0 für das äußere Medium, so folgt aus der Figur, daß

$$\Delta t = \frac{BD}{v_2} + \frac{DK}{v_0} - \frac{BC}{v_1} .$$

Da jedoch

$$BD = \frac{d}{\cos r_2} \quad \text{und} \quad BC = \frac{d}{\cos r_1}$$

---

[1]) R. C. EMMONS, Amer. Min. *14*, 441–461 (1929), Pl. II, und Mem. Geol. Soc. Amer. *8* (1943), Pl. 10.

ist, wenn man mit d die Plattendicke bezeichnet und

$$DK = DC \sin i = (BC \sin r_1 - BD \sin r_2) \sin i,$$

so folgt weiter

$$\Delta t = \frac{d}{v_2 \cos r_2} + \frac{(BC \sin r_1 - BD \sin r_2) \sin i}{v_0} - \frac{d}{v_1 \cos r_1}$$

$$= \frac{d}{\cos r_1} \left(\frac{\sin i \sin r_1}{v_0} - \frac{1}{v_1} \right) - \frac{d}{\cos r_2} \left(\frac{\sin i \sin r_2}{v_0} - \frac{1}{v_2} \right).$$

Nach dem Brechungsgesetz gilt für die Wellennormalen

$$\frac{\sin i}{v_0} = \frac{\sin r_1}{v_1} = \frac{\sin r_2}{v_2},$$

daher wird

$$\Delta t = \frac{d}{\cos r_1} \left(\frac{\sin^2 r_1}{v_1} - \frac{1}{v_1} \right) - \frac{d}{\cos r_2} \left(\frac{\sin^2 r_2}{v_2} - \frac{1}{v_2} \right)$$

$$= \frac{d}{\cos r_2} \left(\frac{1 - \sin^2 r_2}{v_2} \right) - \frac{d}{\cos r_1} \left(\frac{1 - \sin^2 r_1}{v_1} \right)$$

$$= d \left(\frac{\cos r_2}{v_2} - \frac{\cos r_1}{v_1} \right).$$

Der gesuchte *Gangunterschied* wird als $R = v_0 \Delta t$ erhalten. Führt man zugleich an Stelle der Normalengeschwindigkeiten die Brechungsindizes $n_1 = 1/v_1$ und $n_2 = 1/v_2$ für den Kristall bzw. $n_0 = 1/v_0 = 1$ für das äußere Medium ein, so erhält man die 1834 von F. NEUMANN abgeleitete einfache Beziehung

$$R = d\,(n_2 \cos r_2 - n_1 \cos r_1). \tag{A 43}$$

Da nach dem Brechungsgesetz gilt, daß $n_0 \sin i = n_1 \sin r_1 = n_2 \sin r_2$, so läßt sie sich wie folgt umformen

$$R = d \sin i\,(\cotg r_2 - \cotg r_1) = d \sin i\,\frac{\sin (r_1 - r_2)}{\sin r_1 \sin r_2}. \tag{A 43a}$$

Aus diesen Formeln ergibt sich der gesuchte Gangunterschied als Funktion des Einfallswinkels i und der Brechungswinkel r_1 und r_2 der beiden gebrochenen Wellennormalen. Ist, wie in Fig. 32 angenommen wurde, $r_1 > r_2$, so muß $n_1 < n_2$ sein.

Für *geringe Doppelbrechungen* kann man näherungsweise r_1 und r_2 durch einen *mittleren Brechungswinkel* r_m ersetzen und an Stelle von n_1 und n_2 ebenfalls einen *mittleren Wert der Lichtbrechung* n_m einführen, wodurch sich ein gegenüber (A 43) vereinfachter Ausdruck für kleine Doppelbrechungen gewinnen läßt. Nach POCKELS wird zu diesem Zwecke wie folgt vorgegangen: Aus dem Brechungsgesetz folgt $n_0 \sin i = n_1 \sin r_1$. Drückt man r_1 durch den Kosinus aus und entwickelt man die Wurzel nach dem binomischen Satz unter Vernachlässigung der Glieder höherer Potenz, so erhält man

$$\cos r_1 = \sqrt{1 - \sin^2 r_1} = \sqrt{1 - \left(\frac{n_0}{n_1}\right)^2 \sin^2 i} = 1 - \frac{1}{2} \left(\frac{n_0}{n_1}\right)^2 \sin^2 i$$

und gleicherweise

$$\cos r_2 = 1 - \frac{1}{2} \left(\frac{n_0}{n_2}\right)^2 \sin^2 i.$$

In (A 45) eingesetzt und umgeformt

$$R = d \left\{ (n_2 - n_1) \left[1 + \frac{n_0^2}{2\,n_1\,n_2} \sin^2 i \right] \right\}.$$

Setzt man nun $n_1 n_2 = n_m^2$ und führt man zugleich den mittleren Brechungswinkel r_m gemäß der Beziehung $n_m \sin r_m = n_0 \sin i$ ein, so folgt, unter Berücksichtigung, daß der Ausdruck $1 + \frac{1}{2} \sin^2 r_m$ der nach zwei Gliedern abgebrochenen binomischen Entwicklung der Funktion $1/\sqrt{1 - \sin^2 r_m} = 1/\cos r_m$ entspricht, für den gesuchten Ausdruck des *Gangunterschiedes bei kleinen Doppelbrechungen*

$$R = \frac{d}{\cos r_m} \, (n_2 - n_1). \tag{A 44}$$

Da $d/\cos r_m = \varrho$, wie in Fig. 32 punktiert angedeutet ist, der mittleren Weglänge der beiden Wellennormalen im Kristall entspricht, so besteht die vorgenommene Annäherung offenbar darin, daß man die Wegdifferenzen der beiden Wellen vernachlässigt und nur ihre Geschwindigkeits- bzw. Lichtbrechungsunterschiede in Rechnung stellt. Der Ausdruck (A 44) gilt unabhängig von der Einfallsrichtung i und damit auch unabhängig von der Lage der Grenzflächen der Platte und der Natur des äußeren Mediums.

Bezeichnet man die Brechungsindizes wiederum, wie üblich, mit n_γ' und n_α' und mißt man den Gangunterschied in Wellenlängen, so erhält man

$$R = \frac{\varrho}{\lambda} \, (n_\gamma' - n_\alpha'). \tag{A 44a}$$

$\beta\beta$) Optisch einachsige Kristalle

Die eben abgeleiteten Beziehungen für die Berechnung des Gangunterschiedes planparalleler Platten optisch zweiachsiger Kristalle bei schiefer Inzidenz lassen sich ohne weiteres auch auf optisch einachsige Medien anwenden. Je nach dem optischen Charakter ergibt sich, wenn man wiederum, wie in Fig. 32, $r_1 > r_2$ setzt, für

einachsig positiv $\omega < \varepsilon' < \varepsilon$	einachsig negativ $\omega > \varepsilon' > \varepsilon$	
$r_1 = r_\omega;\ r_2 = r_{\varepsilon'};\ r_\omega > r_{\varepsilon'}$ $n_1 = \omega = n_\alpha$ $n_2 = \varepsilon' = n_\gamma'$ $R = d\,(\varepsilon' \cos r_2 - \omega \cos r_1)$ $R = \dfrac{\varrho}{\lambda}\,(\varepsilon' - \omega)$	$r_2 = r_\omega;\ r_1 = r_{\varepsilon'};\ r_{\varepsilon'} > r_\omega$ $n_2 = \omega = n_\gamma$ $n_1 = \varepsilon' = n_\alpha'$ $R = d\,(\omega \cos r_2 - \varepsilon' \cos r_1)$ $R = \dfrac{\varrho}{\lambda}\,(\omega - \varepsilon')$	(A 45)

c) *Bestimmung der zu einer gegebenen Wellennormalen gehörenden Strahlen*

Wie in Abschnitt 4 bα erwähnt wurde, ist es bei bekannter Gestalt der Wellenfläche möglich, von der Wellennormalen- zur Strahlenrichtung überzugehen und umgekehrt. Dies gilt natürlich auch für jede andere aus der Wellenfläche ableitbare Bezugsfläche, z. B. für die *Indikatrix*, wie hier gezeigt werden soll.

Die nachstehenden Ausführungen beruhen auf den Darstellungen von Pockels und Tunell[1]).

α) Optisch zweiachsige Kristalle

Um zu einer gegebenen *Normalenrichtung ON* (Fig. 33) die zugehörigen *Strahlen* zu finden, legt man senkrecht zur Normalen eine Diametralebene durch das

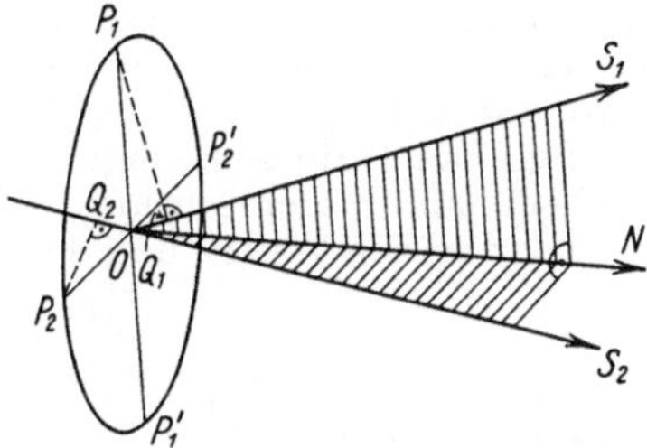

Fig. 33

Konstruktion der beiden zu einer beliebigen Wellennormalenrichtung N in einem zweiachsigen Kristall gehörenden Strahlenrichtungen S_1 und S_2.

Zentrum der Indikatrix. Die Achsen der Schnittellipse $P_1 P_1'$ und $P_2 P_2'$ entsprechen nach dem Fundamentalsatz der Kristalloptik den Schwingungsrichtungen der beiden sich längs ON fortpflanzenden Wellen W_1 und W_2, die Halbachsen OP_1 und OP_2 deren Brechungsindizes. In P_1 und P_2 werden nun die Normalen auf die Indikatrix (bzw. auf Tangentialebenen in diesen Punkten) errichtet und aus O die Lote auf diese Normalen gefällt. Diese treffen die erstern in Q_1 und Q_2. Die Richtungen dieser beiden Lote OQ_1S_1 und OQ_2S_2 sind die gesuchten Strahlenrichtungen, deren Schwingungsrichtungen mit denen der Wellen W_1 und W_2 übereinstimmen, also ebenfalls durch $P_1 P_1'$ und $P_2 P_2'$ gegeben sind. Die Brechungsindizes der beiden Strahlen OS_1 und OS_2 sind durch $P_1 Q_1$ bzw. $P_2 Q_2$ gegeben, ihre Fortpflanzungsgeschwindigkeiten durch die reziproken Werte dieser Strecken. Die Strahlen liegen in den Schwingungsebenen der Wellen. Diese stehen senkrecht zueinander und enthalten außer den für Strahl und Welle gemeinsamen Schwingungsrichtungen auch die auf der Indikatrix errichteten Lote $P_1 Q_1$ und $P_2 Q_2$. Zum bessern Verständnis sind die in einer der beiden Ebenen ONS liegenden Richtungen in Fig. 34 unter Weglas-

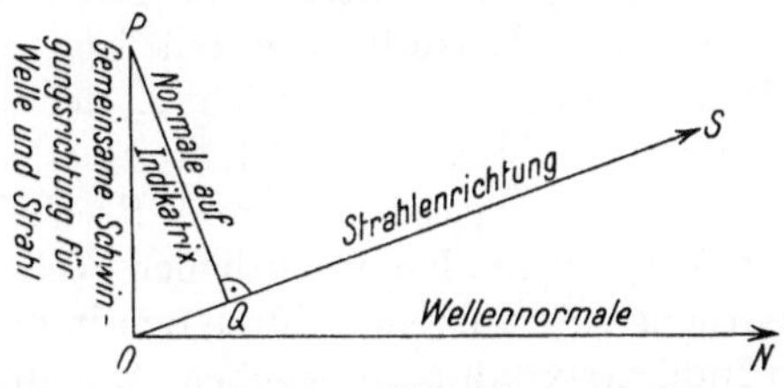

Fig. 34

Wellennormale und Strahlenrichtung für eine der beiden Schwingungsebenen von Fig. 33.

<hr>

[1]) F. Pockels, l. c. (1906), S. 52—55. — G. Tunell, *The ray-surface, the optical indicatrix, and their interrelation: An elementary presentation for petrographers*, J. Wash. Acad. Sc. *23*, 325—338 (1933). In leicht erweiterter Form auch in: *Notes on Optical Mineralogy* (Pasadena 1946), S. 1—14. — Vgl. auch W. A. Wooster, *A Textbook on Crystal Physics* (Cambridge 1949), S. 128—132.

sung der Indizes und frei von den perspektivischen Verzerrungen von Fig. 33
nochmals dargestellt. Für den exakten Beweis der beschriebenen Konstruktion
muß auf die größeren Darstellungen der Kristalloptik verwiesen werden[1]).

Neben dem eben behandelten allgemeinen Fall einer beliebig angenommenen
Wellennormalen sind praktisch besonders zwei Spezialfälle von Interesse. Liegt
die Wellennormale in einem Hauptschnitt der Indikatrix, so fällt für die normal
dazu schwingende Welle W_2 (Fig. 35) mit der Schwingungsrichtung P_2OP_2' die
Strahlenrichtung S_2 mit der Wellennormalen zusammen und der für beide zugleich
gültige Brechungsindex wird durch OP_2 dargestellt. Fällt die betrachtete Wellennormale gar in die Richtung einer Hauptschwingungsrichtung, so fallen beide
Strahlen OS_1 und OS_2 in die Wellennormalenrichtung, und ihre Brechungsindizes
sind identisch mit denjenigen der beiden Wellen und durch OP_1 bzw. OP_2 gegeben
(Fig. 36).

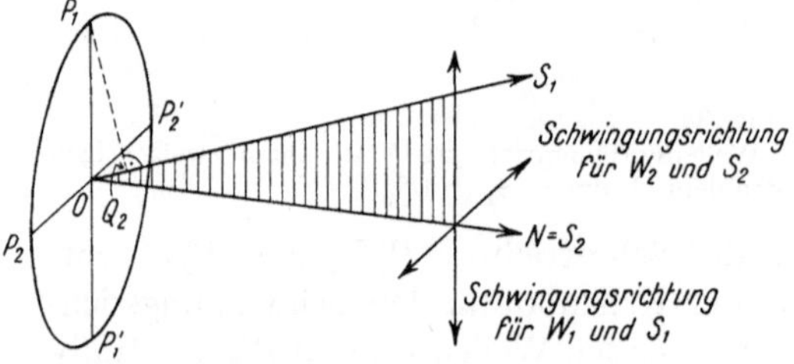

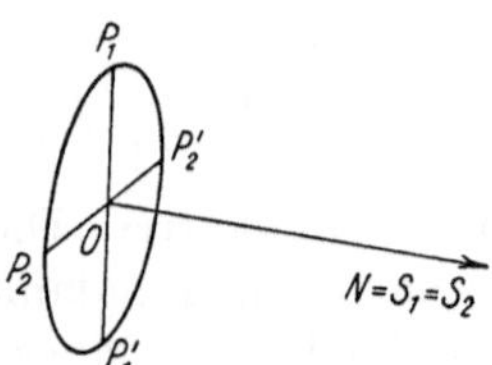

<table>
<tr><td>

Fig. 35

Liegt die Wellennormale N in einer Symmetrieebene
der Indikatrix (Hauptschnitt), so fällt für die senk-
recht zu dieser schwingende Welle die Strahlenrich-
tung S_2 mit N zusammen.

</td><td>

Fig. 36

Fällt die Wellennormale N in eine Sym-
metrieachse der Indikatrix (Hauptschwin-
gungsrichtung), so fallen beide Strahlen S_1
und S_2 mit N zusammen.

</td></tr>
</table>

Die Umkehrung des eben behandelten Problems, d. h. zu einer gegebenen Strahlenrichtung die zugehörigen Wellennormalen zu finden, läßt sich in ähnlicher
Weise lösen. Es sei hierzu auf die eingangs zitierten Darstellungen verwiesen.

β) Optisch einachsige Kristalle

Für optisch *einachsige* Kristalle reduziert sich die Aufgabe darauf, zur *außerordentlichen Wellennormalen* die *Strahlenrichtung* zu finden, da für die ordentliche Strahl und Wellennormale immer zusammenfallen. Wegen der Rotationssymmetrie der Indikatrix genügt es, einen einzigen Hauptschnitt zu betrachten,
wie er in Fig. 37 für einen negativen Kristall dargestellt ist.

Ist ON eine beliebige Wellennormale, so entspricht ε_w' der Schwingungsrichtung und dem Brechungsindex der sich in der Richtung ON fortpflanzenden
außerordentlichen Welle. Schwingungsrichtung und Brechungsindex ω der
sich in derselben Richtung fortpflanzenden ordentlichen Welle sowie des damit
zusammenfallenden ordentlichen Strahls sind durch den in O auf der Zeichenebene normal stehenden Indikatrixradius ω gegeben. Um die zu ON gehörige
außerordentliche Strahlenrichtung zu erhalten, legt man normal zu ON die Tangente an die Ellipse und verbindet O mit dem Berührungspunkt S. Die gesuchte
Strahlenrichtung ist OS.

---

[1]) Z. B. F. POCKELS, l. c. (1906), S. 52—53.

Zieht man ferner P_1T parallel OS und fällt man das Lot P_1Q_1 auf OS, so gilt $OS \cdot OP_1 = OA \cdot OB = 1$, da die über konjugierten Durchmessern einer Ellipse errichteten Parallelogramme inhaltsgleich sind. Weil ferner auch $OS \cdot OP_1 =$

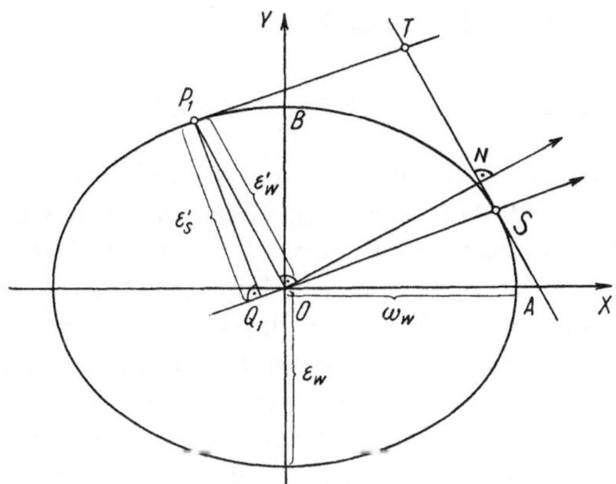

Fig. 37

Konstruktion der der Wellennormalenrichtung N entsprechenden außerordentlichen Strahlenrichtung S für einen optisch einachsig negativen Kristall. Der ordentliche Strahl fällt mit N zusammen, seine Schwingungsrichtung steht normal zur Bildebene.

$OS \cdot P_1Q_1$ ist, da Parallelogramme gleicher Grundlinie und gleicher Höhe ebenfalls inhaltsgleich sind, so muß $P_1Q_1 = 1/OS$ sein, d. h. gleich der reziproken Strahlengeschwindigkeit des außerordentlichen Strahls und somit gleich seinem Brechungsindex (Strahlenindex) ε'_s.

γ) Isotrope Kristalle

Für kubische Kristalle fallen für alle beliebigen Richtungen Strahl und Wellennormale zusammen. Dies ergibt sich sofort anschaulich, wenn man in Fig. 37 $\varepsilon = \omega$ macht, d. h. die Ellipse in einen Kreis übergehen läßt.

B. Das Mikroskop

I. EINLEITUNG

Das Mikroskop ist ein optisches Instrument, welches von kleinen, im allgemeinen durchsichtigen Objekten ein vergrößertes Bild entwirft, um sie so einem eingehenderen Studium zugänglich zu machen. Das *Polarisationsmikroskop* im besonderen unterscheidet sich vom gewöhnlichen Mikroskop, wie es vorwiegend für die Untersuchung biologischer Objekte gebraucht wird, durch zusätzliche Vorrichtungen zur Erzeugung und Analyse von polarisiertem Licht, in welchem die Untersuchungen vorgenommen werden. Sieht man vorerst von diesen ab, so unterscheidet sich das Polarisationsmikroskop nicht prinzipiell von den in der Biologie üblichen Instrumenten. Zur Erläuterung des Mikroskops im allgemeinen können die Polarisationseinrichtungen daher außer acht gelassen werden. Da jedoch beim Mikroskop die Abbildung des Objektes mit Hilfe von Linsensystemen erfolgt, ist es notwendig, einleitend kurz die wichtigsten Tatsachen aus der Linsenoptik zu rekapitulieren.

1. Abbildung durch Linsen

a) *Dünne Linsen*

Linsen sind, wenn man von Spezialtypen absieht, von sphärischen Flächen begrenzte Glaskörper. Hier beschränken wir uns ausschließlich auf den wichtigsten Linsentypus, die sogenannte *Sammellinse*, deren Mittendicke größer als die Randdicke ist. Eine derartige Linse besitzt auf jeder Seite einen reellen sogenannten *Brennpunkt*, in welchem sich die achsenparallel einfallenden Strahlen nach Brechung durch die Linse vereinigen. Kann die Dicke einer Linse gegenüber den Krümmungsradien beider Begrenzungsflächen vernachlässigt werden, so spricht man von einer *dünnen Linse*. Für dünne Linsen sind die Eigenschaften besonders einfach formulierbar, weshalb sie vorerst allein betrachtet werden sollen. Die Abstände der Brennpunkte von der Mitte einer solchen Linse heißen ihre *Brennweiten*. Sie sind gleich groß, wenn die Medien zu beiden Seiten der Linse gleiche Lichtbrechung aufweisen. Zwischen den beiden Krümmungsradien R_1 und R_2, der Brennweite f und dem Brechungsindex der Linse besteht, die Brechung des äußern Mediums zu beiden Seiten der Linse gleich 1 vorausgesetzt, die Beziehung

$$\frac{1}{f} = (n - 1)\left(\frac{1}{R_1} + \frac{1}{R_2}\right); \qquad f = \frac{1}{n - 1} \cdot \frac{R_1 R_2}{R_1 + R_2}. \tag{B 1}$$

Bei der Abbildung eines Gegenstandes durch eine dünne Linse ist zu berücksichtigen, ob er sich außerhalb oder innerhalb der Brennweite f befindet.

α) Der Gegenstand G befindet sich außerhalb der Brennweite f

In diesem Falle läßt sich das Bild B auf Grund folgender Sätze konstruieren (Fig. 38): Strahlen durch das Zentrum der Linse, sogenannte Zentralstrahlen,

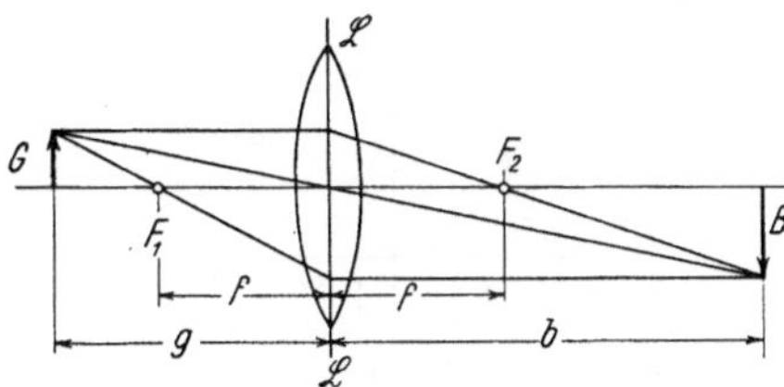

Fig. 38

Reelle Abbildung durch eine bikonvexe Linse. Der Gegenstand G befindet sich außerhalb der einfachen Brennweite f, sein seiten- und höhenverkehrtes, vergrößertes Bild B auf der andern Seite der Linse.

werden nicht gebrochen. Strahlen durch einen Brennpunkt verlaufen auf der andern Seite der Linse achsenparallel, und achsenparallel einfallende Strahlen werden beim Durchgang durch die Linse nach deren bildseitigem Brennpunkt gebrochen.

Das auf Grund dieser Sätze erhaltene Bild B ist in bezug auf den Gegenstand *G höhen- und seitenverkehrt* sowie auf der entgegengesetzten Seite der Linse gelegen. Ein solches Bild, bei dem sich die Konstruktionsstrahlen wirklich schneiden, wird *reell* genannt, es kann auf einem Schirm oder einer photographischen Platte aufgefangen werden. Es ist vergrößert oder verkleinert, je nachdem der Gegenstand von der Linse um weniger oder mehr als die doppelte Brennweite entfernt ist. Bezeichnet man den Abstand des Gegenstandes von der Mitte der Linse, die sogenannte *Gegenstands-* oder *Dingweite*, mit g, diejenige des Bildes, die *Bildweite*, mit b, sowie die *Brennweite* wiederum mit f, so gilt folgende Beziehung, die als die *elementare Abbildungsgleichung* bekannt ist:

$$\frac{1}{g} + \frac{1}{b} = \frac{1}{f} = (n-1)\left(\frac{1}{R_1} + \frac{1}{R_2}\right)$$

$$\text{bzw.} \quad g = \frac{bf}{b-f}; \quad b = \frac{gf}{g-f}; \quad f = \frac{gb}{g+b} \tag{B 2}$$

b, g und f werden dabei immer auf der Linsenachse gemessen. Vermöge der Umkehrbarkeit der Lichtwege können G und B ihre Funktion vertauschen, d. h. B, als Gegenstand aufgefaßt, hat sein Bild in G, daher werden B und G zueinander «*konjugiert*» genannt.

β) Der abzubildende Gegenstand befindet sich innerhalb der Brennweite f

Versucht man das Bild wie im ersten Falle zu konstruieren, so bemerkt man (Fig. 39), daß die Strahlen jenseits der Linse nicht zum Schnitt kommen, wohl aber ihre rückseitigen Verlängerungen auf der gleichen Seite wie der Gegenstand. Das so erhaltene Bild ist in bezug auf G vergrößert und *aufrecht*. Ein solches Bild, das auf einem Schirm oder einer photographischen Platte nicht aufgefangen werden kann, heißt *virtuell*. Virtuelle Bilder können durch optische

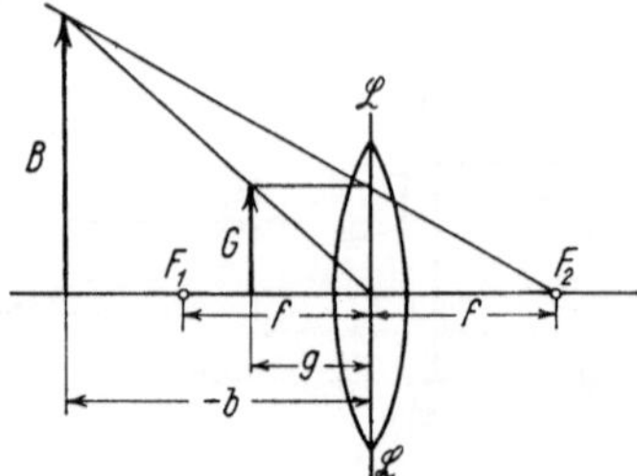

Fig. 39

Virtuelle Abbildung durch eine bikonvexe Linse. Der Gegenstand G befindet sich innerhalb der einfachen Brennweite f, sein Bild ist aufrecht, vergrößert und auf derselben Seite der Linse gelegen.

Vorrichtungen in reelle umgewandelt werden, z. B. durch die Linse des menschlichen Auges. Zwischen g, b und f besteht hier die Beziehung

$$\frac{1}{g} - \frac{1}{b} = \frac{1}{f} = (n - 1)\left(\frac{1}{R_1} + \frac{1}{R_2}\right), \tag{B 3}$$

wobei das negative Zeichen vor der reziproken Bildweite andeuten soll, daß sich Bild und Gegenstand auf der gleichen Seite befinden.

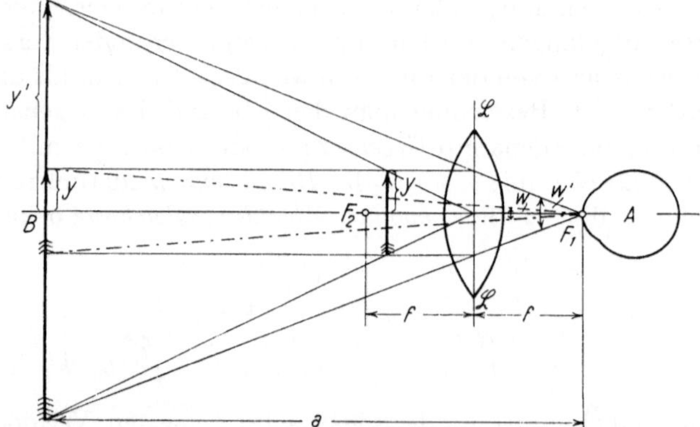

Fig. 40

Einfache Lupe. Der Gegenstand ist innerhalb der einfachen Brennweite angenommen und wird mit der Lupe unter dem vergrößerten Sehwinkel w' gesehen. In der Praxis wird er in den vordern Brennpunkt F_2 gelegt, wodurch sein Bild in das Unendliche rückt und vom Auge akkommodationsfrei betrachtet werden kann.

Vom Prinzip der virtuellen Abbildung wird bei der *gewöhnlichen Lupe* Gebrauch gemacht, die im einfachsten Fall aus einer einzigen Linse besteht. F_1 und F_2 seien (Fig. 40) die beiden Brennpunkte der Linse. Die Pupille des Auges liege in F_1, der betrachtete Gegenstand zwischen der Linse und F_2. Das Bild wird gemäß der eben erhaltenen Konstruktion erhalten. Es hat vom Auge den Abstand a. Die Augenlinse akkommodiert auf diesen Abstand und erzeugt damit ein scharfes

Bild auf der Netzhaut. Beim richtigen Gebrauch der Lupe soll aber der Gegenstand in solchen Abstand von der Lupe gebracht werden, daß es dem Auge möglich ist, ohne Anspannung der Akkommodation scharf zu sehen, d. h. es soll das Auge auf ∞ akkommodiert sein. Zu diesem Zweck muß sich der Gegenstand in F_2 befinden, da nur dann sein Bild im Unendlichen liegt. Als *Vergrößerung* einer Lupe bezeichnet man konventionell das Verhältnis der Sehwinkel, unter denen der Gegenstand einmal mit der Lupe von deren Zentrum aus, das andere Mal ohne Lupe, in einer Entfernung $S = 250$ mm gesehen wird. Der erste Sehwinkel ist $w_L = 2\,y/f$, der zweite $w_A = 2\,y/250$, die konventionelle Vergrößerung somit

$$V = \frac{250}{f}\,. \tag{B 4}$$

Die Vergrößerung einer Lupe ist also gleich der konventionellen Sehweite dividiert durch ihre Brennweite.

b) *Dicke Linsen*

Kann die Dicke einer Linse gegenüber ihren Krümmungsradien nicht mehr vernachlässigt werden, so komplizieren sich die Probleme der Abbildung, und ihre Behandlung hat, wenn man von Aberrationen absieht, nach den allgemeinen Gaußschen Gesetzen zu erfolgen. Gauss führte hierzu folgende Begriffe ein (vgl. Fig. 41):

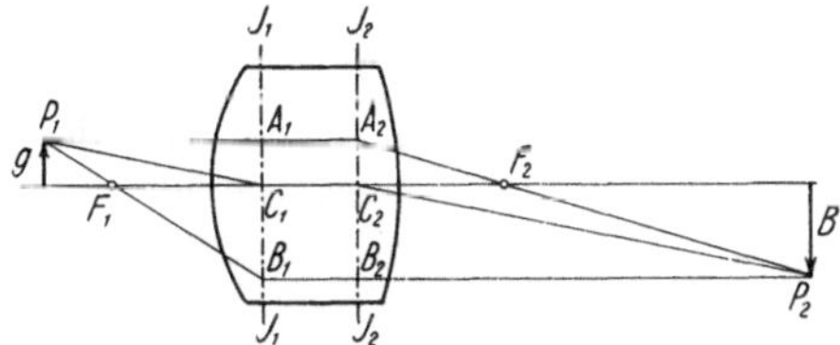

Fig. 41
Reelle Abbildung durch eine dicke Linse. J_1 und J_2 = Gaußsche Hauptebenen.

Die *Brennebenen* stehen in den *Brennpunkten* normal auf der Achse des Systems. Die *Hauptebenen* J_1 und J_2 sind dasjenige Paar konjugierter Ebenen, das aufrecht ineinander mit dem Abbildungsmaßstab 1 abgebildet wird. Infolgedessen durchstößt ein Strahl, der irgendwo die erste Hauptebene trifft, die zweite in demselben Abstand von der Achse. Die Schnittpunkte der Hauptebenen mit der Systemachse werden *Hauptpunkte* genannt und mit H_1 und H_2 bezeichnet. Die *Brennweiten* f_1 und f_2 sind strenggenommen die Abstände der Brennpunkte F_1 und F_2 von den Hauptpunkten H_1 und H_2 bzw. gleich den Abständen der Brennebenen von den Hauptebenen. Sie sind beide gleich groß, wenn zu beiden Seiten der Linse die gleiche Lichtbrechung herrscht.

Zur Bildkonstruktion verfährt man nun folgendermaßen (Fig. 41): Zu jedem Punkt einer Hauptebene ist, wie schon hervorgehoben, im gleichen Abstand von der Achse ein Punkt auf der andern Hauptebene zugeordnet (konjugiert). Man führt daher z. B. den achsenparallelen Strahl P_1A_1 bis zur Hauptebene J_1 und weiter parallel zur Achse bis A_2 auf J_2 und hierauf nach F_2. Gleicherweise zieht man den Zentralstrahl P_1C_1 und seine Fortsetzung C_2P_2 parallel P_1C_1 usw. Die Gaußsche Theorie gilt streng nur für Strahlen, welche mit der Systemachse kleine Winkel einschließen, sogenannte *paraxiale* Strahlen.

c) *Blenden*

Von größter Wichtigkeit in optischen Instrumenten ist die *Strahlenbegrenzung*, die entweder durch das System selbst, d. h. durch die Größe der Linsen, Spiegel usw. bzw. durch deren Fassungen, oder durch absichtlich eingebaute *Blenden* erfolgen kann. Dabei sind nicht nur diese selbst, sondern auch ihre reellen oder virtuellen Bilder, wie sie durch die davor oder dahinter liegenden Teile des Systems entworfen werden, von Bedeutung.

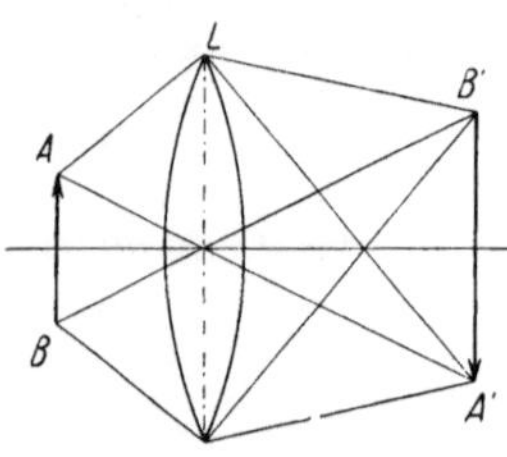

Fig. 42
Strahlenbegrenzung durch
die abbildende Linse bzw.
deren Fassung.

Der Fall, daß das optische System, hier als einfache Linse vorausgesetzt, bzw. dessen Fassung die Strahlenbegrenzung besorgt, ist in Fig. 42 dargestellt. Die Abbildung des Gegenstandes G wird durch alle Strahlen besorgt, welche die Linse überhaupt treffen. Sie ist die Basis aller eintretenden, d. h. vom Gegenstand AB herkommenden, wie auch aller austretenden, d. h. zum Bild $A'B'$ hinlaufenden Strahlenbündel.

In Fig. 43 ist der Linse auf der Objektseite eine *körperliche Blende* (Diaphragma) D vorgelagert. Da sie innerhalb der Brennweite liegt, wird ihre Öffnung virtuell nach D' abgebildet, während der Gegenstand AB seinerseits reell in $A'B'$ abgebildet wird[1]).

Es ist ohne weiteres ersichtlich, daß nur solche Strahlenbündel vom Gegenstand zur Linse gelangen, welche die körperliche Blende D passieren, und daß

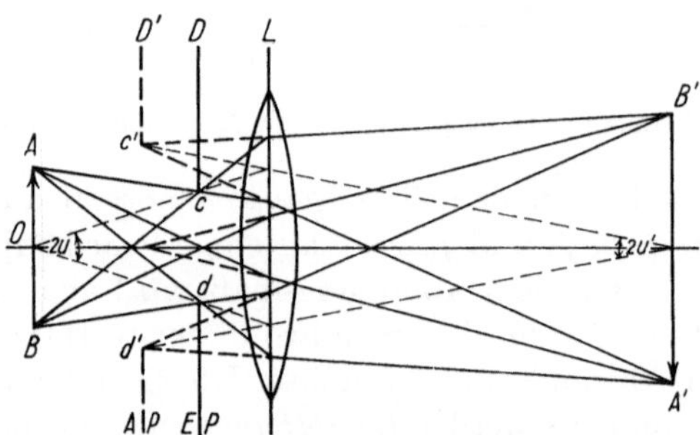

Fig. 43
Strahlenbegrenzung durch Blende. D = körperliche Blende, zugleich Eintrittspupille;
D' = virtuelles Bild von D, zugleich Austrittspupille.

umgekehrt die aus der Linse austretenden Strahlen durch D' begrenzt sind, welches die Basis aller austretenden Strahlenbündel darstellt. Man nennt daher D die *Eintritts-* und D' die *Austrittspupille* des Systems.

Im betrachteten, besonders einfachen Fall ist die Eintrittspupille mit der körperlichen Blende identisch. Da diese auch die Öffnung der eintretenden

---

[1]) Die Bilder von Blende und Gegenstand wurden nach den weiter oben erläuterten Prinzipien konstruiert, die Konstruktionslinien jedoch, wie auch schon in Fig. 42, weggelassen, um die Zeichnung nicht zu sehr zu überlasten.

Strahlen begrenzt, wirkt sie zugleich als *Aperturblende*. Der *Sehwinkel 2u*, unter welchem die Eintrittspupille, vom Objekt aus gesehen, erscheint, wird als *Öffnungswinkel* des Systems bezeichnet. Sind, wie in Fig. 43, Objekt und Bild sowie Eintrittspupille (*EP*) und Austrittspupille (*AP*) gegeben, so lassen sich ohne weiteres alle Strahlen in ihrem Verlauf bestimmen. So verläuft z. B. der zu Strahl *Ac* konjugierte Strahl im Bildraum durch die zu *A* und *c* konjugierten Punkte *A'* und *c'*. Von besonderer Wichtigkeit sind die Strahlen, welche, vom Rande des Objektes ausgehend, die Achse des Systems in den Pupillen schneiden. Sie werden als *Blenden-Hauptstrahlen* bezeichnet.

Bei mehrteiligen Systemen sind die Verhältnisse komplizierter. Liegt die körperliche Blende z. B. zwischen zwei Linsensystemen, so wirkt ihr vom Objekt her unter dem kleinsten Sehwinkel erscheinendes Bild, das die Strahlenbegrenzung vermittelt, als Eintrittspupille, und der Sehwinkel ist der dingseitige Öffnungswinkel des Gesamtsystems. Ihr bildseitiges Bild ist Austrittspupille des Gesamtsystems, und der Sehwinkel, unter welchem sie vom Bild aus gesehen erscheint, heißt der *bildseitige Öffnungswinkel* des Systems.
Durch Verlegung der körperlichen Blende in die Brennebene kann man erreichen, daß entweder die Eintritts- oder die Austrittspupille ins Unendliche fallen. Diese Anordnung wird als *telezentrischer* Strahlengang bezeichnet. Man unterscheidet entsprechend einen nach der Objektseite telezentrischen und einen nach der Bildseite telezentrischen Strahlengang. Beim *teleskopischen* Strahlengang fallen beide Pupillen ins Unendliche, und der Strahlengang ist dann sowohl nach der Objekt- als auch nach der Bildseite telezentrisch.

Außer den Blenden, welche die Öffnung der abbildenden Strahlenbündel begrenzen, spielen auch noch diejenigen eine wesentliche Rolle, welche die Größe des abzubildenden Gegenstandes, das Gesichtsfeld, begrenzen. Diese sogenannten *Gesichtsfeldblenden* liegen ebenfalls stets konjugiert zueinander. Die Gesichtsfeldblenden dienen vor allem dazu, die unter Helligkeitsabfall leidenden äußersten Randpartien der durch die Systeme entworfenen Bilder abzuschneiden. Damit das Gesichtsfeld scharf begrenzt erscheint, muß das objektseitige Bild der Gesichtsfeldblende mit der Objektebene zusammenfallen. Der Sehwinkel, unter welchem die Abgrenzung des Gegenstandes von der Eintrittspupille aus gesehen wird, heißt *Gesichtsfeldwinkel* oder *Bildwinkel*.

d) *Strahlenbündel großer Öffnung*

Die bis jetzt angestellten Überlegungen beschränken sich überwiegend auf Strahlen, die mit der Systemachse kleine Winkel bilden, d. h. auf Strahlenbündel kleiner Öffnung (Apertur). Verwendet man jedoch zur Abbildung auch Bündel großer Apertur, so liefern einfache Linsen, wie sie bis jetzt ausschließlich betrachtet wurden, nur sehr unvollkommene Bilder. Diesen Nachteil suchen die Konstrukteure durch die Verwendung von Linsenkombinationen aus Gläsern verschiedener Lichtbrechung und Dispersion zu beheben. Die wichtigsten *Linsenfehler*, die korrigiert werden müssen, sind die *sphärische Aberration*, besser als *Öffnungsfehler* bezeichnet, die *Koma*, so benannt wegen der kometenschweifartigen Deformation kleiner Dingelemente, der *Astigmatismus*, die *Bildwölbung*, die *Distortion* oder *Verzerrung* und die verschiedenen Arten der *chromatischen*

Aberration. Für die Diskussion dieser Erscheinungen muß auf die Darstellungen in der einschlägigen Literatur verwiesen werden[1]).

Nur auf den *Öffnungsfehler* soll kurz eingegangen werden. Gehen in einem optischen System von einem Achsenpunkt P zwei Strahlen S_1 und S_2 aus, von denen S_1 einen sehr kleinen, S_2 aber einen endlichen Winkel u mit der Achse bildet, so schneiden die entsprechenden Bildstrahlen S_1' und S_2' nach Brechung durch eine Linse im allgemeinen die Systemsachse in zwei verschiedenen Punkten P_1' und P_2'. Ihre Distanz wird als *Längsaberration* bezeichnet. Soll nun ein in P senkrecht zur Achse gelegenes Flächenelement in ein bei P' gelegenes punktweise aberrationsfrei abgebildet werden, so muß die Längsaberration korrigiert und außerdem die sogenannte Helmholtz-Abbesche *Sinusbedingung* (R. CLAUSIUS) erfüllt sein. Diese verlangt, daß $n \sin u = v\, n' \sin u'$ sein muß, wenn man mit u und u' die Neigungswinkel bezeichnet, welche durch P und P' verlaufende konjugierte Strahlen mit der Systemachse einschließen. n und n' sind die Brechungsindizes der Medien zu beiden Seiten der Linse bzw. des Systems, und v ist die lineare Vergrößerung, entsprechend den Gaußschen Gesetzen. Für Trockensysteme ist $n = n' = 1$, nicht jedoch für Immersionssysteme. Optische Systeme, für welche die Längsaberration behoben und zugleich die Sinusbedingung erfüllt ist, heißen *aplanatisch*. Sie sind innerhalb kleiner Bildwinkel komafrei. Da dies nur für eine einzige Gegenstandsweite erreicht werden kann, wird von den Herstellerfirmen für ihre Mikroskopobjektive immer eine ganz bestimmte *Tubuslänge* vorgeschrieben. Bei Systemen hoher Apertur muß diese vom Benutzer eingehalten werden, wenn optimale optische Leistung erzielt werden soll. Die vorgeschriebenen Tubuslängen sind nicht für alle Fabrikate identisch, deshalb lassen sich vor allem stärkere Objektive verschiedener Herkunft am gleichen Instrument nur bedingt verwenden.

e) *Kombination mehrerer Linsen*

Oft ist es zum bessern Verständnis der Wirkungsweise eines optischen Instrumentes vorteilhaft, die verschiedenen Linsen eines Systems, z. B. eines Mikroskopobjektives, durch eine einzige Linse ersetzt zu denken. Hierfür gelten folgende Beziehungen, für deren Ableitung auf die Lehrbücher der Optik verwiesen werden muß. Es seien (Fig. 44) L_1 und L_2 zwei Linsen mit den Brennpunkten F_1 und F_1' bzw. F_2 und F_2' sowie den Brennweiten f_1 und f_1' bzw. f_2 und f_2', wobei die einander zugewandten Brennpunkte F_1' und F_2 den Abstand $\varDelta$ aufweisen sollen. $\varDelta$ wird positiv oder negativ gerechnet, je nachdem F_2 rechts von F_1' (wie in Fig. 44 angenommen) oder links davon liegt. Je nachdem $\varDelta$ positiv oder negativ ist, spricht man von einem *positiven* oder einem *negativen Intervall* des betreffenden Systems.

---

[1]) Siehe z. B. ROSENBUSCH-WÜLFING, l. c. I, 1 (1924), S. 287–305, oder F. E. WRIGHT, *Methods*, l. c. (1911), S. 21–33, ferner etwa: E. T. WHITTAKER, *The theory of optical instruments*, 2. Aufl. (Cambridge 1915); deutsche Ausgabe: *Einführung in die Theorie der optischen Instrumente*, übersetzt und mit Anmerkungen versehen von A. HAY (Leipzig 1926); M. BEREK, *Grundlagen der praktischen Optik* (Berlin 1930), sowie die meisten größern Lehrbücher der Optik.

Bezeichnet man nun mit L die der Kombination $L_1 + L_2$ *äquivalente* Linse mit den Brennpunkten F und F' sowie den Brennweiten f und f', so gelten für diese sowie für die Abstände der Brennpunkte $FF_1 = d$ und $F'_2 F' = d'$ folgende einfache Beziehungen:

$$f = \frac{f_1 f_2}{\varDelta}\,, \qquad f' = \frac{f'_1 f'_2}{\varDelta}\,, \qquad d = \frac{f_1 f'_1}{\varDelta}\,, \qquad d' = -\frac{f_2 f'_2}{\varDelta}\,. \tag{B 5}$$

Besteht das betrachtete System aus mehr als zwei Linsen, so werden zuerst zwei derselben durch eine äquivalente neue Linse ersetzt, worauf diese mit einer dritten kombiniert wird, usw., bis das ganze System derart auf eine einzige *äquivalente Linse* zurückgeführt ist. Die Brennweite dieser so gewonnenen, dem

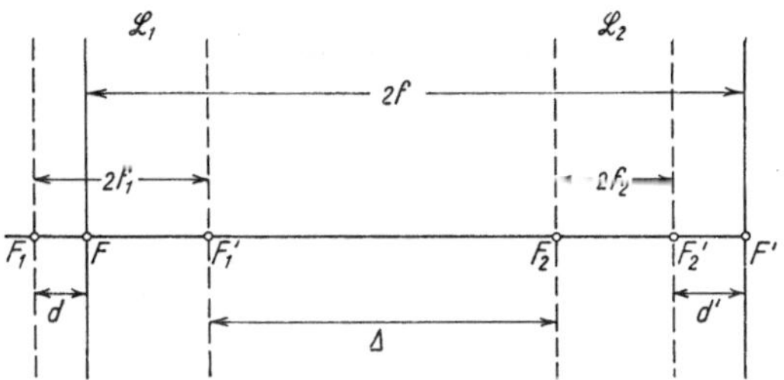

Fig. 44

Ersetzung zweier Linsen L_1 und L_2 mit den einfachen Brennweiten f_1 und f_2 und dem positiven Intervall $\varDelta$ durch eine äquivalente Linse von der Brennweite f.

ganzen System äquivalenten Linse wird als dessen *Äquivalentbrennweite* bezeichnet und bildet eine wichtige Konstante zur Charakterisierung desselben. Bei Mikroskopobjektiven wird sie für Trockensysteme meistens in Millimetern, für Immersionen nach altem Brauch vielfach immer noch in englischen Zoll angegeben. (Zum Beispiel Ölimmersion $1/7''$, $1/12''$ oder $1/16''$). Es handelt sich dabei stets um die Brennweite in Luft, welche mit der bildseitigen übereinstimmt.

II. DER AUFBAU DES MIKROSKOPS

1. Allgemeines

Das Mikroskop besteht, im Gegensatz zur einfachen Lupe, aus zwei getrennten Linsensystemen, die sich in den Abbildungsvorgang teilen, weshalb gelegentlich auch vom «*zusammengesetzten*» *Mikroskop* gesprochen wird. Zur Vereinfachung der Betrachtung kann man sich diese beiden Systeme vorerst durch zwei einfache Sammellinsen ersetzt denken, deren Abstand beträchtlich (um das Intervall $\varDelta$ in Fig. 45) größer ist als die Summe ihrer Brennweiten $(f_A + f_B)$.

Das in Objektnähe gelegene Linsensystem, *Objektiv* genannt (L_1 in Fig. 45), entwirft von dem kleinen, wenig außerhalb seines Brennpunktes f_1 gelegenen Gegenstand G das vergrößerte, reelle und deshalb seiten- und höhenverkehrte

Bild aa'. Dieses wird von dem als Lupe wirkenden zweiten, in Augennähe gelegenen und deshalb *Okular* genannten System L_2 im Unendlichen abgebildet und dann vom Auge des Beobachters ohne Inanspruchnahme der Akkommodationskraft scharf gesehen. Dieses Bild ist in bezug auf G seiten- und höhenverkehrt.

Die *Gesamtvergrößerung* des Mikroskops läßt sich nach dem bereits Gesagten leicht angeben. Wie am Beispiel der einfachen Lupe gezeigt wurde, ist die Ver-

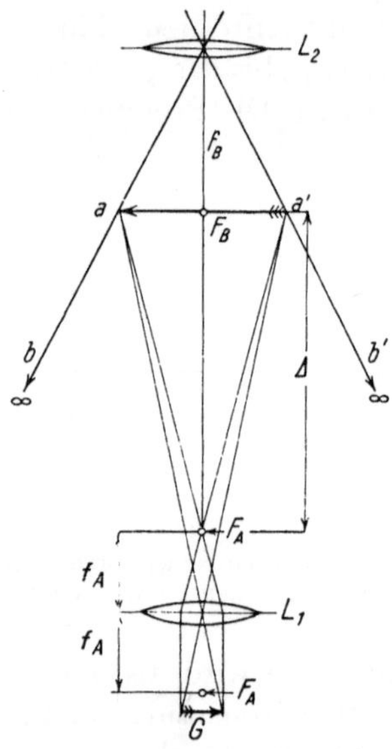

Fig. 45

Schematischer Strahlengang im Mikroskop. Das System L_1 (Objektiv) entwirft von dem wenig außerhalb seiner Brennweite liegenden Gegenstand G das vergrößerte, reelle, höhen- und seitenverkehrte Bild aa'. Dieses wird durch das als Lupe wirkende System L_2 (Okular) im Unendlichen abgebildet.

größerung gegeben durch das Verhältnis der konventionellen Sehweite S zur Brennweite. Für das zusammengesetzte Mikroskop ergibt sich die Gesamtbrennweite f aus derjenigen des Objektivs f_A und derjenigen des Okulars f_B sowie dem Intervall $\varDelta$ der einander zugewandten Brennpunkte nach (B 5) zu $f = f_A\, f_B/\varDelta$. Damit folgt für die Gesamtvergrößerung V_M des Mikroskops

$$V_M = \frac{S}{f} = \frac{\varDelta}{f_A\, f_B}\, S. \tag{B 6}$$

Schreibt man $V_M = \varDelta/f_A \cdot S/f_B$, so kann der erste Faktor $\varDelta/f_A$ aufgefaßt werden als die Vergrößerung des Objektivs mit der Brennweite f_A in bezug auf die Distanz $\varDelta$ und der zweite S/f_B als die Lupenvergrößerung des Okulars. Aus (B6) geht hervor, daß die Gesamtvergrößerung proportional mit $\varDelta$ wächst. Bei Mikroskopen mit veränderlicher Tubuslänge besteht somit die Möglichkeit zur Steigerung der Vergrößerung durch Variation von $\varDelta$. Davon darf aber nur in ganz beschränktem Maße Gebrauch gemacht werden, wie aus den oben gemachten Ausführungen über die Bedeutung der Sinusbedingung hervorgeht. Man wird diese Möglichkeit der Beeinflussung der Vergrößerung daher höchstens dazu benutzen, um bei Messungen die Vergrößerung auf einen bequemen, aufgerundeten Wert zu bringen. Das Intervall Δ wird beim Mikroskop allgemein als *«optische» Tubuslänge* bezeichnet. Sie darf nicht verwechselt werden mit der *«mechanischen» Tubuslänge*.

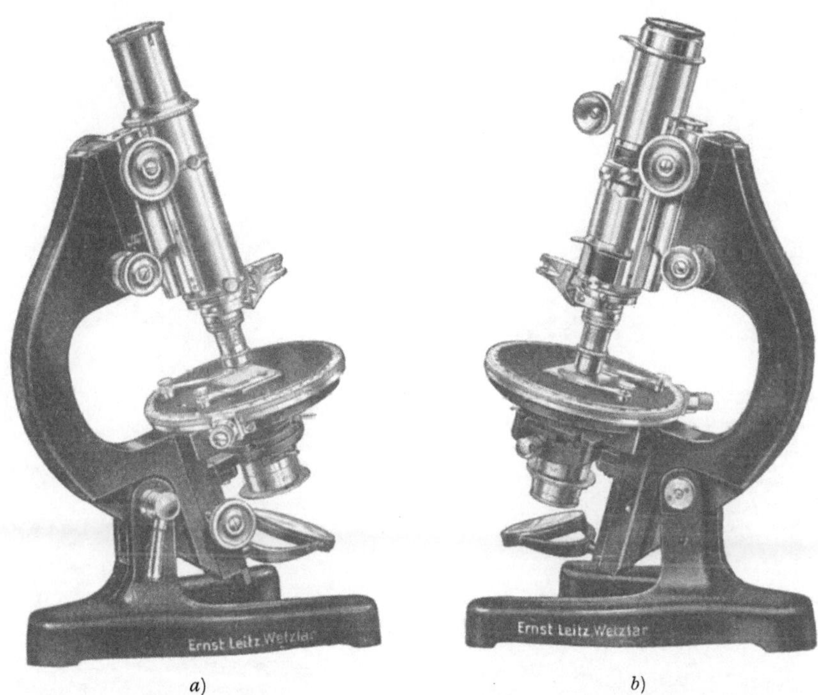

Fig. 46
Zwei Polarisationsmikroskope der Firma Leitz (Wetzlar). *a*) Kursstativ KM; *b*) Großes Arbeitsstativ CM, beide mit Objektivzangenwechsler.

Der äußere *Aufbau des Mikroskops* geht aus den Fig. 46—49 hervor. Ein Rohr, der sogenannte *Tubus*, trägt an seinem unteren, dem Objekt zugewandten Ende das Objektiv, wobei eine Vorrichtung zum raschen Wechsel der Objektive während der Arbeit zwischengeschaltet ist. Am obern, dem Auge des Beobachters zugewandten Ende des Tubus ist das Okular in den Tubus eingeschoben. Die Distanz zwischen der Unterseite des Auflageringes des Okulars und der Ansatzfläche des Objektivgewindes wird die *mechanische Tubuslänge T* des Instrumentes genannt. Sie beträgt bei deutschen Fabrikaten 160 oder 170 mm, bei amerikanischen 160 oder 215, bei englischen 200 bis 250 mm.

Der Tubus ist zur Einstellung auf das betrachtete Objekt (Präparat) durch groben und feinen Zahntrieb verstellbar. Der Knopf des Feintriebes (Mikrometerschraube) trägt bei vollkommeneren Stativen eine Teilung, die die Höhenverschiebung abzulesen gestattet. Sie wird für mikroskopische Dickenmessung (Kap. C, II) gebraucht. Ist keine Teilung vorhanden, so bedeutet dies im allgemeinen,

daß die Konstruktion des Feintriebes sich zur Dickenmessung nicht eignet. Das
Präparat kommt auf den drehbaren *Objekttisch* zu liegen, wo es mit Klammern
festgehalten werden kann. Dieser trägt eine randliche Gradteilung, welcher seine
Stellung gegenüber einer festen Marke oder einem Nonius abzulesen gestattet.

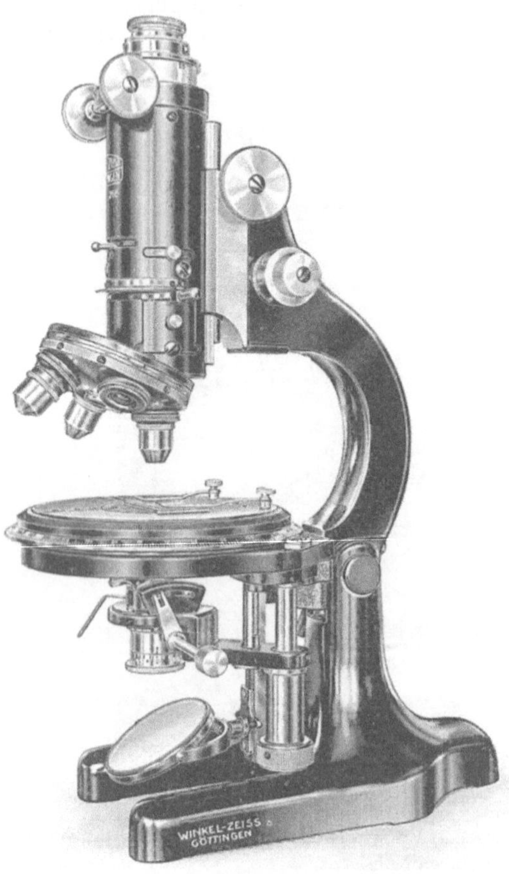 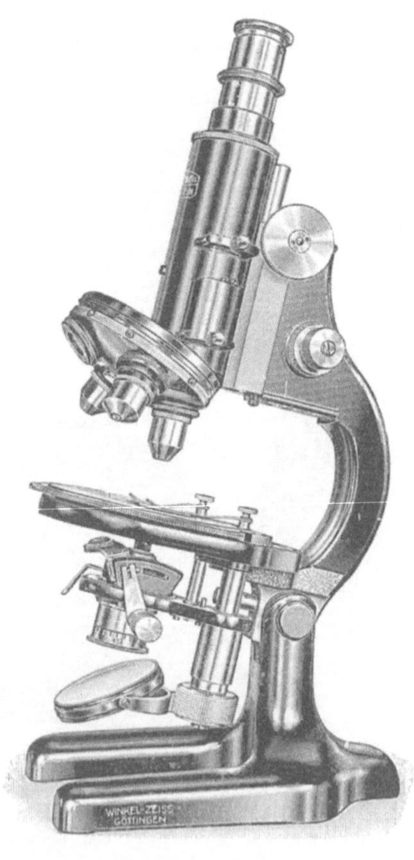

Fig. 47 *a*)
Polarisationsmikroskop der Firma Winkel-Zeiß
(Göttingen).
Großes Arbeitsstativ IVM.

Fig. 47 *b*)
Polarisationsmikroskop der Firma Winkel-
Zeiß (Göttingen).
Kursstativ I IM.

Der Beleuchtungsapparat ist zur bessern Sichtbarmachung etwas gesenkt.

Eine Arretiervorrichtung ist für manche Zwecke notwendig. Neuere Mikroskope
besitzen Objekttische mit Kugellagerführung. Diese hat sich wegen ihres leichten
und gleichmäßigen sowie von Schmiermitteln unabhängigen Ganges sehr bewährt
und ist der vielfach noch üblichen Konuslagerung entschieden vorzuziehen. Die
Mitte des Tisches weist eine kreisförmige Öffnung auf, durch welche die Beleuchtung der durchsichtigen Präparate erfolgt. Eine herausnehmbare Ringplatte gestattet, die Öffnung auf 6 cm zu vergrößern, was für die Benützung der aufsetzbaren U-Tisch-Modelle notwendig ist (vgl. Kap. H). Das Tages- oder Lampenlicht,

welches zur Beleuchtung notwendig ist, wird durch einen dreh- und schwenkbaren *Spiegel* dem *Beleuchtungsapparat* unterhalb des Tisches zugeführt und durch diesen auf das Präparat konzentriert. Im Beleuchtungsapparat ist zugleich auch der *Polarisator* untergebracht.

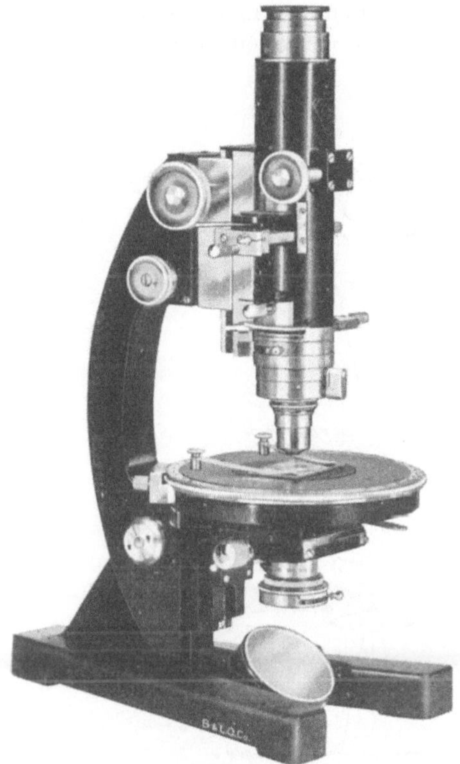

Fig. 48
Großes Arbeitsstativ LD der Bausch & Lomb Optical Co. (Rochester, N.Y., USA.).

Fig. 49
Mittleres Stativ mit Polaroidfiltern von Cooke, Troughton & Simms, Ltd. (York, England).

2. Der Strahlengang im Mikroskop

Um die wesentlichen Eigenschaften des Strahlenganges in Erscheinung treten zu lassen, betrachten wir aus der unendlichen Mannigfaltigkeit von Strahlen, welche zum Aufbau des Bildes beitragen, nur die Repräsentanten *zweier* ausgewählter Gruppen. Sie sind der Übersichtlichkeit wegen in den Fig. 50*a* und 50*b* gesondert dargestellt.

Die erste Gruppe betrifft solche Strahlen, die sich je in einem Punkte der Objektebene durchkreuzen. Es genügt, dabei allein dasjenige Strahlenbündel zu betrachten, das seine Spitze in dem auf der Mikroskopachse gelegenen Punkt P der Objektebene hat. Die *Randstrahlen* dieses Bündels werden durch die

Größe der im Objektiv vorhandenen *Aperturblende* bestimmt (Fig. 50*a*). Sie bestimmen den *Öffnungswinkel* 2α der abbildenden Strahlen, und, im Verein mit dem Brechungsindex n in der Objektebene, die *numerische Apertur* $A = n \sin \alpha$ der Abbildung. Das Objektiv entwirft bei richtiger Einstellung von P ein *reelles Bild P'*, das man nach Herausnahme des Okulars nur wenige Millimeter unterhalb des obern Tubusrandes (z. B. mittels einer von oben in den Tubus ein-

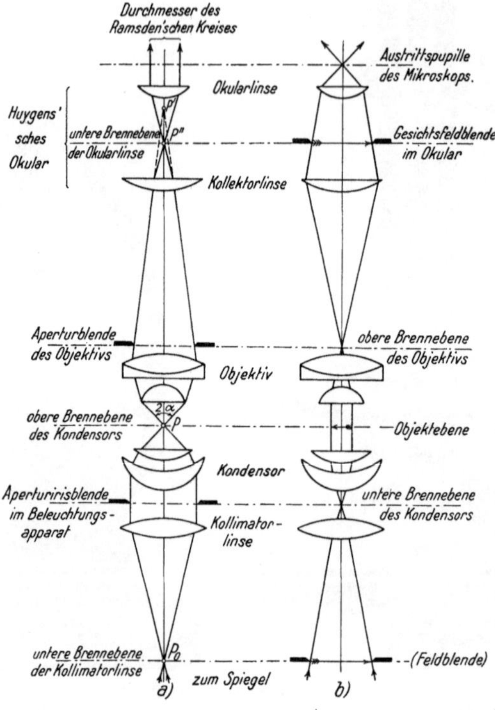

Fig. 50

Strahlengang im Mikroskop (nach Berek). Aperturstrahlen (*a*) und Blendenhauptstrahlen (*b*) bei Benützung stärkerer Objektive.

Anmerkung: In *a* und *b* ist die Aperturblende des Objektivs etwas über diesem liegend angenommen. In Wirklichkeit liegt sie bei stärkeren Objektiven in der Regel innerhalb der Objektivlinsen.

geführten Mattscheibe) feststellen kann. Dort würden sich also die von P ausgegangenen Strahlen wieder schneiden. Bei Benutzung eines Huygensschen Okulars werden aber diese Strahlen durch die sammelnde Wirkung der unteren Linse (Kollektivlinse) des Okulars früher als in P', nämlich schon in P'', zum Schnitt gebracht. Dieser Punkt P'' liegt in der Mitte der *Gesichtsfeldblende* des Okulars. Von ihm aus divergieren die Strahlen wieder. Wenn sich P'' im vordern Brennpunkt der Augenlinse des Okulars befindet, was der Regelfall sein soll (siehe weiter unten), verlassen die Strahlen des Bündels die Okularlinse in paralleler Richtung und erzeugen von P'' und damit auch von P ein weiteres Bild in großer Ferne, das man z. B. bei der Projektion, auf einer Bildwand in größerem Abstand vom Mikroskop, auffangen kann. Bei subjektiver Beobachtung aber werden die parallel aus der Augenlinse des Okulars austretenden Strahlen durch die Augenlinse des Beobachters, wenn er normalsichtig ist und auf Unendlich akkommodiert, zu einem Bilde von P auf der Netzhaut des Auges vereinigt.

Im folgenden sei das von P ausgehende Strahlenbündel auch in seinem rückwärtigen Verlauf durch den *Beleuchtungsapparat* betrachtet. Dieser ist so eingestellt, daß der Brennpunkt seines obern (in Fig. 50 a zweilinsig gezeichneten) Teils, des sogenannten *Kondensors*, gerade mit P zusammenfällt. Daher muß das sich in P vereinigende Strahlenbündel vor Eintritt in den Kondensor, also in dem Raum zwischen diesem und der darunter befindlichen *Kollimatorlinse* des Beleuchtungsapparates (siehe Fig. 50 a), parallelstrahlig verlaufen und sich jenseits derselben, im Raum zwischen dieser und dem Mikroskopspiegel im Brennpunkt der Kollimatorlinse schneiden. Würde sich dort, in P_0, ein Gegenstand befinden, so würde er zugleich mit P gesehen werden. Der weitere rückwärtige Verlauf des Strahlenbündels über dem Spiegel hängt davon ab, ob der *Hohl-* oder *Planspiegel* eingeschaltet ist. Dies hängt wiederum von den Grössenverhältnissen und von der Entfernung und der besonderen Art der *Lichtquelle* ab und interessiert hier im einzelnen nicht.

Bei dieser Betrachtung stellen sich somit als konjugierte, d. h. bildmäßig einander zugeordnete Ebenen heraus:

1. *Die untere Brennebene des Kollimators des Beleuchtungsapparates;*
2. *die Objektebene;*
3. *die Ebene der Gesichtsfeldblende im Okular;*
4. *die unendlich ferne Ebene des Bildraumes* bzw. die *Netzhaut* des Auges.

Als zweite Gruppe von Strahlen wählen wir solche, welche die *Ausdehnung des Gesichtsfeldes* kennzeichnen. Da dieses durch die freie Öffnung der Gesichtsfeldblende im Okular bestimmt wird, müssen wir Strahlenbündel betrachten, die sich in Punkten des Randes dieser *Gesichtsfeldblende* schneiden. Es genügt aber, als Repräsentanten eines solchen Bündels einen einzigen Strahl herauszugreifen. Zweckmäßig wählt man als solchen den sogenannten *Blendenhauptstrahl*, das ist in jedem Bündel derjenige Strahl, der durch die Mitte der Aperturblende und durch den Rand der Gesichtsfeldblende geht. In Fig. 50 b erkennen wir diese Strahlen als von der Mitte der Aperturblende des Objektivs ausgehend und nach dem Rande der Gesichtsfeldblende im Okular hinzielend. In ihrer weiteren Verlängerung werden sie durch die Augenlinse des Okulars gebrochen und zu einem nur wenig über dieser Linse gelegenen Schnittpunkt vereinigt. In dieser Ebene liegt mithin das vom gesamten Okular entworfene *Bild* der *Objektivaperturblende*. Dieses Bild ist die *Austrittspupille* des gesamten Mikroskops. Dort hat sich die *Augenpupille* des Beobachters einzustellen, wenn er das ganze Gesichtsfeld übersehen will. Entfernt man das Auge etwa 50 cm vom Okular, so erkennt man den Ort der Austrittspupille an einer über dem Okular sichtbar werdenden *kleinen hellen Kreisfläche*, dem sogenannten Ramsdenschen Kreis.

Verfolgen wir nun die von der Mitte der Aperturblende des Objektivs ausgegangenen Strahlen auch hier *rückwärts* durch das Mikroskop. Bei mittleren und stärkeren Mikroskopobjekten fällt deren Aperturblende fast regelmäßig mit der bildseitigen Brennebene, die Mitte der Aperturblende also in gleicher Annäherung mit dem bildseitigen Brennpunkt des Objektivs zusammen. Daher müssen die Blendenhauptstrahlen vor Eintritt in das Objektiv, also im Objektraum, parallelstrahlig zur Mikroskopachse verlaufen (Fig. 50*b*). Der Querschnitt dieses Bündels in der Objektebene gibt das jeweilig übersehbare Objektfeld. Gleichzeitig erkennen wir aus dem Verlaufe dieser Strahlen von der Objektebene bis zur Bildebene im Okular, daß die Abbildung des Objekts (siehe die Lage der in Fig. 50*b* eingezeichneten Pfeile) *lagenverkehrt* erfolgt. Bei einer *Projektion* wird das Bild auf der Bildwand wieder *lagerichtig*, dagegen erscheint es bei *subjektiver* Beobachtung, weil dann der Augenlinse des Okulars nur die Wirkung einer Lupe zukommt, *lagenverkehrt*. Da die Blendenhauptstrahlen unter den eingeführten Voraussetzungen im Raume zwischen Kondensor und Objektiv parallelstrahlig verlaufen, müssen sie vor Eintritt in den Kondensor durch dessen Brennpunkt hindurchgegangen sein. In dieser Brennfläche liegt die *Kondensoririsblende*, welche also der Aperturblende des Objektivs bildmäßig zugeordnet ist. Da man, von Sonderfällen abgesehen, die Aperturblende des Objektivs als feste Blende und nicht als Irisblende auszubilden pflegt, hat man also in der Kondensoririsblende (zwischen Kollimatorlinse und Kondensor) ein *Hilfsmittel zur Herabsetzung der Apertur*. Verfolgt man den Verlauf der Blendenhauptstrahlen weiter rückwärts, so interessiert nur noch ihr Durchstoß durch die vordere Brennebene der Kollimatorlinse. Die Strahlen müssen dort einen freien Durchlaß haben, der mindestens so groß ist wie der Querschnitt, den dort das Blendenhauptstrahlenbündel aufweist. Andernfalls würde das Sehfeld des Mikroskops nicht voll ausgeleuchtet sein.

Bei dieser Betrachtung stellen sich also als konjugierte, d. h. einander bildmäßig zugeordnete Ebenen heraus:

1. *Die Ebene der Kondensoririsblende* zwischen der Kollimatorlinse und dem Kondensor des Beleuchtungsapparates;
2. *die Aperturblende des Objektivs*[1]);
3. *die Austrittspupille des Mikroskops* (Ramsdenscher Kreis über dem Okular).

Denkt man sich nun Fig. 50*a* und 50*b* übereinander projiziert, so hat man in einer einzigen Figur die gegenseitigen Beziehungen zwischen Apertur und Sehfeld im Verlauf durch das ganze Mikroskop dargestellt. Um den Leser nicht zu verwirren, wurde jedoch die getrennte Darstellung vorgezogen.

Die angestellten Betrachtungen sind nun noch durch einige für die *mikroskopische Technik* zu beachtende Ausführungen zu ergänzen. Wie schon hervorgehoben, geschieht bei *mittleren* und *starken Systemen*, wenn der volle Beleuchtungsapparat eingeschaltet ist, die *Herabsetzung der Apertur* am besten durch *Schließen der Kondensoririsblende*. Fehlt eine solche, was bei einfachen Ausführungen oft der Fall ist, so erreicht man denselben Effekt durch geringes *Senken*

---

[1]) Bei den üblichen Objektiven handelt es sich um eine feste Blende von unveränderlicher Größe. Nur bei Spezialobjektiven, wie z. B. bei den für den Gebrauch mit dem U-Tisch speziell konstruierten *UM*-Objektiven der Firma Leitz oder den analogen Ausführungen anderer Hersteller, ist die Objektivblende als Iris ausgebildet.

des gesamten Beleuchtungsapparates, wodurch der obere Brennpunkt des Kondensors unterhalb der Objektebene zu liegen kommt und die weitgeöffneten Bündel der Beleuchtung nicht mehr vom Objektiv aufgenommen werden, sondern seitlich an diesem vorbeigehen. Eine *Veränderlichkeit des Sehfeldes* ist im Mikroskop im allgemeinen nicht vorgesehen. Will man aus irgendwelchen Gründen das Sehfeld verkleinern, so muß man an Stelle der Okulare mit fester Gesichtsfeldblende solche mit eingebauter *Irisblende* verwenden. Derartige Typen stehen unter verschiedener Bezeichnung (CZAPSKI, KLEIN, WRIGHT) zur Verfügung. An sich könnte man zur variablen Begrenzung des Gesichtsfeldes auch eine Irisblende in der untern Brennebene der Kollimatorlinse des Beleuchtungsapparates benutzen, da diese Ebene zur Objektebene konjugiert ist. Gewöhnlich ist aber der Beleuchtungsapparat so wenig sphärisch und chromatisch korrigiert, daß diese Ebene optisch sehr schlecht definiert ist. Bei vielen Beleuchtungsapparaten fällt sie außerdem in das Innere des Polarisators. Nur beim *Zweiblendenbeleuchtungsapparat* nach BEREK ist in dieser Hinsicht für erträgliche Verhältnisse vorgesorgt. Die *Irisblende unterhalb des Polarisators* läßt sich hier in Verbindung mit *mittleren* und *stärkern* Objektiven, also wenn der volle Beleuchtungsapparat in richtiger Höhenlage eingeschaltet ist, gut dazu verwenden, um bei der Projektion mit starken Lichtquellen das Präparat vor schädlicher Erhitzung zu schützen, indem man diese Iris nur so weit öffnet, bis ihre Lamellen gerade am Rande des Gesichtsfeldes verschwinden. Auf diese Weise erreicht man, daß vom Präparat nur eine solche Fläche bestrahlt wird, wie für die Beobachtung notwendig ist.

Wird mit *schwachen Objektiven* beobachtet, so erfährt der Strahlengang innerhalb des Beleuchtungsapparates eine Abänderung. Die entsprechenden Verhältnisse sind in den Fig. 51*a* und 51*b*, soweit zum Verständnis erforderlich, dargestellt. Dabei ist beim Durchgang durch die Objektebene dem Umstand Rechnung getragen, daß solche Objektive eine kleine Apertur und ein großes objektives Sehfeld haben. Da der *Kondensor* bei Verwendung solcher Objektive *ausgeschaltet* werden muß, weil es sonst nicht gelingt, das erforderliche Objektfeld auszuleuchten, bleibt im Beleuchtungsapparat (außer dem Spiegel) nur die *Kollimatorlinse* wirksam. Ihr Brennpunkt nach der Seite der Objektebene hin fällt in die Objektebene. Daher verlaufen die Aperturstrahlen (Fig. 51*a*) vor Eintritt in die Kollimatorlinse, also im Raum zwischen dieser und dem Spiegel, parallelstrahlig. Ihr Querschnitt dort ist für die Apertur der Beleuchtung in der Objektebene bestimmend. Die Apertur der hier in Frage kommenden Objektive kann also beim Zweiblendenkondensor nach BEREK nach *Ausschalten der Kondensorlinse* durch die *unterhalb der Kollimatorlinse* und des Polarisators angebrachte *Irisblende* noch weiter herabgesetzt werden, was zur Erhöhung der Reinheit der Interferenzfarben bei gekreuzten Nicols oder bei der Bestimmung von Auslöschungsschiefen nützlich ist. In Verbindung mit dem U-Tisch, der ebenfalls die Verwendung schwächerer Objektive nötig macht, ist es aber vorzuziehen, die schon erwähnten Spezialobjektive mit eingebauter Irisblende zu benutzen, weil sonst bei Anwendung der Kollimatoriris wegen der Segmente leicht Zentrierschwierigkeiten auftreten, die nur schwer zu beheben sind.

Der Verlauf der *Blendenhauptstrahlen* nach Ausschalten des Kondensors ist in Fig. 51 *b* dargestellt. Da diese Strahlen durch die Objektebene parallel zur Mikroskopachse verlaufen, schneiden sie sich in dem dem Spiegel zugewandten Brennpunkt der Kollimatorlinse.

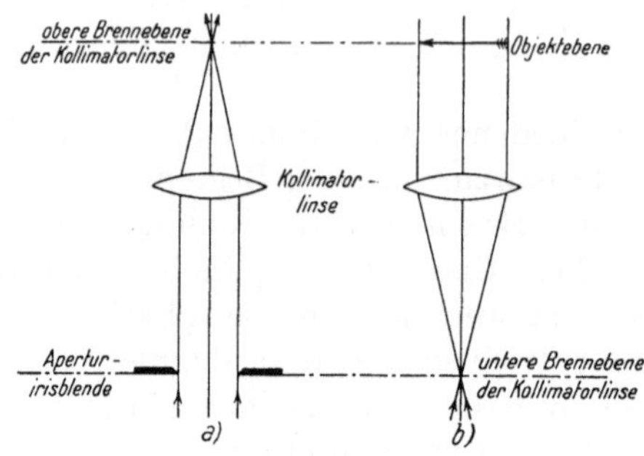

Fig. 51

Strahlengang im Beleuchtungsapparat in Verbindung mit schwächeren Objektiven (Kondensor ausgeschaltet) (nach BEREK). *a*) Aperturstrahlen; *b*) Blendenhauptstrahlen.

Bei den vorangehenden Betrachtungen wurde immer ein *fehlerfreies* und *auf unendlich akkommodiertes Auge* vorausgesetzt. Der letztgenannten Voraussetzung entspricht vielfach der Beobachter nicht. Besonders wenn es sich um einen Anfänger im Mikroskopieren handelt, wird erfahrungsgemäß häufig stark auf die Nähe akkommodiert. Dabei wird der Tubus *zu tief* eingestellt, so daß das Zwischenbild im Okular oberhalb von dessen Gesichtsfeldblende, also *oberhalb* der Brennebene der Okularlinse, zu liegen kommt. Bei einem derartigen Vorgehen wird also grundsätzlich *nicht* mit der vorgeschriebenen optischen Tubuslänge beobachtet, für welche die Objektive korrigiert sind, sondern mit einer etwas längeren. Für die Qualität der Abbildung kann sich dieser Umstand allerdings nur für starke Objektive in Verbindung mit extrem schwachen Okularen nachteilig auswirken, mit mittleren oder starken Okularen ist er ohne Bedeutung. Das gleiche gilt für *kurzsichtige* oder *übersichtige* Beobachter. Sie können übrigens auch in ungünstig gelagerten Fällen vollständig kompensieren, wenn sie mit ihrer *Fernbrille* mikroskopieren.

Ein anderer, stets einwandfreier Weg zur Einhaltung der vorgeschriebenen optischen Tubuslänge ist folgender, gleichgültig ob akkommodiert wird oder nicht, ob Fernbrille benutzt wird oder nicht. Man verwendet ein Okular mit *Fadenkreuz* und *verschiebbarer Augenlinse*. Diese letztere stellt man so ein, daß das Fadenkreuz scharf erscheint. Erst dann fokussiert man das Mikroskop mittels seiner Triebbewegung bzw. Mikrometerschraube, und zwar so genau, bis man bei kleinen seitlichen Bewegungen des Auges *keine Parallaxe* zwischen Bild und Fadenkreuz mehr feststellen kann. Dann fällt das *Bild* genau in die *Ebene des Fadenkreuzes*, und da dieses selbst genau in der *Blendenebene des Okulars* liegt, fällt auch das *Bild* genau mit dieser zusammen, und man beobachtet so in jedem Falle *zwangsläufig* mit der vorgeschriebenen Tubuslänge.

3. Die Objektive

Aus dem erläuterten Abbildungsvorgang im Mikroskop ergibt sich die überragende Wichtigkeit des *Objektivs* für das Zustandekommen des mikroskopischen Bildes. Das Objektiv ist in erster Linie für den Bildinhalt und die Bildqualität verantwortlich, da das Okular ja nur das vom Objektiv gelieferte Bild vergrößert und neu abbildet, ohne etwas zu seinem Inhalt hinzuzufügen. Genügt das beobachtete Bild den gestellten Anforderungen in einem gegebenen Fall nicht, so muß das Objektiv gegen ein solches von größerer Leistung ausgewechselt werden. Es wäre völlig zwecklos, durch Verwendung eines stärker vergrößernden Okulars einfach die Gesamtvergrößerung zu steigern, da dadurch der Bildinhalt nicht verbessert würde.

Die praktische Konsequenz aus dieser Sachlage besteht darin, daß zu jeder Mikroskopausrüstung notwendigerweise mehrere Objektive gehören, während man für alle laufenden Arbeiten mit einem einzigen Okular von 6—8facher Vergrößerung auskommt (von Meßokularen und dergleichen natürlich abgesehen).

Zur Charakterisierung der Mikroskopobjektive dient neben der *Äquivalentbrennweite* und der *Eigenvergrößerung* vor allem das sogenannte *Auflösungsvermögen*. Dieses ist definiert durch den kleinsten Abstand a zweier Strukturelemente, welcher von dem betreffenden Objektiv gerade noch aufgelöst wird, so daß sie bei Anwendung genügender Vergrößerung getrennt erscheinen. Dieses laterale Auflösungsvermögen (im Gegensatz zum axialen oder Tiefenauflösungsvermögen) ergibt sich aus der Abbeschen Theorie der mikroskopischen Abbildung

$$\text{für } senkrechte \text{ Beleuchtung zu } a = \frac{\lambda}{A},$$
$$\text{für } äußerst\ schiefe \text{ Beleuchtung zu } a = \frac{\lambda}{2A}, \qquad \text{(B 7)}$$

wobei λ die Wellenlänge des beleuchtenden Lichtes und A die sogenannte *numerische Apertur* des betreffenden Objektivs ist. Nach BEREK handelt es sich allerdings bei der Abbeschen Theorie nur um den Grenzfall periodischer Strukturen bei enger Beleuchtung im Hellfeld. In andern Fällen wird das laterale Auflösungsvermögen nach diesem Autor durch

$$a = \frac{1{,}22\,\lambda}{A}\,k \qquad \text{(B 7a)}$$

gegeben, wobei der physiologisch bedingte Faktor k erfahrungsgemäß 0,3 bis 0,4 beträgt. Falls beim Mikroskopieren mit weißem Licht gearbeitet wird, was meistens zutrifft, ist $\lambda = 550\,\mu\mu$ zu setzen (sogenannter konventioneller Schwerpunkt des Tageslichtes).

Die *numerische Apertur* A ist ihrerseits gegeben durch

$$A = n \sin\alpha. \qquad \text{(B 8)}$$

Dabei ist n der Brechungsindex des sich vor der Frontlinse des Objektivs befindenden Mediums und α der halbe Öffnungswinkel des Strahlenkegels, welcher in diesem Medium vom Objektiv aufgenommen wird.

Aus der Beziehung $a \sim \lambda/A$ ergibt sich, daß a klein wird bei kleinem λ oder bei großem A. Für polarisationsmikroskopische Arbeiten kommt zur Steigerung des Auflösungsvermögens nur der zweite Weg in Betracht. Ist das Medium vor der Frontlinse des Objektivs Luft mit $n = 1$ (sogenannte *Trockensysteme*), so wird $A = \sin\alpha$, die numerische Apertur kann somit in diesem Falle höchstens den Wert 1 erreichen, nämlich für $\alpha = 90°$. Da ein Lichtkegel mit dem Öffnungswinkel $2\alpha = 180°$ praktisch nicht realisierbar ist, erreichen die numerischen Aperturen von Trockensystemen höchstens Werte von etwa 0,95, entsprechend einem Öffnungswinkel von zirka 144°. Numerische Aperturen > 1 erzielt man dadurch, daß man zwischen der Frontlinse des Objektivs und dem Präparat ein höher brechendes Medium anbringt, z. B. Wasser ($n = 1,333$), Zedernholzöl ($n = 1,515$) oder Monobromnaphthalin ($n = 1,655$) usw. Man spricht in diesem Fall von *Immersionen* oder Tauchsystemen. Im besondern nennt man die Zedernholzölimmersion auch „homogene Ölimmersion", da der Brechungsindex 1,515 ebenfalls dem Glas der Objektivfrontlinse, des Objektträgers und des Deckglases zukommt, so daß die Strahlen ein scheinbar homogenes Medium ungebrochen durchlaufen. Immersionen kommen für die hier verfolgten Zwecke nur ausnahmsweise in Betracht, nämlich dann, wenn Gesamtvergrößerungen um tausendfach und höher oder besonders große Aperturen bei konoskopischen Beobachtungen benötigt werden. Im Gegensatz zu vielen biologischen, z. B. bakteriologischen oder histologischen Untersuchungen, kommt man bei polarisationsmikroskopischen Arbeiten im allgemeinen mit Gesamtvergrößerungen bis zirka 500fach vollkommen aus, so daß man sich auf Trockensysteme beschränken kann[1]).

Im folgenden sind für vier Objektive die charakteristischen Konstanten, wie sie bis jetzt erwähnt wurden, zusammengestellt. Es handelt sich um die Trokkensysteme P_1, P_3 und P_6 der Firma Leitz sowie um eine homogene Ölimmersion gleichen Fabrikates. Die drei erstgenannten Objektive bzw. die analogen Trockensysteme anderer Hersteller bilden eine sehr empfehlenswerte und bewährte Ausrüstung für die üblicherweise vorkommenden polarisationsmikroskopischen Arbeiten. In Verbindung mit einem Okular von achtfacher Eigenvergrößerung ergeben sich damit Gesamtvergrößerungen von 25—360fach.

	f	V	A	2α	a_A	a_B
P_1	40	3,2	0,12	14°	4,58	1,97
P_3	16	10	0,25	29°	2,20	0,95
P_6	4	45	0,85	116°	0,65	0,28
$P_{1/12}$	1,8	100	1,30	119°	0,42	0,18

Es bedeuten: $f =$ Äquivalentbrennweite in Millimetern; $V =$ Eigenvergrößerung; $A =$ numerische Apertur; $2\alpha =$ Öffnungswinkel, für Trockensysteme in Luft, für die Immersion in Öl; a_A bzw. a_B das Auflösungsvermögen nach Abbe bzw. Berek in $\mu\mu$.

Mit zunehmender numerischer Apertur bzw. zunehmendem Öffnungswinkel sowie abnehmender Äquivalentbrennweite nimmt der sogenannte *freie Objektabstand* oder Arbeitsabstand, d. h. die Distanz zwischen Objektivfrontlinse und Präparat bei scharfer Fokussierung ab. Er ist oft beträchtlich kleiner als die Äquivalentbrennweite und beträgt bei hohen Aperturen nur noch Bruchteile

---

[1]) Diese früher ganz allgemein gültige Feststellung gilt neuerdings nicht mehr streng, da sich der Gebrauch von Spezialimmersionen geringer Vergrößerung wegen ihrer ausgezeichneten Bildqualität einzubürgern beginnt. Als Beispiele hierfür seien die von der Firma Leitz gebauten Ölimmersionen von 16 und 8 mm Äquivalentbrennweite bzw. numerischen Aperturen von 0,25 und 0,65 bei Eigenvergrößerungen 10 und 22-fach genannt.

eines Millimeters. Dies bedingt eine gewisse Vorsicht beim Gebrauch derartiger Objektive, um Beschädigungen derselben wie auch des Präparates zu vermeiden.

Gesamtvergrößerung und numerische Apertur müssen zur Erzielung optimaler Resultate in einem gewissen Verhältnis zueinander stehen. Normalerweise soll die Gesamtvergrößerung das 500—700fache der numerischen Apertur des Objektivs betragen. Die Grenze der nützlichen Vergrößerung liegt etwa beim 1000fachen Aperturwert. Stärkere Gesamtvergrößerungen sind zwecklos und werden als « *leer*» bezeichnet.

Bei den Objektiven unterscheidet man, je nach ihrem Korrektionszustand, *Achromate, Fluoritsysteme* (Semiapochromate) und *Apochromate*. Für polarisationsmikroskopische Zwecke kommen fast ausschließlich die für zwei Farben (Fraunhofersche Linien *F* und *C*) korrigierten *Achromate* in Betracht, evtl. auch einzelne *Fluoritsysteme*, diese jedoch nur für morphologische Studien, nicht für optische Messungen, da der für sie gebrauchte Fluorit selten ganz frei von anomaler Doppelbrechung ist. Die für drei Farben korrigierten Apochromate fallen für unsere Zwecke außer Betracht. Sie enthalten meist ebenfalls Fluorit, außerdem wirken auch die zahlreichen Linsenoberflächen dieser kompliziert gebauten Objektive störend auf das polarisierte Licht ein. Ihr höherer Korrektionszustand würde sich außerdem bei den mit dem Polarisationsmikroskop studierten Objekten nur in sehr geringem Maße auswirken, so daß ihr hoher Preis sich dadurch nicht bezahlt machen würde.

Objektive von höherer numerischer Apertur als 0,65 (ausgenommen homogene Ölimmersionen) sind gegen Abweichung von der normalen Deckglasdicke von 0,16—0,17 mm, für die sie korrigiert sind, empfindlich. Zu dünne Deckgläser bedingen sphärische Unter-, zu dicke sphärische Überkorrektur, was beides Bildverschlechterung zur Folge hat. Starke Trockensysteme sind daher meist mit einer Vorrichtung zur *Korrektion abweichender Deckglasdicke* versehen. Es ist jedoch nicht nötig, Deckgläser bekannter Dicke zu benützen, um so mehr, als eine Schicht Einbettungsmittel zwischen Präparat und Deckglas (z. B. Kanadabalsam) sich ebenfalls wie eine Verdickung des letzteren auswirkt und ohnehin nicht genau in Rechnung gestellt werden kann. Es genügt vielmehr, empirisch auf optimale Bildqualität einzustellen.

4. Die Okulare

Die meistgebrauchten *Okulare* sind diejenigen vom sogenannten Huygens-Typus. Sie bestehen (vgl. Fig. 50) aus zwei plankonvexen Linsen, welche ihre konvexen Seiten beide dem Objekt zuwenden. Ihre Brennweiten werden so gewählt, daß die Brennebene des Okulars, in welche das vom Objektiv entworfene Bild zu liegen kommt, dazwischen liegt. An dieser Stelle liegt zugleich die Gesichtsfeldblende, welche das Fadenkreuz trägt, bei Meßokularen auch die Mikrometerskala, welche auf diese Weise mit dem Bild des Objekts zusammen scharf gesehen wird. Die obere Linse soll verschiebbar angeordnet sein, damit bei Kurz- oder Übersichtigkeit scharf auf Fadenkreuz oder Mikrometer eingestellt werden kann. Die Okulare werden gegenüber dem Tubus so orientiert, daß die Faden des Fadenkreuzes in NS- und EW-Richtung zu liegen kommen.

Für gewisse *Spezialokulare* bevorzugt man den Ramsdenschen Typ. Dieser besteht ebenfalls aus zwei plankonvexen Linsen, die jedoch die konvexen Seiten einander zuwenden. Die Brennebene liegt etwas unterhalb der unteren Linse. Auf diese Weise erreicht man, daß Fadenkreuze, Mikrometer usw. nicht in das Okular eingebaut werden müssen, sondern unterhalb desselben zu liegen kommen. Neben rein mechanisch-konstruktiven Vorteilen wird damit auch erreicht, daß eventuelle Bildverzerrungen das Bild des Objektes und das Mikrometer gleichmäßig betreffen, somit auf das Meßresultat ohne Einfluß sind.

Für stärkere Okulare, bis zu 20facher Vergrößerung, wird oft ein komplizierterer Typ benützt, der sich durch besonders gute Bildfeldebnung auszeichnet. Es sind dies z. B. die sogenannten *Periplanate* (Leitz) oder *Komplanate* (Winkel-Zeiß) bzw. *orthoskopischen Okulare* (Zeiß) usw. Während früher ganz allgemein die Polarisationsmikroskope mit den üblichen Okularen von zirka 23 mm Außendurchmesser ausgerüstet wurden, sind heutzutage die größeren Modelle für Okulare mit *erweitertem Gesichtsfeld* eingerichtet. Diese weisen einen Außendurchmesser von 30 mm auf und sind besonders bei Dünnschliffuntersuchungen sehr vorteilhaft, trotzdem ihr Gesichtsfeld meist nicht die Randschärfe des normalen Typs aufweist. Besondere Zwischenstücke erlauben den Gebrauch der kleineren Okulare auch für Mikroskope mit weitem Tubus, was besonders für Spezialtypen von Bedeutung ist.

Früher erfolgte die Bezeichnung der Okulare durch eine mit der Eigenvergrößerung ansteigende, aber sonst willkürliche Numerierung, die einen Vergleich verschiedener Fabrikate erschwerte. Heute bezeichnet man sie gerne allgemein durch ihre Eigenvergrößerung $V = 250/f$, d. h. durch den Quotienten konventionelle Sehweite/Brennweite. Die für polarisationsmikroskopische Arbeiten meistgebrauchten Typen sind Huygenssche Okulare von fünf- bis achtfacher Eigenvergrößerung. Bei dieser Art der Okularbezeichnung ergibt sich die Gesamtvergrößerung des Mikroskops gemäß (B6) als gleich dem Produkt aus Objektiv- und Okularvergrößerung.

5. Der Beleuchtungsapparat

Von großer Bedeutung für die Leistung eines Mikroskops ist auch der Beleuchtungsapparat, denn die numerische Apertur eines Objektivs kommt oft nur dann zur Auswirkung, wenn sie voll mit Licht erfüllt ist, d. h. wenn die Beleuchtungsapertur ihr mindestens gleich ist. Um die Beleuchtung an die Anforderungen, d. h. an die Apertur der verschiedenen Objektive anzupassen, ist der Beleuchtungsapparat im allgemeinen zweigeteilt. Ein erstes Linsensystem, der sogenannte *Kollektor*[1]), ist fest in den Strahlengang eingebaut, während ein zusätzliches, der sogenannte *Kondensor* oder *Kondensorklappteil*, durch einen einfachen Mechanismus leicht ein- und ausschaltbar angeordnet ist. Fig. 52 zeigt diesen Mechanismus, wie er von allen Firmen prinzipiell ähnlich gebaut wird, an einem großen Beleuchtungsapparat von Winkel-Zeiß[2]).

Der *Kollektor* allein weist eine numerische Apertur von zirka 0,2–0,3 auf, wie sie für die schwachen und mittleren Trockensysteme benötigt wird. Mit eingeschaltetem *Kondensor* steigt sie gegen den Wert 1 an, entsprechend derjenigen der starken Trockensysteme. In Verbindung mit Immersionsobjektiven

---

[1]) Oft auch als Kollimator bezeichnet.

[2]) Bei primitiven Mikroskopen ist der Kondensor etwa auch nur mit einer Steckhülse zum Aufsetzen auf den Kollektor eingerichtet. Diese Bauart, die das Arbeiten, besonders bei Flüssigkeitspräparaten, äußerst unbequem und zeitraubend gestaltet, sollte unbedingt verschwinden.

müssen alle Zwischenräume zwischen Kondensoroberfläche, Präparat und Objektivfrontlinse mit einer Flüssigkeit von mindestens der gleichen Brechung wie die numerische Apertur des Objektivs ausgefüllt sein, damit die Strahlen von der Apertur > 1 nicht durch Totalreflexion ausgeschaltet werden.

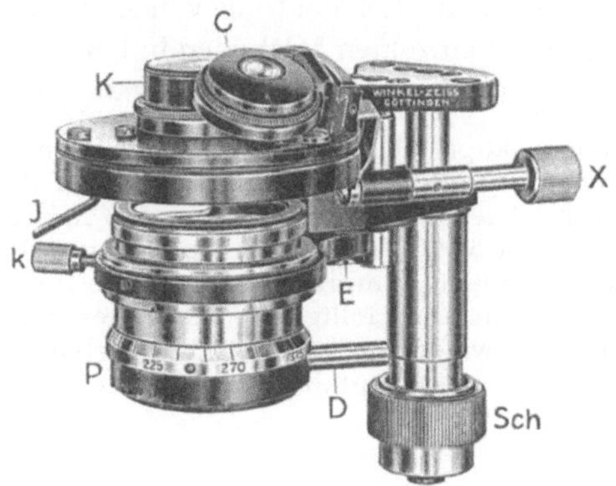

Fig. 52

Großer Beleuchtungsapparat R von Winkel-Zeiß (Göttingen). Zeigt Vorrichtung X zum Aus- und Einschalten des Kondensors C, wie sie prinzipiell ähnlich bei allen modernen Stativen üblich ist.

Zum Gebrauch mit Immersionen werden besondere auswechselbare Kondensor linsen geliefert, die unter Verwendung von Zedernöl Aperturen bis 1,45 zu erreichen gestatten. Infolge der an den Rauhigkeiten und Unebenheiten der Untersuchungsobjekte auftretenden diffusen Reflexion kann mitunter für gewöhnliche Beobachtungen ohne Nachteil auf das Anbringen der Immersionsflüssigkeit zwischen Kondensor und Präparat verzichtet werden. Dies gilt jedoch auf keinen Fall für konoskopische Untersuchungen mit Immersionsobjektiven.

Zur feineren Regelung der Beleuchtungsapertur besitzen vollkommenere Beleuchtungsapparate eine oder zwei *Irisblenden* (Fig. 51). Die obere Iris, zwischen Kollektor und Kondensor, wirkt bei orthoskopischem Strahlengang als *Aperturblende*, bei konoskopischem als *Gesichtsfeldblende*. Die untere Iris (BEREK) ist Aperturblende in Verbindung mit schwachen Systemen. Bei einfacheren Ausführungen fehlen die Irisblenden. Die feinere Anpassung der Beleuchtungsapertur an diejenige des Objektivs geschieht in diesem Falle in einfacher Weise durch Senken des Beleuchtungsapparates mittels des Zahntriebes. Diese Vorrichtung ermöglicht auch die Erzielung optimaler Beleuchtungsverhältnisse beim Vorliegen zu dünner Objektträger, indem sie gestattet, durch geringes Senken des ganzen Apparates den Schnittpunkt des Beleuchtungskegels auf alle Fälle genau in die Präparatenebene zu bringen.

Bei einer Reihe von neueren Polarisationsmikroskopen, wie z. B. denjenigen von Cooke, Troughton & Simms (York, England), welche an Stelle von Polarisationsprismen mit *Polaroidfiltern* (siehe weiter unten) ausgerüstet sind, wird der Abbesche Beleuchtungsapparat verwendet, wie er bei den biologischen Mikroskopen die Regel ist. Bei diesem bleibt der Kondensor immer eingeschaltet, und die Anpassung der Beleuchtungsapertur geschieht einzig durch Betätigung der als Iris ausgebildeten Aperturblende. In Verbindung mit Polarisationsprismen verbietet sich diese Konstruktion wegen des hohen Preises der dazu benötigten großen Kalkspatprismen.

Der Spiegel ist auf der einen Seite als Konkav-, auf der andern Seite als Planspiegel ausgebildet. Ohne viele Überlegungen entscheidet im allgemeinen am besten ein einfacher Versuch, ob im vorliegenden Falle die Anwendung des Hohl- oder des Planspiegels angezeigt ist.

Während des Arbeitens ist die Beleuchtung von Zeit zu Zeit nachzuprüfen, und den im folgenden für die einzelnen Methoden in bezug auf die Beleuchtung gegebenen besondern Hinweisen ist volle Beachtung zu schenken.

Beim polarisationsmikroskopischen Arbeiten kommt allen die Beleuchtung betreffenden Fragen ungleich größere Bedeutung zu als bei der Benützung eines gewöhnlichen Mikroskops. Dies liegt einmal daran, daß infolge des immer eingeschalteten Polarisators zirka 50 % des auf den Spiegel auffallenden Lichtes zum vorneherein verlorengehen. Dazu kommt, daß durch die für viele Methoden notwendige Aperturbeschränkung die Helligkeit des Bildes ebenfalls herabgesetzt wird. Für andere Methoden wiederum wird eine möglichst vollständige Ausnutzung der Apertur gefordert, was ebenfalls nur durch eine sorgfältige Kontrolle der Beleuchtung gewährleistet wird.

6. Polarisatoren

Die bisherigen Ausführungen galten weitgehend sowohl für das gewöhnliche als auch für das Polarisationsmikroskop, da sie sich im wesentlichen mit der Bilderzeugung beschäftigten, die für beide Typen durchaus analog ist. Immerhin mußten gelegentlich schon Hinweise auf die dem Polarisationsmikroskop eigenen Vorrichtungen zur Erzeugung des polarisierten Lichtes erfolgen, welche nun systematisch behandelt werden sollen.

Für die Erzeugung von *polarisiertem Licht* für mikroskopische Zwecke kommen drei Methoden in Betracht, nämlich: die *Reflexion* unter besonderen Bedingungen, die *Doppelbrechung* und die *Absorption*. Wenn auch die an zweiter Stelle genannte zur Zeit durchaus noch die wichtigste ist, so sollen doch alle drei kurz erläutert werden.

a) *Glasplattenpolarisatoren*

Wird natürliches Licht an der Grenzfläche zweier durchsichtiger (nichtmetallischer) Medien zum Teil reflektiert, zum Teil gebrochen, so ist, wie zuerst von D. BREWSTER gezeigt werden konnte, die reflektierte Welle vollständig linear polarisiert, wenn sie mit der gebrochenen einen rechten Winkel bildet (Fig. 53).

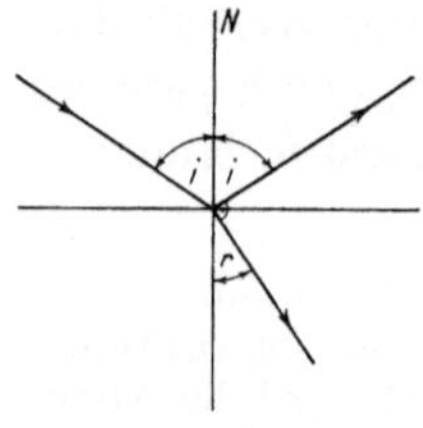

Bei teilweiser Reflexion und Brechung von natürlichem Licht an der Grenzfläche zweier durchsichtiger Medien ist der reflektierte Strahl vollständig linear polarisiert (mit Schwingungsebene senkrecht zur Einfallsebene), wenn er mit dem gebrochenen einen rechten Winkel bildet.

Fig. 53

Nach dem Brechungsgesetz gilt, wenn das erste Medium als Luft vorausgesetzt wird:

$$n = \frac{\sin i}{\sin r}$$

und, da $i + r = \pi/2$ ist,

$$\sin r = \sin\left(\frac{\pi}{2} - i\right) = \cos i$$

und somit

$$n = \frac{\sin i}{\cos i} = \operatorname{tg} i .\tag{B 9}$$

Der *Einfallswinkel*, für den die reflektierte Welle vollständig linear *polarisiert* ist (und zwar mit der Schwingungsebene normal zur Einfallsebene), der sogenannte Brewstersche *Polarisationswinkel*, ist somit gegeben durch die Beziehung $\operatorname{tg} i = n$. Er weist für eine Auswahl von Stoffen folgende Werte auf:

	n	i
Wasser	1,333	53° 7′
Crownglas (Objektträger z. B.) .	1,522	56° 42′
Kanadabalsam.................	1,537	56° 57′
Schweres Flintglas	1,650	58° 47′
Diamant.......................	2,417	67° 31′

Nach FRESNEL ist das Intensitätsverhältnis des reflektierten Anteils J_r zum einfallenden J_0 gegeben durch

$$\frac{J_r}{J_0} = \frac{1}{2}\left(\frac{n^2 - 1}{n^2 + 1}\right)^2 .\tag{B 10}$$

Fig. 54
Mineralogisches Präparier-Lupenstativ mit Glasplattenpolarisator von Leitz (Wetzlar).

Für Glas vom Brechungsindex 1,5 ergibt sich ein Wert von nur 0,074; die Ausbeute ist also sehr gering. Man schaltet daher eine Serie von Glasplatten hintereinander. Fig. 54 zeigt ein mineralogisches Präpariermikroskop von Leitz mit einem derartigen Glasplattenpolarisator.

b) *Polarisationsprismen*

Weitaus am gebräuchlichsten sind die Vorrichtungen, bei welchen das polarisierte Licht mit Hilfe stark doppelbrechender Kristalle erzeugt wird, und wie sie an den meisten Polarisationsmikroskopen als sogenannte *Polarisatorprismen* eingebaut sind. Nach den Ausführungen von Kapitel A wird natürliches Licht beim Eintritt in einen anisotropen Kristall doppelt gebrochen, d. h. es pflanzen sich im Kristall zwei Wellen verschiedener Lichtbrechung und Geschwindigkeit fort, die senkrecht zueinander polarisiert sind. Gelingt es nun, durch bestimmte technische Vorrichtungen die beiden Wellen zu trennen und eine davon zu vernichten, so liefert die andere linear polarisiertes Licht von bekannter Schwingungsebene. Dabei gehen allerdings infolge der Ausschaltung der einen Welle rund 50% der ursprünglichen Lichtintensität verloren.

Derartige Polarisatoren wurden bis heute fast ausschließlich aus Kalzit (trigonal-rhomboedrische Modifikation von $CaCO_3$) hergestellt, da sich dieses Mineral infolge seiner hohen Doppelbrechung, seiner schleiftechnischen Eigenschaften sowie infolge seines Vorkommens in Form großer, optisch homogener Kristalle besonders dazu eignet.

Die erste Konstruktion eines derartigen Polarisationsprismas stammt von W. NICOL (1828). Obwohl die ursprüngliche Nicolsche Konstruktion in der Folge vielfach verbessert und abgeändert wurde, bezeichnet man auch heute noch ganz allgemein ein Polarisationsprisma aus Kalzit als «*Nicol*».

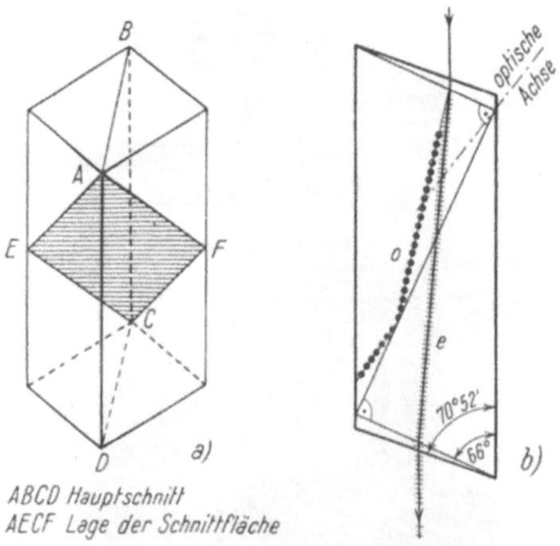

Fig. 55

Nicolsches Prisma. *a*) Perspektivische Ansicht zur Veranschaulichung der Lage der Schnittebene; *b*) Schnitt parallel der Ebene *ABCD* (Hauptschnitt) mit dem Verlauf der ordentlichen Welle *o* (senkrecht zum Hauptschnitt schwingend) und der außerordentlichen *e* (im Hauptschnitt schwingend).

Das Nicol im engeren Sinne, d. h. in seiner ursprünglichen Konstruktion, wird aus einem rhomboedrischen Kalzitspaltstück hergestellt, das etwa dreimal so lang wie dick ist (Fig. 55a). Die Endflächen, die mit den im Hauptschnitt liegenden Kanten Winkel von 70°52' bzw. 109°8' bilden, werden durch künstlich angeschliffene Flächen mit den Winkeln von 68° bzw. 112° ersetzt. Darauf wird das ganze Spaltstück nach einer Ebene normal zum Hauptschnitt zersägt und mit Kanadabalsam wieder in der ursprünglichen Lage zusammengekittet. Fällt nun natürliches Licht auf eine Endfläche dieser Kombination, so wird es in der ersten Hälfte doppelt gebrochen. Für ε' läßt sich hierbei ein Wert von 1,486 berechnen, während $\omega = 1{,}658$ ist. Der Brechungsindex für Kanadabalsam beträgt zirka 1,54. Die genaue Rechnung zeigt, daß die außerordentliche Welle die Kittschicht ungestört passieren kann, während die ordentliche total reflektiert und durch die Prismenfassung absorbiert wird (Fig. 55b). Es gelingt somit, mittels der beschriebenen Konstruktion aus gewöhnlichem Licht linear polarisiertes zu erhalten.

Von größter Wichtigkeit für die Verwendung der Nicols in optischen Instrumenten ist ihr sogenannter *Öffnungswinkel.* Darunter versteht man den Winkel des Strahlenkegels, der die Gesamtheit der einfallenden Strahlen umfaßt, für welche die Ausschaltung der ordentlichen Welle stattfindet, ohne daß zugleich die außerordentliche miteliminiert würde. Für die Nicolsche Originalkonstruktion beträgt der Öffnungswinkel nur zirka 21°. Im Bestreben, ihn möglichst zu vergrößern, sowie zur Verminderung der Reflexionsverluste an den schrägen Endflächen, auch um Material zu sparen, sowie aus weiteren Gründen, deren Angabe hier zuviel Raum beanspruchen würde, wurde in der Folge eine ganze Reihe von konstruktiven Varianten vorgeschlagen. Diese verdrängten immer mehr die ursprüngliche Konstruktion, besonders für größere Instrumente. Am bekanntesten sind etwa die Prismen nach AHRENS oder GLAN-THOMPSON, bei denen Öffnungswinkel bis 60° erreicht werden. Da sie auf dem gleichen Prinzip beruhen wie das Nicol im engern Sinne, braucht an dieser Stelle nicht weiter auf sie eingegangen zu werden, und es kann hierfür auf die einschlägige Literatur verwiesen werden.

c) *Filterpolarisatoren*

Die dritte Methode zur Erzeugung von polarisiertem Licht, die auf der von der Schwingungsrichtung abhängigen Absorption sogenannter *pleochroitischer* Kristalle (vgl. Kapitel E) beruht, ist die am längsten bekannte, indem sie schon der klassischen *Turmalinzange* zugrunde liegt. Da in gewissen, intensiv gefärbten Varietäten des trigonal-rhomboedrisch-hemimorph kristallisierenden Minerals Turmalin die ordentliche Welle stark absorbiert wird, so besteht das Licht nach dem Durchgang durch eine parallel der c-Achse geschnittene derartige Kristallplatte vorwiegend aus der außerordentlichen Komponente; es ist somit weitgehend linear polarisiert mit Schwingungsrichtung parallel c. Weil auch die außerordentliche Welle eine gewisse Absorption zeigt, ist das so erhaltene polarisierte Licht immer gefärbt, was die Brauchbarkeit derartiger Polarisatoren weitgehend einschränkt.

In neuerer Zeit verwendet man statt der natürlichen Turmaline künstliche Einkristalle eines Chininsulfatperjodids (sogenanntes Herapathit) oder meistens Folien, denen eine große Zahl pleochroitischer Kriställchen parallel eingelagert ist. Derartige Polarisatoren kommen unter verschiedenen Namen in den Handel, z. B. Polaroidfilter, Kodak-Filter, Zeiß-Bernotar usw. Bis vor kurzem kamen diese *Filterpolarisatoren* wegen ihrer rotbraunen Absorptionsfarbe für die durchgelassene Welle ebensowenig wie die Turmalinplatten als vollwertiger Ersatz für Polarisationsprismen in Betracht. Erst nach dem Kriege wurden neue Typen von neutralgrauer Färbung als sogenannte Polaroidfilter bekannt, die gegenüber den älteren Ausführungen, z. B. vom Typus Bernotar, einen großen Fortschritt darstellen, so daß bereits damit ausgerüstete Mikroskope[1] auf dem Markte sind (Cooke, Troughton & Simms in York [England]; American Optical Co. in Rochester [New York] u. a.). Über ihre Eignung im praktischen Gebrauch müssen noch eingehendere Erfahrungen gesammelt werden, doch dürfte schon jetzt feststehen, daß die ersten Qualitäten zum mindesten für die kuranten Arbeiten mit dem Polarisationsmikroskop einen vollwertigen Ersatz der Polarisationsprismen darstellen. Gegenüber diesen haben sie den Vorteil, daß sie praktisch in beliebiger Größe erhältlich sind, daß sie keinen Astigmatismus aufweisen, daß sie wegen ihres geringen Raumbedarfs auch dort verwendet werden können, wo, wie z. B. bei binokularen Mikroskopen, der Einbau eines Nicols konstruktive Schwierigkeiten bereiten würde, sowie, daß sie preislich viel vorteilhafter sind.

d) *Bestimmung der Schwingungsebene eines Polarisators*

Vielfach ist es unerläßlich, die *Schwingungsebene* eines Polarisators zu kennen. Dieses Ziel kann auf verschiedene Weise erreicht werden. Bei genauer Kenntnis des Konstruktionsprinzips ist es bei Polarisationsprismen ohne weiteres möglich, die Spur der gesuchten Ebene zu erkennen. Sie liegt z. B. bei der ursprünglichen Nicolschen Konstruktion parallel zur kurzen Diagonale des rhombischen Querschnitts. Da die konstruktiven Varianten heute jedoch sehr zahlreich sind, so ist im allgemeinen von dieser Methode abzuraten, um so mehr, als andere Möglichkeiten bestehen. Eine der wichtigsten stützt sich auf die w. o. geschilderten Verhältnisse bei der Reflexion. Man hält den betreffenden Polarisator mit seiner Achse unter einem Winkel von zirka 33° (Komplement des Brewsterschen Polarisationswinkels für Glas) gegen eine auf der Tischplatte liegende Glasplatte, z. B. einen Objektträger. Dreht man nun den Polarisator in dieser Lage um 360° um seine Achse, so konstatiert man in der Durchsicht deutlich zwei Stellungen maximaler Helligkeit, abwechselnd mit solchen maximaler Verdunkelung. Für die ersteren fällt die Schwingungsebene des Polarisators mit derjenigen des vom Objektträger reflektierten Lichtes zusammen, für die letzteren liegt sie senkrecht dazu. Weil dieses senkrecht zur Einfallsebene schwingt, liegt die Schwingungsebene des Polarisators für die Dunkelstellungen normal zur Tisch- bzw. Glasplattenebene.

Eine zweite Methode basiert auf der Tatsache einer gewissen Empfindlichkeit des menschlichen Auges für linear polarisiertes Licht. Blickt man nämlich durch ein Nicol auf eine weiße Fläche, so sieht man einen schwach gelblichen Balken, der die Mitte des Gesichtsfeldes teilt und in der Mitte zu beiden Seiten von zwei schwachblauen Flecken begleitet wird. Die Schwingungsrichtung des Nicols ist durch deren Verbindungslinie gegeben, liegt somit normal zum gelben Balken. Für die Erklärung dieser sogenannten *Haidingerschen Büschel* muß auf die Lehrbücher der physiologischen Optik verwiesen werden[2].

---

[1] A. F. Hallimond und E. W. Taylor, *An improved polarizing microscope*, Min. Mag. 27, 175—185 (1946), und 28, 96—103 (1947).

[2] Zum Beispiel A. v. Tschermak-Seysenegg, *Einführung in die physiologische Optik*, 2. Aufl. (Wien 1947), S. 142.

Auf sehr einfache Weise ergibt sich die gesuchte Schwingungsrichtung, wenn ein Präparat eines Minerals oder einer künstlichen Substanz von bekanntem Pleochroismus (vgl. Kapitel E) zur Verfügung steht, etwa ein Dünnschliff durch ein biotitführendes Gestein, z. B. Granit. Die leistenförmigen Querschnitte dieses Minerals haben die Eigenschaft, die parallel zu den gut sichtbaren Spaltrissen schwingende Welle stärker zu absorbieren als die senkrecht dazu schwingende. Man dreht somit das Präparat auf dem Objekttisch des Mikroskops über dem Polarisator, dessen Schwingungsrichtung festgestellt werden soll, bis ein Biotitkristall mit gut erkennbarer Spaltbarkeit maximale Absorption zeigt. Die Richtung der Spaltrisse ergibt dann die gesuchte Schwingungsrichtung.

Aus lichttechnischen Gründen ist von den beiden in Frage kommenden Lagen der *Schwingungsebene* des Polarisators NS und EW die erstere die zweckmäßigere und daher fast allgemein üblich.

e) *Lichtdurchgang durch zwei Nicols*

Von großer Wichtigkeit ist der Lichtdurchgang durch *zwei* hintereinander angeordnete Nicols, wie er beim Polarisationsmikroskop verwirklicht ist. Das *erste* Nicol, unter dem Mikroskoptisch im Beleuchtungsapparat angebracht, dient der Erzeugung des polarisierten Lichts und wird daher *Polarisator* genannt. Das *zweite* befindet sich im Tubus, zwischen Objektiv und Okular, und wird, da es zur Analyse des polarisierten Lichtes dient, *Analysator* genannt. Der Analysator ist durch eine einfache Vorrichtung in den Strahlengang ein- und ausschaltbar, während der Polarisator im allgemeinen immer eingeschaltet bleibt. In besonderen Fällen verwendet man statt dieses sogenannten *Tubusanalysators* einen auf das Okular aufsetzbaren *Aufsatzanalysator*. Durch den Tubusanalysator wird der Strahlengang im Mikroskop astigmatisch, wodurch die Bildschärfe leidet und das Auge des Beobachters ermüdet wird. Durch besondere Vorrichtungen kann dieser Astigmatismus behoben werden (sogenannter *anastigmatischer Tubusanalysator*)[1].

Der Durchgang des Lichtes durch zwei Nicols ist in Fig. 56 dargestellt, in welcher die Schwingungsebenen der beiden Nicols, des Polarisators P und des Analysators A, einen Winkel α miteinander bilden. Die vom Polarisator gelieferte linear polarisierte Schwingung

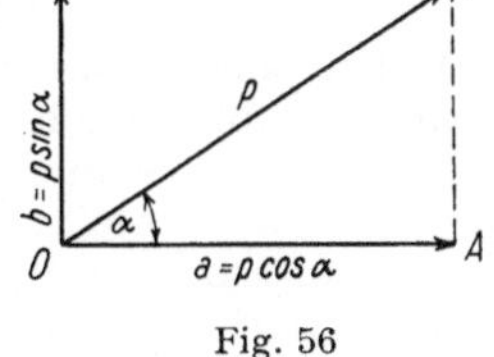

Fig. 56

Zwei Polarisationsvorrichtungen, deren Schwingungsebenen OP und OA einen Winkel α einschließen. Die Polarisatorschwingung p wird in zwei rechtwinklig zueinander schwingende Komponenten a und b zerlegt. Die erstere wird vom Analysator OA durchgelassen, die letztere nicht.

ist durch den Lichtvektor $\mathfrak{D}_p = p \sin \omega t$ gegeben. Sie läßt sich in zwei Komponenten $\mathfrak{D}_a$ parallel und $\mathfrak{D}_b$ senkrecht zum Analysator zerlegen. Für die erstere, welche vom Analysator durchgelassen wird, ist die Amplitude $a = p \cos\alpha$,

---

[1] Verschiedene Firmen liefern ihre Mikroskope nach Wunsch mit oder ohne anastigmatischen Tubusanalysator. Wo dies der Fall ist, sollte bei Neuanschaffung eines Instruments die kleine Mehrausgabe für einen anastigmatischen Tubusanalysator nicht gescheut werden.

für die letztere, welche aufgehalten wird, $b = p \sin\alpha$. Die Lichtintensität ist, wie früher erwähnt, proportional dem Quadrat der Amplitude. Nennt man die Intensität des vom Polarisator durchgelassenen Lichtes $p^2 = J_p$, diejenige des aus dem Analysator austretenden $a^2 = J_a$, so ist demnach $J_a = J_p \cos^2\alpha$. Da in erster Annäherung angenommen werden kann, daß durch den Polarisator selbst die Hälfte der ursprünglich einfallenden Lichtintensität J_0 vernichtet werde, so gilt für die Intensität des von zwei hintereinander angeordneten Nicols durchgelassenen Lichtes, deren Schwingungsebenen einen Winkel α miteinander bilden,

$$J_a = \frac{1}{2}\, J_0 \cos^2\alpha . \tag{B 11}$$

Diese Beziehung wird gelegentlich auch als das *Gesetz von* MALUS bezeichnet. Praktisch wichtig sind die beiden extremen Fälle $\alpha = 0$ (sogenannte «*parallele Nicols*») und $\alpha = \pi/2$ (sogenannte «*gekreuzte Nicols*»). Für *parallele* Nicols ist $J_a = \frac{1}{2} J_0$, d. h. es herrscht *maximale Helligkeit*, für *gekreuzte* Nicols ist $J_a = 0$, d. h. es herrscht *Dunkelheit*.

Beim Polarisationsmikroskop müssen die *Nicols*, d. h. Polarisator und Analysator, genau *gekreuzt* sein und die Spuren ihrer Schwingungsebenen (Schwingungsrichtungen) zudem in NS- und EW-Richtung parallel den Faden des Okularfadenkreuzes liegen[1]). Die genaue Kreuzung der Nicols wird in der Praxis durch Einstellung auf maximale Dunkelheit bei intensiver Beleuchtung erreicht.

Hierzu entfernt man alle Linsen (Okular, Objektiv, Kondensor) aus dem Strahlengang und blickt unter Beleuchtung mit Sonnen- oder Bogenlicht direkt in den Tubus. Nach Lösung der Arretierung dreht man den Polarisator bei eingeschaltetem Analysator bis zum Eintreten maximaler Dunkelheit, worauf man ihn wieder arretiert. Schaltet man die Linsen wiederum in den Strahlengang ein, so nimmt man eine geringe Aufhellung wahr. Diese rührt von der geringen Drehung her, welche die Schwingungsebene an den sphärischen Linsenoberflächen erleidet, und ist nicht zu vermeiden. Auf die Justierung des Fadenkreuzes auf die Schwingungsebenen der Nicols kann erst später eingegangen werden.

III. EINIGE ZUBEHÖRTEILE UND NEBENAPPARATE[2])

1. Objektivwechselvorrichtungen

Da bei polarisationsmikroskopischen Untersuchungen fast durchgängig vom drehbaren Objekttisch Gebrauch gemacht wird, ist es unerläßlich, daß die mechanische Tischachse mit der optischen Achse des Mikroskops zusammenfällt. Ist dies der Fall, so bleibt ein im Fadenkreuz liegender Bildpunkt beim Drehen des Tisches an seinem Ort, andernfalls beschreibt er einen kleineren oder größeren Kreis, was sich beim Arbeiten störend auswirkt. Weil die mechanische Achse durch die Tischlagerung unveränderlich festliegt, wird die *Zentrierung* durch Verschieben der optischen Achse bewerkstelligt. Dies erfolgt durch Verschieben der einzelnen Objektive gegenüber dem ebenfalls fest gelagerten Tubus mittels der

---

[1]) Vollkommenere Stative gestatten eine Drehung des Tubusanalysators um 90° und somit das Arbeiten mit *parallelen Nicols*. Bei Spezialstativen mit *synchroner Nicoldrehung* können beide Nicols unter Erhaltung ihrer gegenseitigen Stellung gleichzeitig gedreht werden.

[2]) Weitere Nebenapparate werden in den folgenden Kapiteln in Verbindung mit den Methoden behandelt, für welche sie benötigt werden.

sogenannten *Zentriervorrichtungen*. Von diesen ist unbedingt zu fordern, daß eine einmal vorgenommene Zentrierung auch nach wiederholtem Objektivwechsel erhalten bleibt. Dies wird durch die sogenannten Objektivzangenwechsler mit gesondert *zentrierbaren Einsatzringen*, in welche die Objektive eingeschraubt werden, in ausgezeichneter Weise erreicht. Diese Objektivwechsler wurden zuerst von der Firma Leitz in den Handel gebracht. Im Gegensatz dazu stehen gewisse ältere Systeme, bei denen die Zentriervorrichtungen mit dem Tubus fest verbunden sind und die einzelnen Einsatzringe nicht gesondert zentrierbar sind. Diese Konstruktion ist abzulehnen, da nach jedem Objektivwechsel nachzentriert werden muß, zum mindesten bei starken Objektiven. Eine weitere Objektivwechselvorrichtung, welche ebenfalls eine vollkommene Zentrierung für jedes Objektiv gewährleistet, ist der sogenannte Objektivschlittenwechsler von Zeiß.

Die bekannten *Objektivrevolver*, wie sie sich bei den biologischen Mikroskopen seit langem großer Beliebtheit erfreuen, sind für Polarisationsmikroskope nicht brauchbar, da sie die verlangte permanente Zentrierung nicht verbürgen. Erst in neuerer Zeit sind, zuerst durch die Firma Winkel-Zeiß, Revolver entwickelt worden, bei denen jedes Objektiv einzeln zentriert werden kann. Sie sind jedoch etwas weniger robust als die erwähnten Zangenwechsler, außerdem ist man bei ihrem Gebrauch auf vier Objektive beschränkt. Gegen ihre Verwendung spricht ferner, daß sie den Tubusschlitz von der einen Seite blockieren, wodurch das Durchschieben eines Quarzkeils von normaler Länge verunmöglicht wird.

Zum Zentrieren eines Objektivs geht man wie folgt vor. Man beobachtet den Kreis, den ein zuerst im Zentrum des Fadenkreuzes befindlicher Bildpunkt bei einer vollen Tischdrehung beschreibt. Man sucht darauf durch Verschieben des Objektivs das Zentrum dieses Kreises ins Fadenkreuz zu bringen. Hierzu denkt man sich die auszuführende Verschiebung in zwei Komponenten parallel den Spindeln der beiden Zentrierschrauben zerlegt. Nach zwei- bis dreimaliger Durchführung der Operation wird die Zentrierung im allgemeinen erreicht sein. Bei guter Qualität und sorgfältiger Behandlung des Instruments ist sie praktisch unveränderlich.

2. Zeichenvorrichtungen

Obwohl die Mikrophotographie imstande ist, von den verschiedenartigsten Präparaten gute Bilder zu liefern, ist die *zeichnerische Wiedergabe* dadurch nicht bedeutungslos geworden. Abgesehen von dem einfachern Instrumentarium und den im Gegensatz zur Mikrophotographie nicht in Betracht fallenden Materialkosten besteht der Vorzug der zeichnerischen Wiedergabe auch darin, daß sie gestattet, Wichtiges hervorzuheben und weniger wichtige Einzelheiten zur Entlastung des Bildes bewußt wegzulassen.

Außer dem freien Skizzieren eines mikroskopischen Objekts, wobei mit einem Auge das Präparat, mit dem andern das Zeichenblatt betrachtet wird, existieren zwei Arten von exakteren Zeichenverfahren. Die erste bedient sich eines *virtuellen* Bildes des Objektes, die andere eines *reellen*. Zu der ersten gehören die sogenannten Zeichenprismen und der bekannte Abbesche *Zeichenapparat*, zu der letztern die *Projektionszeichenmethoden*.

Beim Abbeschen *Zeichenapparat* (Fig. 57) wird dem Okular eine Vorrichtung zum Teilen des Strahlenganges, das sogenannte Abbesche *Würfelchen*, aufgesetzt. Dieses (Fig. 58) besteht aus zwei rechtwinkligen Glasprismen, die sich zu einem Würfelchen ergänzen. Die Hypotenusenfläche des einen Prismas ist versilbert, wobei im Silberbelag ein schmaler Streifen ausgespart ist. Diese Aussparung läßt die vom Objektiv herkommenden Strahlen passieren, während am verspiegelten Teil die von der Zeichenfläche über einen Hilfsspiegel herkommenden Strahlen reflektiert werden und so ebenfalls in das Auge des Beobachters gelangen. Dieser sieht somit Präparat, Zeichenfläche und Zeichenstift gleichzeitig im Gesichtsfeld,

was eine genaue Nachzeichnung des Objekts ermöglicht. Von großer Wichtigkeit
ist dabei die gleiche Helligkeit von Präparat und Zeichenfläche. Bestehende Unterschiede können durch Einschalten von Rauchgläsern verschiedenen Schwär-
zungsgrades in die beiden Strahlengänge behoben werden. Für Einzelheiten muß
auf die von der Herstellerfirma herausgegebene Gebrauchsanweisung verwiesen

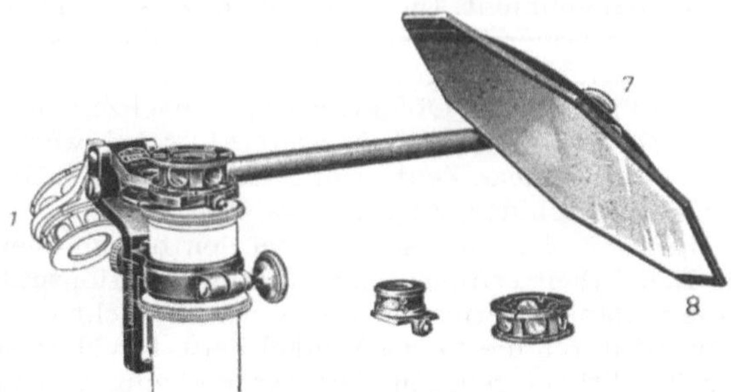

Fig. 57
Zeichenapparat nach ABBE zum Aufsetzen auf das Mikroskop von Zeiß (Jena).

werden. Das Zeichnen mit dem Abbeschen Zeichenapparat und andern auf dem
gleichen Prinzip beruhenden Vorrichtungen erfolgt im unverdunkelten Raum,
weshalb man auch von der *Camera lucida* spricht.

Bei den Projektionszeichenverfahren wirft man mit dem Mikroskop ein reelles
Bild auf die Zeichenfläche und zeichnet dieses direkt nach. Da man die Entstehung
der Zeichnung mit beiden Augen verfolgen kann, ist das Verfahren sehr bequem.

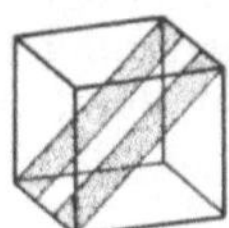

Fig. 58
Abbesches Würfelchen zur Trennung der Strahlen im Zeichenapparat. Die punktierten Teile der
Schnittfläche sind verspiegelt.

Um die bilderzeugenden Strahlen auf die Zeichenfläche zu werfen, muß dem
Tubus des Mikroskops ein Spiegel oder ein total reflektierendes Prisma aufgesetzt
werden. Die Beleuchtung muß sehr lichtstark sein, am besten Bogenlampe oder
Niedervoltlampe. Man kann auch den Abbeschen Zeichenapparat in einen Pro-
jektionszeichenapparat verwandeln, indem man das Abbesche Würfelchen durch
ein sogenanntes Dachprisma ersetzt. Diese Anordnung hat den Vorteil, daß man
das Instrument in aufrechter Stellung gebrauchen kann, was bei Flüssigkeitspräparaten von Bedeutung ist. Für das Zeichnen von Dünnschliffen und andern
Dauerpräparaten hat sich ein 90° ablenkendes Prisma bei horizontal umgelegtem
Mikroskop sehr bewährt. Projektionszeichenapparate können nur im verdunkel-
ten Raum gebraucht werden, weil auf die Zeichenfläche fallendes Fremdlicht störend wirkt (*Camera obscura*).

3. Objektmarkierer

Oft ist es wünschenswert, auf einem Dauerpräparat, z. B. einem Dünnschliff
oder Körnerpräparat, eine bestimmte Stelle so zu markieren, daß sie später sofort
wieder gefunden werden kann. Dazu dient der sogenannte *Objektmarkierer*, der an
Stelle des Objektivs am Tubus befestigt wird, nachdem man die interessierende
Stelle ins Fadenkreuz gebracht hat. Die Vorrichtung gestattet, mittels einer feinen,

exzentrisch angebrachten Diamantspitze einen kleinen Kreis auf der Oberfläche des Deckglases einzuritzen, wobei der Radius nach Bedarf gewählt werden kann. Fokussiert man auf die Oberfläche des Deckglases, so ist der eingravierte Kreis leicht wiederzufinden, fokussiert man hierauf auf die Präparatenebene, so verschwindet er und stört nicht weiter.

4. Aufsetzbarer Kreuztisch

Die drehbaren Objekttische der Polarisationsmikroskope sind in den wenigsten Fällen auch für seitliche Verschiebung eingerichtet. Ist eine Verschiebung des Präparates nach zwei senkrecht zueinander stehenden Richtungen erwünscht, so benützt man einen *aufsetzbaren Kreuztisch*, auch als „Objektführer" bezeichnet. Die Verschiebungsbeträge lassen sich in beiden Richtungen mittels Nonius auf 0,1 mm genau ablesen (Fig. 59).

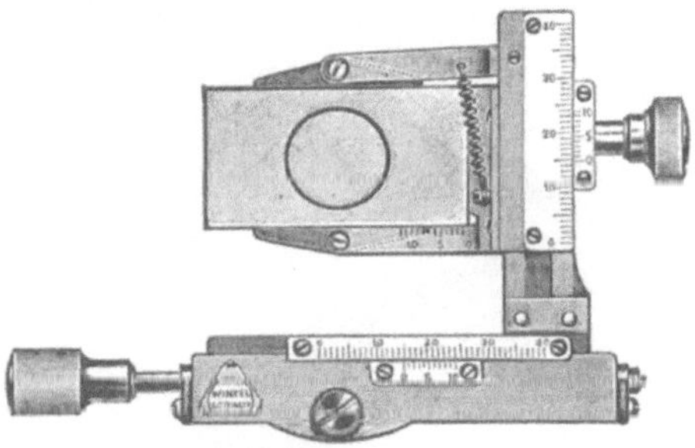

Fig. 59

Auf den Mikroskoptisch aufsetzbarer Kreuztisch. Erlaubt die Verschiebung des Präparates in zwei zueinander senkrechten Richtungen. Ausführung von Winkel-Zeiß (Göttingen).

5. Künstliche Lichtquellen

Für die meisten Arbeiten mit dem Polarisationsmikroskop genügt Tageslicht. Am besten geeignet ist ein mit weißen Wolken bedeckter Himmel. Als einfachste künstliche Lichtquelle empfiehlt sich eine nahe dem Spiegel aufgestellte *Opalglasglühbirne*. Wird eine Glühlampe mit sichtbaren Fäden benützt, so muß eine Mattscheibe zwischengeschaltet werden. Da Ermüdungserscheinungen beim Mikroskopieren oft durch zu intensive Beleuchtung hervorgerufen werden, beleuchte man nie stärker als notwendig. Es ist daher sehr vorteilhaft, wenn die Mikroskopierlampe eine Regulierung der Lichtstärke zuläßt. Am vollkommensten in dieser Hinsicht sind die Typen mit *Niedervoltlampe* und *Reguliertransformator* sowie vorgeschaltetem Kollektor, wie sie von verschiedenen Firmen geliefert werden. Auch bei gewöhnlichen Glühlampen läßt sich die Lichtstärke durch einen Regulierwiderstand, z. B. von der Art, wie er als Verdunkelungswiderstand für Krankenzimmerlampen gebraucht wird, dem jeweiligen Zwecke gut anpassen.

Bei der Diagnose der Interferenzfarben kann unter Umständen die vom mittleren Tageslicht abweichende spektrale Zusammensetzung des Lampenlichtes störend wirken. In solchen Fällen benützt man ein hellblaues, sogenanntes *Tageslichtfilter*. Dieses wird entweder der Lampe vorgeschaltet oder zwischen Kollektor und Kondensor in den Beleuchtungsapparat eingelegt. Man kann auch eine Küvette mit verdünnter Kupfersulfatlösung oder, bei geringeren Ansprüchen, ein Stück hellblauen Ölpapiers vorschalten. Bei Benützung einer Bogenlampe, die jedoch nur für besondere Zwecke in Frage kommt, ist die Zwischenschaltung einer *Kühlküvette* notwendig, um eine Schädigung der Kittung der Polarisationsprismen oder der Polaroidfilter durch die Wärmestrahlen zu verhindern.

Für Untersuchungen in homogenem (oder angenähert homogenem) Licht bedient man sich verschiedener *Farbfilter*, wie sie z. B. mit Schwerpunkt für die Fraunhoferschen Linien *C* und *F* erhältlich sind. Man schaltet sie entweder der Lampe vor oder legt sie auf das Okular. Das letztere ist im allgemeinen mehr zu empfehlen, weil die Filter meistens aus gefärbten Gelatinefolien bestehen und auf diese Weise eine Schädigung durch die Wärmestrahlen vermieden wird. Bedeutend angenehmer, weil viel lichtstärker, sind *Metalldampflampen*, wie sie z. B. von Philips und Osram hergestellt werden. Besonders die Na-*Dampflampe* hat sich als ausgezeich-

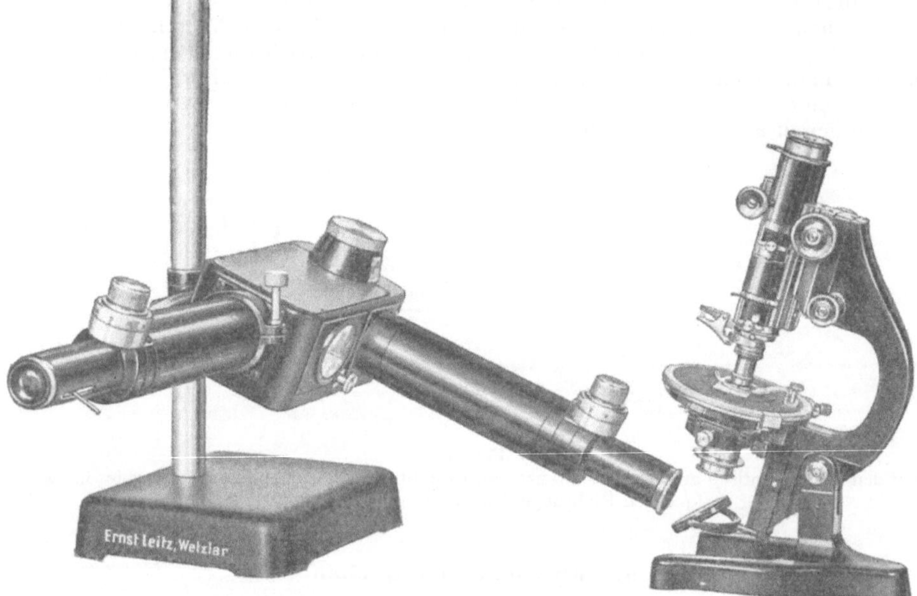

Fig. 60. – Großer Monochromator mit kontinuierlich veränderlicher Wellenlänge nach BEREK von Leitz (Wetzlar).

nete lichtstarke Beleuchtung bei vielen Untersuchungen bewährt. Vielfach wird auch die Hg-Bogenlampe in Verbindung mit geeigneten Lichtfiltern gebraucht.

Wird eine monochromatische Beleuchtung mit kontinuierlich veränderlichem λ benötigt, so bedient man sich eines *Monochromators*. Diese Instrumente gestatten, aus dem durch ein Prisma aus hochdispergierendem Glas erzeugten Spektrum einen beliebigen schmalen Wellenlängenbereich auszublenden und zur Beleuchtung des Mikroskops zu verwenden. Als Lichtquelle ist im allgemeinen Bogenlicht oder zum mindesten eine Niedervoltlampe notwendig. Fig. 60 zeigt einen derartigen Monochromator in der Bauart der Firma Leitz.

IV. WINKE FÜR DAS MIKROSKOPIEREN UND DIE BEHANDLUNG DES MIKROSKOPS

Das Polarisationsmikroskop bedarf, wie jedes andere Präzisionsinstrument, einer sorgfältigen und sachgemäßen Behandlung, wenn es seine Zuverlässigkeit und Leistungsfähigkeit ungeschmälert bewahren soll. Beim Nichtgebrauch ist es in seinem Schranke zu versorgen oder durch eine Kartonhaube vor Staub zu schützen. Vor allem ist Stehenlassen an der Sonne zu vermeiden, besonders wegen des schädlichen Einflusses der Wärmestrahlung auf die Kittung der Nicols. Ebenso vermeide man die Nähe von flüchtigen aggressiven Chemikalien, wie z. B. HCl.

Man merke sich von Anfang an den ungefähren *Objektabstand* der verschiedenen Objektive. Bei den schwachen Objektiven genügt zur scharfen Einstellung der Grobtrieb. Für die starken Objektive bedient man sich desselben nur, bis das Bild eben verschwommen zu erscheinen beginnt und vollendet die Scharfeinstellung mit dem Feintrieb (Mikrometerschraube). Da die stärkeren Objektive Objektabstände von weniger als 1 mm bedingen und daher die Gefahr des Aufstoßens auf das Präparat, somit der Schädigung von Präparat und Objektiv besteht, sei dem Anfänger das folgende gefahrlose Vorgehen empfohlen. Man senke den Tubus mit dem Grobtrieb, bis die Frontlinse des Objektivs das Präparat gerade eben berührt, wobei man diese Operation durch Beobachten von der Seite her kontrolliert. Darauf hebe man den Tubus langsam, ebenfalls mit dem Grobtrieb, unter stetiger Beobachtung durch das Okular, bis das Bild eben zu erscheinen beginnt. Die Scharfeinstellung erfolgt hierauf mit der Mikrometerschraube.

Beim Wechseln der Objektive vermeide man das Berühren der Frontlinse. Erscheint das mikroskopische Bild getrübt und bleibt es trotz aller Scharfeinstellversuche unscharf, so ist dies meist durch Fingerabdrücke auf der Frontlinse oder eingetrocknete Reste von Immersionsflüssigkeit verursacht. Die Reinigung erfolgt in diesen Fällen mit einem sauberen, staubfreien Leinenlappen unter Verwendung von Alkohol, Benzol, Äther, Xylol oder dergleichen. Ölimmersionen und zugehörige Immersionskondensoren reinige man immer sofort nach Gebrauch, da das Zedernöl sonst verharzt. Man benütze hierzu ebenfalls reine, staubfreie Leinwand sowie Benzin, Benzol, Xylol usw.

Beim *Mikroskopieren* gewöhne man sich unbedingt an, mit *entspanntem, d. h. auf die Ferne eingestelltem Auge* zu arbeiten. Die fortgesetzte Akkommodation auf nahe Gegenstände ist anstrengend und verursacht vorzeitige Ermüdung. Diese Einstellung auf die Ferne kann dadurch erreicht werden, daß man beim Arbeiten, nach erfolgter Fokussierung, den Tubus mittels des Feintriebes so weit hebt, wie dies möglich ist, ohne daß die Bildschärfe leidet. (Vergleiche hierzu auch die Bemerkungen in Abschnitt II, 2.)

Brillenträger mikroskopieren mit ihren für die Ferne passenden Gläsern, Weitsichtige somit ohne Brille. Unerläßlich ist diese jedoch für astigmatische Beobachter, die Gläser mit Zylinderlinsen benötigen.

Man gewöhne sich auch daran, beim Mikroskopieren immer *beide Augen offen zu halten*. Das krampfhafte Geschlossenhalten des einen Auges ermüdet auf die Dauer. Wenn dies dem Anfänger zuerst Schwierigkeiten bereitet, so kann er sich dadurch helfen, daß er ein schwarzes Papier neben das Mikroskop auf den Tisch legt, damit das ins Leere blickende Auge nicht abgelenkt wird.

V. DIE HERSTELLUNG MIKROSKOPISCHER PRÄPARATE

Als Untersuchungsobjekte kommen sowohl Einzelkristalle, und zwar natürlich vorkommende Mineralien, wie auch künstliche sowie heterogene Kristallaggregate in Betracht. Während es sich im ersten Falle bei der Untersuchung vor allem um die Feststellung der optischen Eigenschaften handelt, spielen im zweiten auch die gegenseitigen Beziehungen der Einzelindividuen in bezug auf Größe, gegenseitige Formbeeinflussung, Ausscheidungsfolge, gegenseitige Umwandlungen und Reaktionsbeziehungen sowie die Verbandsverhältnisse eine Rolle. Untersuchungen von Einzelkristallen fallen vor allem in das Arbeitsgebiet des Chemikers und Mineralogen. Der häufigste Fall der Untersuchung von Kristallaggregaten ist durch die mikroskopisch-petrographische Gesteinsuntersuchung gegeben.

1. Präparate von Einzelkristallen

Bei der Untersuchung von Einzelkristallen ist zu unterscheiden, ob diese schon als solche bzw. als Spalt- oder Bruchstücke von geeigneter Größe vorliegen, oder ob sie erst auf dem Objektträger erzeugt werden.

a) *Die Einzelkristalle liegen als solche vor*

In diesem Falle kommen vor allem die in Kapitel G beschriebenen *Immersionsmethoden* in Betracht, wobei die Immersionsmedien jeweils den betreffenden Bedingungen anzupassen sind. Für erste, orientierende Untersuchungen eignen sich z. B. Zedernholzöl oder Glyzerin. Es verdient hervorgehoben zu werden, daß sich die Einbettung in eine Flüssigkeit auch immer dann empfiehlt, wenn nicht in erster Linie der Brechungsindex gemessen werden soll, sondern wenn es sich nur um die Feststellung rein morphologischer Eigenschaften (Form, Spaltbarkeit usw.) handelt. Die Betrachtung in Luft, ohne Immersionsmedium, liefert infolge der Totalreflexionserscheinungen an den Unvollkommenheiten und Rauhigkeiten der Oberfläche immer ein weniger klares Bild, so daß sie sich nur ausnahmsweise empfiehlt.

Sollen die Präparate als Belege für wissenschaftliche Untersuchungen oder zu Demonstrationszwecken aufbewahrt bleiben, so müssen an Stelle der Flüssigkeits- sogenannte *Dauerpräparate* hergestellt werden. Bis vor kurzem wurde hierzu fast ausschließlich *Kanadabalsam* ($n = 1,54$ zirka) oder der künstliche *Kollolith* ($n = 1,53$ zirka) gebraucht. Die Kriställchen werden dabei in einen auf einem Objektträger geschmolzenen Tropfen dieser Substanz eingestreut, der hierauf durch ein aufgelegtes Deckglas flachgequetscht wird. Die Erwärmung des Objektträgers geschieht am besten auf einer durch einen Bunsen- oder Mikrobrenner erhitzten Metallplatte oder auf einer elektrischen Heizplatte. Eine gewisse Schwierigkeit bietet die Vermeidung von Luftblasen.

In neuerer Zeit werden vielfach Medien höherer Lichtbrechung für Dauerpräparate verwendet, besonders wenn es sich darum handelt, von hochlichtbrechenden Kristallpräparaten mikrophotographische Aufnahmen herzustellen. Als solche kommen besonders in Betracht: Piperin[1] ($n = 1,68$) sowie eine Reihe neuerer Präparate auf Kunstharzbasis[2]. In bezug auf Eigenschaften und Handhabung dieser Stoffe muß auf die Originalmitteilungen verwiesen werden.

Dauerpräparate von Mineralkörnern spielen besonders bei der Untersuchung von *Schwermineralkonzentraten* in der Sedimentpetrographie eine Rolle. Für ihre Herstellung und Auswertung muß hier auf die einschlägigen Handbücher der sedimentpetrographischen Technik verwiesen werden[3].

In gewissen Fällen müssen zur Ermittlung der optischen Eigenschaften von größeren Kristallindividuen *kristallographisch genau orientierte Platten* geschliffen werden. Zu diesem Zwecke wurden von einer Reihe von Autoren spezielle Vor-

---

[1]) J. H. C. MARTENS, *Piperine as an immersion medium in sedimentary petrography.* Amer. Min. *17*, 198—199 (1932).

[2]) A. E. ALEXANDER, *Recent developments in high index resins,* Amer. Min. *19*, 385 (1934). — W. D. A. KELLER, *A mounting medium of 1.66 index of refraction,* Amer. Min. *19*, 384 (1934). — E. N. CAMERON, *Notes on the synthetic resin Hyrax,* Amer. Min. *19*, 375—383 (1934). Besser bekannt sind in Europa die von Stafford Allen & Sons, Ltd., Wharf Road, London N. 1, hergestellten Einbettungsmedien «Sira» mit n zirka 1,55 und «Sirax» mit n zirka 1,66. Beide werden wie Xylol-Kanadabalsam angewandt. Wenn nötig, läßt sich Sira mit reinem Xylol, Sirax mit wasserfreiem Toluol verdünnen. Vertrieb für die Schweiz: Helvepharm GmbH. Basel, Missionsstraße 15.

[3]) W. C. KRUMBEIN und C. F. J. PETTIJOHN, *Manual of Sedimentary Petrography* (D. Appleton-Century Co., New York und London 1938). — H. B. MILNER, *Sedimentary Petrography*, 3. Aufl. (Th. Murby & Co., London 1940). — W. H. TWENHOFEL und S. A. TYLER, *Methods of study of sediments* (McGraw Hill Book Co., New York und London 1941).

richtungen angegeben, von welchen hier nur diejenigen von E. A. WÜLFING[1]) und von H. H. THOMAS und W. CAMPBELL SMITH[2]) erwähnt seien. Bei diesen und ähnlichen Apparaten wird der Kristall, von dem ein orientiertes Präparat angefertigt werden soll, auf einen Träger aufgekittet, der in einem Schleifdreifuß mit verstellbaren Füßen eingesetzt wird. Zuerst wird eine kleine Fläche angeschliffen, deren Lage ungefähr der gewünschten Orientierung entspricht. Da sich der Kristallträger mitsamt dem aufgekitteten Kristall auf das Reflexionsgoniometer aufsetzen läßt, kann die Lage der angeschliffenen Probefläche gegenüber vorhandenen Wachstums- oder Spaltflächen festgelegt werden. Die Abweichung von der angestrebten Flächenlage kann durch Verändern der Fußhöhe des Schleifdreifußes korrigiert werden, bis die gewünschte Lage der Schlifffläche erreicht ist. Durch erneutes Aufkitten auf der angeschliffenen Fläche und Parallelschleifen erhält man schließlich die Platte von der gewünschten Orientierung.

b) *Die Kristalle werden auf dem Objektträger erzeugt*

In vielen Fällen erweist es sich als notwendig oder zweckmäßig, die zu untersuchenden Kristalle direkt auf dem Objektträger zu erzeugen. Hierzu kommen vor allem folgende Verfahren in Betracht:

α) Auskristallisation aus Schmelzen,
β) Auskristallisation aus Lösungen,
γ) Ausfällen aus Lösungen durch Reaktionen,
δ) Mikrosublimation.

α) Auskristallisation aus Schmelzen

Dieses Verfahren eignet sich besonders für viele organische Verbindungen mit niedrigem Schmelzpunkt. Man bringt eine kleine Menge der Substanz auf einen Objektträger und bedeckt sie mit einem Deckglas. Durch sorgfältiges Erwärmen mit einem Mikrobrenner bringt man sie hierauf zum Schmelzen, wobei Überhitzung vorsichtig vermieden werden soll. Die Kristallisation läßt sich hierauf beim Abkühlen unter dem Mikroskop verfolgen, und die gebildeten Kristalle können untersucht werden, wobei man, je nach Umständen, ein Immersionsmittel hinzufügt.

β) Auskristallisation aus Lösungen

Sehr gute und zu optischen Untersuchungen geeignete Kriställchen erhält man in vielen Fällen durch *Verdunstenlassen* eines Tropfens Lösung auf einem Objektträger. Als Lösungsmittel kommen neben Wasser hauptsächlich in Betracht: Alkohol, Benzol, Xylol, Chloroform usw. Die spezielle Technik, d. h. eventuelles Erwärmen, Einleiten der Kristallisation durch Rühren mit einem Glasstäbchen, Impfen usw., muß von Fall zu Fall ausprobiert werden. Dies ist gut möglich, da der einzelne Versuch nur eine minimale Substanzmenge benötigt.

γ) Ausfällen aus Lösungen durch Reaktionen

Diese Methode liefert ebenfalls in sehr vielen Fällen ausgezeichnete Kristallindividuen und wird in der *Mikrochemie* weitgehend angewandt. Vielfach genügt es, zur Erzeugung des gewünschten Niederschlages auf einem Objektträger zwei Tropfen der beiden Lösungen ineinanderfließen zu lassen. Für die detaillierte Beschreibung der speziellen Technik und der Apparaturen muß auf die zahlreichen Darstellungen der Mikrochemie verwiesen werden[3]).

---

[1]) E. A. WÜLFING, *Mikroskopische Physiographie* etc., 5. Aufl., I. 1. (1921—1924), S. 26—35.

[2]) H. H. THOMAS und W. CAMPBELL SMITH, *An apparatus for cutting crystal-plates and prisms*, Min. Mag. *17*, 86—96 (1914).

[3]) Unter anderen seien erwähnt: H. BEHRENS und P. D. C. KLEY, *Mikrochemische Analyse* (Leipzig 1925). — E. M. CHAMOT und C. W. MASON, *Handbook of Chemical Microscopy*, Bd. II, 2. Aufl. (New York 1940).

δ) Mikrosublimation

Mit dieser Methode lassen sich von *flüchtigen Substanzen* sehr oft bessere Kristalle erhalten als mit den unter α) bis γ) beschriebenen. Sie eignet sich auch in hervorragendem Maße zur Trennung leicht- und schwerflüchtiger Komponenten von Gemischen. Das Hauptanwendungsgebiet sind organische Verbindungen. In Anbetracht der Wichtigkeit und weiten Anwendbarkeit der Methode ist ihre spezielle Technik in mannigfacher Weise variiert und ausgebaut worden. Neben einfachen, mehr behelfsmäßigen Vorrichtungen, wobei die Sublimation z. B. aus einem Uhrglas oder aus einem Tiegel auf einen aufgelegten Objektträger erfolgt, existieren auch vollkommenere Apparaturen, wie z. B. der Edersche Vakuum-Mikrosublimationsapparat[1]).

2. Präparate von Kristallaggregaten

Feste Kristallaggregate, besonders Gesteine, aber auch viele Kunstprodukte, vor allem keramische Massen aller Art, werden in Form von sogenannten *Dünnschliffen* untersucht, d. h. es werden aus ihnen Plättchen geschliffen, die so dünn sind, daß auch ein dunkles Gestein, wie z. B. ein makroskopisch schwarzer Basalt, durchsichtig wird und im durchfallenden Licht mikroskopisch untersucht werden kann. Dies tritt im allgemeinen bei einer Dicke von 0,02—0,04 mm ein. Die richtige Dicke wird durch Kontrolle während des Schleifprozesses auf Grund der Interferenzfarben (vgl. Kap. D) zwischen gekreuzten Nicols erkannt. Für quarzführende Gesteine gilt z. B., daß dieses Mineral ein klares Grau I. Ordnung zeigen muß. Das Schleifen erfolgt heute fast ausschließlich mit *Karborund* (SiC), das in verschiedenen Körnungen erhältlich ist. Für extrem harte, z. B. korundreiche Gesteine, verwendet man das bedeutend härtere *Borkarbid* (B_4C_3)[2]). Die Dünnschliffe werden mit Kanadabalsam oder Kollolith (gegenwärtig nicht erhältlich) auf einen Objektträger gekittet und mit einem Deckglas zugedeckt. Da die Dünnschliffherstellung von eingesandtem Material heute vorwiegend durch Spezialisten besorgt wird[3]), braucht hier auf die in den Handbüchern und in Spezialwerken eingehend behandelte Technik[4]) nicht näher eingegangen zu werden.

---

[1]) R. Eder, *Über Mikrosublimation von Alkaloiden im luftverdünnten Raum*, Schweiz. Wschr. Chem. Pharm. *51*, 228—231, 241—245 und 253—256 (1913). — R. Eder und W. Haas, *Über Vacuum-Mikrosublimation synthetischer Arzneistoffe*, Mikrochemie (Emich-Festschrift) (1930), S. 43—82, auch als: W. Haas, Prom.-Arb. ETH. Zürich. — Vgl. auch E. M. Chamot und C. W. Mason, l. c., Bd. I (1938), 2. Aufl., S. 343—348.

[2]) Unter der Bezeichnung «*Norbide Abrasive*» von der Norton Co. in Worcester 6 (Mass., USA.) in einer großen Auswahl von Körnungen hergestellt.

[3]) In der Schweiz u. a. durch R. Giroud, rue Numa-Droz 185, La Chaux-de-Fonds, sowie durch die meisten mineralogisch-petrographischen Hochschulinstitute.

[4]) Zum Beispiel Duparc-Pearce, l. c. (1907), S. 441—447; Rosenbusch-Wülfing, l. c. (1924), S. 11—22; M. Johannsen, l. c. (1918), S. 572—604, oder A. V. Weatherhead, *Petrographic Micro-Technique*, Introduction by A. K. Wells (London, 1947).

C. Untersuchungen im natürlichen Licht

In diesem Kapitel sollen diejenigen Methoden zusammengestellt werden, die nur natürliches, d. h. nichtpolarisiertes Licht benötigen. Es handelt sich vorwiegend um Messungen. Genau genommen erfolgt ihre Ausführung zwar doch im polarisierten Licht, da der Polarisator im Strahlengang verbleibt, was aber ohne Einfluß ist und daher nicht berücksichtigt werden muß. Der Analysator bleibt immer ausgeschaltet.

I. MESSUNG VON LÄNGEN

Bei der mikroskopischen Untersuchung ist oft die Ermittlung der absoluten Dimensionen des betrachteten Objektes von Wichtigkeit. Das am häufigsten angewandte Verfahren hierzu ist die Längenmessung mit einem *Meß-* oder *Mikrometerokular.* Darunter versteht man ein Huygenssches oder Ramsdensches Okular, in dessen Gesichtsfeldblende ein Glasplättchen mit einer *Mikrometerskala* eingelegt werden kann. Diese wird vom Beobachter zugleich mit dem Objekt gesehen und erlaubt, dessen Dimension in Einheiten der vorhandenen Skala anzugeben. Eine verschiebbare Augenlinse ermöglicht die scharfe

Fig. 61

Okular nach WRIGHT mit Vorrichtung zum Einschieben verschiedener Mikrometerskalen oder dergleichen in die Bildebene. Rechts Aufsatzanalysator zum Gebrauch mit dem Okular in Verbindung mit doppelbrechenden Hilfspräparaten, z. B. Halbschattenvorrichtungen. Leitz (Wetzlar).

Einstellung der Skala für nicht Normalsichtige. Die Skalen sind auswechselbar, wodurch jeweils der benötigte Typ zur Verwendung gelangen kann. Beim Okular nach F. E. WRIGHT sind sie auf einem Metallschieber montiert, der in einen Schlitz der Okularfassung seitlich eingeführt werden kann, ohne daß es nötig ist, das Okular aus dem Tubus herauszunehmen und auseinanderzuschrauben (Fig. 61).

Jedes *Okularmikrometer* liefert vorerst nur relative Werte in Skalenteilen des betreffenden Mikrometers. Um absolute Größenangaben zu erhalten, muß dieses geeicht werden. Dazu benötigt man ein auf einem Objektträger angebrachtes *Objektmikrometer*, das meistens einen oder zwei Millimeter in Hundertstel geteilt aufweist. Stellt man fest, daß m Teile des Objektmikrometers n Teilen des Okularmikrometers entsprechen, so ist m/n der sogenannte *Mikrometerwert* der verwendeten Kombination von Objektiv und Okular für die benützte Tubuslänge. Stellt man für ein Objekt die Dimension von t Skalenteilen fest, so beträgt seine wahre Länge $l = m\,t/n \cdot 0{,}01$ mm. Besitzt das Objektiv eine Korrekturvorrichtung für veränderliche Deckglasdicke, so ist darauf zu achten, daß der Mikrometerwert nur für eine bestimmte Einstellung derselben gültig ist und mit ihrer Änderung ebenfalls variiert. Zur Bestimmung des Mikrometerwertes benütze man einen möglichst großen Abschnitt der Skalen zur Verringerung des Einflusses des Ablesefehlers. Man achte auch auf das Verschwinden der Parallaxe durch genaues Fokussieren.

Für genauere Messungen kann man auch ein sogenanntes *Schraubenmikrometerokular* benutzen, bei welchem mittels einer genau gearbeiteten Schraubenspindel ein beweglicher Faden im Gesichtsfeld verschoben wird. Eine Skala im Gesichtsfeld erlaubt, die ganzen Trommeldrehungen entsprechenden Verschiebungen abzulesen, während die Trommelteilung die Hundertstel gibt. Betreffs

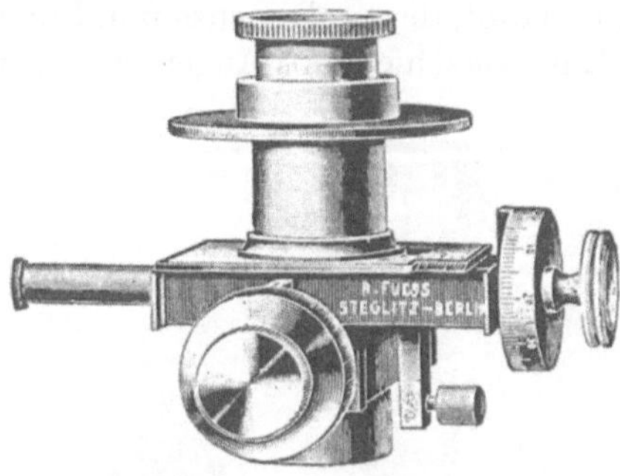

Fig. 62

Doppelschrauben-Mikrometerokular nach WRIGHT mit zwei senkrecht zueinander verschiebbaren Okularfaden von Fueß (Berlin-Steglitz).

Eichung gilt das weiter oben Gesagte. Für mineralogisch-petrographische Zwecke wird das Schraubenmikrometer hauptsächlich zur Ausmessung der Interferenzfiguren bei konoskopischer Betrachtung gebraucht. Besonders vorteilhaft hierfür ist das von F. E. WRIGHT vorgeschlagene *Doppelschrauben-Mikrometerokular* (Fig. 62), bei welchem durch zwei senkrecht zueinander angeordnete Schraubenspindeln zwei Faden unabhängig voneinander meßbar verschoben werden können, so daß die rechtwinkligen Koordinaten beliebiger Punkte des Gesichtsfeldes angegeben werden können. Diese Vorrichtung gestattet auch die Anfertigung exakter Zeichnungen, z. B. von Kristallen.

II. DICKENMESSUNG

Sieht man von der nur in seltenen Fällen möglichen direkten Dickenmessung an losen Kristallen mittels *Sphärometer* oder *Deckglastaster* ab, so kommt hauptsächlich eine Methode in Betracht, welche die Umkehrung einer schon 1770 durch den Duc de Chaulnes gegebenen Lichtbrechungsbestimmungsmethode darstellt. Während dieser Autor an planparallelen Platten bekannter Dicke die Lichtbrechung zu ermitteln versuchte, wird hier bei bekannter Lichtbrechung auf die gesuchte Plattendicke geschlossen.

Betrachtet man (Fig. 63) einen Punkt P auf der Unterseite der Platte unter einem kleinen Winkel, so scheint er wegen der Lichtbrechung der Platte in P', dem Schnittpunkt des geradlinig verlängerten Strahls SR und der Plattennormale NP, zu liegen.

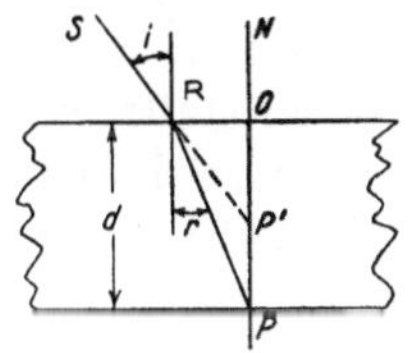

Zur mikroskopischen Dickenmessung nach Duc de Chaulnes. Ein auf der Unterseite des Präparates gelegener Punkt P erscheint durch den Einfluß der Lichtbrechung in P'. Aus der meßbaren Strecke OP' kann bei bekanntem Brechungsindex des Präparates dessen Dicke d berechnet werden.

Fig. 63

Er scheint somit um die Strecke PP' gehoben. Aus der Figur ergibt sich jedoch $OR = OP\, \mathrm{tg}\, r = OP'\, \mathrm{tg}\, i$, somit

$$OP' = OP\, \frac{\mathrm{tg}\, r}{\mathrm{tg}\, i}\,.$$

Bei hinreichend kleinen Winkeln kann aber der Tangens durch den Sinus ersetzt werden, d. h. es ist $\mathrm{tg}\, i / \mathrm{tg}\, r = \sin i / \sin r = n/\mu$, wobei n der Brechungsindex der Kristallplatte, μ derjenige des äußeren Mediums ist. Bezeichnet man die wahre Plattendicke OP mit d und die scheinbare OP' mit d', so erhält man die einfache Beziehung

$$d = d'\, \frac{n}{\mu} \quad \text{bzw. für } \mu = 1 \text{ (Luft)} \quad d = d'n, \tag{C 1}$$

d. h. die wahre Plattendicke ist gleich der scheinbaren, multipliziert mit dem Brechungsindex der Kristallplatte und dividiert durch denjenigen des Mediums zwischen Platte und Objektiv ($\mu = 1$ für Luft, bei Trockensystemen, $\mu = 1{,}515$ für Zedernholzöl bei homogenen Ölimmersionen usw.).

Weil man in Dünnschliffen für die verschiedenen Mineralien in erster Annäherung gleiche Dicke voraussetzen darf, ergibt die Methode auch die Möglichkeit des *Vergleichs der Lichtbrechung* zweier im Schliff nicht aneinander grenzender Mineralien M_1 und M_2. Sind ihre Brechungsindizes n_1 und n_2 sowie ihre scheinbaren Dicken d'_1 und d'_2, so ist nach (C 1)

$$d = \frac{d'_1 n_1}{\mu} = \frac{d'_2 n_2}{\mu}\,, \quad \text{bzw. } d = d'_1 n_1 = d'_2 n_2\,,$$

woraus folgt, daß je nachdem $d'_1 \lessgtr d'_2$ ist, $n_1 \gtrless n_2$ sein muß. Ist z. B. n_1 bekannt, so ergibt sich

$$n_2 = \frac{n_1 d'_1}{d'_2} = \frac{d}{d'_2}\,.$$

Diese Methode der Lichtbrechungsbestimmung liefert jedoch nur unter besonders günstigen Umständen genauere Werte als sie durch einfache Schätzung auf Grund des Reliefs bei einiger Übung erhalten werden.

Die scheinbare Plattendicke d' mißt man mittels der kalibrierten Mikrometerschraube (Feintrieb) des Mikroskops, indem man nacheinander auf Ober- und Unterfläche der Platte fokussiert. Bei Dünnschliffen erkennt man die genaue Fokussierung am gleichzeitigen Erscheinen zahlreicher Stäubchen und Splitterchen von Schleifmaterial sowie eventuell auch am Hervortreten von Rauhigkeiten und Unebenheiten der Schliffflächen. Diese sind um so besser erkennbar, je stärker sich die Lichtbrechung des Minerals von derjenigen des Einbettungsmittels (Kanadabalsam, Kollolith) unterscheidet. Vorteilhaft ist die Verwendung monochromatischen Lichtes, z. B. einer Na-Dampflampe. Bei losen Kristallen empfiehlt es sich, zur scharfen Einstellung der Ober- und Unterfläche die Schnittkanten derselben mit einer schrägstehenden seitlichen Begrenzungsfläche zu benutzen.

Nach A. Rittmann[1]) ist es bei Dickenmessungen an losen Spaltblättchen vorteilhaft, diese in Wasser einzubetten, das einen feinverteilten, wasserunlöslichen Farbstoff, z. B. Preußischblau, in Suspension enthält. Die an der Ober- und Unterfläche der Spaltblättchen anhaftenden Farbstoffpartikel erleichtern die Einstellung bedeutend.

Als Fehlerquelle kommen bei derartigen Bestimmungen hauptsächlich die nicht hinreichend genau bekannte Lichtbrechung des Präparates sowie die Unvollkommenheit der Mikrometerschraube des Mikroskops und die sogenannte Fokussierbreite der angewandten Optik in Betracht. Sehr oft kann die Lichtbrechung des Präparates nur geschätzt werden. Der dadurch bedingte Fehler wird verkleinert, wenn man statt eines Trockensystems ($\mu = 1$) eine Ölimmersion ($\mu = 1,515$) verwendet. Die *Qualität der Mikrometerschraube* kann auf verschiedene Weise geprüft werden.

Einen direkten Weg hat E. A. Wülfing vorgeschlagen. Zwischen Mikroskoptubus und Objektiv wird ein 90° ablenkendes Prisma eingeschaltet, so daß die Objektivachse senkrecht zur Tubusachse und zur Bewegungsrichtung der Mikrometerschraube zu liegen kommt. Mittels dieser Vorrichtung betrachtet man ein senkrecht gestelltes Objektmikrometer, wodurch die Tubusverschiebungen direkt gemessen werden können und sich die Mikrometerschraube in ihrer ganzen Länge kalibrieren läßt. Ganz allgemein gilt, daß man sich zu Meßzwecken auf die mittlere Partie der Schraube beschränken soll. Die Ablesungen sollen immer nach Drehung der Schraube im gleichen Sinn vorgenommen werden. Durch diese Vorsichtsmaßnahmen werden die durch den toten Gang der Schraube bedingten Fehler weitgehend ausgeschaltet.

M. Berek hat im Zusammenhang mit seinen Untersuchungen über die *Fokustiefe* der Mikroskopoptik[2]) eine indirekte Methode zur Prüfung der Mikrometerschrauben von Mikroskopen angegeben. Die folgenden Angaben sind den Ausführungen dieses Autors entnommen. Für mikroskopische Dickenmessungen muß

---

[1]) A. Rittmann, *Nuovo metodo per la determinazione della birifrangenza massima dei minerali micacei*, Atti Fondazione Politecnica del Mezzogiorno (Napoli) *3*, 2, Anm. (1947).

[2]) M. Berek, *Grundlagen der Tiefenwahrnehmungen im Mikroskop*, Sitz.-Ber. Ges. Förd. ges. Naturw. Marburg *62*, 189—223 (1927). — F. Rinne und M. Berek, l. c. (1934), S. 188—190.

der Fokussierfehler erheblich kleiner sein als die zu messende Dicke. Bezeichnet man den doppelten maximalen Fokussierfehler als *Fokussierbreite T*, so gilt nach BEREK bei voll erleuchteter Objektivapertur

$$T = \frac{n\lambda}{2A^2} + \frac{0{,}34\,n}{AV} + \left(\frac{250}{V}\right)^2 n \left(\frac{1}{S_2} - \frac{1}{S_1}\right). \tag{C 2}$$

Hierbei bedeutet:

n den Brechungsindex des Mediums zwischen Objektiv und Objekt,

λ die Wellenlänge des beleuchtenden Lichtes (für Tageslicht Schwerpunkt bei 0,00055 mm $= 550\,\mu\mu$),

A die numerische Apertur,

V die Gesamtvergrößerung des Mikroskops bzw. $250/V$ dessen Gesamtbrennweite,

S_1 und S_2 sind die Akkommodationsgrenzen des menschlichen Auges. Konventionell setzt man $S_1 = \infty$ und $S_2 = 250$ mm.

Werden λ und S_2 in Millimetern ausgedrückt, so ergibt sich auch T in Millimetern. Das erste Glied des Ausdrucks (C 2) stellt den Einfluß der Wellennatur des Lichts dar, der zweite den Einfluß der Netzhautstruktur, das dritte denjenigen der Akkommodationsgrenzen.

Der Ausdruck für T zeigt, daß dieses möglichst klein, die Fokussiergenauigkeit somit möglichst groß wird, wenn nicht nur A, sondern auch V möglichst groß gemacht werden, d. h. wenn nicht nur Objektive großer Apertur, sondern auch hohe Gesamtvergrößerungen, d. h. starke Okulare, gebraucht werden. Nachstehende Tabelle gibt die nach der Formel berechneten T-Werte in μ für die früher genannten Objektive, und zwar in Kombination mit einem 5- und einem 20fachen Okular, um den Einfluß der Gesamtvergrößerung zu veranschaulichen. v bezeichnet dabei die Eigenvergrößerung des Objektivs.

	v	A	T in μ (Okular 5fach)	T in μ (Okular 20fach)
P_1	3,2	0,12	1172	124,4
P_3	10	0,25	131,6	17,5
P_6	45	0,85	7,1	1,1
$P_{1/12}$	100	1,30	2,5	0,5

Da die Dicke normaler Dünnschliffe zirka $20-30\,\mu$ beträgt, so ist ersichtlich, daß zur Dickenbestimmung nur starke Objektive, vorzugsweise Ölimmersionen in Verbindung mit starken Okularen, in Betracht kommen.

Zur Prüfung der Mikrometerschraube werden die berechneten Werte mit experimentell ermittelten verglichen. Diese erhält man, indem man mit der entsprechenden Kombination von Objektiv und Okular zehnmal die gleiche Stelle eines Präparates fokussiert und das Mittel der Einzelablesungen bildet. Die durchschnittliche Abweichung der Einzelablesungen gegenüber dem Mittelwert muß erheblich unter dem berechneten Wert für $T/2$ liegen. Andernfalls besitzt die Schraube toten Gang bzw. elastische Nachwirkung in unzulässigem Maße, oder die Optik ist ungenügend korrigiert (was jedoch bei Erzeugnissen bekannter Firmen nicht in Betracht kommt) und das Instrumentarium ist zur Dickenmessung ungeeignet. Unerläßlich für die Ausführung derartiger Messungen ist eine genügende Austemperierung des Mikroskops, d. h. dasselbe muß sich vorher mindestens einige Stunden ohne Schrank im Arbeitsraum befunden haben.

Auf eine weitere Methode der Schliffdickenbestimmung, welche auf Gangunterschiedsmessungen an Mineralien bekannter Doppelbrechung beruht, soll in Kapitel J eingegangen werden.

III. FLÄCHENMESSUNG

Flächenmessungen an mikroskopischen Objekten werden mit *Okularnetz-mikrometern* durchgeführt, die wie die gewöhnlichen Mikrometer zur Längenmessung in die Brennebene von Meßokularen eingelegt oder beim Wrightschen Okular eingeschoben werden. Für verschiedene Zwecke gibt es Netzteilungen verschiedener Feinheit. Zur Flächenmessung mikroskopischer Objekte ermittelt man die Anzahl der gedeckten Quadrate, wobei man den Anteil der angebrochenen, nicht voll gedeckten schätzt. Werden absolute Werte verlangt und nicht nur relative, so muß das Netzmikrometer mittels eines Objektmikrometers geeicht werden.

Genauere Messungen an sehr unregelmäßig gestalteten Objekten kann man auch durch Vermessen eines mikrophotographisch oder mit Hilfe eines Zeichenapparates angefertigten Umrißbildes mittels eines Planimeters durchführen. Den genauen Vergrößerungsmaßstab des Umrißbildes bestimmt man durch Reproduktion eines Objektmikrometers unter den gleichen Bedingungen.

Häufiger als absolute Flächenmessungen stellt sich das Problem der Ermittlung des prozentualen Anteils der verschiedenen Komponenten einer Fläche oder des gesamten mikroskopischen Gesichtsfeldes. Dies ist z. B. bei der *Vermessung eines Gesteinsdünnschliffes* zur Feststellung seines quantitativen Mineralbestandes der Fall, d. h. bei der sogenannten geometrischen oder planimetrischen Gesteinsanalyse.

Die zum Teil schon sehr alten Verfahren des Ausschneidens der einzelnen Mineralien aus Zeichnungen oder Mikrophotographien und des Wägens derselben, eventuell nach vorherigem Hinterlegen mit Stanniol, sind wohl heute alle zugunsten von Ausmeßverfahren verlassen. Nachdem A. DELESSE schon 1847 gezeigt hatte, daß man aus dem Flächenanteil, den die einzelnen Mineralquerschnitte auf einer Gesteinsfläche (angeschliffene Fläche oder bei mikroskopischer Betrachtung Dünnschliff) einnehmen, auf ihren Anteil am Volumen des Gesteins schließen kann, führte 1898 A. ROSIWAL die Flächenmessung in analoger Weise auf eine Längenmessung zurück, indem er die Abschnitte, die die einzelnen Mineralien auf einem dem Schliffbild überlagerten Liniensystem bilden, bestimmte. Der Anteil der Abschnitte an der im ganzen durchmessenen Strecke, in Prozent ausgedrückt, ist bei genügender Länge derselben gleich dem Anteil der verschiedenen Komponenten an der betrachteten Fläche selbst. Dieser ist jedoch auch gleich ihrem Volumenanteil am totalen Gesteinsvolumen. Beträgt die durchmessene Strecke, von A. ROSIWAL *Mengenindikatrix* genannt, das 100- bis 200fache des mittleren Korndurchmessers, so ist die für die einzelnen Komponenten erreichte Genauigkeit zirka 1—2 Volumprozente. Aus den so erhaltenen Volumprozenten kann durch Multiplikation mit dem spezifischen Gewicht der einzelnen Komponenten und erneute Zurückführung auf die Summe 100 die gewichtsprozentische Verteilung erhalten werden[1]).

---

[1]) Es muß jedoch darauf hingewiesen werden, daß die Schliffvermessung für opake Komponenten, besonders wenn diese fein verteilt sind, einen zu hohen Wert liefert. Dies rührt davon her, daß der ganze Zylinder mit dem Kornumriß als Grundfläche und der Schliffdicke als Höhe als

Das Prinzip einer derartigen Messung soll an einem Beispiel mit vier Komponenten erläutert werden (Fig. 64). Ihre Anteile wurden so gewählt, daß Komponente I (schwarz) zu 10%, Komponente II (punktiert) zu 20%, Komponente III (schraffiert) zu 30% und die «Grundmasse» (weiß) zu 40% angenommen wurde. Im Original wurden die einzelnen Komponenten in verschiedener Farbe auf Millimeterpapier (Seitenlänge 15 cm) aufgeklebt und die Abschnitte für Meßlinien im Abstande von 1 cm an der Teilung des Millimeterpapiers abgelesen. Es wurden zwei Systeme von Meßlinien benutzt, entsprechend den Bezifferungen 1, 2, 3, 4, ... und A, B, C, D, ... in Fig. 64. Das Resultat war das folgende:

	I	II	III	GM		I	II	III	GM
1.	1,9	4,1	6,3	2,7	A.	2,6	3,2	6,0	3,2
2.	1,2	4,0	5,8	4,0	B.	1,0	4,8	4,6	4,6
3.	2,1	3,6	1,7	7,6	C.	2,0	1,6	3,2	8,2
4.	2,6	3,7	3,1	5,6	D.	—	2,9	6,0	6,1
5.	0,5	0,4	4,8	9,3	E.	2,0	3,2	4,2	5,6
6.	5,2	—	3,7	6,1	F.	2,1	1,9	4,8	6,2
7.	1,9	3,6	3,2	6,3	G.	1,1	1,4	6,1	6,4
8.	—	3,0	5,2	6,8	H.	2,3	4,0	2,4	6,3
9.	0,2	3,5	6,3	5,0	I.	2,1	3,4	2,4	7,1
10.	1,3	5,3	1,9	6,5	K.	1,4	0,4	5,1	8,1
11.	1,2	3,8	4,5	5,5	L.	1,6	3,9	4,2	5,3
12.	1,6	1,0	5,5	6,9	M.	1,1	3,8	2,7	7,4
13.	1,1	1,3	5,1	7,5	N.	1,7	4,1	3,2	6,0
14.	1,3	4,3	5,2	4,2	O.	2,2	1,0	8,5	3,3
	22,1	41,6	62,3	84,0		23,2	39,6	63,4	83,8
In %	10,5	19,8	29,7	40,0		11,1	18,8	30,2	39,9

Als Mittel der beiden Meßserien ergibt sich somit

I	II	III	Grundmasse
10,8	19,3	29,9	40,0

was als sehr befriedigende Übereinstimmung mit den wahren Verhältnissen angesehen werden kann.

Ist das Gestein von massig-richtungsloser Textur, so genügt die Vermessung eines einzigen, beliebig gelegten Dünnschliffes, falls die Schliffgröße die Anlage einer «geometrischen Indikatrix» von der Länge des 100- bis 200fachen Korndurchmessers gestattet. Ist jedoch das Gestein von gerichteter Textur, so müssen die Messungen an zwei oder drei normal zueinander gelegenen Schliffen, z. B. parallel und senkrecht zur Schieferungsebene, kombiniert werden. Die

vom opaken Korn erfüllt angenommen wird, während sein wahres Volumen bei schrägliegenden Grenzflächen oder kugeliger Gestalt tatsächlich kleiner ist. Bei durchsichtigen Komponenten wird dieser Fehler korrigiert, indem man bei der Vermessung immer instinktiv auf die Mitte der Überlappungszone der angrenzenden Körner einstellt, was bei opaken Körnern nicht möglich ist. A. Rittmann, der erstmalig auf diese Fehlerquelle aufmerksam machte, hat auch gezeigt, wie unter gewissen vereinfachenden Annahmen ein Korrekturfaktor berechnet werden kann. A. Rittmann, *Fattore di correzione da apportare alla percentuale di minerali opachi determinati nelle sezioni sottili col metodo di Rosiwal*, Period. Min. *16*, 109−122 (1947).

Möglichkeiten, die sich für die Ermittlung der quantitativ-mineralogischen Zusammensetzung von Gesteinen mit geregelter Textur durch Schliffvermessung bieten, sind noch nicht genügend abgeklärt und sollten systematisch untersucht werden.

Wird die Schliffvermessung nach den eben erwähnten Prinzipien durchgeführt, d. h. entspricht die Summe der einzelnen Meßlinien mindestens dem 100- bis 200fachen und ihr Abstand ungefähr dem mittleren Korndurchmesser, so weist das Endresultat erfahrungsgemäß eine Genauigkeit von 1−2% auf. Es

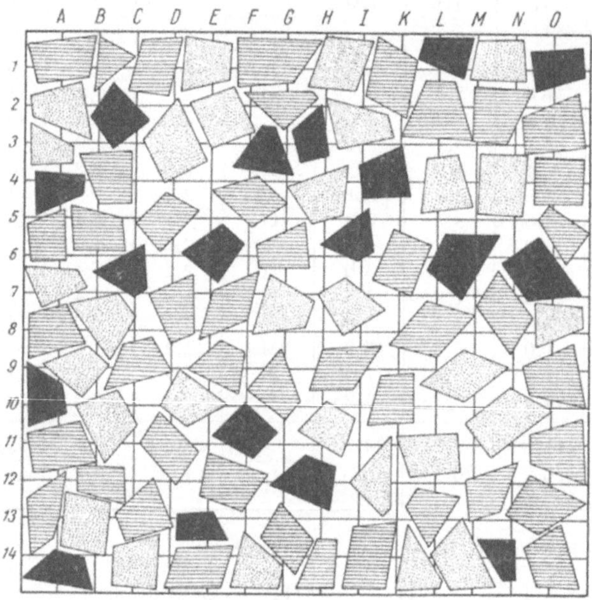

Fig. 64

Beispiele für die Vermessung eines mikroskopischen Präparates, bestehend aus drei Komponenten und «Grundmasse». Es werden zwei zueinander senkrechte Systeme von Meßlinien A, B, C, ... O bzw. 1, 2, 3, ... 14 benutzt.

genügt daher vollkommen, wenn ganze Prozente angegeben werden, jede Angabe von Dezimalen würde nur eine nicht vorhandene Genauigkeit vortäuschen.

Der in Fig. 64 schematisch dargestellte Meßvorgang kann mikroskopisch auf verschiedene Weise durchgeführt werden, wobei besondere Apparaturen arbeits- und zeitsparend wirken.

Am einfachsten, aber recht zeitraubend und verhältnismäßig ungenau ist die Verwendung eines gewöhnlichen *Netzmikrometers* in Verbindung mit einem Meßokular, wobei die Abschnitte der einzelnen Komponenten auf den Netzlinien geschätzt und notiert und hierauf für die einzelnen Komponenten gesondert addiert werden. Die zahlreichen Additionsoperationen sind sehr zeitraubend und bilden, besonders bei der Anwesenheit zahlreicher Komponenten, eine nicht zu unterschätzende Fehlerquelle. Dieses Verfahren wird daher nur noch im Notfall angewandt, d. h. wenn keine andern Hilfsmittel zur Verfügung stehen.

Eine bedeutende technische Verbesserung bedeutet das *Okular nach* HIRSCH-WALD. Dieses enthält in seiner Brennebene eine Skala, welche durch Zahntrieb längs einer zweiten, dazu senkrecht stehenden randlichen, fixen Skala verschiebbar ist. Die bewegliche Skala mit feinerer Teilung wird als Meßlinie zur Bestimmung der Abschnitte der einzelnen Komponenten gebraucht, die feste, randlich angebrachte, dient zur Festlegung der Abstände der einzelnen Meßlinien (Fig. 65).

Auch beim Hirschwaldschen Okular wirken sich die zahlreichen Ablese- und Additionsoperationen noch sehr zeitraubend aus, wenn auch die Übersicht infolge des Vorhandenseins von nur einer einzigen Meßlinie bedeutend besser ist und die Fehlermöglichkeiten dadurch verringert werden. Es ist daher leicht verständlich, daß verschiedene Vorschläge gemacht wurden, die Addition der den einzelnen Komponenten entsprechenden Strecken rein mechanisch zu besorgen. Von den daraus resul-

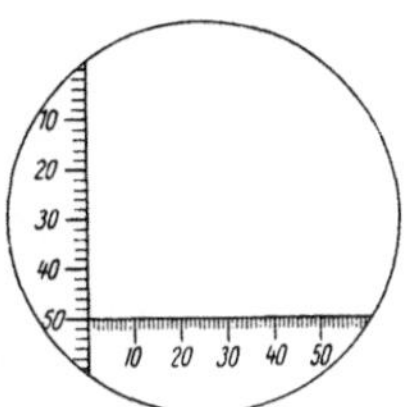

Fig. 65

Gesichtsfeld des Okulars nach HIRSCHWALD. Die horizontale Skala ist längs der vertikalen durch Zahntrieb verschiebbar und gestattet so die Abschätzung des Anteils der einzelnen Komponenten auf einer Anzahl von horizontalen Meßlinien in zweckmäßig gewählten Abständen.

tierenden Konstruktionen soll in erster Linie die vollkommenste und meistverbreitete erwähnt werden, der *Integrationstisch* der Firma Leitz (Fig. 66). Er gestattet in seiner großen Ausführung die gleichzeitige Vermessung von sechs Komponenten, die den sechs am Apparat vorhandenen Meßspindeln zugeordnet werden. Diese verschieben den Tisch, und damit den Schliff, alle in gleicher Weise in NS-Richtung, wobei jedoch die durch die einzelnen Spindeln bewirkten Verschiebungsbeträge einzeln registriert werden. Jede Spindel umfaßt 26 mm Meßlänge, wobei die Verschiebungen auf 0,01 mm genau abgelesen werden können. Nach Durchmessen einer vertikalen Meßlinie kann durch Verschieben des ganzen Tisches in EW-Richtung durch Zahntrieb zu einer neuen übergegangen werden, wobei der Verschiebungsbetrag auf 0,1 mm genau ablesbar ist. Zur Überbrückung von Leerstellen, z. B. Rissen im Präparat, kann ein aufsetzbares Zusatztischchen benützt werden, das eine Verschiebung des Schliffes ohne Registrierung ermöglicht. Zur Messung wird so vorgegangen, daß jedes Mineralkorn mittels der ihm zugeordneten Spindel durch das Fadenkreuz transportiert wird. Sind mehr als sechs Komponenten vorhanden, so werden zuerst zwei oder mehrere zu einer Gruppe zusammengefaßt und diese vorerst einer einzigen Spindel zugeordnet. Nachträglich wird dann in einer zweiten Messung das Komponentenverhältnis innerhalb der Gruppe bestimmt und in das Resultat einbezogen. Für Einzelheiten in der Handhabung des Instruments muß auf die von der Herstellerfirma herausgegebene Gebrauchsanweisung verwiesen werden.

Ein vereinfachter Integrationstisch für ebenfalls sechs Komponenten wird neuerdings unter der Bezeichnung «*Dr. Dollars Integrating Micrometer*» von der Firma Unicam Instruments, Ltd. in Cambridge (England) hergestellt. Er läßt sich auf jedem Mikroskop anbringen. Es wurden auch Integrationsvorrichtungen konstruiert, bei denen der Vorschub des Präparates elektrisch erfolgt. Der verschiebbare Objekttisch ist hierbei über eine flexible Welle mit einem Elektromotor verbunden, der durch eine Reihe von Druckknopfschaltern, die den zu bestimmenden Komponenten zugeordnet werden, in Tätigkeit gesetzt wird. Besondere Zählwerke registrieren die durch die einzelnen Schalter ausgelösten Verschiebungen sowie deren Summe, d.h. die gesamte Meßstrecke[1].

---

[1]) Nach diesem Prinzip arbeiten z. B. die Integriervorrichtung «Sigma» von R. Fuess in Berlin-Steglitz oder der «Hurlbut electric counter for thin section analysis» der Cambridge Thermionic Corporation, Cambridge 38 (Mass., USA.).

Zum Schluß soll noch ausdrücklich darauf hingewiesen werden, daß beim Gebrauch des Leitzschen Integrationstisches sowie ähnlicher Vorrichtungen, bei denen der Mineralbestand durch mechanisch registrierte Tischverschiebungen ermittelt wird, während des Meßprozesses das Objektiv oder das Okular beliebig gewechselt werden dürfen, wenn dies als wünschenswert erscheint. Dies gilt natürlich nicht für die geometrische Analyse mit einem Okularnetzmikrometer.

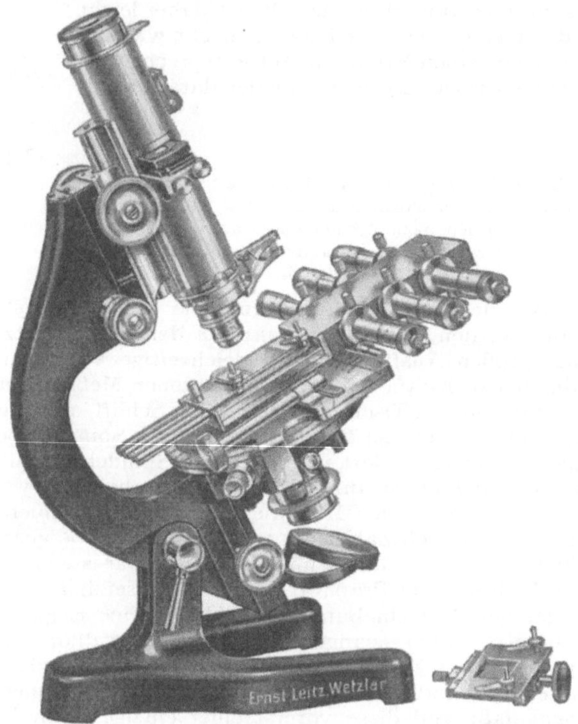

Fig. 66

Integrationstisch zur planimetrischen Gesteinsanalyse zum Aufsetzen auf den Mikroskoptisch. Der Tisch ist mit sechs Spindeln ausgerüstet, welche die automatische Registrierung von sechs Komponenten gestatten. Rechts unten ein Zusatztischchen zur Überbrückung von Leerstellen ohne Inanspruchnahme einer Spindel. Leitz (Wetzlar).

IV. AUSZÄHLEN VON KÖRNERN

Bei *sedimentpetrographischen Untersuchungen* spielt die quantitative mineralogische Zusammensetzung der durch Trennung mit schweren Lösungen gewonnenen Fraktionen von sogenannten «schweren» Mineralien eine große Rolle. Sie wird durch *Auszählen* ermittelt. Dabei ist es von Wichtigkeit, daß kein Korn übersehen oder doppelt gezählt wird. Das Auszählen geschieht am besten mit

Hilfe eines *Netzmikrometers*, welches die Orientierung erleichtert, indem es ein felderweises Vorgehen gestattet[1]). Um ein brauchbares Resultat zu erhalten, sollten von einem repräsentativen Präparat mindestens 300 Körner ausgezählt werden. Auch hier genügt die Angabe ganzer Prozente.

V. MESSUNG VON WINKELN

Winkelmessungen spielen bei der mikroskopischen Untersuchung von Kristallen eine große Rolle, sei es als Unterlage für die Anfertigung genauer Skizzen, z. B. als Beilage zum Untersuchungsprotokoll, sei es, weil zur Charakterisierung und Identifizierung gewisser Kristallarten die Winkel, welche die Spuren von Spaltebenen miteinander oder mit anderen Bezugselementen bilden, von Wichtigkeit sind.

Solche Messungen werden mit Hilfe des drehbaren Tisches, mit welchem alle Polarisationsmikroskope ausgestattet sind, und des Okularfadenkreuzes ausgeführt. Man bringt hierzu bei gut zentriertem Objektiv den Scheitel des zu messenden Winkels ins Fadenkreuz und stellt durch Drehen des Tisches den einen Schenkel parallel zu einem Okularfaden. Man notiert sich die Tischstellung unter Benützung des Nonius, oder, wenn ein solcher fehlt, unter Schätzung gegenüber der Ablesemarke auf 0,1° genau und bringt durch erneutes Drehen des Tisches den zweiten Schenkel des Winkels in Parallelstellung zum gleichen Okularfaden, worauf man die Tischstellung wiederum abliest. Die Differenz der beiden Ablesungen ergibt, je nach dem Drehsinn, den innern oder äußern Winkel, den die beiden Richtungen miteinander bilden. Statt die Schenkel des Winkels mit dem Okularfaden genau zusammenfallen zu lassen, bringt man sie besser unter Innehaltung eines sehr kleinen Abstandes in Parallelstellung dazu, wodurch die Genauigkeit der Einstellung erhöht wird. Die Genauigkeit des Endresultates hängt weitgehend von der Ausbildung der Spaltrisse, Kristallkanten usw. ab, deren Winkel gemessen werden sollen. Man mache immer mehrere Messungen, z. B. fünf, und bilde den Mittelwert.

Von verschiedenen Firmen werden sogenannte *Goniometerokulare* in den Handel gebracht, bei welchen ein Faden mit veränderlichem Azimut parallel den Schenkeln des zu messenden Winkels eingestellt werden kann und der Drehbetrag an einem Teilkreis mit Nonius ablesbar ist. Beim Vorhandensein eines drehbaren Objekttisches sind derartige Vorrichtungen überflüssig. Beim Fehlen eines drehbaren Tisches können Winkel auch trigonometrisch aus den mit einem Okularmikrometer gemessenen Dimensionen der Objekte ermittelt werden. Auch ein sehr feines Netzokularmikrometer, ein sogenanntes *Koordinatenokular*, wie es z. B. durch photographische Reproduktion von Millimeterpapier erhalten wird, oder das bereits erwähnte *Doppelschraubenmikrometer-Okular* nach F. E. Wright, können zu diesem Zwecke gute Dienste leisten.

In Verbindung mit mikroskopischen Winkelmessungen ist es wichtig, sich bewußt zu sein, daß durch die Spuren zweier Flächen bzw. zweier sich kreuzender Spaltrisse die räumliche Lage eines Schnittes noch nicht bestimmt ist.

---

[1]) Besonders angenehm im Gebrauch sind Netzmikrometer mit schachbrettartig angeordneten, abwechselnd klaren und leicht hellgrau getönten Feldern, wie sie von der Firma Rheinbergs, Ltd., 57–60, Holborn Viaduct, London E.C. 1, mit den Maschenweiten 2, 1, 0,5 und 0,25 mm geliefert werden.

Zwar gehört zu einer bestimmten Orientierung eines Kristallschnittes, der zwei Spaltebenen schneidet, immer nur ein ganz bestimmter Spurenwinkel, den die Spuren der beiden Spaltebenen (Spaltrisse) bilden. Umgekehrt kann aber ein vorliegender Spurenwinkel, je nach Schnittlage, zu ganz verschiedenen Ebenenwinkeln gehören. Auf ein praktisch wichtiges Beispiel angewandt, heißt das, daß wenn an einem Hornblendequerschnitt ein Spaltwinkel von 124° gemessen wird oder an einem von Augit ein solcher von 92°, deswegen noch nicht geschlossen werden darf, daß Schnitte $\perp c$ vorliegen. Vollständig bestimmt ist eine Schnittlage erst beim Vorliegen einer dritten Spur einer Wachstums- oder Spaltfläche. In diesem Falle läßt sich die Schnittlage mit Hilfe der stereographischen Projektion ermitteln. Im allgemeinen zieht man bei durchsichtigen anisotropen Kristallen die konoskopischen (Kapitel F) oder die U-Tisch-Methoden (Kapitel H) vor. Das konstruktive Verfahren hat jedoch eine gewisse Bedeutung in der Auflichtmikroskopie[1]) und für die Meteoritenkunde. Schließlich sei noch daran erinnert, daß mit Hilfe des drehbaren Objekttisches nur Winkel, deren Schenkel in der Präparaten- bzw. Tischebene liegen, gemessen werden können, da nur solche in der wahren Größe erscheinen. Es ist nicht möglich, interzonale (Kanten-) Winkel loser Kristalle zu messen, die nur in ihrer Normalprojektion auf die Tischebene erscheinen.

---

[1]) D. KORN, Die Lagebestimmung opaker Mineralien im Erzmikroskop. In: H. SCHNEIDERHÖHN und P. RAMDOHR, *Lehrbuch der Erzmikroskopie* I. 1, 265—302, Berlin (1934).

D. Orthoskopische Untersuchungsmethoden

I. DIE INTERFERENZERSCHEINUNGEN

(Theoretischer Teil)

1. Orthoskopische und konoskopische Betrachtungsweise

Beim Arbeiten mit dem Polarisationsmikroskop sind zwei prinzipiell verschiedene Betrachtungsweisen zu unterscheiden. Bei der ersten betrachtet man das durch Objektiv und Okular entworfene Bild des Objekts, wie es in der Brennebene des Okulars gemäß den in Kapitel B dargelegten Prinzipien entsteht. Dieses Bild entspricht Punkt für Punkt dem betrachteten Objekt. Diese Art der Betrachtung ist somit vollständig analog derjenigen, wie sie mit dem gewöhnlichen Mikroskop, z. B. in der Biologie, üblich ist. Sie wird daher als *mikroskopische* oder *orthoskopische* bezeichnet. Wenig zutreffend spricht man auch von der Beobachtung im «*parallelen Licht*»; allerdings wird hierbei vielfach vorsätzlich mit eingeschränkter Apertur, d.h. in annähernd parallelem Licht, beobachtet. Bei der zweiten Methode werden immer Strahlen gleicher Richtung zu Bündeln zusammengefaßt. In der obern Objektivbrennfläche entsteht auf diese Weise ein sogenanntes *Interferenzbild*, in welchem jeder Punkt nicht einem Punkt des Objekts entspricht, sondern das Abbild der optischen Verhältnisse darstellt, welche längs der ihm zugeordneten Richtung im Kristall auftreten. Diese zweite Betrachtungsweise wird *konoskopisch* (oder teleskopisch) genannt. Ungenauer spricht man auch von «*konvergentem*» Licht. Das vorliegende Kapitel D handelt ausschließlich von den orthoskopischen Methoden, die konoskopischen werden in Kapitel F behandelt.

2. Verhalten doppelbrechender Kristallplatten zwischen gekreuzten Nicols

a) *Homogenes Licht*

In jeder doppelbrechenden Kristallplatte, die nicht senkrecht zu einer optischen Achse geschnitten ist, pflanzen sich bei normaler Inzidenz zwei Wellen mit gemeinsamer Normalrichtung, jedoch verschiedener Geschwindigkeit und Lichtbrechung fort. Die senkrecht zueinander stehenden Schwingungsrichtungen der beiden Wellen sowie ihre Brechungsindizes n'_γ und n'_α ergeben sich bei bekannter Lage der Indikatrix sofort aus dem früher erwähnten Fundamentalsatz der Kristalloptik.

In Fig. 67 seien S und T die so bestimmten Schwingungsrichtungen einer doppelbrechenden Kristallplatte. Bezeichnet man den Lichtvektor allgemein mit dem die dielektrische Verschiebung charakterisierenden Symbol $\mathfrak{D}$, so ist die vom Polarisator PP herstammende, sich in Richtung der Plattennormale fortpflanzende linear polarisierte Welle gegeben durch $\mathfrak{D}_P = p \sin \omega t$. Beim Eintritt in den Kristall wird sie nach S und T in zwei Komponenten $\mathfrak{D}_S$ und $\mathfrak{D}_T$ zerlegt. Bildet S mit PP den Winkel ψ, so sind die Amplituden der beiden Komponenten durch $s = p \cos \psi$ und $t = p \sin \psi$ gegeben und die die beiden Wellen charakterisierenden Lichtvektoren durch

$$\mathfrak{D}_S = \mathfrak{D}_P \cos \psi = p \cos \psi \sin \omega t,$$
$$\mathfrak{D}_T = \mathfrak{D}_P \sin \psi = p \sin \psi \sin \omega t.$$

Zum Durchlaufen des Kristalls benötigen sie infolge ihrer verschiedenen Fortpflanzungsgeschwindigkeiten v_S und v_T verschiedene Zeiten. Nimmt man $v_S < v_T$ an, so ergibt sich für diese Zeiten

$$\vartheta_1 = \frac{d}{v_S} = \frac{d}{1/n_\gamma'} = d\,n_\gamma' \quad \text{und}$$

$$\vartheta_2 = \frac{d}{v_T} = \frac{d}{1/n_\alpha'} = d\,n_\alpha',$$

wenn man die Plattendicke mit d bezeichnet. Beim Austritt aus dem Kristall gilt somit für die beiden Lichtvektoren

$$\mathfrak{D}_S' = p \cos \psi \sin \omega (t + \vartheta_1),$$
$$\mathfrak{D}_T' = p \sin \psi \sin \omega (t + \vartheta_2),$$

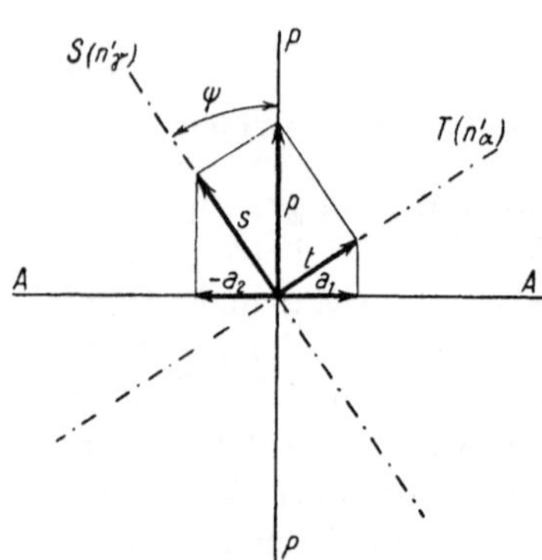

Fig. 67
Doppelbrechende Kristallplatte zwischen gekreuzten Nicols. Die in Richtung des Polarisators PP schwingende Welle wird im Kristall in zwei Komponenten nach S und T zerlegt, die vom Analysator AA auf gemeinsame Schwingungsrichtung zurückgeführt werden.

d.h. die beiden Wellen weisen einen Gangunterschied $R = \vartheta_1 - \vartheta_2 = d\,(n_\gamma' - n_\alpha')$ auf, der proportional der Plattendicke d und der Doppelbrechung $(n_\gamma' - n_\alpha')$ der Platte ist. Da nach den Ausführungen auf S. 35 n eine unbenannte Zahl ist, kommt dem Ausdruck $d\,(n_\gamma' - n_\alpha')$ die Dimension einer Länge zu. R wird daher in $\mu\mu$ oder Ångström angegeben, wobei d immer in den gleichen Einheiten auszudrücken ist.

Oft zieht man es vor, *R in Wellenlängen λ_0 einer bestimmten homogenen Lichtart, gemessen im leeren Raum, anzugeben.* Nach (A 9) ändert sich eine auf den leeren Raum bezogene Wellenlänge λ_0 beim Eintritt in ein ponderables Medium von der Brechung n zu $\lambda = \lambda_0/n$. Den beiden Wellen im Kristall mit der Lichtbrechung n_γ' und n_α' entsprechen demnach zwei Wellenlängen $\lambda_1 = \lambda_0/n_\gamma'$ und $\lambda_2 = \lambda_0/n_\alpha'$. Weil $n_\gamma' > n_\alpha'$ ist, folgt daraus $\lambda_1 < \lambda_2$. Ist d die Plattendicke, so gilt $d = x_1 \lambda_1 = x_2 \lambda_2$. Setzt man die Differenz der Anzahl Wellenlängen λ_1 und λ_2, die auf d entfallen, $x_1 - x_2 = x$, so wird

$$x = d\left(\frac{1}{\lambda_1} - \frac{1}{\lambda_2}\right) = \frac{d}{\lambda_0}\,(n_\gamma' - n_\alpha') = \frac{R}{\lambda_0} \quad \text{und folglich} \quad R = x\,\lambda_0, \qquad (\text{D 1})$$

womit der Gangunterschied R in Wellenlängen λ_0 einer homogenen Lichtart, gemessen im Vakuum, ausgedrückt ist.

Einen Ausdruck für die Phasendifferenz φ erhält man ebenfalls auf Grund der Ausführungen in Kapitel A. Aus (A 7) ergibt sich $\varphi = 2\pi R/\lambda_0$. Setzt man für $R = d\,(n'_\gamma - n'_\alpha)$ ein, so folgt die wichtige Beziehung

$$\varphi = 2\pi\,\frac{R}{\lambda_0} = 2\pi\,\frac{d}{\lambda_0}\,(n'_\gamma - n'_\alpha)\,. \qquad (\text{D 2})$$

Sie ergibt sich auch aus (A 6), indem man in $\varphi = \omega\vartheta$ für ϑ $d\,(n'_\gamma - n'_\alpha)$ einsetzt und bedenkt, daß eine Periode T einer Wellenlänge λ_0 entspricht. Der Gangunterschied einer doppelbrechenden Platte wird oft zweckmäßiger zu deren Charakterisierung verwendet. So spricht man von einer λ-*Platte* oder einer $\lambda/2$- bzw. $\lambda/4$-*Platte* und versteht darunter eine Platte von solcher Doppelbrechung und Dicke, daß der Gangunterschied der beiden Wellen beim Verlassen der Platte gerade das ein-, halb- bzw. viertelfache der auf das Vakuum bezogenen Wellenlänge λ_0 der betreffenden homogenen Lichtart beträgt. Drückt man diesen Gangunterschied als Phasendifferenz aus, so entsprechen den obgenannten Platten φ-Werte von 2π, π bzw. $\pi/2$.

Führt man nun ein zweites Nicol AA als sogenannten Analysator ein, dessen Schwingungsebene senkrecht auf PP steht («gekreuzte Nicols»), so werden die beiden Schwingungen $\mathfrak{D}'_S$ und $\mathfrak{D}'_T$ wieder auf eine gemeinsame Schwingungsebene zurückgeführt. Für die Amplituden dieser beiden Schwingungen $\mathfrak{D}_{A_1}$ und $\mathfrak{D}_{A_2}$ ergibt sich wiederum aus Fig. 67

$$a_1 = t\cos\psi = p\sin\psi\cos\psi,$$
$$a_2 = -s\sin\psi = -p\cos\psi\sin\psi.$$

Sie sind somit dem absoluten Werte nach gleich, dem Vorzeichen nach jedoch entgegengesetzt, so daß man im ersten Moment vielleicht glauben könnte, daß die beiden Wellen sich gegenseitig aufheben, d. h. daß Interferenz zu Dunkelheit stattfinden müßte. Dies ist jedoch nicht der Fall, da die resultierende Welle nicht nur vom absoluten Wert und dem Vorzeichen der Amplitude abhängt, sondern auch vom *Gangunterschied* der beiden Komponenten.

$\mathfrak{D}_{A_1}$ und $\mathfrak{D}_{A_2}$ setzen sich zu einer resultierenden Schwingung

$$\mathfrak{D}_A = a\sin\omega\,(\vartheta_1 - \vartheta_2)$$

zusammen, wobei nach (A 10) die resultierende Amplitude a gegeben ist durch

$$a^2 = a_1^2 + a_2^2 + 2a_1a_2\cos\omega\,(\vartheta_1 - \vartheta_2)\,.$$

Unter Berücksichtigung, daß $a_1 = -a_2$ ist, folgt, wenn man zugleich $a^2 = J$ (Intensität des aus dem Analysator austretenden Lichtes) setzt,

$$J = a^2 = 2a_1^2 - 2a_1^2\cos\omega\,(\vartheta_1 - \vartheta_2) = 2a_1^2\left[1 - \cos\omega\,(\vartheta_1 - \vartheta_2)\right]$$

und wenn man wiederum, wie oben, $a_1 = p\sin\psi\cos\psi$ einsetzt,

$$J = 2p^2\sin^2\psi\cos^2\psi\left[1 - \cos\omega\,(\vartheta_1 - \vartheta_2)\right].$$

Da $1 - \cos\alpha = 2\sin^2\alpha/2$ ist, vereinfacht sich der Ausdruck zu

$$J = 4p^2\sin^2\psi\cos^2\psi\sin^2\frac{\omega}{2}\,(\vartheta_1 - \vartheta_2)\,,$$

und da $2 \sin \psi \cos \psi = \sin 2\psi$ ist, weiter zu

$$J = p^2 \sin^2 2\psi \sin^2 \frac{\omega}{2} (\vartheta_1 - \vartheta_2).$$

Setzt man $p^2 = J_0$ (Intensität des einfallenden Lichtes) und bedenkt, daß $\omega(\vartheta_1 - \vartheta_2) = \varphi_1 - \varphi_2 = \varphi$ ist, so folgt

$$J = J_0 \sin^2 2\psi \sin^2 \frac{\varphi}{2}$$

und unter Berücksichtigung von (D 2)

$$J = J_0 \sin^2 2\psi \sin^2 \pi \frac{R}{\lambda} = J_0 \sin^2 2\psi \sin^2 \frac{\pi}{\lambda} d(n'_\gamma - n'_\alpha). \qquad \text{(D 3)}$$

Dies ist die berühmte, erstmals 1821 durch A. FRESNEL abgeleitete Formel für die *Intensität des von einer doppelbrechenden Platte zwischen gekreuzten Nicols durchgelassenen Lichtes.*

Stehen die Schwingungsebenen der beiden Nicols nicht senkrecht zueinander, sondern unter einem beliebigen Winkel σ, so lautet der Ausdruck

$$J = J_0 \left[\cos^2 \sigma - \sin 2\psi \sin 2(\psi - \sigma) \sin^2 \frac{\pi}{\lambda} d(n'_\gamma - n'_\alpha) \right]. \qquad \text{(D 3a)}$$

Die beiden Fälle für gekreuzte und parallele Nicols ergeben sich daraus, indem man $\sigma = \pi/2$ bzw. $\sigma = 0$ setzt. Für $\sigma = \pi/2$ folgt, da

$$-\sin 2[\psi - (\pi/2)] = -\sin(2\psi - \pi) = +\sin 2\psi$$

ist, der Ausdruck (D 3). Ist jedoch $\sigma = 0$, so wird

$$J' = J_0 \left[1 - \sin^2 2\psi \sin^2 \frac{\pi}{\lambda} d(n'_\gamma - n'_\alpha) \right].$$

Für einen gegebenen Wert von ψ ist somit immer $J + J' = J_0$.

Die Diskussion soll nur für den praktisch wichtigsten Fall der gekreuzten Nicols durchgeführt werden. Dabei soll vorerst angenommen werden, daß der Faktor $\sin^2(\pi/\lambda) d(n'_\gamma - n'_\alpha) > 0$ sei, was immer dann zutrifft, wenn der Gangunterschied der Platte $R = d(n'_\gamma - n'_\alpha)$ einen von $2k\lambda/2 = k\lambda$ verschiedenen Wert aufweist. In diesem Fall hängt J nur vom Faktor $\sin^2 2\psi$ ab. Es wird daher immer $J = 0$ sein müssen, wenn $\psi = 0$ oder wenn $\psi = \pi/2$ ist, d. h. für diejenigen Stellungen der Platte, für welche ihre Schwingungsrichtungen S und T mit denjenigen der Nicols PP und AA zusammenfallen. Diese Stellungen werden daher als *Auslöschungs-* oder *Dunkelstellungen* bezeichnet. Beim Drehen einer doppelbrechenden Kristallplatte zwischen gekreuzten Nicols um 360° tritt somit viermalige Auslöschung ein.

Im Gegensatz hierzu wird J ein Maximum für $\sin^2 2\psi = 1$, d. h. für $\psi = \pi/4$, also wenn die Schwingungsrichtungen der Platte mit PP und AA Winkel von 45° einschließen. Diese *Stellungen maximaler Aufhellung* werden als die 45°- oder *Diagonalstellungen* bezeichnet. *Zwischen den vier Auslöschungsstellungen tritt somit viermalige Aufhellung ein, welche ihren Maximalwert in den vier Diagonalstellungen erreicht.*

Der Faktor $\sin^2(\pi/\lambda)\,d\,(n'_\gamma - n'_\alpha)$ wird seinerseits selbst ein *Maximum*, wenn

$$R = d\,(n'_\gamma - n'_\alpha) = (2\,k + 1)\,\frac{\lambda}{2}\,,$$

d. h. wenn der Gangunterschied der Platte einer *ungeraden* Anzahl von halben Wellenlängen entspricht. Er wird im Gegensatz dazu *Null*, wenn

$$R = d\,(n'_\gamma - n'_\alpha) = 2\,k\,\frac{\lambda}{2} = k\,\lambda\,,$$

d. h. wenn er einer *geraden* Anzahl von halben Wellenlängen gleich ist. Eine solche Kristallplatte bleibt demnach in allen Stellungen dunkel und hellt überhaupt nicht auf.

Die eben gegebene Darstellung für das Verhalten einer doppelbrechenden Kristallplatte zwischen gekreuzten Nicols in homogenem Licht nimmt keine Rücksicht darauf, daß sich die beiden aus dem Kristall austretenden, senkrecht zueinander polarisierten Wellen entsprechend ihrem Gangunterschied nach S. 29 zu einer *elliptischen Schwingung* zusammensetzen, die erst durch den Analysator wieder in zwei lineare Komponenten zerlegt wird. Da es immer erlaubt ist, statt der Resultante die Komponenten zu betrachten, so ist die durchgeführte Betrachtung, die der in der praktischen Kristalloptik meist üblichen entspricht, korrekt. Im Hinblick auf spätere Anwendungen dürfte es jedoch angezeigt sein, kurz auf die eben erwähnten elliptischen Schwingungen einzugehen.

Von praktischer Wichtigkeit ist vor allem der Fall, daß die Schwingungsrichtungen der Platte unter 45° zu denjenigen der Nicols stehen, d. h. daß $\psi = \pi/4$ ist. Die Amplituden der beiden aus dem Kristall austretenden Wellen sind für diesen Fall $s = p\,\cos\pi/4$ und $t = p\,\sin\pi/4$, somit einander gleich, so daß die Verhältnisse denjenigen der früher gegebenen Fig. 9 entsprechen. Fig. 68 bringt sie nochmals

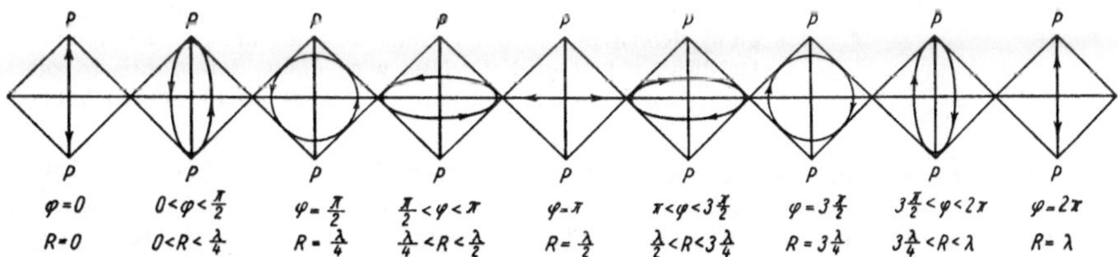

Fig. 68

Schwingungsform des aus einer doppelbrechenden Kristallplatte bei Nord-Süd orientiertem Polarisator in Diagonalstellung austretenden Lichtes in Abhängigkeit von der durch das Präparat erzeugten Phasendifferenz φ, bzw. von dessen Gangunterschied R. Die in NW-SE-Richtung schwingende Welle ist gegenüber der NE-SW schwingenden als verzögert angenommen.

zur Darstellung, wobei die Orientierung der Schwingungsrichtungen, im Gegensatz zu Fig. 9, der beim Mikroskop üblichen entspricht (Polarisationsrichtung NS). Die resultierenden Schwingungen sind dabei immer einem Quadrat von der Seitenlänge $2\,s = 2\,t$ parallel den Schwingungsrichtungen der Platte eingeschrieben. Von besonderer Bedeutung sind folgende Spezialfälle:

1.　　　　　　　　$R = 2\,k\,\frac{\lambda}{2} = k\,\lambda$　bzw.　$\varphi = 2\,k\,\pi\,.$

Die Platte ist eine λ- bzw. $k\,\lambda$-Platte, die resultierende Schwingung ist *linear* und *parallel* zur Schwingung des Polarisators.

2.　　　　　　　　$R = (2\,k + 1)\,\frac{\lambda}{2}$　bzw.　$\varphi = (2\,k + 1)\,\pi\,.$

Die Platte ist eine $\lambda/2$- bzw. $[(2k + 1)\lambda/2]$-Platte, die resultierende Schwingung ist ebenfalls *linear*, aber *senkrecht* zur Schwingungsrichtung des Polarisators orientiert.

3. $$R = (2k + 1)\frac{\lambda}{4} \quad \text{bzw.} \quad \varphi = (2k + 1)\frac{\pi}{2}.$$

Die Platte ist eine $\lambda/4$- bzw. $(2k + 1)\lambda/4$-Platte, die resultierende Schwingung ist *zirkular*, und zwar *links*, wenn k *gerade* ist (inklusive 0), somit $(2k + 1)$ $= 1, 5, 9, \ldots$, und *rechts*, wenn k *ungerade* ist, somit $(2k + 1) = 3, 7, 11, \ldots$.

Eine $\lambda/4$-Platte in 45°-Stellung zu einem Polarisator ist somit ein einfaches Mittel zur Erzeugung zirkular polarisierten Lichtes (sog. «*zirkularer Polarisator*»). Für die zwischenliegenden Werte von R bzw. φ resultieren, wie die Figur zeigt, linke oder rechte Ellipsen, für welche jedoch eine Hauptachse immer mit der Schwingungsrichtung des Polarisators identisch ist. Die *Elliptizität*, d. h. das Achsenverhältnis, ist dabei nur von der *Phasendifferenz* der beiden Wellen abhängig. Nach (A19) gilt, daß $a_1/b_1 = \operatorname{tg}\varphi/2$ ist.

Für den allgemeinen Fall, daß die Schwingungsrichtungen der Platte von 0 und $\pi/4$ verschiedene Winkel mit PP bilden, weisen die beiden aus der Kristallplatte austretenden Wellen verschiedene Amplituden $s = p\cos\psi$ und $t = p\sin\psi$ auf. Diese setzen sich gemäß Fig. 6 zu einer Schwingungsellipse zusammen, die einem Rechteck von der Seitenlänge $2s$ und $2t$ parallel den Schwingungsrichtungen der Platte eingeschrieben ist und deren Achsen schief dazu liegen. Jede derartige elliptische Schwingung kann von neuem in ein beliebig orientiertes Paar zueinander senkrecht orientierter linearer Komponenten zerlegt werden. Legt man die eine davon *parallel* zur Schwingungsrichtung des Analysators, so wird sie *durchgelassen*, während die senkrecht dazu stehende *vernichtet* wird. Aus Fig. 69 geht

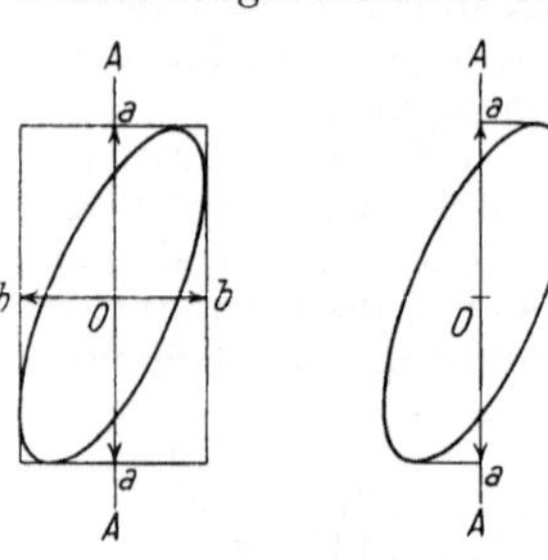

Fig. 69

Effekt eines Nicols AA (Analysator) auf eine elliptische Schwingung. Konstruktion der durchgelassenen linearen Komponente. Da diese in keinem Falle Null wird, folgt, daß elliptisch polarisiertes Licht durch ein Nicol nicht ausgelöscht werden kann.

hervor, wie dies in Umkehrung des früher Gesagten durch Umschreibung eines parallel und senkrecht zum Analysator liegenden *Tangentenrechteckes* geschehen kann. Die parallele Komponente Oa wird durchgelassen, die senkrechte vernichtet. Interessiert nur die durchgelassene Amplitude, so braucht nicht das ganze Rechteck gezeichnet zu werden, sondern es genügt, die Lote, welche die Ellipse tangieren, auf die Schwingungsrichtung des Analysators zu fällen, wie dies in Fig. 69 angedeutet ist. Bei Veränderung der Analysatorstellung oder der Lage der Schwingungsellipse variiert die durchgelassene Komponente zwischen einem *Maximum* und einem *Minimum*, je nachdem der Analysator *parallel* der *großen* oder *kleinen* Ellipsenachse zu liegen kommt. Dabei unterscheiden sich die beiden Extreme um so mehr voneinander, je gestreckter die Ellipse ist. Keine Unterschiede würden für zirkulares Licht auftreten. Völlige Auslöschung tritt jedoch in keiner Stellung ein, was ein Kriterium für das Vorhandensein von elliptischem Licht darstellt und damit in Übereinstimmung steht, daß nach der Fresnelschen Formel zwischen den Auslöschungsstellungen Aufhellung besteht. Auslöschung kann nur dann stattfinden, wenn die aus dem Kristall austretende Schwingung linear und zugleich senkrecht zum Analysator orientiert ist. Dies trifft (abgesehen von λ- bzw. $k\lambda$-Platten, die zwischen gekreuzten Nicols in allen Stellungen immer dunkel bleiben) dann und nur dann ein, wenn die Schwingungsrichtungen der Platte mit denjenigen der Nicols übereinstimmen, d. h. für $\psi = 0$ oder $\psi = \pi/2$, also für die weiter oben als *Auslöschungsstellungen* bezeichneten Lagen.

Zur experimentellen Veranschaulichung der durch die Fresnelsche Formel zusammengefaßten Phänomene eignet sich am besten ein *keilförmiges Präparat* aus einem doppelbrechenden Kristall. Aus später zu erwähnenden Gründen wird dazu hauptsächlich Quarz oder Gips verwendet. Vielfach bilden derartige Quarz- oder Gipskeile, da sie sich auch in anderer Hinsicht verwenden lassen, einen Bestandteil der normalen Mikroskopausrüstung. Übereinstimmend mit den Ergebnissen der Diskussion der Fresnelschen Formel (D 3) zeigt ein solcher Keil bei einer Drehung um 360° zwischen gekreuzten Nicols im homogenen Licht *viermalige Auslöschung*, nämlich dann, wenn seine Schwingungsrichtungen mit denjenigen der Nicols zusammenfallen. In den *Zwischenlagen* erfolgt *Aufhellung*, wobei diese ihren Maximalwert für die 45°-Stellung erreicht. In den Aufhellungsstellungen zeigt der Keil ein System von abwechselnden hellen und dunklen Streifen parallel zur Schneide. *Helligkeit* herrscht an denjenigen Stellen, für welche die Dicke d einen solchen Wert erreicht, daß

$$R = d\,(n'_\gamma - n'_\alpha) = (2\,k + 1)\,\frac{\lambda}{2}\,,$$

Dunkelheit dort, wo

$$R = d\,(n'_\gamma - n'_\alpha) = 2\,k\,\frac{\lambda}{2} = k\,\lambda\,.$$

Wiederholt man den Versuch mit homogenem Licht verschiedener Wellenlänge, so zeigt es sich, daß die dunklen Streifen für verschiedene λ verschiedenen Abstand zeigen. Ist ε der Keilwinkel, so beträgt der Abstand δ zweier dunkler Streifen

$$\delta = \frac{\lambda \, \mathrm{ctg}\, \varepsilon}{n'_\gamma - n'_\alpha}\,, \tag{D 4}$$

d. h. die Streifen weisen für *langwelliges*, z. B. rotes Licht einen *größeren* Abstand auf als für *kurzwelliges*, z. B. violettes. δ ist zugleich auch der Abstand des ersten Streifens von der (idealen) Schneide des Keiles. Nimmt man statt eines Keiles eine planparallele Platte eines doppelbrechenden Kristalls, so zeigt diese beim Drehen um 360° zwischen gekreuzten Nicols ebenfalls viermalige Auslöschung, abwechselnd mit viermaliger Aufhellung, je nachdem ihre Schwingungsrichtungen mit denjenigen der Nicols zusammenfallen oder einen gewissen Winkel mit ihnen einschließen. Dies gilt jedoch nur für den Fall, daß der Gangunterschied der Platte von $R = k\,\lambda$ bzw. $\varphi = 2\,k\,\pi$ verschieden ist. Trifft dies nicht zu, d. h. ist die Platte eine λ- bzw. $k\,\lambda$-Platte, so bleibt sie in allen Stellungen dunkel.

b) *Weißes Licht (chromatische Polarisation)*

Wiederholt man den eben durchgeführten Versuch im *weißen* Licht, indem man eine anisotrope Kristallplatte zwischen gekreuzten Nicols um 360° dreht, so konstatiert man wiederum *viermalige Auslöschung*, abwechselnd mit *viermaliger Aufhellung*, die ihr Maximum jeweils in der 45°-Stellung erreicht. Die Aufhellung erfolgt nun aber zu einer bestimmten, vom Gangunterschied der Platte abhängigen Farbe, der sogenannten *Interferenzfarbe*.

Die Erklärung des Phänomens wird dadurch gegeben, daß weißes Licht ein Gemisch aller Wellenlängen von $\lambda \sim 400\,\mu\mu$ bis $\lambda \sim 800\,\mu\mu$ umfaßt. Da sich die Extreme somit rund wie $1:2$ verhalten, muß eine bestimmte Kristallplatte, die für kurzwelliges Licht z. B. einer λ-Platte entspricht, langwelligem gegenüber sich wie eine $\lambda/2$-Platte verhalten. Es besteht somit die Möglichkeit, daß gewisse λ durch Interferenz *geschwächt* oder *vernichtet* werden können, während andere *verstärkt* werden. Statt Weiß muß daher eine Farbe entstehen, da die Intensitätsverteilung nach dem Durchgang durch die Platte für die einzelnen λ von der für weißes Licht herrschenden verschieden sein wird.

Eine gute Veranschaulichung dieser Verhältnisse gibt eine auf A. MICHEL-LÉVY zurückgehende Darstellung. Bei der Verwendung weißen Lichtes ist die Intensität J des von der Kristallplatte zwischen gekreuzten Nicols durchgelassenen Lichtes für ein bestimmtes λ nach der Fresnelschen Formel (D 3) gegeben durch

$$J_{\lambda} = J_{0_{\lambda}} \sin^2 2\psi \, \sin^2 \frac{\pi}{\lambda} \, d \, (n'_{\gamma} - n'_{\alpha}) \, .$$

Sieht man vorläufig davon ab, daß ψ und $n'_{\gamma} - n'_{\alpha}$ ebenfalls Funktionen von λ sein können, d. h. vernachlässigt man die sogenannte *Dispersion* der Auslöschungsrichtungen sowie diejenige der Doppelbrechung, was man in den meisten Fällen ohne weiteres tun darf, so ergibt sich die von der Platte bei Verwendung von weißem Licht für einen gewissen Winkel ψ durchgelassene Lichtintensität gleich der sich über alle λ des sichtbaren Spektrums erstreckenden Summe

$$\sum_{\lambda \sim 400\,\mu\mu}^{\lambda \sim 800\,\mu\mu} C \sin^2 \pi \, \frac{d\,(n'_{\gamma} - n'_{\alpha})}{\lambda} = \sum_{\lambda \sim 400\,\mu\mu}^{\lambda \sim 800\,\mu\mu} C \sin^2 \pi \, \frac{R}{\lambda} \, , \tag{D 5}$$

wobei $C = J_{0_{\lambda}} \sin^2 2\psi$ für jedes λ eine Konstante darstellt. Der Ausdruck ist somit von der Form

$$y = A \sin^2 \pi \, \frac{x}{\lambda} \, ,$$

wenn man die Intensität mit y, den Gangunterschied der Platte mit x bezeichnet. Die graphische Darstellung liefert für die einzelnen λ *Sinoiden bestimmter Periode*, die jedoch alle vollständig oberhalb der x-Achse gelegen sind, da $\sin^2$ immer positiv ist. In Fig. 70 sind diese Intensitätskurven für eine Anzahl von λ dargestellt. Gewählt wurden die den Fraunhoferschen Linien A (760 $\mu\mu$, rot), D (589 $\mu\mu$, gelb), F (486 $\mu\mu$, blau) und H (397 $\mu\mu$, violett) entsprechenden Wellenlängen. Die Darstellung gestattet, für jeden Gangunterschied abzulesen, welche λ ganz ausgelöscht oder geschwächt werden bzw. welche sich in voller Intensität auswirken, somit welche Mischung als Interferenzfarbe resultiert. Es zeigt sich z. B., daß für ganz kleine Gangunterschiede bis zirka 250 $\mu\mu$ die gezeichneten Intensitätskurven sehr nahe beieinander liegen, so daß alle λ ungefähr im gleichen Verhältnis geschwächt werden und die Zusammensetzung der Restfarbe nicht sehr stark vom ursprünglichen Weiß differieren kann. Für kleine Gangunterschiede treten tatsächlich graue bis weißliche Töne auf.

Für Gangunterschiede von zirka 300—1500 $\mu\mu$ ist gut ersichtlich, wie einzelne λ ganz vernichtet werden, während andere mit voller Intensität zur Auswirkung kommen. In Übereinstimmung damit treten in diesem Bereich kräftige, reine Farbtöne auf. Für noch größere Gangunterschiede wird eine immer größere Anzahl gleichmäßig im Spektrum verteilter λ vernichtet, so daß immer blassere Mischungstöne resultieren, die schließlich für sehr hohe Gangunterschiede in das sogenannte *Interferenzweiß* übergehen.

Da die S. 120 im Anschluß an den Ausdruck (D 3a) erwähnte Beziehung $J + J' = J_0$, wobei unter J und J' die Intensitäten des durchgelassenen Lichtes bei gekreuzten und parallelen Nicols zu verstehen sind, auch für jedes einzelne λ gilt, so folgt, daß die Interferenzfarben einer gegebenen Kristallplatte zwischen *gekreuzten* und *parallelen* Nicols zueinander *komplementär* sein müssen. Auch das Weiß höherer Ordnung ist für die beiden Fälle, obwohl physiologisch den gleichen Eindruck erzeugend, ebenfalls von komplementärer Zusammensetzung. Wie die spektrale Zerlegung zeigt, fehlen zwischen gekreuzten Nicols diejenigen λ, welche zwischen parallelen maximale Intensität aufweisen und umgekehrt. Im ersten Falle sind dies diejenigen, für welche $R = k\lambda$ bzw. $\varphi = 2k\pi$, im zweiten diejenigen, für welche $R = (2k + 1)\lambda/2$ bzw. $\varphi = (2k + 1)\pi$ ist. Da beim Gebrauch des Polarisationsmikroskops sozusagen ausschließlich mit gekreuzten Nicols gearbeitet wird, soll im folgenden nicht näher auf die Farben zwischen parallelen Nicols eingegangen werden.

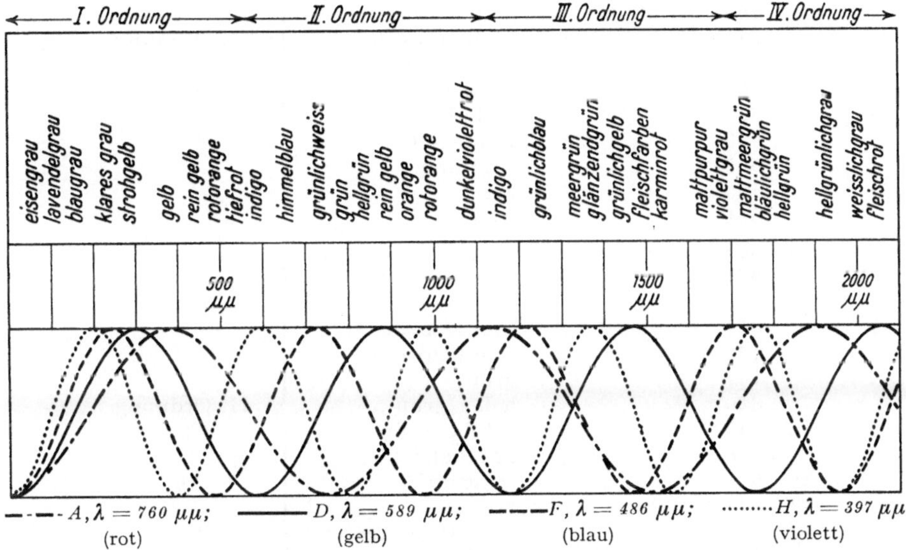

— · — $A, \lambda = 760\ \mu\mu$; ——— $D, \lambda = 589\ \mu\mu$; — — — $F, \lambda = 486\ \mu\mu$; ········ $H, \lambda = 397\ \mu\mu$
(rot)   (gelb)   (blau)   (violett)

Fig. 70

Veranschaulichung der Entstehung der Interferenzfarben zwischen gekreuzten Nicols nach MICHEL-LÉVY. Die Intensitäten (Ordinate) des aus dem Analysator austretenden Lichtes sind für eine Anzahl von Wellenlängen in Funktion des Gangunterschiedes des Präparates (Abszisse) aufgetragen. Die so erhaltenen Intensitätskurven sind Sinoiden verschiedener Periode. Sie gestatten für jeden Gangunterschied abzulesen, welche Wellenlängen dominieren bzw. nur geschwächt auftreten oder ganz ausfallen, woraus sich die resultierende Interferenzfarbe ergibt.

Praktisch überblickt man die ganze Variation der Interferenzfarben am besten wiederum an Hand eines aus einem anisotropen Kristall geschnittenen *Keiles*. Weil für einen solchen $n_\gamma - n_\alpha = $ const. ist, kann man R als Funktion der Dicke d variieren lassen. Es ist so möglich, mit $d = 0$ an der Keilschneide beginnend, die ganze Farbenfolge, wie sie mit zunehmendem R auftritt, zu studieren. Um die sogenannten «normalen» Interferenzfarben zu erhalten, wie sie weitgehend mit den Newtonschen Interferenzfarben an dünnen Luftkeilen identisch sind, nimmt man ein Material, für welches $n_\gamma - n_\alpha$ für das ganze sichtbare Spektralgebiet einen möglichst konstanten Wert aufweist. Diese Bedingung wird weitgehend durch die Mineralien Quarz oder Gips erfüllt, von welchen auch leicht genügend große und reine Kristallindividuen zur Herstellung derartiger Keile erhältlich sind. Zwischen gekreuzten Nicols zeigen solche Keile (bei Verwendung von Tageslicht) die nachstehende Farbfolge:

Gangunterschied R in $\mu\mu$	Interferenzfarben zwischen gekreuzten Nicols	
0	schwarz	
40	eisengrau	
97	lavendelgrau	
158	graublau	
218	grau	
234	grünlichweiß	
259	fast reinweiß	
267	gelblichweiß	
275	blaßstrohgelb	I. Ordnung
281	strohgelb	
306	hellgelb	
332	lebhaft gelb	
430	braungelb	
505	rotorange	
536	rot	
551	tiefrot	
565	purpur	
575	violett	
589	indigo	
664	himmelblau	
728	grünlichweiß	
747	grün	
826	heller grün	II. Ordnung
843	gelblichgrün	
866	grünlichgelb	
910	reingelb	
948	orange	
998	lebhaft orangerot	
1101	dunkelviolettrot	
1128	hellbläulich violett	
1151	indigo	
1258	grünlichblau	
1334	meergrün	
1376	glänzendgrün	III. Ordnung
1426	grünlichgelb	
1495	fleischfarben	
1534	karminrot	
1621	mattpurpur	
1652	violettgrau	
1682	graublau	
1711	mattmeergrün	
1744	bläulichgrün	
1811	hellgrün	IV. Ordnung
1927	hellgrünlichgrau	
2007	weißlichgrau	
2048	fleischrot	

Anmerkung: Da «weißes Licht» nicht normiert ist und die spektrale Zusammensetzung des Tageslichtes zum Beispiel auch eine Funktion der Tageszeit ist, kommt den für die einzelnen Farbtöne gegebenen Abgrenzungen nicht die Bedeutung von absoluten Konstanten zu. Die Angaben der verschiedenen Autoren differieren daher in dieser Hinsicht voneinander. Die obenstehende Tabelle beruht auf den Untersuchungen von G. QUINCKE, Pogg. Ann. *129*, 180–181 (1866).

Andere Darstellungen stammen unter anderem von A. ROLLETT, Ber. k. k. Akad. Wiss. Wien, Math.-Natw. Kl. (3) *77*, 177–261 (1878), und C. KRAFT, Anz. Akad. Wiss. Krakau, Math.-Natw. Cl. 310–353 (1902).

Um sich innerhalb dieser Farbfolge besser orientieren zu können, teilt man sie in *Ordnungen* ein. Konventionellerweise nimmt man als Einheit die der subjektiv am hellsten empfundenen Stelle des Sonnenspektrums entsprechende Wellenlänge $\lambda = 551\,\mu\mu$ und setzt jede Ordnung $= 1\lambda$. Die *I.Ordnung* erstreckt sich somit von $R = 0$ bis $R = 551\,\mu\mu$, die *II. Ordnung* bis $1101\,\mu\mu$, die *III.* bis $1652\,\mu\mu$ usw. Mit dieser Einteilung erreicht man zugleich, daß die Grenzen der einzelnen Abschnitte mit den ausgeprägtesten *Farbwechseln* innerhalb der ganzen Farbfolge zusammenfallen, somit leicht auffindbar sind. Diese Farbwechsel von Rot nach Blau wiederholen sich *periodisch*, wobei die Nuancen im einzelnen etwas verschieden sind. Praktisch von großer Wichtigkeit ist das Tief- bis Purpurrot an der Grenze der ersten und zweiten Ordnung, das bei der geringsten Änderung des Gangunterschiedes in rotorange bis gelbliche bzw. violette bis blaue Farbtöne umschlägt. Aus diesem Grunde wurde es von den französischen Autoren als *teinte sensible* bezeichnet.

Außer zur Abschätzung des Gangunterschiedes einer vorliegenden Kristallplatte ist die Kenntnis der Interferenzfarben auch von ausschlaggebender Wichtigkeit für eine ganze Reihe in der Folge zu behandelnder mikroskopischer Methoden. Es ist daher unerläßlich, daß sich der Mikroskopiker eine gründliche Kenntnis dieser Phänomene zu eigen macht. Es sollen deshalb an dieser Stelle einige wichtige Punkte angeführt werden, welche eine erste Orientierung erleichtern. Die I. Ordnung beginnt mit verschiedenen Grautönen, die nur ihr eigen sind und allen andern Ordnungen fehlen. Dafür enthält sie kein Blau und kein Grün. In der II. Ordnung sind die Farben im allgemeinen am reinsten und leuchtendsten, mit Ausnahme des Grüns, das erst im sogenannten Meergrün III. Ordnung seine kräftigste Nuance zeigt. In der III. Ordnung werden alle Farben, als Ganzes genommen, bereits etwas blasser, mit Ausnahme allerdings des eben erwähnten Meergrüns. In der IV. Ordnung sind die Farben noch blasser und verwaschener und werden es mit dem Fortschreiten nach noch höhern Ordnungen immer mehr, bis sich schließlich das sogenannte «Weiß höherer Ordnung» oder Interferenzweiß einstellt. Dieses ist nicht etwa identisch mit dem «gewöhnlichen» Weiß, das ein Gemisch sämtlicher Wellenlängen darstellt und im normalen Tageslicht vorliegt. Die Spektralanalyse zeigt vielmehr, daß im Interferenzweiß eine große Anzahl von λ fehlt. Dieses Ausfallen zahlreicher Lichtarten, die sich gleichmäßig über das ganze Spektrum verteilen, bewirkt, daß der zurückbleibende Rest wiederum den Eindruck von «Weiß» hervorruft, im Gegensatz zu den Restgemischen niedrigerer Ordnung, wo jeweils nur eine einzige oder doch nur wenige Lichtarten fehlen und daher eine farbige Restmischung resultiert. Von praktischer Bedeutung sind beim Mikroskopieren nur die Farben der I.–IV. oder V. Ordnung.

Zum Studium der Interferenzfarben ist ein Quarz- oder Gipskeil immer noch das weitaus beste Mittel. Steht ein solcher nicht zur Verfügung, so kann man sich aus einem klaren Gipskristall oder einem Spaltstück dieses Minerals mittels eines Messers einen primitiven Keil selbst schneiden oder schaben. Einen gewissen Ersatz bilden auch Spaltblättchen von Gips oder Muskowit verschiedener Dicke. Besonders geeignet sind solche mit treppenförmiger Ausbildung.

Es muß ausdrücklich betont werden, daß alle Darstellungen der Interferenzfarbenfolge in Farbendruck, auch die besten, wie z. B. diejenige, die seinerzeit von A. MICHEL-LÉVY und A. LACROIX veröffentlicht wurde, das Studium am natürlichen Objekt nicht ersetzen können, ein so schätzenswertes Orientierungsmittel sie auch darstellen. Neben gewissen primären Unvollkommenheiten in der Farbenwiedergabe (meist ist z. B. das Grün III. Ordnung schwächer als dasjenige II. Ordnung, statt umgekehrt) leiden sie alle auch daran, daß die verwendeten Druckfarben von ungleicher Lichtechtheit sind, so daß sie sich bei längerem Gebrauche in unterschiedlichem Maße von der Wirklichkeit entfernen.

Wichtig beim Studium der Interferenzfarben mit dem Polarisationsmikroskop ist eine gewisse *Aperturbeschränkung*. Die im Mikroskop beobachtete Interferenzfarbe ist der Summationseffekt der Farben, wie sie den Gangunterschieden in allen Richtungen innerhalb des Öffnungskegels des Objektivs entsprechen. Dabei ist zu bedenken, daß sich nicht nur die Doppelbrechung in Funktion der Richtung ändert, sondern auch die durchlaufene Wegstrecke innerhalb des Kristalls, d. h. die Plattendicke. Dieser Umstand bewirkt beim Arbeiten mit höheren Aperturen ein *Verblassen* der Interferenzfarben. Um die reine Interferenzfarbe, wie sie dem Gangunterschied in Richtung der Plattennormale entspricht, zu beobachten, muß daher die Beleuchtungsapertur eingeschränkt werden. Dies geschieht durch Zuziehen der Aperturblende des Beleuchtungsapparates oder, falls eine solche nicht vorhanden ist, durch Senken des ganzen Beleuchtungsapparates. Werden die Interferenzfarben unter Verwendung schwacher Objektive studiert, so erweist sich in diesem Zusammenhang die untere Iris des Berekschen Zweiblenden-Beleuchtungsapparates als sehr zweckmäßig.

Über die Verwendung eines Hilfspräparates (Gips vom Rot I. Ordnung) zur Diagnose der Interferenzfarben siehe Abschnitt 2a dieses Kapitels.

c) *Anomale Interferenzfarben*

Bei der Betrachtung der Interferenzfarben wurde bis jetzt ausdrücklich vorausgesetzt, daß eine eventuelle Abhängigkeit der Doppelbrechung von λ, d. h. die sogenannte *Dispersion der Doppelbrechung*, vernachlässigt werden kann. Dies trifft tatsächlich auch für den weitaus größten Teil der gesteinsbildenden Mineralien, wie der kristallisierten Substanzen überhaupt, in bemerkenswertem Maße zu. Ändert sich die Doppelbrechung merklich in Abhängigkeit von λ, so wirkt sich dies im Charakter der Interferenzfarben aus, die dann von der sogenannten «*normalen*» Abfolge, wie sie z. B. einem Quarzkeil eigen ist, mehr oder weniger stark abweichen.

Die heute allgemein übliche Einteilung der sogenannten *anomalen Interferenzfarben* in *übernormale*, *unternormale* und *anomale im engern Sinne* stammt von

Fr. Becke. Für die *übernormalen* Farben ist die Doppelbrechung für *kurzwelliges* Licht merklich *größer* als für *langwelliges*, somit

$$(n_\gamma - n_\alpha)_v > (n_\gamma - n_\alpha)_\varrho \,^1) .$$

Dies bedingt eine größere Lebhaftigkeit der Farben I. Ordnung, welche an Intensität denjenigen der II. Ordnung gleichkommen können. Hier tritt z. B. schon in der I. Ordnung ein lebhaftes Blau statt des Grau auf, worauf ein grelles Gelb folgt. Das Rot I zeigt das leuchtende Karmin, das sonst dem Rot II zukommt, und das Grün II ist ebenfalls sehr kräftig, wie es normalerweise sonst erst in der III. Ordnung auftritt. Ein Beispiel für übernormale Farben bietet der Epidot.

Für die *unternormalen* Farben ist im Gegensatz zu den übernormalen

$$(n_\gamma - n_\alpha)_v < (n_\gamma - n_\alpha)_\varrho .$$

Hier treten die Farben der I. Ordnung im Vergleich zur normalen Farbfolge stark zurück, das Gelb I erscheint bräunlich, das Rot I ist stumpf. Beispiele für derartiges Verhalten liefern die Sprödglimmer, Klinochlor sowie manche Hornblenden und Turmaline. Von *anomalen* Farben im engeren Sinne spricht man, wenn innerhalb des sichtbaren Spektralbereiches ein Wechsel im Vorzeichen der Doppelbrechung eintritt, d. h. wenn diese für ein bestimmtes λ Null wird, während sie für das eine Ende des Spektrums positiv, für das andere jedoch negativ ist. Beispiele hierfür sind Vesuviane, Melilithe und gewisse Chlorite. Typisch sind für diesen Fall die tintenblauen bis violetten Interferenzfarben, welche bei kleinen Gangunterschieden an die Stelle des Grau I. Ordnung treten.

Die genaue Untersuchung eines Minerals auf Dispersion der Doppelbrechung ist ziemlich zeitraubend, da die Hauptbrechungsindizes für eine Reihe von verschiedenen λ gemessen werden müssen. Sie setzt vor allem auch geeignetes Untersuchungsmaterial voraus. Es ist daher von großer praktischer Bedeutung, daß A. Ehringhaus[2]) zeigen konnte, daß der sogenannte *Kehrwert der relativen Dispersion*

$$N = \frac{(n_\gamma - n_\alpha)_D}{(n_\gamma - n_\alpha)_F - (n_\gamma - n_\alpha)_C} , \tag{D 6}$$

einen leicht zu gewinnenden Wert zur Charakterisierung der Dispersion der Doppelbrechung und damit der zu erwartenden Interferenzfarben liefert. Wesentlich ist dabei, daß er sich auch an mikroskopisch kleinen Kristallen, z. B. in Dünnschliffen, bestimmen läßt. N kann alle Werte von $+ \infty$ bis $- \infty$ annehmen. Ist N positiv, so ist $(n_\gamma - n_\alpha)_F > (n_\gamma - n_\alpha)_C$, somit müssen *übernormale* Farben auftreten. Ist N negativ, so ist $(n_\gamma - n_\alpha)_F < (n_\gamma - n_\alpha)_C$, die Farben somit *unternormal*. Für normale Farben sollte die Dispersion der Doppelbrechung im Idealfall $= 0$ sein, d. h. $(n_\gamma - n_\alpha)_F = (n_\gamma - n_\alpha)_C$ sein, wodurch $N = \pm \infty$ würde. Praktisch läßt sich jedoch feststellen, daß normale Farben bereits auftreten, wenn $|N| \geq 30$ ist. Ist N *um Null*, so bedeutet dies, daß $(n_\gamma - n_\alpha)_D$ in der Nähe von Null liegt, d. h. daß die Doppelbrechung somit für ein bestimmtes mittleres λ im sichtbaren Spektralbereich durch Null hindurchgeht. In diesem Falle müssen somit *anomale Farben im engern Sinne auftreten*.

Quarz zeigt z. B. $N = + 33,7$, Gips senkrecht zur spitzen Bisektrix $N = + 45$, senkrecht zur stumpfen $N = + 30,5$, was verstehen läßt, daß Keile aus diesen schon seit langem als geeignet für die Demonstration normaler Interferenzfarben

---

[1]) Mit $\varrho \gtrless v$ (Abkürzung für ῥόδιος oder ῥοδόεις, rosafarben, resp. ὑακίνθινος, hyazinthfarben, violett) wird in der Kristalloptik ususgemäß angegeben, ob ein bestimmter Effekt für rotes, langwelliges Licht größer oder kleiner sei als für violettes, kurzwelliges. In neuerer Zeit werden hierfür auch die international verständlicheren Symbole $r \gtrless v$ gebraucht.

[2]) A. Ehringhaus, *Beiträge zur Kenntnis der Dispersion der Doppelbrechung einiger Kristalle*, N. Jb. Min. usw. B. B. *41*, 342–419 (1917).

Burri 9

befunden wurden. Für Rutil wurde gemessen $N = +7{,}4$, in Übereinstimmung mit den schon lange bekannten übernormalen Farben, welche dieses Mineral zeigt, für Brucit $N = -7{,}1$, ebenfalls in Übereinstimmung mit der Erfahrung. Für weitere Beispiele und Einzelheiten muß auf die Originalarbeit von A. Ehringhaus verwiesen werden.

Der N-Wert kann durch drei einfache *Gangunterschiedsmessungen* mittels eines Kompensators in Verbindung mit einem Monochromator oder mit monochromatischen Lichtfiltern gewonnen werden. Da die Präparatendicke sowohl im Zähler als auch in beiden Gliedern des Nenners vorkommt, fällt sie heraus und braucht nicht bestimmt zu werden. N ist somit auch gegeben durch

$$N = \frac{R_D}{R_F - R_C}. \tag{D 6a}$$

Die Messungen müssen in Richtung von Hauptschwingungsrichtungen vorgenommen werden, da die Dispersion nicht für alle Hauptdoppelbrechungen eines Kristalls den gleichen Wert aufzuweisen braucht, wie das oben erwähnte Beispiel des Gipses zeigt. Stehen z. B. in Gesteinsdünnschliffen keine entsprechend orientierten Schnitte zur Verfügung, so können die gewünschten Richtungen oft mit Hilfe des U-Tisches in die Beobachtungsrichtung eingestellt werden. Über die Technik der Gangunterschiedsmessung mit Kompensatoren verschiedener Systeme siehe dieses Kapitel, Abschnitt III, über die U-Tisch-Methoden Kapitel H.

II. DIE INTERFERENZERSCHEINUNGEN
(Praktische Anwendungen)

1. Doppelbrechungstabelle der gesteinsbildenden Mineralien nach A. Michel-Lévy

Von A. Michel-Lévy stammt eine Darstellung der Zusammenhänge zwischen Doppelbrechung, Gangunterschied (Interferenzfarbe) und Präparatendicke der wichtigsten gesteinsbildenden Mineralien, die sich für die Bedürfnisse des Mikroskopikers als außerordentlich brauchbar erwiesen hat.

Trägt man in einem rechtwinkligen Koordinatensystem die Gangunterschiede R in $\mu\mu$ als Abszissen und die Präparatendicken d in $0{,}01$ mm als Ordinaten auf, so wird der Zusammenhang zwischen R und d bei gegebener Doppelbrechung durch eine Gerade dargestellt. Ihre Gleichung ergibt sich aus der Beziehung $R = d\,(n_\gamma - n_\alpha)$ zu

$$d = \frac{1}{n_\gamma - n_\alpha}\,R,$$

sie ist somit von der Form $y = \operatorname{tg}\varphi\, x$, d. h. die den verschiedenen Doppelbrechungen entsprechenden Geraden gehen durch den Ursprungspunkt und schließen mit der positiven Abszissenrichtung einen Winkel φ ein, der durch die Beziehung $\operatorname{tg}\varphi = 1/(n_\gamma - n_\alpha)$ bzw. $\operatorname{ctg}\varphi = n_\gamma - n_\alpha$ bestimmt ist. Zeichnet man diese Linie konstanter Doppelbrechung für bestimmte Intervalle[1] und man diese Linie konstanter Doppelbrechung für bestimmte Intervalle[1] und

---

[1] In Fig. 71 verhalten sich aus praktischen Gründen die Einheiten auf der X- und der Y-Achse wie $1:50$. Der Winkel, den die Geraden konstanter Doppelbrechung mit der X-Achse einschließen, ist daher gegeben durch $\operatorname{ctg}\varphi = 50\,(n_\gamma - n_\alpha)$.

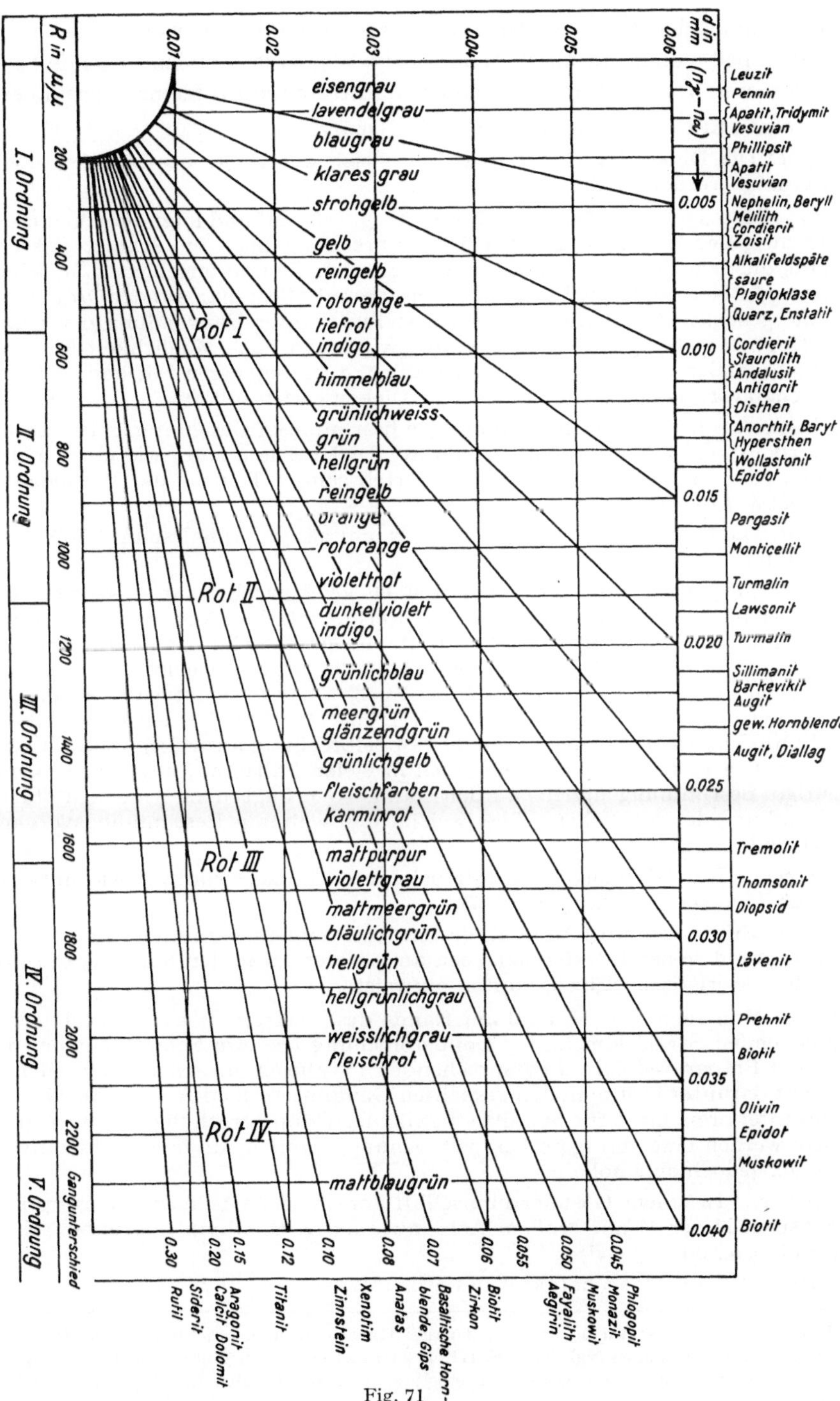

Fig. 71

Diagramm nach MICHEL-LÉVY zur Veranschaulichung der Zusammenhänge zwischen maximaler Doppelbrechung $n_\gamma - n_\alpha$, Präparatendicke d und Gangunterschied R (Interferenzfarbe) für die wichtigsten gesteinsbildenden Mineralien.

schreibt man an den Rand des Diagramms die Mineralarten, welche die betreffenden Doppelbrechungen aufweisen an (Fig. 71), so lassen sich folgende beim Mikroskopieren von Gesteinsdünnschliffen auftretende Probleme sofort lösen:

a) *Gegeben:* Ein bekanntes Mineral, z. B. Quarz.

Gesucht: Die Dicke des Quarzkorns, die gleich der Dicke des Schliffes überhaupt gesetzt werden kann.

Lösung: Man sucht am Rande das Mineral « Quarz» auf und folgt der von diesem Punkte ausgehenden Linie gleicher Doppelbrechung bis zum Schnitt mit der Ordinate, die dem für das Quarzkorn beobachteten Gangunterschied, d. h. seiner Interferenzfarbe entspricht. Für diesen Schnittpunkt liest man auf der Ordinatenachse die gesuchte Dicke ab. Da die Darstellung unter Verwendung der maximalen Doppelbrechung konstruiert wurde, wird man nach Möglichkeit Mineralkörner maximaler Doppelbrechung auswählen, d. h. diejenigen mit der höchsten Interferenzfarbe, da sonst ein zu niedriger Dickenwert resultiert.

b) *Gegeben:* Ein unbekanntes Mineral von bestimmtem Gangunterschied (Interferenzfarbe) in einem Dünnschliff bekannter Dicke. Diese kann wie unter a) beschrieben oder auch auf andere Weise ermittelt sein, z. B. nach der Methode des Duc de Chaulnes (S. 107).

Gesucht: Die Doppelbrechung des Minerals und nähere Anhaltspunkte für seine Bestimmung.

Lösung: Man geht mit der bekannten Dicke d parallel zur Abszissenachse bis zum beobachteten Gangunterschied (Interferenzfarbe). Von diesem Schnittpunkt aus folgt man einem Strahl konstanter Doppelbrechung an den Rand, wo das zugehörige $n_\gamma - n_\alpha$ abgelesen werden kann. Das gesuchte Mineral wird (außer wenn es sich um eine sehr seltene Spezies handelt) unter den in diesem Punkte oder in Richtung abnehmender Gangunterschiede (für den Fall, daß der betrachtete Schnitt nicht die maximale Doppelbrechung aufweist) angeschriebenen Mineralien zu finden sein. Wenn auch in vielen Fällen auf diese Weise keine eindeutige Bestimmung erzielt werden kann, so erfolgt doch eine sehr starke Einschränkung der möglichen Fälle, welche den weiteren Bestimmungsvorgang abkürzt und erleichtert.

c) *Gegeben:* Ein Gesteinsdünnschliff bekannter Dicke, ermittelt wie unter a) oder nach Duc de Chaulnes (S. 107).

Gesucht: Ein bestimmtes Mineral, dessen Anwesenheit vermutet wird und das man auf Grund seiner Interferenzfarben am ehesten zu finden hofft, da es sonst wenig charakteristische Eigenschaften aufweist.

Lösung: Man sucht das Mineral am Rande des Diagramms auf und folgt dem entsprechenden Strahl konstanter Doppelbrechung bis zum Schnitt mit der der bekannten Präparatendicke d entsprechenden Parallelen mit der Abszissenachse. Senkrecht darunter liest man den gesuchten Gangunterschied R in $\mu\mu$ ab, woraus sich die Interferenzfarbe für Schnitte maximaler Doppelbrechung ergibt. Andere Schnitte werden eine geringere Doppelbrechung, somit niedrigere Farbe aufweisen, keiner jedoch eine höhere.

d) *Gegeben:* In einem Gesteinsdünnschliff verschiedene Schnitte eines optisch zweiachsigen Minerals mit großem Achsenwinkel (z. B. Olivin), darunter solche $\perp n_\beta$ und $\perp n_\gamma$ oder $\perp n_\alpha$[1]).

Gesucht: Der optische Charakter des Minerals.

---

[1]) Derartige Schnitte senkrecht zu einer der drei Hauptschwingungsrichtungen sind mit Hilfe der konoskopischen Methoden (vgl. Kap. F, III, 4) leicht zu erkennen. Für die Schnitte $\perp n_\beta$ gilt außerdem, daß sie als Schnitte maximaler Doppelbrechung die höchsten Interferenzfarben zeigen müssen.

Lösung: Aus der Diskussion des Ausdruckes (A 31) folgt, daß für einen optisch zweiachsig neutralen Kristall $(n_\gamma - n_\alpha)/2 = n_\gamma - n_\beta = n_\beta - n_\alpha$ ist. Schnitte $\perp n_\gamma$ und $\perp n_\alpha$ müssen daher wegen ihrer gleichen Dicke in einem Gesteinsdünnschliff gleiche Interferenzfarbe zeigen, und diese muß ihrerseits dem halben Gangunterschied, wie er für Schnitte $\perp n_\beta$ wahrgenommen wird, entsprechen. Man bestimmt daher die Interferenzfarbe für Schnitte $\perp n_\beta$ und ermittelt aus der Tabelle die der Hälfte dieses Gangunterschiedes entsprechende Farbe. Ein Vergleich mit der an Bisektrizenschnitten $\perp n_\gamma$ oder $\perp n_\alpha$ wahrnehmbaren Farben zeigt, ob diese einen größeren oder kleineren Gangunterschied aufweisen als der halbe maximale. Schnitte mit einer tiefern Farbe sind normal zur spitzen, solche mit einer höhern normal zur stumpfen Bisektrix. Da sich konoskopisch ohne weiteres immer bestimmen läßt, ob die ausstechende Bisektrix n_γ oder n_α ist, ergibt sich der gesuchte Charakter.

Am bequemsten, weil am anschaulichsten, sind diejenigen Ausführungen der Michel-Lévyschen Darstellung, bei denen (wie in der Originalausführung) die Interferenzfarben in Farbendruck wiedergegeben sind, und nicht nur, wie in Fig. 71, die Gangunterschiede in $\mu\mu$ mit den entsprechenden Farbbezeichnungen. Derartige Ausführungen sind den Werken von MICHEL-LÉVY und LACROIX[1]), ROSENBUSCH-WÜLFING[2]), DUPARC und PEARCE[3]), IDDINGS[4]) usw. beigegeben. Weitaus die vollständigste und reichhaltigste ist immer noch diejenige von MICHEL-LÉVY, die auch in dem Werke von IDDINGS[4]) zu finden ist.

Für geringere Schliffdicken würden sich, speziell für größere Gangunterschiede, infolge des flachen Verlaufes der Strahlen gleicher Doppelbrechung relativ große Unsicherheiten in der Mineralbestimmung ergeben. Bei den üblichen Schliffdicken von 0,02—0,04 mm spielt dies jedoch kaum eine Rolle.

2. Kombination zweier doppelbrechender Platten zwischen gekreuzten Nicols

a) *Parallele Schwingungsrichtungen*

α) Allgemeines

Zwei doppelbrechende Platten können auf zweierlei Art mit parallelen Schwingungsrichtungen miteinander kombiniert werden. Entweder liegt n_γ' parallel n_γ'' und n_α' parallel n_α'', oder es liegt n_γ' parallel n_α'' und n_α' parallel n_α'', wobei sich die Akzente ' auf Platte I und " auf Platte II beziehen sollen (Fig. 72a und b). Die Gangunterschiede der beiden Platten I und II sollen im folgenden mit R_I und R_II bezeichnet werden.

Zuerst sei der erste Fall, bei dem die *gleichartigen* Schwingungsrichtungen n_α' und n_α'' bzw. n_γ' und n_γ'' zueinander *parallel* liegen, betrachtet (Fig. 72a), wobei vorausgesetzt wird, daß sie in *Diagonalstellung* in bezug auf die Schwingungsrichtungen der Nicols liegen. Die raschere Welle in Platte I, die parallel n_α' schwingt, trifft auch in Platte II auf die Schwingungsrichtung der rascheren Welle n_α'', die langsamere, die parallel n_γ' schwingt, auf diejenige der langsameren

---

[1]) A. MICHEL-LÉVY und A. LACROIX, *Les minéraux des roches* (Paris 1888). Die Tafel «Tableau des Biréfringences» ist durch den Verlag Chr. Béranger in Paris auch separat erhältlich.

[2]) H. ROSENBUSCH, *Mikroskopische Physiographie der Mineralien und Gesteine*, I, 1: *Untersuchungsmethoden*, 5. Aufl. von E. A. WÜLFING (Stuttgart 1921—24).

[3]) L. DUPARC und FR. PEARCE, *Traité de technique minéralogique et pétrographique*, I: *Les méthodes optiques* (Leipzig 1907).

[4]) J. P. IDDINGS. *Rock Minerals* (New York 1907).

n_γ''. Diejenige Welle, die Platte I bereits mit einem Vorsprung in bezug auf die zweite Welle verläßt, wird somit in Platte II gegenüber dieser nochmals relativ beschleunigt, d. h. die Wirkungen der beiden Platten *addieren* sich, der Gangunterschied R der Plattenkombination ist $R = R_\mathrm{I} + R_\mathrm{II}$. Man spricht in diesem Falle von *Additionsstellung*, und die resultierende Interferenzfarbe kann der Tabelle S. 126 oder der Michel-Lévyschen Doppelbrechungstabelle Fig. 71 entnommen werden, wenn man die Interferenzfarben der Einzelplatten oder ihre Gangunterschiede, ausgedrückt in $\mu\mu$ oder λ, kennt.

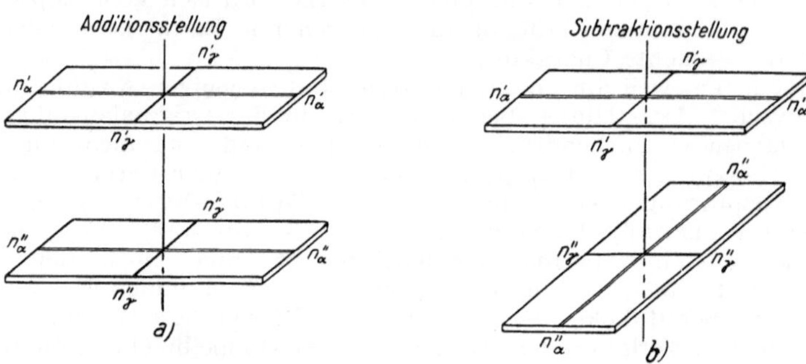

Fig. 72
Additions- und Subtraktionsstellung zweier doppelbrechender Kristallplatten.

Im zweiten Fall (Fig. 72b) trifft die in Platte I raschere Welle auf die Schwingungsrichtung der langsameren Welle in Platte II und umgekehrt die langsamere auf diejenige der rascheren. Der in Platte I erzeugte Gangunterschied wird daher in Platte II, je nach seiner Größe, verkleinert, ganz kompensiert oder ins Gegenteil verkehrt, d. h. die Wirkungen der beiden Platten *subtrahieren* sich voneinander, und der resultierende Gangunterschied ist in dieser sogenannten *Subtraktionsstellung* gegeben durch

$$R = R_\mathrm{I} - R_\mathrm{II}.$$

Dabei sind R_I und R_II immer absolut zu nehmen, d. h. der kleinere Gangunterschied ist immer vom größeren zu subtrahieren. Auch in diesem Fall kann somit die resultierende Interferenzfarbe der Kombination vorausgesagt werden.

Ist $R_\mathrm{I} = R_\mathrm{II}$, so wird $R = 0$, d. h. die beiden Gangunterschiede heben sich vollständig auf, es erfolgt *Kompensation*. Vollständige Kompensation zu Dunkelheit tritt bei Verwendung weißen Lichtes streng genommen jedoch nur dann ein, wenn die beiden Platten außer gleichem Gangunterschied auch noch gleiche Dispersion der Doppelbrechung aufweisen.

β) Bestimmung der relativen Größe der Brechungsindizes einer Kristallplatte

Die eben erfolgten Darlegungen sind von großer praktischer Bedeutung für die Bestimmung des relativen Wertes der den beiden Schwingungsrichtungen einer anisotropen Kristallplatte zukommenden Brechungsindizes, d. h. zur Feststellung, welche von den beiden Schwingungsrichtungen n'_γ und welche n'_α entspricht. Dieses Problem läßt sich leicht lösen, wenn man als Hilfspräparat eine Kristallplatte bekannter Orientierung verwendet. Diese wird mit der zu untersuchenden Platte in genau der gleichen Weise kombiniert, wie Fig. 72a und b zeigen.

Als derartiges Hilfspräparat benützt man gewöhnlich ein Spaltplättchen von *Gips* nach (010)[1]), da für dieses monoklin kristallisierende Mineral $n_\beta = b$ ist, so daß die Schwingungsrichtungen solcher Spaltplättchen den beiden Hauptschwingungsrichtungen mit den Brechungsindizes n_γ und n_α entsprechen. Man wählt das Präparat von solcher Dicke, daß sein Gangunterschied $R = 551\ \mu\mu$ beträgt, d. h. daß es zwischen gekreuzten Nicols das Rot I. Ordnung zeigt. Man spricht daher auch kurzweg vom «*Rot I*». Dieser Gangunterschied wird gewählt, weil, wie schon erwähnt wurde, eine minimale Änderung genügt, um einen deutlichen Farbumschlag nach blauen oder gelben Tönen zu verursachen. Das Rot I kann somit auch zum Erkennen geringer Doppelbrechung gebraucht werden. Es gehört zur normalen Ausrüstung eines jeden Polarisationsmikroskops und kann unmittelbar oberhalb des Objektivs durch einen Schlitz im Tubus in den Strahlengang eingeschoben werden. Die Schwingungsrichtungen müssen auf dem Gipsplättchen bzw. seiner Metallfassung eingraviert sein. Konventionsgemäß soll n_α in SE—NW-Richtung verlaufen. Es sind zwei Systeme von Gipsplättchen im Gebrauch. Entweder verläuft der Tubusschlitz selbst in der angegebenen Richtung, dann muß n_α des Rot I parallel dessen langer Kante (Einschieberichtung) liegen, oder aber der Tubusschlitz verläuft in E-W-Richtung, wobei die Schwingungsrichtungen des Gipsplättchens 45° mit dessen Kanten bilden müssen. Im ersten Falle ist die Richtung n_α eine zweizählige Symmetrieachse für das Gipsplättchen, es kann um diese Richtung gedreht werden, d. h. Ober- und Unterseite können vertauscht werden, ohne daß sich die Lage der Schwingungsrichtungen ändert. Im zweiten Fall trifft dies nicht zu, worauf beim Arbeiten streng zu achten ist. Bei modernen Instrumenten findet sich fast ausschließlich die erstbeschriebene Anordnung. Sie ist auch deshalb unbedingt vorzuziehen, weil die Verwendung der im Gebrauch sehr bequemen Drehkompensatoren nach BEREK und EHRINGHAUS (vgl. Abschnitt III dieses Kapitels) nur bei diagonal verlaufendem Tubusschlitz möglich ist.

Für besondere Zwecke wird auch ein sog. *Viertel-Undulationsplättchen* aus Glimmer, auch kurz $\lambda/4$-Glimmerplättchen genannt, verwendet. Dieses besitzt für ein mittleres λ einen Gangunterschied von $\lambda/4$ und zeigt zwischen gekreuzten Nicols ein klares Grau. Da der verwendete Glimmer (Muskowit) ausgezeichnet nach (001) spaltbar ist, wobei n_α praktisch normal auf der Spaltfläche steht, entsprechen die Schwingungsrichtungen eines solchen Präparates $n'_\gamma = n_\gamma$ und $n'_\alpha = n_\beta$. Man orientiert ein derartiges $\lambda/4$-Glimmerplättchen zweckmäßigerweise ebenfalls so, daß die Schwingungsrichtung mit dem kleineren Brechungsindex $n'_\alpha = n_\beta$ in SE—NW-Richtung, d. h. in die Einschieberichtung zu liegen kommt.

Die Bestimmung der *relativen Brechungsindizes* der beiden Schwingungsrichtungen einer doppelbrechenden Kristallplatte gestaltet sich mit Hilfe eines derartigen Hilfspräparates folgendermaßen. Man bringt die Platte in 45°-(Diagonal)-Stellung, schiebt das Rot I in den Tubusschlitz und beobachtet, ob sich die Interferenzfarbe der Platte in Richtung höherer Ordnungen ändert («*steigt*»), oder ob dies in Richtung niedrigerer Ordnungen erfolgt (d. h. ob sie «*fällt*»). Im ersten Falle stehen Platte und Hilfspräparat nach dem früher Gesagten in *Additionsstellung*, d. h. n'_γ der Platte ist parallel n_γ des Rot I und n'_α parallel n_α. Im zweiten Falle liegt *Subtraktionsstellung* vor, d. h. n'_γ der Platte muß parallel n_α des

---

[1]) Bei älteren Instrumenten findet man gelegentlich auch Quarzplättchen, in neuerer Zeit sind auch doppelbrechende Viskosefolien, zwischen Glasplättchen eingekittet, in Gebrauch.

Rot I liegen und n'_α parallel n_γ. Da die Orientierung der Schwingungsrichtungen für das Rot I immer auf diesem vermerkt, somit bekannt ist, so ergeben sich sofort auch diejenigen der untersuchten Kristallplatte. Ist man nicht sicher, ob für eine gegebene Stellung der Platte die Farben beim Einführen des Rot I steigen oder fallen, so untersucht man (unter Belassung des Rot I im Tubusschlitz) durch Drehen des Objekttisches um 90° die andere Diagonalstellung. Ein Vergleich der Interferenzfarben für die beiden Stellungen wird entscheiden lassen, welches die höhere und welches die tiefere Farbe ist.

Bei *sehr großen Gangunterschieden* der zu prüfenden Kristallplatte muß an Stelle des Rot I ein dickeres, mehrere λ umfassendes Hilfspräparat verwendet werden. Meistens benützt man an Stelle einer planparallelen Platte in diesem Fall einen *Quarzkeil*, der eine Auswahl verschiedener Gangunterschiede bietet, oder einen der in Abschnitt III zu besprechenden Kompensatoren, die Gangunterschiede bis 7λ aufweisen. Statt eine bestimmte Farbe des Quarzkeiles zu gebrauchen, kann man denselben auch durch den Tubusschlitz schieben und die Aufeinanderfolge der entstehenden Farben beobachten. Führt man den Quarzkeil mit der Schneide voran ein, so zeigen sich bei *Addition* die Farben in *steigender*, bei *Subtraktion* in *fallender* Folge. Diese bequeme Methode ist jedoch nur bei beidseitig frei zugänglichem Tubusschlitz möglich, also z. B. nicht bei Vorhandensein eines Objektivrevolvers.

Recht oft findet man auch bei dicken Präparaten, z. B. am Rande, dünnere Stellen, welche die Addition bzw. Subtraktion deutlich wahrzunehmen gestatten.

Gewisse Schwierigkeiten entstehen bei gefärbten Kristallen, da die beobachteten Farben ein Gemisch aus Eigen- (Absorptions-) und Interferenzfarbe darstellen. Besonders unübersichtlich werden die Verhältnisse bei starkem Dichroismus.

γ) Verwendung des Rot I zur Diagnose der Interferenzfarben

Das Rot I ist auch ein ausgezeichnetes Mittel zur Diagnose einer vorliegenden Interferenzfarbe, und seine Verwendung garantiert bedeutend sicherere Resultate, als sie durch die alleinige Anwendung der schon S. 127 erwähnten Kriterien erhalten werden. In Anbetracht der Wichtigkeit, die einer genauen Bestimmung der Interferenzfarben zukommt, sollen einige ausgewählte Fälle etwas ausführlicher behandelt werden.

Die Verwendung des Rot I vom Gangunterschied 1λ ermöglicht nämlich zur Beurteilung eines gegebenen Gangunterschieds R sofort auch die den Gangunterschieden $R + \lambda$, d. h. der Additionsfarbe, und $R - \lambda$, d. h. der Subtraktionsfarbe, entsprechenden Gangunterschiede heranzuziehen. Man hat somit nicht nur einen einzigen, sondern drei voneinander um je 1λ abstehende Punkte zur Orientierung in der Interferenzfarbenfolge zur Verfügung. Dieser Umstand erleichtert die Diagnose einer vorliegenden Interferenzfolge ganz bedeutend, wie folgende Beispiele zeigen sollen.

$\alpha\alpha$) Es werde eine lebhaft grüne Interferenzfarbe beobachtet. Die Frage lautet: Grün II oder Grün III? Die I. Ordnung kommt nicht in Betracht, da sie überhaupt kein Grün aufweist, die IV. und auch höhere nicht, da in ihnen die grünen Töne nur sehr matt entwickelt sind. Man beobachtet den Effekt des eingeschobenen Rot I. Handelt es sich ursprünglich um Grün III, so muß bei Addition das matte Grün IV, bei Subtraktion das Grün II erscheinen. Handelt es sich ursprünglich um Grün II, so erscheint bei Addition das kräftige Meergrün III, bei Subtraktion jedoch Grau, das nur in der I. Ordnung auftritt. Wenn aber durch Subtraktion von 1λ (1. Ordnung) der Anfang der I. Ordnung erreicht wird, so kann das ursprüngliche Grün nur am Anfang der II. Ordnung liegen.

$\beta\beta$) Es liege eine gelbe Interferenzfarbe vor. Die Frage lautet: Gelb I, II oder III? Die Entscheidung, ob Gelb II oder III, liefern folgende Beobachtungen:

Ursprüngliche Farbe	Addition	Subtraktion
Gelb III	Hellgrünlichgrau IV	Grünlichgelb II
Gelb II	Gelb III	Braungelb I

Liegt Gelb I vor, so muß in Additionsstellung Gelb II erscheinen, bei Subtraktion aber Grau I. Dies liegt darin begründet, daß die Gangunterschiede immer absolut in Rechnung zu stellen sind. Würde man den Gangunterschied des Rot I (551 $\mu\mu$) in bisher üblicher Weise von demjenigen des Gelb I (zirka 400 $\mu\mu$) abziehen, so würde ein negativer Gangunterschied resultieren, was physikalisch keinen Sinn hat. Subtrahiert man aber, ohne Berücksichtigung des Vorzeichens, den kleineren vom größeren, d. h. $551 - 400 = 151 \mu\mu$, so erhält man ein klares Grau.

$\gamma\gamma$) Sehr viele wichtige gesteinsbildende Mineralien, wie z. B. Quarz, Orthoklas, Plagioklase, Nephelin, Apatit usw., zeigen in Dünnschliffen normaler Dicke ein dunkles bis klares Grau I. Als Additionsfarbe muß somit ein Blau bis Blaugrün II auftreten. Subtraktion ergibt, indem man wieder den kleineren Gangunterschied vom größeren abzieht, Gelb.

Ein interessanter Spezialfall tritt dann auf, wenn die ursprüngliche Interferenzfarbe der Platte ein Strohgelb von $R =$ ca. 275 $\mu\mu = \lambda/2$ ist. In der Additionsstellung wird daraus ein Grün II von $R =$ ca. 825 $\mu\mu = 3\lambda/2$ entstehen, bei Subtraktion folgt $R = 550 - 275 = 275 \mu\mu$ bzw. $\lambda - \lambda/2 = \lambda/2$, d. h. der ursprüngliche Gangunterschied bzw. die ursprüngliche Farbe ändert sich nicht.

Ist der Gangunterschied der zu untersuchenden Platte so groß, daß Farben höherer als IV. oder V. Ordnung auftreten, so ist das Rot I nicht mehr ausreichend, da bei Farben höherer Ordnung eine Differenz von 1λ (1 Ordnung) kaum mehr bemerkbar ist. In diesem Fall verwendet man einen mehrere Ordnungen umfassenden Quarzkeil, mit dem die Farbe der Platte bis auf Null kompensiert wird. Man entfernt hierauf dieselbe aus dem Strahlengang und zählt am Keil die Ordnungen beim Herausziehen aus dem Tubusschlitz ab. Man kann den Keil auch in das Wrightsche Okular einführen, was den Vorteil hat, daß man den Tubusschlitz für ein Rot I oder einen zweiten Keil freibehält, wodurch die Möglichkeit der Kompensation noch größerer Gangunterschiede besteht. Oft kann man auch mit Vorteil einen der in Abschnitt II beschriebenen Kompensatoren verwenden.

b) *Nichtparallele Schwingungsrichtungen*

Für den allgemeinen Fall, daß die beiden Kristallplatten weder in Additions- noch in Subtraktionsstellung zueinander stehen, sondern daß ihre Schwingungsrichtungen n'_γ bzw. n''_γ die Winkel ψ_1 bzw. ψ_2 mit der Schwingungsrichtung des Polarisators bilden, hat FRESNEL einen ziemlich komplizierten Ausdruck für die Intensität des durchgelassenen Lichtes abgeleitet[1] (für $J_0 = 1$ gesetzt):

$$J = - \sin 2\,(\psi_2 - \psi_1)\, \sin 2\,\psi_1 \cos 2\,\psi_2 \sin^2 \frac{\pi}{\lambda}\, R_1$$

$$+ \sin 2\,(\psi_2 - \psi_1)\, \cos 2\,\psi_1 \sin 2\,\psi_2 \sin^2 \frac{\pi}{\lambda}\, R_2$$

$$+ \cos^2\,(\psi_2 - \psi_1)\, \sin 2\,\psi_1 \sin 2\,\psi_2 \sin^2 \frac{\pi}{\lambda}\, (R_1 + R_2)$$

$$- \sin^2\,(\psi_2 - \psi_1)\, \sin 2\,\psi_1 \sin 2\,\psi_2 \sin^2 \frac{\pi}{\lambda}\, (R_1 - R_2)\,.$$

$$(\text{D 7})$$

---

[1] Die Ableitung findet sich z. B. bei L. DUPARC und F. PEARCE, op. c. (1907), S. 190—195, sowie in den meisten größeren Werken über Optik. Sie ist auch bei E. VERDET, *Leçons d'optique physique*, Bd. 2 (Paris 1870), S. 107—111, wiedergegeben und wird gelegentlich diesem Forscher zugeschrieben und nach ihm benannt, obwohl sie schon A. FRESNEL bekannt war.

Hierbei bedeuten wie bisher $R_1 = d_1 (n'_\gamma - n'_\alpha)$ und $R_2 = d_2 (n''_\gamma - n''_\alpha)$. Der durch diesen Ausdruck dargestellte Fall spielt praktisch keine Rolle. Er liefert jedoch als Spezialfälle sofort die weiter oben anschaulich abgeleiteten Fälle der Addition und Subtraktion. Setzt man $\psi_2 - \psi_1 = 0$, d. h. läßt man n'_γ mit n''_γ und n'_α mit n''_α zusammenfallen, so bleibt nur das Glied in $\cos^2$ erhalten, und es resultiert, da $\cos 0 = 1$ und $\psi_1 = \psi_2 = \psi$ ist,

$$J = \sin^2 2\psi \, \sin^2 \frac{\pi}{\lambda} \, (R_1 + R_2),$$

d. h. die beiden Platten verhalten sich wie eine einzige, deren Gangunterschied gleich der Summe der Einzelgangunterschiede ist, es ist $R = R_1 + R_2$ (*Addition*).

Setzt man $\psi_2 - \psi_1 = \pi/2$, d. h. läßt man n'_γ mit n''_α zusammenfallen und n'_α mit n''_γ, so bleibt nur das Glied in $\sin^2$ erhalten, und es folgt, da $\sin 2\psi_2 = -\sin 2\psi$ ist, wenn man $\psi_1 = \psi$ und $\psi_2 = \psi + \pi/2$ setzt,

$$J = \sin^2 2\psi \, \sin^2 \frac{\pi}{\lambda} \, (R_2 - R_1),$$

d. h. die beiden Platten verhalten sich wie eine einzige, deren Gangunterschied gleich der Differenz der Einzelgangunterschiede ist, es ist $R = R_2 - R_1$ (*Subtraktion*).

Wichtig ist die Spezialisierung der Formel für Gangunterschiede $< \lambda/4$ für jede Einzelplatte, wie A. MICHEL-LÉVY[1]) gezeigt hat. In diesem Fall können die Glieder $\sin^2 (\pi/\lambda)\, R_1$ usw. durch die Bogen $(\pi^2/\lambda^2)\, R_1^2$ ersetzt werden, wodurch sich der Ausdruck (D 7) wie folgt vereinfacht:

$$J = \frac{\pi^2}{\lambda^2} \, (R_1 \sin 2\psi_1 + R_2 \sin 2\psi_2)^2. \tag{D 8}$$

Auf dieser Formel basiert ein einfaches Verfahren zur Messung sehr kleiner Gangunterschiede, wie es besonders bei biologischen Untersuchungen angewandt wird (vgl. Abschnitt III, 6).

III. MESSUNG VON GANGUNTERSCHIEDEN

1. Allgemeines

Die Gangunterschiedsmessungen gehören zu den genauesten Messungen, welche sich mit dem Polarisationsmikroskop ausführen lassen. Die Vorrichtungen, mit welchen sie ausgeführt werden, heißen *Kompensatoren*, da sie vorwiegend nach dem Prinzip arbeiten, daß der zu messende Gangunterschied durch einen zweiten (im Instrument erzeugten) von bekannter Größe kompensiert wird. Eine Ausnahme hiervon macht der sogenannte *elliptische Kompensator*. Die klassische, lange Zeit fast ausschließlich gebrauchte Ausführung ist diejenige nach BABINET[2]), bei welcher der variable Gangunterschied durch die gegenseitige, meßbare Verschiebung zweier sich zueinander in Subtraktionsstellung befindlicher Quarzkeile erzeugt wird. In neuerer Zeit wurde die Babinetsche

---

[1]) A. MICHEL-LÉVY und A. LACROIX, *Les minéraux des roches* (Paris 1888), S. 77—78. Vgl. auch DUPARC-PEARCE, l. c. (1907), S. 195.

[2]) Für eine eingehende Beschreibung dieses Instrumentes siehe z. B. ROSENBUSCH-WÜLFING, l. c. (1921—24), S. 567—575, oder DUPARC-PEARCE, l. c. (1907), S. 206—210, sowie die meisten Lehrbücher der Optik.

Konstruktion für Arbeiten mit dem Polarisationsmikroskop weitgehend durch die konstruktiv einfacheren und deshalb auch weniger kostspieligen *Drehkompensatoren* verdrängt, wie sie zuerst von BIOT und NIKITIN vorgeschlagen wurden. Diese haben außerdem noch den großen Vorteil, daß sie wie ein Gipsplättchen in den Tubusschlitz eingeführt werden können und daher nicht an den Gebrauch eines Aufsatzanalysators gebunden sind, im Gegensatz zum Babinet, der in einem Spezialokular eingebaut ist. Zudem sind die modernen Ausführungen der Drehkompensatoren nach M. BEREK und A. EHRINGHAUS für kleine Gangunterschiede genauer.

Für rasche Bestimmungen, bei denen es nicht auf sehr große Genauigkeit ankommt, sind auch vielfach *graduierte Quarzkeile* im Gebrauch, von welchen sich der sogenannte *Kombinationsquarzkeil* nach F. E. WRIGHT wohl am meisten bewährt hat.

Für alle Gangunterschiedsmessungen mit Kompensatoren ist es wichtig, daß die *Beleuchtungsapertur* eingeschränkt wird, damit die von der Plattennormalenrichtung abweichenden Strahlen weitgehend ausgeschaltet werden. Da die Lichtstärke dadurch im allgemeinen stark reduziert wird, ist künstliche Beleuchtung zu empfehlen. Sehr angenehm ist eine in der Brennebene des Okulars angebrachte *Irisblende*, welche das Ausblenden des z. B. in einem Gesteinsdünnschliff zu untersuchenden Korns gestattet.

2. Kombinationsquarzkeil nach F. E. Wright

Diese Vorrichtung besteht aus einem parallel zur optischen Achse geschnittenen Quarzkeil und einer in Subtraktionsstellung damit verkitteten planparallelen Platte aus demselben Material. Die Dicke der Platte ist so bemessen, daß die Stelle der vollständigen Kompensation nahe an den Beginn des Keils zu liegen kommt. Durch diese Anordnung wird erreicht, daß eine Interferenzfarbenfolge entsteht, die derjenigen eines idealen (technisch nicht realisierbaren) Keils mit einer Schneide von der Dicke Null entspricht.

Auf der Oberfläche des Keiles ist eine in 0,1 mm geteilte Orientierungsskala eingraviert, deren Beginn mit dem dunklen Kompensationsstreifen zusammenfällt. Macht man den Keilwinkel $\varepsilon = 6° 16'$, so entspricht ein Intervall der Teilung gerade einem Gangunterschied von $10\,\mu\mu$ für D-Licht. Die Richtigkeit der Teilung ist vor dem ersten Gebrauch des Instrumentes genau zu prüfen, eventuell ist eine Korrekturtabelle anzulegen. Der Keil ist gewöhnlich in einem Metallrahmen montiert und wird in die Brennebene des Okulars nach F. E. WRIGHT eingeschoben (S. 105), nachdem man den zu untersuchenden Kristall in Subtraktionsstellung in das Fadenkreuz gebracht und den Aufsatzanalysator (nach Ausschaltung des Tubusanalysators) in Kreuzstellung zum Polarisator gedreht hat. Man verschiebt den Keil so lange, bis sich der schwarze Kompensationsstreifen für weißes Licht ungefähr im Fadenkreuz befindet, und stellt hierauf im D-Licht genau ein. Für rein orientierende Messungen kann man auch weißes Licht (Schwerpunkt $551\,\mu\mu$ gegenüber $\lambda_D = 589\,\mu\mu$) benutzen. Da man im Okular die auf dem Keil angebrachte Orientierungsteilung zugleich mit dem Kristall beobachtet, kann der gesuchte Gangunterschied direkt abgelesen werden. Da $0,5-0,2$ eines Intervalls geschätzt werden kann, so beträgt die Genauigkeit der Ablesungen zirka $5-2\,\mu\mu$.

3. Kalkspatkompensator nach M. Berek

Dieses nach dem Prinzip der Drehungskompensatoren gebaute Instrument, welches von der Firma Leitz hergestellt wird[1]), besteht aus einem zirka 0,1 mm dicken, senkrecht zur optischen Achse geschnittenen Kalzitplättchen, das um eine in seiner Ebene gelegene Achse drehbar ist. Die ganze Vorrichtung kann so in den Tubusschlitz eingeführt werden (Fig. 73), daß die Drehachse genau 45°

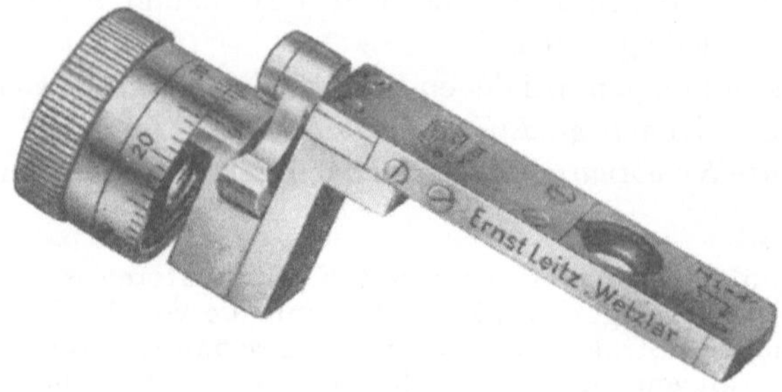

Fig. 73

Drehkompensator mit Kalzitplatte nach BEREK, zum Einschieben in den Tubusschlitz.
Leitz (Wetzlar).

mit den Schwingungsrichtungen der Nicols bildet. In der Nullstellung liegt das Plättchen horizontal, die Kippwinkel sind beidseitig auf 0,1° genau ablesbar, wobei halbe Zehntel noch gut geschätzt werden können. Die Wirkungsweise des Instruments beruht darauf, daß der optisch einachsige Kalzit in der Richtung der Plattennormale (= optische Achse) keine Doppelbrechung aufweist, daß jedoch bei schrägem Lichteinfall infolge Neigens des Plättchens um die erwähnte Drehachse ein Gangunterschied auftreten muß. Dieser wächst mit zunehmender Neigung an, und zwar aus einem doppelten Grunde, einmal weil mit wachsendem Neigungswinkel der vom Licht innerhalb des Kalzitplättchens durchlaufene Weg, d.h. die Plattendicke d, zunimmt, sowie, weil mit zunehmender Entfernung von der optischen Achse auch die Doppelbrechung anwächst.

Nach (A 43a) ist der Gangunterschied einer planparallelen doppelbrechenden Platte von der Dicke d bei schiefer Inzidenz gegeben durch

$$R = d \sin i \, (\operatorname{ctg} r_2 - \operatorname{ctg} r_1),$$

wobei i (vgl. Fig. 31) der Einfallswinkel oder, auf den Fall des Drehkompensators übertragen, der Neigungswinkel der Kompensatorplattennormalen gegenüber der Mikroskopachse ist. $r_1 > r_2$ sind die Brechungswinkel der beiden Wellennormalen im Kristall. Da der beim Berek-Kompensator verwendete Kalzit optisch negativ-einachsig ist, so ist $\omega > \varepsilon' > \varepsilon$ und demzufolge nach (A 45) $r_1 = r_{\varepsilon'} > r_2 = r_\omega$.

Zur Ableitung der *Kompensatorformel* müssen ctg r_1 und ctg r_2 durch ω, ε und den Einfallswinkel i, welcher zugleich dem meßbaren Neigungswinkel der Kalzit-

---

[1]) M. BEREK, *Zur Messung der Doppelbrechung, hauptsächlich mit Hilfe des Polarisationsmikroskops*, Cbl. Min. usw. *1913*, 388—396, 427—435, 464—470 und Nachtrag 580—582; *Mikroskopische Mineralbestimmung mit Hilfe der Universaldrehtischmethoden* (Berlin 1924), S. 133—137. — F. RINNE und M. BEREK, l. c. (Leipzig 1934), S. 183—186. — Vgl. auch M. BUTTGENBACH, l. c. (1936), S. 91—92.

platte entspricht, ausgedrückt werden. Für die ordentliche Welle gilt nach dem Brechungsgesetz $\sin i = \omega \sin r_2$, woraus folgt

$$\operatorname{ctg} r_2 = \frac{\sqrt{\omega^2 - \sin^2 i}}{\sin i}.$$

Für die außerordentliche Welle ergibt sich aus (A 42) für den Fall, daß die Wellennormale mit der optischen Achse (die im vorliegenden Falle mit der Plattennormale zusammenfällt) den Winkel $\vartheta = r_1$ einschließt, $\varepsilon'^2 = \omega^2 \varepsilon^2/(\omega^2 \sin^2 r_1 + \varepsilon^2 \cos^2 r_1)$, und nach dem Brechungsgesetz ist zugleich $\varepsilon'^2 = \sin^2 i/\sin^2 r_1$. Durch Elimination von ε'^2 folgt hieraus

$$\operatorname{ctg} r_1 = \frac{\omega}{\varepsilon} \cdot \frac{\sqrt{\varepsilon^2 - \sin^2 i}}{\sin i}.$$

Die gefundenen Werte für $\operatorname{ctg} r_2$ und $\operatorname{ctg} r_1$ in (A 43a) eingesetzt, ergeben die gesuchte Kompensatorformel

$$R = d\left(\sqrt{\omega^2 - \sin^2 i} - \frac{\omega}{\varepsilon}\sqrt{\varepsilon^2 - \sin^2 i}\right) = d\left(\omega\sqrt{\frac{\omega^2 - \sin^2 i}{\omega^2}} - \frac{\omega}{\varepsilon}\varepsilon\sqrt{\frac{\varepsilon^2 - \sin^2 i}{\varepsilon^2}}\right)$$

$$= d\,\omega\left(\sqrt{1 - \frac{\sin^2 i}{\omega^2}} - \sqrt{1 - \frac{\sin^2 i}{\varepsilon^2}}\right)$$

oder, wenn man den Gangunterschied in Wellenlängen ausdrückt,

$$R = \frac{d}{\lambda}\,\omega\left(\sqrt{1 - \frac{\sin^2 i}{\omega^2}} - \sqrt{1 - \frac{\sin^2 i}{\varepsilon^2}}\right) = \frac{d}{\lambda}\,\omega\,S. \tag{D 9}$$

Der Klammerausdruck S eignet sich in dieser Form nicht zur logarithmischen Berechnung. Setzt man nach J. MÉLON $\sin i/\omega = \cos\mu$ und $\sin i/\varepsilon = \cos\nu$, so folgt der leichter zu handhabende Ausdruck $S = 2\cos[(\mu + \nu)/2]\sin[(\mu - \nu)/2]$, woraus sich bei bekannter Dicke d der Kompensatorplatte R ergibt. Weit praktischer ist es jedoch, nach BEREK die beiden Wurzeln nach dem binomischen Lehrsatz zu entwickeln und die Glieder gleicher Potenzen von $\sin i$ zusammenzufassen. Dabei läßt sich ein Faktor

$$C_\lambda = \frac{d\,\omega}{2\lambda}\left(\frac{1}{\varepsilon^2} - \frac{1}{\omega^2}\right) \tag{D 9a}$$

ausklammern, so daß sich R wie folgt darstellt:

$$R = C_\lambda \sin^2 i\left\{1 + \frac{1}{4}\left(\frac{1}{\varepsilon^2} + \frac{1}{\omega^2}\right)\sin^2 i + \frac{1}{8}\left(\frac{1}{\varepsilon^4} + \frac{1}{\varepsilon^2\omega^2} + \frac{1}{\omega^4}\right)\sin^4 i + \ldots\right\}.$$

Wie BEREK zeigen konnte, spielen die Glieder in der geschweiften Klammer nur die Rolle von Korrektionsgliedern, für welche ω und ε als unabhängig von λ angenommen werden dürfen und wobei auch die höheren Potenzen von $\sin i$ vernachlässigt werden können. C_λ spielt somit die Rolle einer *Kompensatorkonstanten*, und der Gangunterschied ist gegeben durch

$$R = C_\lambda \sin^2 i\left\{1 + 0{,}2040\sin^2 i + 0{,}0627\sin^4 i\right\} = C_\lambda\, f(i).$$

Ist die Konstante C_λ für das in Frage stehende λ bekannt, so kann somit R für jedes i berechnet werden. Die Kompensatorfunktion $f(i)$ wird tabellarisch dargestellt, wobei für jeden Neigungswinkel i entweder direkt $\log f(i)$ oder, zum Gebrauch mit dem Rechenschieber, $10\,000 f(i)$ entnommen werden kann. Die Tabellen werden von der Herstellerfirma dem Instrument beigegeben und finden sich auch bei M. BEREK, l. c. (1924), oder bei F. RINNE und M. BEREK, l. c. (1934).

Die Kompensatorkonstante wird für die Linien C, D und F sowie für den konventionellen Schwerpunkt des Tageslichtes ($\lambda = 551\ \mu\mu$) ebenfalls von der Firma angegeben, sie läßt sich jedoch auch für ein beliebiges λ auf sehr einfache Weise bestimmen. Man dreht hierzu den Kompensator zwischen gekreuzten Nicols unter Beleuchtung mit der betreffenden Lichtart aus seiner Ausgangslage nach beiden Seiten, bis ein beliebiger, k-ter Kompensationsstreifen im Schnittpunkt des Fadenkreuzes liegt. Sind die beiden zugehörigen Ablesungen a und b, so ist $i = (a-b)/2$. Man findet hierauf C_λ nach der Beziehung

$$C_\lambda = \frac{k\,\lambda}{f(i)} = \frac{R_\lambda}{f(i)} \quad \text{bzw.} \quad \log C_\lambda = \log k + \log \lambda - \log f(i)\,, \qquad \text{(D 10)}$$

wobei man $f(i)$ bzw. $\log f(i)$ der Tabelle entnimmt. Zur Eichung des Instrumentes für Tageslicht stellt man auf die Grenze zwischen Rot I und Blau II ein und setzt $\lambda = 550\ \mu\mu$.

Neuere Untersuchungen von R. Mosebach[1] haben ergeben, daß mit dem Kompensator nach Berek eine Meßgenauigkeit von ± 1 bis $\pm 2\ \mu\mu$ erzielt werden kann. Hierzu darf allerdings nicht mit den dreistelligen $\log f(i)$ der Gebrauchsanweisung gerechnet werden, sondern es müssen die 10 000 $f(i)$-Werte oder die von Mosebach gegebenen vierstelligen $\log f(i)$ benützt werden. Außerdem empfiehlt sich die Aufnahme einer Fehlerkurve für jedes Instrument.

Für kleine Gangunterschiede, insbesondere für solche zwischen Null und $\lambda/2$ bzw. $1\ \lambda$, für welche oft nur flaue, verwaschene Kompensationsstreifen erhalten werden, kompensiert man nach dem gleichen Autor auf $k\ \lambda$ statt auf Null. k wird durch Abzählen der dunklen Streifen im monochromatischen Licht erhalten. Der gesuchte Gangunterschied ergibt sich auf diese Weise zu $R_x = R_k - k\ \lambda$, wenn mit R_k der Gangunterschied, welcher dem k-ten Streifen entspricht und mit λ die Wellenlänge der angewandten Lichtart bezeichnet wird.

Aus (D 9a) geht hervor, daß das Verhältnis der Kompensatorkonstanten für zwei verschiedene Lichtarten nur von den Werten der Hauptbrechungsindizes für Kalzit für die betreffenden λ und von diesen selbst abhängig ist. Die Konstante braucht daher nur für eine einzige Wellenlänge, z. B. D, bestimmt zu werden und ergibt sich z. B. für C, F und den konventionellen Schwerpunkt des Tageslichts auf Grund der bekannten Brechungsindizes des Kalzits aus folgenden Beziehungen:

$$\begin{aligned}
\log C_C &= \log C_D - 0{,}004,\\
\log C_F &= \log C_D + 0{,}010,\\
\log C_{550} &= \log C_D + 0{,}003.
\end{aligned}$$

Zur Messung eines unbekannten Gangunterschieds bringt man den zu untersuchenden Kristall in *Subtraktionsstellung* zum Kompensator (da dieser zufolge des optisch negativen Charakters des Kalzits n_γ parallel der Einschieberichtung hat, somit in Additionsstellung zu einem in üblicher Weise orientierten Rot I), indem man ihn zuerst in Auslöschungsstellung bringt und darauf um genau 45° dreht. Die Parallelität der Schwingungsrichtungen von Kristall und Kompensator ist genau innezuhalten, da sie bewirkt, daß alle Justierungsfehler verschwinden. Nichtparallelität der Schwingungsrichtungen ist an der Asymmetrie der Kompensationsstreifen zu erkennen. Der Kristall soll sich ferner genau im Zentrum des Fadenkreuzes oder zum mindesten auf der zum Tubusschlitz senk-

---

[1] R. Mosebach, persönliche Mitt. a. d. Verf., sowie folgende Arbeiten: *Das Messen optischer Gangunterschiede mit Drehkompensatoren*, Heidelberger Beitr. Min. Petr. *1*, 515–523 (1949); *Ein einfaches Verfahren zur Erhöhung der Meßgenauigkeit kleiner optischer Gangunterschiede*, ibid. *2*, 172—175 (1950).

rechten Diagonale des Gesichtsfeldes befinden, da die Orte gleichen Gangunterschiedes bei den Drehkompensatoren auf hyperbelartigen Kurven und nicht auf Geraden liegen, wie z. B. beim Babinetschen Kompensator. Arbeitet man mit *weißem* Licht, so bringt man den *dunkeln* Kompensationsstreifen ins Fadenkreuz, benützt man homogenes Licht einer bestimmten Wellenlänge, so nimmt man die erste Einstellung ebenfalls in weißem Licht vor, um darauf unter Beleuchtung mit dem gewählten λ die definitive Einstellung zu machen. Damit erreicht man, daß von den verschiedenen, im homogenen Licht unterscheidbaren schwarzen Kompensationsstreifen verschiedener Ordnung der richtige, dem Gangunterschied der Platte entsprechende benutzt wird und somit als Resultat deren Gangunterschied R erscheint. Bei Gangunterschieden dritter bis vierter Ordnung genügt je eine sorgfältige Einstellung nach jeder Seite, für kleinere Gangunterschiede sind je 5 notwendig. Alle Einstellungen haben auf halbe Zehntelsgrade zu erfolgen. Sind die Mittel der Ablesungen nach beiden Seiten a und b, so geht man mit $i = (a - b)/2$, wenn nötig unter Interpolation, in die Tabelle ein und findet R, wie oben erwähnt, aus der Beziehung $R = C_\lambda f(i)$, bzw. $\log R = \log C_\lambda + \log f(i)$.

Der Kompensator nach BEREK besitzt in seiner Normalausführung einen Meßbereich von 4λ für D-Licht, kann aber mit beliebig größerem oder kleinerem Meßbereich hergestellt werden. Reicht der Meßbereich des zur Verfügung stehenden Kompensators in einem bestimmten Falle nicht aus, so kann nach R. MOSEBACH[1]) prinzipiell ähnlich vorgegangen werden wie bei der Messung kleiner Gangunterschiede. Man bestimmt mit einem Quarzkeil im weißen und monochromatischen Licht die Ordnung, in welcher sich die Kompensationsstelle auf Null befindet. Es sei dies z. B. zwischen der k- und $(k + 1)$-ten Ordnung für D-Licht. Man weiß nun sofort, daß der erste im Kompensator für D-Licht auftretende Streifen einem Gangunterschied entspricht, welcher um $k \lambda_D$ vom gesuchten Gangunterschied R_x entfernt ist, der zweite einem solchen, welcher um $(k - 1) \lambda_D$ von R_x differiert usw., so daß sich R_x leicht errechnen läßt.

4. Kombinationsquarzplatten-Kompensator nach A. Ehringhaus

Der Kompensator nach EHRINGHAUS[2]) ist wie derjenige nach BEREK nach dem Prinzip der Drehkompensatoren gebaut und zum Gebrauch im Tubusschlitz des Polarisationsmikroskops bestimmt. Das von der Firma Winkel-Zeiß hergestellte Instrument (Fig. 74) besteht aus zwei gleich dicken, planparallelen und parallel zur optischen Achse geschnittenen Quarzplatten, die in Subtraktionsstellung miteinander verkittet sind. Diese Kombinationsplatte ist um die Richtung der optischen Achse der einen Platte drehbar angeordnet, wobei diese Drehachse wiederum parallel zum Tubusschlitz liegt. Die Neigungswinkel sind beidseitig auf 0,05° genau ablesbar. In der Nullstellung liegt die Kombinations-

---

[1]) R. MOSEBACH, persönliche Mitt. a. d. Verf., sowie: *Eine Differenzmethode zur Erhöhung der Meßgenauigkeit und Erweiterung des Meßbereiches normaler Drehkompensatoren*, Heidelberger Beitr. Min. Petr. *2*, 167—171 (1950).

[2]) A. EHRINGHAUS, *Drehbare Kompensatoren aus Kombinationsplatten doppelbrechender Kristalle*, Z. Kristallogr. *76*, 315–321 (1931); *Ein Drehkompensator aus Quarz mit hohem Meßbereich bei hoher Meßgenauigkeit*, ibid. *98*, 394–406 (1938).

platte horizontal. Sie ergibt in dieser Stellung für in Richtung der Mikroskopachse einfallendes Licht den Gangunterschied Null. Bei Neigung um die Drehachse ändert sich der Gangunterschied in den beiden Platten in verschiedenem Maße, so daß für die Kombinationsplatte als Ganzes ein vom Neigungswinkel i abhängiger Gangunterschied R resultiert. Die Plattenkombination verhält sich

Fig. 74

Drehkompensator mit Quarzplattenkombination nach EHRINGHAUS, in den Tubusschlitz eines Mikroskops eingeschoben. Winkel-Zeiß (Göttingen).

somit prinzipiell ähnlich wie eine senkrecht zur optischen Achse geschnittene Platte eines optisch einachsigen (und zwar negativen) Kristalls, z. B. also wie die Kalzitplatte im Kompensator nach BEREK. Auch hier liegt der größere Brechungsindex in der Einschieberichtung, d. h. parallel zur Drehachse.

In derjenigen Platte der Kombination, für welche die Drehachse mit der Richtung der optischen Achse zusammenfällt, ändert sich die Fortpflanzungsrichtung beim Neigen der Plattenkombination innerhalb einer Ebene senkrecht zur optischen Achse, in der andern jedoch innerhalb eines diese enthaltenden Hauptschnittes. In der ersteren (I) nimmt bei der Neigung der Gangunterschied zu, und zwar nur infolge der mit zunehmender Neigung ansteigenden Weglänge innerhalb der Platte, da die Doppelbrechung selbst für alle Richtungen innerhalb einer Ebene senkrecht zur optischen Achse konstant bleibt. In der zweiten Platte (II) wird die Zunahme des Gangunterschiedes in Folge der hier in gleicher Weise wie für I zunehmenden Weglänge im Kristall von einer Abnahme überlagert, bedingt durch die zunehmende Annäherung der im Kristall durchlaufenen Richtung an diejenige der optischen Achse. Da die beiden Platten in Subtraktionsstellung zueinander stehen, resultiert somit für die Plattenkombination ein *Restgangunterschied* $R = R_\mathrm{I} - R_\mathrm{II}$. Die Gangunterschiede der Einzelplatten lassen sich auf Grund analoger Überlegungen wie für den Berek-Kompensator in Funktion des Neigungswinkels i angeben. Da Quarz, im Gegensatz zu Kalzit, optisch positiv ist, so gilt $\omega < \varepsilon' < \varepsilon$ und, wenn wiederum $r_1 > r_2$ gesetzt wird, nach (A 45) $r_1 = r_\omega > r_2 = r_{\varepsilon'}$.

Gangunterschied von Platte I (Drehachse parallel zur optischen Achse): Für die ordentliche Welle gilt nach dem Brechungsgesetz $\sin i = \sin r_1$, woraus folgt

$$\operatorname{ctg} r_1 = \frac{\sqrt{\omega^2 - \sin^2 i}}{\sin i}.$$

Für die außerordentliche Welle ist nach (A 42), unter Berücksichtigung, daß in diesem Falle $\vartheta = r_2 = \pi/2$ ist, $\varepsilon'^2 = \omega^2\varepsilon^2/\omega^2 \sin^2(\pi/2) = \varepsilon^2$, folglich $\sin i = \varepsilon \sin r_2$, woraus sich ergibt

$$\operatorname{ctg} r_2 = \frac{\sqrt{\varepsilon^2 - \sin^2 i}}{\sin i}.$$

In (A 43a) eingesetzt, resultiert als Ausdruck für den Gangunterschied von Platte I

$$R_\mathrm{I} = d\left(\sqrt{\varepsilon^2 - \sin^2 i} - \sqrt{\omega^2 - \sin^2 i}\right).$$

Gangunterschied von Platte II (Drehachse senkrecht zur optischen Achse): Für die ordentliche Welle gilt wiederum $\sin i = \sin r_1$ und daher auch

$$\operatorname{ctg} r_1 = \frac{\sqrt{\omega^2 - \sin^2 i}}{\sin i}.$$

Für die außerordentliche Welle ergibt sich wiederum aus (A 42), wobei diesmal $r_2 = \pi/2 - \vartheta$ ist, sowie gemäß der aus dem Brechungsgesetz folgenden Beziehung $\varepsilon'^2 = \sin^2 i/\sin^2 r_2$ durch Eliminierung von ε'^2

$$\operatorname{ctg} r_2 = \frac{\varepsilon}{\omega} \cdot \frac{\sqrt{\omega^2 - \sin^2 i}}{\sin i}.$$

Wiederum in (A 43a) eingesetzt, folgt somit für den Gangunterschied der Platte II

$$R_\mathrm{II} = d\left(\frac{\varepsilon}{\omega}\sqrt{\omega^2 - \sin^2 i} - \sqrt{\omega^2 - \sin^2 i}\right).$$

Für den *Gangunterschied der Plattenkombination* $R = R_\mathrm{I} - R_\mathrm{II}$ ergibt sich demnach

$$R = d\left(\sqrt{\varepsilon^2 - \sin^2 i} - \frac{\varepsilon}{\omega}\sqrt{\omega^2 - \sin^2 i}\right).$$

Drückt man den Gangunterschied in Wellenlängen λ aus, so erhält man in Übereinstimmung mit A. EHRINGHAUS

$$R = \frac{d}{\lambda}\left(\sqrt{\varepsilon^2 - \sin^2 i} - \frac{\varepsilon}{\omega}\sqrt{\omega^2 - \sin^2 i}\right). \tag{D 11}$$

Der Ausdruck läßt sich wie folgt umformen

$$R = \frac{d}{\lambda}\left(\varepsilon\sqrt{\frac{\varepsilon^2 - \sin^2 i}{\varepsilon^2}} - \frac{\varepsilon}{\omega}\,\omega\sqrt{\frac{\omega^2 - \sin^2 i}{\omega^2}}\right)$$

$$= \frac{d}{\lambda}\,\varepsilon\left(\sqrt{1 - \frac{\sin^2 i}{\varepsilon^2}} - \sqrt{1 - \frac{\sin^2 i}{\omega^2}}\right), \tag{D 11a}$$

d. h. er läßt sich auf eine Form bringen, die sich von der Formel für den Kalkspatkompensator von BEREK (D 9) nur dadurch unterscheidet, daß vor der Klammer ε für ω steht und daß wegen des optisch positiven Charakters des Quarzes die beiden Wurzeln vertauscht sind.

Ganz gleich wie dies im Falle des Berek-Kompensators gemacht wurde, ließe sich durch Reihenentwicklung der beiden Wurzeln und Absonderung einer Kompensatorkonstanten eine Darstellung von der Form $R = C_\lambda f(i)$ gewinnen und die Kompensatorfunktion in Form einer Tabelle darstellen.

Da die schleiftechnischen Eigenschaften des Quarzes aber unvergleichlich besser sind als diejenigen von Kalzit, wurde von der Herstellerfirma ein anderer Weg beschritten. Es ist nämlich möglich, alle Instrumente mit Quarzplatten gleicher Dicke auszustatten; deshalb kann eine für alle Kompensatoren gleicherweise gültige Tabelle berechnet werden, welcher für jeden Neigungswinkel i der zugehörige Gangunterschied R_λ für ein bestimmtes λ entnommen werden kann.

Bei der Normalausführung des Kompensators beträgt die Dicke der beiden Quarzplatten je genau 1 mm, so daß in (D 11) $d = 1$ zu setzen ist. Der Meßbereich des Instrumentes beträgt hierbei zirka 7λ für D-Licht. Die Firma liefert damit eine Tabelle mit den Gangunterschieden für die C-, D- und F-Linien. Für andere λ sowie für Tageslicht muß interpoliert werden, was linear erfolgen kann.

Selbstverständlich ist das beim BEREK-Kompensator erwähnte, von R. MOSE-BACH beschriebene Vorgehen zur genauen Messung kleiner Gangunterschiede und zur Erweiterung des Meßbereiches auch für den Kompensator nach EHRINGHAUS ohne weiteres anwendbar.

Durch Verwendung von Kalzitplatten an Stelle des Quarzes, bei sonst gleichem Prinzip, ist es möglich, Kompensatoren für sehr hohe Gangunterschiede zu erhalten[1]). Ein derartiger Kalzit-Kombinationsplattenkompensator der gleichen Firma weist z. B. einen Meßbereich von 133 Ordnungen auf.

5. Elliptischer Kompensator nach H. de Sénarmont

Dieser Kompensator, der sich vor allem zur Messung kleiner Gangunterschiede bis 1λ eignet, wird in der Mineralogie und Petrographie nur selten gebraucht. Da er sich jedoch in der Biologie, wo in erster Linie die Messung kleiner Gangunterschiede von Wichtigkeit ist, einer gewissen Beliebtheit erfreut, soll er hier etwas ausführlicher behandelt werden. Dies scheint um so mehr gerechtfertigt, als die meisten Anleitungen zum Gebrauch des Polarisationsmikroskops diese Methode kaum erwähnen[2]).

Der Kompensator nach H. DE SÉNARMONT beruht auf den Eigenschaften der elliptischen Schwingungen, zu denen sich die beiden Wellen nach dem Durchgang durch das doppelbrechende Präparat zusammensetzen (vgl. S. 121). Bilden seine Schwingungsrichtungen mit denjenigen des Polarisators genau 45°, so sind die Amplituden a der beiden Wellen gleich groß, und die Schwingungsellipse ist nach S. 121 und Fig. 68 einem Quadrat von der Seitenlänge $2a$ eingeschrieben (Fig. 75). Die Richtungen der beiden Ellipsenachsen a_1 und b_1 entsprechen den Diagonalen des umgeschriebenen Quadrates, und eine davon fällt somit mit der Schwingungsrichtung des Polarisators zusammen. Das Achsenverhältnis der Schwingungsellipse, die sogenannte Elliptizität, hängt nach (A 20) ausschließlich von der Phasendifferenz φ der beiden Wellen beim Verlassen des Kristalls ab, wobei tg $\vartheta = b_1/a_1 = $ tg $\varphi/2$ bzw. $\vartheta = \varphi/2$. Die Messung des gesuchten Gangunterschiedes läßt sich somit auf die Ermittlung des Achsenverhältnisses b_1/a_1 der Schwingungsellipse zurückführen. Zu diesem Zweck

---

[1]) A. EHRINGHAUS, *Drehkompensatoren mit hohem Meßbereich*, Z. Kristallogr. *102*, 85–111 (1939).

[2]) Vgl. z. B. F. POCKELS, l. c. (1906), S. 227–228. — H. AMBRONN und A. FREY, *Das Polarisationsmikroskop* (1926), S. 63–67. — G. FRIEDEL, *Sur un procédé de mesure des biréfringences*, Bull. Soc. franç. Min. *16*, 19–33 (1893). — G. BRUHAT, *Cours d'optique* (1935), S. 450–452.

denkt man sich die elliptische Schwingung in zwei achsenparallele Komponenten x und y mit der Phasendifferenz $\varphi = \pi/2$ (im Falle einer «linken» Ellipse) bzw. $3\pi/2 = -\pi/2$ (für eine «rechte» Ellipse) zerlegt[1]). Durch Einführung eines Hilfspräparates in Form eines $\lambda/4$-Glimmerplättchens ($\varphi = \pi/2$) mit seinen Schwingungsrichtungen parallel zu den Ellipsenachsen und parallel zu den Schwingungsrichtungen der Nicols (somit nicht in der sonst gewohnten Diagonalstellung) wird die Phasendifferenz der beiden Komponenten x und y aufgehoben, so daß eine lineare Schwingung resultiert, aus deren Azimut sich die gesuchte Elliptizität $\operatorname{tg}\vartheta = b_1/a_1$ ergibt (Fig. 75).

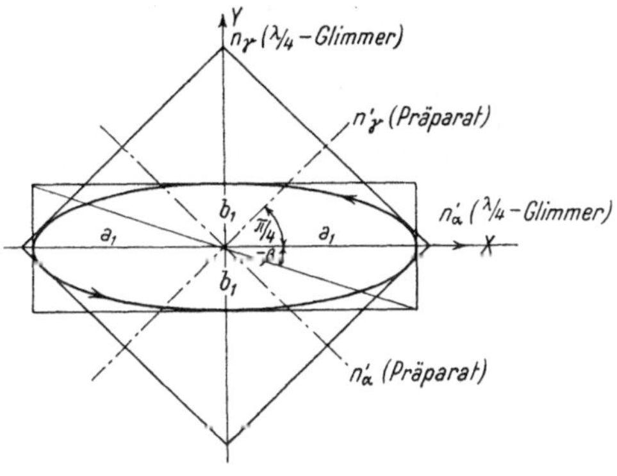

Fig. 75
Zur Theorie des Glimmerkompensators nach DE SÉNARMONT.
(Schwingungsrichtung des Polarisators parallel zur X-Achse.)

Bei geeigneter Wahl des Zeitbeginns lassen sich die beiden Komponenten x und y wie folgt darstellen

$$x = a_1 \sin\omega t$$
$$y = b_1 \sin\left(\omega t \pm \frac{\pi}{2}\right) = \pm b_1 \cos\omega t,$$

wobei das obere Zeichen für «rechte», das untere für «linke» Ellipsen gilt. Nach Austritt aus dem $\lambda/4$-Glimmerplättchen lauten die Gleichungen für die beiden Wellen, wenn die Verhältnisse wie in Fig. 75 angenommen werden, d. h. mit n_γ des Glimmers parallel Y

$$x = a_1 \sin\omega t,$$
$$y = b_1 \sin\left(\omega t \pm \frac{\pi}{2} - \frac{\pi}{2}\right) = \pm b_1 \sin\omega t.$$

Der *Gangunterschied* der beiden Komponenten ist somit aufgehoben, sie setzen sich daher zu einer *linearen Resultante* zusammen. Ihre Gleichung erhält man, indem man durch Division die Zeit t eliminiert zu

$$y = \pm \frac{b_1}{a_1} x.$$

---

[1]) Man vergleiche Fig. 6 und die zugehörigen Erläuterungen auf S. 30.

Es handelt sich um eine Gerade durch den Ursprung mit dem Richtungswinkel $\beta = \mathrm{arc\,tg}\,b_1/a_1$, d.h. um die *Diagonale* des der ursprünglichen Schwingungsellipse umgeschriebenen Rechtecks mit den Seiten $2a_1$ parallel X und $2b_1$ parallel Y. Sie verläuft durch den I. und III. bzw. II. und IV. Quadranten, je nachdem die Schwingungsellipse eine «rechte» oder eine «linke» ist.

Ist die Orientierung des $\lambda/4$-Glimmers im Gegensatz zu Fig. 75 derart, daß n_γ parallel X liegt, so verläuft die lineare Resultante für «rechte» Ellipsen durch den II. und IV., für «linke» aber durch den I. und III. Quadranten.

Für die gegenseitige Lage der Schwingungsrichtungen des Glimmers und der linearen Resultante in ihrem Zusammenhang mit dem Umlaufsinn der Ellipse läßt sich daher folgende Merkregel geben:

Ordnet man die drei Stücke n_γ, $n_\beta = n'_\alpha$ und die Resultante R in dieser Reihenfolge zyklisch an, so ist für einen der Fortpflanzungsrichtung des Lichtes entgegenblickenden Beobachter der Umlaufsinn «rechts», wenn sie im Gegenuhrzeigersinne aufeinanderfolgen, und «links», wenn im Uhrzeigersinn.

«rechts»　　　　　　　　　　　«links»

Ohne Berücksichtigung des Vorzeichens gilt $b_1/a_1 = \mathrm{tg}\,\beta = \mathrm{tg}\,\vartheta = \mathrm{tg}\,\varphi/2$ und für die gesuchte Phasendifferenz $\varphi = 2\,\vartheta = 2\,\beta + 2\,k\,\pi$.

Der Winkel β kann aber mittels eines *drehbaren Analysators* gemessen werden, indem Dunkelheit dann eintreten muß, wenn seine Schwingungsebene senkrecht auf der resultierenden linearen Schwingung steht.

Ist d die Dicke der Kristallplatte, sind n'_γ und n'_α die Brechungsindizes der sich in Richtung der Plattennormale fortpflanzenden Wellen, sowie λ die Wellenlänge der benützten Lichtart, für welche das Glimmerplättchen genau einer $\lambda/4$-Platte entspricht, so gilt unter Berücksichtigung von (D 2)

$$\varphi = 2\,\pi\,\frac{d\,(n'_\gamma - n'_\alpha)}{\lambda} = 2\beta + 2k\pi \quad \text{bzw.} \quad R = d\,(n'_\gamma - n'_\alpha) = \left(\frac{\beta}{\pi} + k\right)\lambda. \quad \text{(D 12)}$$

Der elliptische Kompensator nach DE SÉNARMONT gestattet somit nur Gangunterschiede bis maximal λ zu messen. Ist der vorliegende Gangunterschied größer, so muß k, die Anzahl ganzer Wellenlängen, mit einer andern Vorrichtung, z. B. einem Quarzkeil, bestimmt werden, insofern sie sich nicht ohne weiteres aus der beobachteten Interferenzfarbe ergibt. Nur der Bruchteil $\beta\lambda/\pi$ des totalen Gangunterschiedes kann mit dem elliptischen Kompensator ermittelt werden. β und π sind entweder beide im Bogenmaß oder in Graden auszudrücken, R wird in derjenigen Einheit erhalten, in der λ ausgedrückt ist.

Da das Azimut der resultierenden Welle durch eine Drehung des Analysators ermittelt wird, setzt die Methode einen *Aufsatzanalysator* voraus. Da einem Gangunterschied von 1λ ein Drehwinkel von 180° entspricht, entspricht z. B. für D-Licht einem Grad ein Gangunterschied von 589,3/180 = 3,27 $\mu\mu$. Sollen Resultate erzielt werden, deren Genauigkeit von der gleichen Größenordnung ist, wie sie z.B. mit den Kompensatoren von BEREK, EHRINGHAUS oder BABINET möglich sind, so muß somit verlangt werden, daß der Teilkreis des Analysators die Zehntelgrade zum mindesten zu schätzen erlaubt. Ausgehend von der Kreuzstellung des Analysators zum Polarisator kann die Auslöschung, je nach dem Drehsinn, um β oder $\pi - \beta$ erreicht werden, wobei immer $\beta < \pi/2$ ist. Maßgebend für die Berechnung des Gangunterschiedes ist der *spitze Winkel β*, dessen Vorzeichen mit dem Drehsinn des Analysators übereinstimmt (positiv für Drehungen im Gegenuhrzeigersinn, negativ im Uhrzeigersinn, ausgehend von der Kreuzstellung). In (D 12) ist β immer im *negativen Sinne gezählt* einzusetzen, d.h. für «linke» Ellipsen ($0 < \varphi < \pi$ bzw. $0 < R < \lambda/2$) als $+ \beta$, für «rechte» ($\pi < \varphi < 2\pi$ bzw. $\lambda/2 < R < \lambda$) als ($\pi - \beta$).

Das $\lambda/4$-Glimmerplättchen kann auf verschiedene Weise in den Strahlengang eingeführt werden. Früher war es allgemein üblich, dasselbe unter dem Analysator dem Okular aufzulegen, wobei eine besondere Aussparung die korrekte Lage sicherstellt, oder auch es über dem Polarisator anzubringen. Ein Einführen in den im allgemeinen immer diagonal orientierten Tubusschlitz ist nur möglich, wenn die Schwingungsrichtungen des Glimmers unter 45° zu seiner Einschieberichtung liegen, oder wenn der Polarisator sich um 45° drehen läßt, was sich jedoch nicht bei allen Instrumenten genau bewerkstelligen läßt. Eine Einführung in den Schlitz des Wrightschen Okulars kommt meist nicht in Frage, da dieser für eine Halbschattenvorrichtung reserviert bleiben muß.

Sehr bequem sind die *azimutal drehbaren $\lambda/4$-Glimmerplättchen*, die in den Tubusschlitz eingeführt werden können, wie sie u. a. von den Firmen Leitz und Winkel-Zeiß unter der Bezeichnung *elliptischer Kompensator* erhältlich sind[1]). Fig. 76 zeigt die Ausführung von Leitz. Diese elliptischen Kompensatoren mit azi-

Fig. 76

Azimutal drehbares Glimmerplättchen, sogenannter elliptischer Kompensator, zum Einschieben in den Tubusschlitz. Auch als Sénarmontscher Kompensator zu gebrauchen. Leitz (Wetzlar).

mutal drehbaren $\lambda/4$-Plättchen, wobei die Drehung auf 0,1° genau abgelesen werden kann, sind außerdem zur Analyse elliptischen Lichtes bei unbekannter Lage der Schwingungsellipse verwendbar. Da dieses Verfahren jedoch in der mikroskopischen Praxis bis jetzt ohne Bedeutung ist, soll hier nicht näher darauf eingegangen werden.

Abschließend sei jedoch noch erwähnt, daß die Genauigkeit der Einstellung des drehbaren Analysators auf Dunkelheit durch Verwendung einer *Halbschattenvorrichtung* (z. B. eines Wrightschen Okulars mit Halbschattenkeil nach MACÉ DE LÉPINAY, siehe S. 156) erheblich gesteigert werden kann, und daß deren Anwendung zur Erzielung genauerer Resultate unerläßlich ist.

6. Messung sehr kleiner Gangunterschiede mittels eines dünnen, azimutal drehbaren Glimmerplättchens

Aus der S. 138 gegebenen Spezialisierung des allgemeinen Ausdrucks (D 7) für die Intensität des von einer Kombination zweier doppelbrechender Kristall-

---

[1]) M. BEREK, *Ein zum Gebrauch mit dem Polarisationsmikroskop geeigneter elliptischer Kompensator*, Cbl. Min etc., Abt. A, *1930*, 508—511.

platten durchgelassenen Lichtes für den Fall, daß beide Platten Gangunterschiede $< \lambda/4$ aufweisen und ihre Schwingungsrichtungen n'_γ und n''_γ die Winkel ψ_1 und ψ_2 mit der Polarisationsrichtung bilden,

$$J = \frac{\pi^2}{\lambda^2}\,(R_1 \sin 2\,\psi_1 + R_2 \sin 2\,\psi_2)^2, \qquad (\text{D 8})$$

folgt eine Möglichkeit zur Messung *sehr geringer Gangunterschiede*. Bringt man das Präparat, dessen Gangunterschied gemessen werden soll, in genaue Diagonalstellung, d. h. macht man $\psi_1 = \pi/4$, so kann man durch azimutales Drehen eines dünnen Glimmerplättchens (bevorzugt werden in der Praxis solche von $\lambda\,10$ bis $\lambda/30$) Kompensationen herstellen. In diesem Fall muß $J = 0$ sein, was zutrifft, wenn $R_1 + R_2 \sin 2\,\psi_2 = 0$ ist. Da ψ_2 das meßbare Azimut des drehbaren Glimmerplättchens darstellt und R_2 als Eichwert des Kompensators bekannt ist, ergibt sich der gesuchte Gangunterschied des Präparates zu

$$R_1 = -\,R_2 \sin 2\,\psi_2. \qquad (\text{D 13})$$

Das negative Zeichen der rechten Seite des Ausdruckes besagt nur, daß zur Kompensation die beiden Gangunterschiede R_1 und R_2 entgegengesetztes Vorzeichen aufweisen, d. h. daß Subtraktionsstellung bestehen muß, damit $J = 0$ wird. Es braucht daher für die zahlenmäßige Auswertung der Formel nicht berücksichtigt zu werden. Die Formel zeigt, daß nach dieser Methode nur Gangunterschiede $R_1 \leqq R_2$ meßbar sind.

Zur praktischen Durchführung des Verfahrens, das von A. Köhler[1]) und M. Berek[2]) beschrieben wurde, benützt man vorteilhaft einen elliptischen Kompensator, wie er im vorhergehenden Abschnitt beschrieben wurde, der jedoch mit einem sehr dünnen ($\lambda/10$ bis $\lambda/30$) Glimmerplättchen bekannten Gangunterschieds ausgestattet sein muß. Man kann den Tubusanalysator benutzen und im weißen Licht arbeiten. Für das drehbare Glimmerplättchen notiert man sich die vier Auslöschungsstellungen zwischen gekreuzten Nicols als Nullagen. Hierauf bringt man das zu untersuchende Präparat in genauer Diagonalstellung ($\psi_1 = \pi/4$) in den Strahlengang und dreht das Glimmerplättchen bis zur Kompensation. Von den vier möglichen Stellungen berücksichtigt man nur den Winkel $\psi_2 < \pi/4$, mit dem man in die Formel eingeht. Der Eichwert R_2 für die Linien C, D, F und den konventionellen Schwerpunkt des Tageslichts wird dem Instrument von der Herstellerfirma beigegeben. Auch hier ist die Anwendung einer Halbschattenvorrichtung von Vorteil.

Für den Fall, daß das zu kompensierende Objekt nicht das ganze Gesichtsfeld einnimmt, haben R. S. Bear und Fr. O. Schmitt[3]) eine interessante Variante der Methode angegeben. Bei dieser wird statt auf *Kompensation* auf *gleiche Helligkeit* von Objekt und Hintergrund eingestellt. Liegt das Objekt wiederum in

---

[1]) A. Köhler, *Ein Glimmerplättchen Grau I. Ordnung zur Untersuchung sehr schwach doppelbrechender Präparate*, Z. wiss. Mikroskopie 38, 29—42 (1921).

[2]) M. Berek, l. c. (1930), S. 510—511.

[3]) R. S. Bear und Fr. O. Schmitt, *The measurement of small retardations with the polarizing microscope*, J. Opt. Soc. Amer. 26, 262—264 (1936).

Diagonalstellung ($\varphi_1 = \pi/4$) und wird gleiche Intensität für die Stellung ψ_2' des Kompensators wahrgenommen, so gilt für den Kristall gemäß (D8)

$$J_k = \frac{\pi^2}{\lambda^2} \, (R_1 + R_2 \sin 2\,\psi_2')^2.$$

Für den nicht vom Kristall bedeckten Teil des Gesichtsfeldes gilt nach (D3), wenn man wegen des geringen Gangunterschieds im ersten Faktor den Sinus durch das Argument ersetzt, $J_F = (\pi^2/\lambda^2)\, R_2^2 \sin^2 2\,\psi_2'$. Aus $J_k = J_F$ folgt

$$R_1 = -2\,R_2 \sin 2\,\psi_2'. \tag{D 13a}$$

Auch hier ist das negative Zeichen auf der rechten Seite für die numerische Auswertung ohne Bedeutung.

Nach dieser Variante der Methode beträgt somit der Meßbereich des Kompensators $2\,R_2$. Die dadurch bedingte geringere Empfindlichkeit wird nach den Angaben von R. S. Bear und Fr. O. Schmitt durch die genauere Einstellmöglichkeit auf gleiche Intensität mehr als aufgewogen. Die beiden Methoden eignen sich vorzüglich zur gegenseitigen Kontrolle.

IV. DIE AUSLÖSCHUNGSSCHIEFE

1. Allgemeines

Jede anisotrope, nicht senkrecht zu einer optischen Achse geschnittene Kristallplatte wird nach (D3) beim Drehen um 360° zwischen gekreuzten Nicols viermal dunkel, nämlich dann, wenn ihre Schwingungsrichtungen mit denjenigen von Polarisator und Analysator zusammenfallen. Weil die Fäden des Okularfadenkreuzes parallel den Nicolhauptschnitten justiert sind, geben sie für eine sich in Auslöschungsstellung befindliche Platte direkt die Schwingungs- oder Auslöschungsrichtungen an. Da die Lage der Schwingungsrichtungen für eine Kristallplatte bestimmter Orientierung nach dem Fundamentalsatz der Kristalloptik von der Lage der Indikatrix im Kristallgebäude abhängt, kann umgekehrt aus der Lage der Auslöschungsrichtungen zu bestimmten Bezugsrichtungen (Kristallkanten, Spaltrissen usw.) auf die Lage der Indikatrix zum Kristallgebäude, d. h. auf die sogenannte optische Orientierung geschlossen werden. Dies ist von ausschlaggebender Bedeutung für die Charakterisierung des Untersuchungsmaterials und ermöglicht wichtige Hinweise für die Bestimmung des Kristallsystems.

Die Beziehungen zwischen den Schwingungsrichtungen und den kristallographischen Bezugselementen werden durch die von ihnen eingeschlossenen Winkel, die sogenannten *Auslöschungswinkel* oder *Auslöschungsschiefen*, festgelegt. In bezug auf die gegenseitige Lage von Auslöschungs- und Bezugsrichtungen unterscheidet man eine Reihe von Standardfällen. Von *gerader Auslöschung* spricht man, wenn die Schwingungsrichtungen zu den kristallographischen Bezugsrichtungen parallel sind. Bei *symmetrischer Auslöschung* verlaufen die letzteren symmetrisch zu den Schwingungsrichtungen, bei *schiefer Auslöschung* bilden sie einen von 0° oder 90° verschiedenen Winkel miteinander, der bestimmt werden muß. Wichtig bei der Wiedergabe von Untersuchungsergebnissen ist, daß klar angegeben wird, zu welchen Elementen die Auslöschung gerade, symmetrisch oder schief erfolgt, damit Mißverständnisse vermieden werden (Fig. 77).

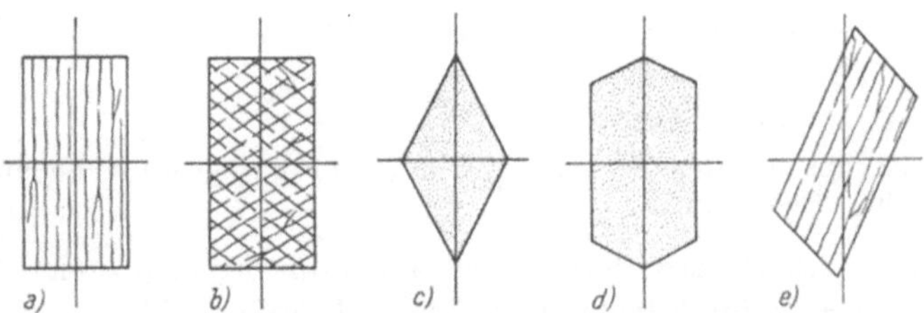

Fig. 77

Beziehung der Schwingungs- bzw. Auslöschungsrichtungen auf kristallographische Bezugsrichtungen. Die Auslöschung erfolgt:

a) Gerade in bezug auf Spaltrisse und Kristallkanten.
b) Gerade in bezug auf Kanten, symmetrisch in bezug auf Spaltbarkeit.
c) Symmetrisch in bezug auf die Kanten.
d) Gerade und symmetrisch in bezug auf die Kanten.
e) Schief in bezug auf Kanten und Spaltbarkeit.

Ein Auslöschungswinkel ist gegeben, wenn seine beiden Schenkel genau bezeichnet sind und sein Betrag in Graden angegeben wird. Man gibt daher an, ob die *optische Richtung* n'_γ oder n'_α bzw. evtl. n_γ, n_β oder n_α ist, sowie ob die *kristallographische Bezugsrichtung* eine Kante, Spaltbarkeit, Zwillingsgrenze usw. darstellt. Dem Anfänger ist immer zu empfehlen, den zu untersuchenden Kristall zu skizzieren. Für derartige *Skizzen* mache man es sich zur Regel, die Kristalle *immer in Auslöschungsstellung* zu zeichnen (nach Ausschaltung des Analysators). Dies hat den Vorteil, daß man die Schwingungsrichtungen ohne weiteres als Vertikale bzw. Horizontale parallel den Faden des Fadenkreuzes einziehen kann (Fig. 78). Zeichnet man den Kristall in einer beliebigen Stellung, z. B. mit der Längserstreckung vertikal, so macht die korrekte Einzeichnung der Schwingungsrichtungen Schwierigkeiten, da diese nur für die *Auslöschungsstellung* durch die Faden des Fadenkreuzes angegeben werden. Die relativen Werte der Brechungsindizes werden mit dem Rot I bestimmt und in der Skizze vermerkt, desgleichen der gewählte Auslöschungswinkel. Seine Größe wird gemessen, indem man

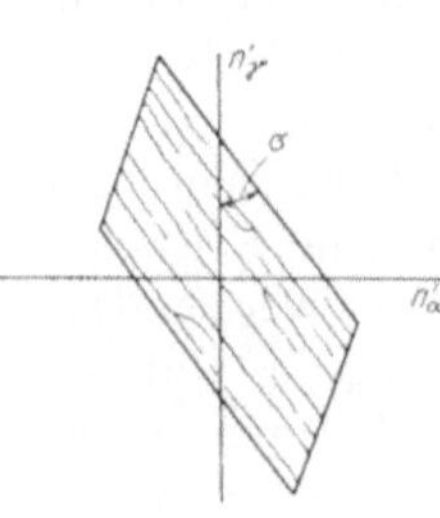

Fig. 78

Wahl eines Auslöschungswinkels zur Charakterisierung der in bezug auf Kanten und Spaltbarkeit schiefen Auslöschung.

seine beiden Schenkel der Reihe nach parallel demselben Okularfaden einstellt und die Differenz der beiden Tischstellungen bildet. Außer wenn es sich nur um rein orientierende Bestimmungen handelt, macht man für jede Stellung drei Ablesungen auf 0,1° genau und bildet das Mittel, das man auf 0,5° auf- oder abrundet. Die Parallelstellung der Schwingungsrichtung zum Okularfaden erfolgt durch Einstellung auf maximale Dunkelheit. Die kristallographische Richtung lasse man beim

Einstellen nicht direkt mit dem Faden zusammenfallen, sondern stelle auf Parallelität bei geringem Abstand ein.

In gewissen Fällen, beispielsweise bei der in der Petrographie sehr wichtigen Plagioklasbestimmung, werden die Auslöschungsschiefen als positiv oder negativ unterschieden. Es ist vielleicht nicht unangebracht, den Anfänger darauf hinzuweisen, daß sich dieses Vorzeichen nicht einfach aus dem Drehsinn des Mikroskoptisches bei der Einstellung auf Auslöschung ergibt, da dieser sich umkehrt, wenn man das Präparat um eine in seiner Ebene liegende Digyre dreht, d. h. Ober- und Unterseite vertauscht. Es ist vielmehr notwendig, das Vorzeichen der Auslöschung mit am Präparat selbst beobachtbaren kristallographischen Elementen in Zusammenhang zu bringen. So

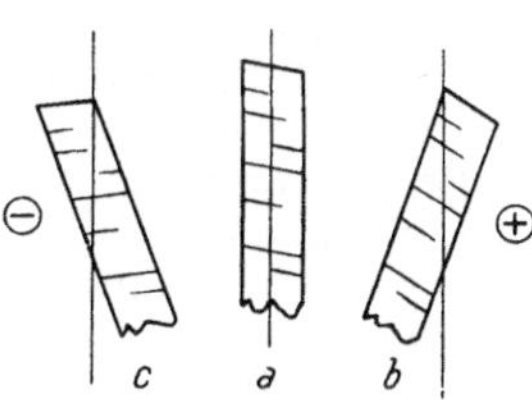

Bezeichnung des Vorzeichens der Auslöschungsschiefe bei der Plagioklasbestimmung an Hand von Schnitten der Zone $\perp$ (010), nach MICHEL-LÉVY.

Fig. 79

bezeichnet man z. B. bei der sehr wichtigen *Plagioklasbestimmungsmethode* mittels Schnitten der Zone $\perp$ (010), der sogenannten *symmetrischen Zone*, die Auslöschungsschiefe konventionsgemäß als positiv, wenn n'_α im spitzen, und als negativ, wenn es im *stumpfen* Winkel der Spuren von (010) und (001) liegt. Die ersteren sind gegeben durch die *Zwillingsgrenzen des Albitgesetzes*, die letztere durch die zu diesen nahezu senkrechten *basalen Spaltrisse* (Fig. 79).

2. Genaue Bestimmung der Auslöschungsschiefe

Unter gewissen Umständen verlangt die Festlegung der Auslöschungsschiefe eine Reihe von besonderen Vorkehrungen, sei es, daß das Präparat besondere Verhältnisse zeigt, welche die Bestimmung erschweren, sei es, daß eine besonders hohe Genauigkeit verlangt wird.

a) *Notwendigkeit der Aperturbeschränkung*

Von Bedeutung ist unter Umständen die Beschränkung der Beleuchtungsapertur, da für gewisse Schnittlagen die Auslöschung sehr stark von der Fortpflanzungsrichtung des Lichtes im Kristall abhängt. Es muß in solchen Fällen Sorge dafür getragen werden, daß möglichst nur in Richtung der Plattennormalen einfallendes Licht zur Verwendung gelangt, da die Auslöschung sonst unscharf ist. Immer wenn die Einstellung auf maximale Dunkelheit Schwierigkeiten bereitet und die diesbezüglichen Ablesungen stark streuen, versuche man daher, ob eine *Beschränkung der Apertur* (Schließen der Aperturblende des Beleuchtungsapparates oder Senken desselben) Abhilfe schafft. Da eine Aperturbeschränkung zugleich eine Abnahme der Lichtstärke bedingt, ist in solchen Fällen *intensives* künstliches Licht zu empfehlen.

b) *Einfluß der Dispersion*

Ist merkliche Dispersion der Auslöschung vorhanden, die ihrerseits wiederum auf eine *Dispersion der optischen Achsen* zurückzuführen ist, d. h. fallen die Schwingungsrichtungen für die verschiedenen Wellenlängen des Spektrums nicht zusammen, so ist für weißes Licht keine vollständige Dunkelstellung möglich. In der Auslöschungsstellung für das langwellige Ende des Spektrums erscheinen dann etwa blaugraue, in derjenigen für das kurzwellige jedoch schmutziggelb-braune Töne. In solchen Fällen kann man die Auslöschungsschiefe für einzelne λ bestimmen und ihre Abhängigkeit von der Wellenlänge in Form einer Kurve darstellen, oder man kann wenigstens angeben, ob der Auslöschungswinkel σ für das rote oder das blaue Ende des Spektrums größer oder kleiner ist, d. h. ob $\sigma_\varrho > \sigma_v$ oder $\sigma_v > \sigma_\varrho$ ist[1]). Für diese Bestimmungen verwendet man rote und blaue Lichtfilter von relativ großer Durchlässigkeit, die man auf das Okular auflegt. Verwendet man homogenes Licht bestimmter Wellenlänge zur Messung der Auslöschungsschiefe, so ist zu beachten, daß eine anisotrope Platte gemäß (D 3) in allen Stellungen dunkel bleibt, wenn ihr Gangunterschied $R = 2k\lambda/2 = k\lambda$ beträgt. Die Auslöschung bzw. Aufhellung wird somit um so undeutlicher und ihre Bestimmung um so ungenauer, je mehr sich für ein bestimmtes λ der Wert von R einem ganzzahligen Vielfachen von λ nähert, und um so deutlicher, je mehr $R = (2k + 1)\lambda/2$ nahekommt. *Ist somit Dispersion der Auslöschung vorhanden, so bedeutet die Verwendung von homogenem Licht nicht ohne weiteres eine Steigerung der Genauigkeit in der Bestimmung der Auslöschungsstellung.*

c) *Einfluß des Fadenfehlers*

Für die Bestimmung der Auslöschungsschiefe ist Bedingung, daß das Okularfadenkreuz genau parallel den Schwingungsrichtungen der Nicols justiert ist. Dies kann mit einem Präparat eines gerade auslöschenden Minerals nachkontrolliert werden. Besonders geeignet hierfür ist der orthorhombisch kristallisierende Anhydrit ($CaSO_4$), der eine pseudokubische Spaltbarkeit nach den drei aufeinander senkrecht stehenden Pinakoiden aufweist, so daß Schnitte oder Spaltblättchen nach je einem derselben zu den Spuren der beiden andern gerade auslöschen müssen.

Findet man, daß das Fadenkreuz nicht die geforderte Lage zu den Nicols aufweist, so muß es in die richtige Lage gebracht werden, indem man mit einem besonderen Schlüssel die Okularblende, auf welcher es aufgespannt ist, um den erforderlichen Betrag dreht, nachdem man das Okular auseinandergeschraubt hat. Die Korrektur muß am Fadenkreuz und nicht an den Nicols vorgenommen werden, da bei den meisten Mikroskopen der Analysator nicht drehbar eingerichtet ist.

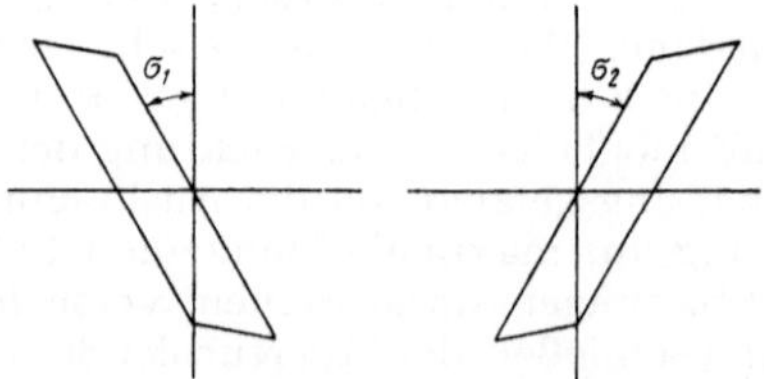

Fig. 80

Messung der Auslöschungsschiefe unabhängig von einem eventuell vorhandenen Fadenfehler sowie Ermittlung desselben.

Man kann sich auch auf folgende Weise von einem eventuellen Fadenfehler des Okulars unabhängig machen. Man mißt die Auslöschungsschiefe des Präparates, das jedoch nicht in einer Flüssigkeit eingebettet sein darf (Fig. 80). Der gefundene Auslöschungswinkel sei σ_1. Hierauf dreht man dieses so, daß die

---

[1]) Betr. die Abkürzungen ϱ und v siehe Fußnote S. 129.

Unterseite nach oben zu liegen kommt und wiederholt die Messung unter Benützung desselben Okularfadens. Dabei muß der Tisch jetzt in entgegengesetztem Sinne gedreht werden, um Auslöschung zu erzielen. Der so gefundene Auslöschungswinkel sei σ_2. Nennt man nun den wahren Auslöschungswinkel σ und den Fadenfehler, d. h. die Abweichung des Fadens von der Schwingungsrichtung des Nicols, τ, so ist

$$\sigma = \frac{1}{2}(\sigma_1 + \sigma_2) \quad \text{und} \quad \tau = \frac{1}{2}(\sigma_1 - \sigma_2). \tag{D 14}$$

d) *Steigerung der Einstellgenauigkeit für die Auslöschungsrichtungen*

Während für die gewöhnlichen Untersuchungen an Dünnschliffen oder chemischen Präparaten die Festlegung der Auslöschungsrichtungen durch Einstellung auf maximale Dunkelheit, evtl. unter Bildung eines Mittelwertes aus verschiedenen Einstellungen, vollauf genügt, existiert für besondere Zwecke eine Reihe von Spezialmethoden und -apparaturen. Diese beruhen zumeist auf der Tatsache, daß das menschliche Auge für geringe Helligkeitsdifferenzen aneinander grenzender Felder bedeutend empfindlicher ist als für die Erkennung maximaler Dunkelheit. Es muß jedoch darauf hingewiesen werden, daß der mit diesen Methoden erzielte Gewinn an Genauigkeit vielfach illusorisch ist, wenn es sich um die Messung eines gewöhnlichen Auslöschungswinkels, d. h. eines Winkels zwischen einer optischen und einer kristallographischen Richtung, handelt. Die Einstellgenauigkeit für die letztere ist infolge der oft vorhandenen unvollkommenen Ausbildung meist bedeutend geringer als für die Schwingungsrichtung. Daher liegt die mittels besonderer Maßnahmen erzielte Steigerung der Genauigkeit in der Festlegung der Auslöschungsrichtung meist weit innerhalb des bei der Bestimmung der kristallographischen Richtung begangenen Fehlers und kann sich im Schlußresultat gar nicht auswirken. Ist jedoch ein Winkel zwischen zwei Schwingungsrichtungen zu messen, oder, wie z. B. beim elliptischen Kompensator, das Azimut einer variablen Schwingungsrichtung zu bestimmen, so können Vorrichtungen der erwähnten Art von Nutzen sein, weshalb sie hier kurz behandelt werden sollen.

Für isolierte Kristalle kann man das gewöhnliche Rot I zur genauen Festlegung der Auslöschung im weißen Licht gut verwenden. Statt auf Dunkelstellung stellt man auf Rot gleicher Nuance für Kristall und isotrope Umgebung ein.

Nach M. Berek kann man die Auslöschungsstellung auch sehr gut kontrollieren, indem man nach der ersten Einstellung auf maximale Dunkelheit eines der beiden Nicols um einen geringen Betrag aus seiner Lage dreht, wobei Kristall und Umgebung gleiche Helligkeit aufweisen müssen. Ist dies nicht der Fall, so muß die Auslöschungsstellung nachkorrigiert werden.

Von den zahlreichen *Spezialvorrichtungen*, die im Laufe der Zeiten zur Erreichung einer schärferen Einstellung der Auslöschungsrichtungen vorgeschlagen wurden, kommen aus prinzipiellen Gründen vor allem diejenigen in Betracht, die auf dem optischen *Drehvermögen des Quarzes* beruhen. Für die andern spielt die Präzision in der Herstellung bzw. Justierung eine zu große Rolle, als daß sie ohne weiteres empfohlen werden könnten. Dies gilt vor allem für die zahlreichen vorgeschlagenen künstlichen Zwillingsplatten.

Bei Quarz wird die Schwingungsebene einer sich in Richtung der optischen Achse fortpflanzenden Welle um einen gewissen, der Dicke der Platte proportionalen Betrag gedreht, wobei rechts- und linksdrehende Individuen unterschieden werden können (vgl. Anhang zu diesem Kapitel). Dies hat zur Folge, daß Basisschnitte von Quarz zwischen gekreuzten Nicols nicht dunkel erscheinen. Werden zwei genau gleich dicke derartige Platten, die eine rechts-, die andere linksdrehend, nebeneinandergekittet, so werden beide Teile dieser Kombination (sogenannter

«*Biquarz*») zwischen gekreuzten Nicols gleiche Helligkeit oder, wie man sich ausdrückt, gleichen «*Halbschatten*» zeigen, wenn die Trennungslinie parallel der Schwingungsrichtung eines Nicols steht. Der Winkel $2\,\delta$, den die Schwingungsrichtungen in den beiden Hälften der Platte miteinander bilden, wird *Halbschattenwinkel* genannt. Die gleiche Helligkeit der beiden Hälften des Gesichtsfeldes ist äußerst empfindlich gegen Abweichungen von der Kreuzstellung der Nicols, so daß derartige Vorrichtungen zweckmäßig zu ihrer Kontrolle verwendet werden. Biquarzplatten werden am vorteilhaftesten in der Bildebene eines Okulars montiert (z. B. in einem Wrightschen Okular), so daß die Trennungsnaht der beiden Quarze zusammen mit dem Präparat sichtbar ist.

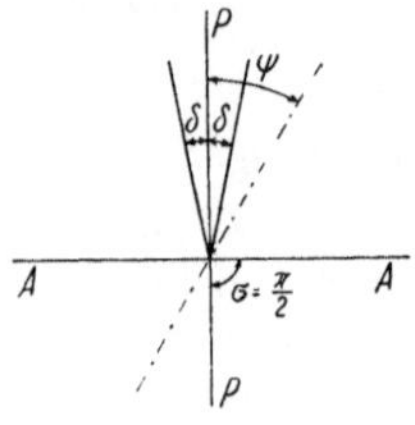

Zur Theorie der Biquarzplatte (*Nakamura*-Platte) und des Halbschattenkeils nach MACÉ DE LÉPINAY. Infolge des optischen Drehvermögens des Quarzes wird die Schwingungsebene der vom Polarisator PP herstammenden Wellen in den beiden aus entgegengesetzt drehendem Quarz bestehenden, gleich dicken Hälften des Biquarzes um den Winkel δ nach rechts bzw. links gedreht.

Fig. 81

Bringt man nun eine doppelbrechende Kristallplatte in den Strahlengang, so lassen sich die Intensitätsverhältnisse der beiden Gesichtsfeldhälften nach Formel (D 3a) berechnen, weil infolge der Drehung der Schwingungsebene durch den Quarz die Verhältnisse so liegen, wie wenn die Nicols statt des rechten Winkels einen solchen von $\pi/2 \pm \delta$ miteinander bildeten. Ist in Fig. 81 PP die Schwingungsrichtung des Polarisators, AA diejenige des Analysators, $2\,\delta$ der Halbschattenwinkel der Biquarzplatte und ψ der Winkel, den n'_γ der Kristallplatte mit PP bildet, so berechnen sich die Intensitäten J_1 und J_2 der beiden Gesichtsfeldhälften, wenn man in (D 3a) $\sigma = \pi/2 \pm \delta$ setzt, wie folgt (oberes Zeichen immer für den rechts-, unteres für den linksdrehenden Teil):

$$J_{1,\,2} = J_0 \left\{ \sin{}^2\delta + \sin 2\,\psi \sin 2\,(\psi \pm \delta)\, \sin^2\pi \frac{R}{\lambda} \right\}.$$

Für Halbschatten ist $J_1 = J_2$ bzw. $J_1 - J_2 = 0$, so daß

$$J_1 - J_2 = J_0 \left\{ [\sin 2\,(\psi + \delta) - \sin 2\,(\psi - \delta)]\, \sin 2\,\psi \sin^2\pi \frac{R}{\lambda} \right\} = 0$$

$$= J_0 \left(2 \cos 2\,\psi \sin 2\,\delta\, \sin 2\,\psi \sin^2\pi \frac{R}{\lambda} \right) = 0$$

$$= J_0 \left(\sin 4\,\psi \sin 2\,\delta \sin^2\pi \frac{R}{\lambda} \right) = 0$$

wird. Folglich herrscht gleicher Halbschatten, wenn $\psi = 0$ bzw. $\psi = \pi/2$ ist, d. h. in *Auslöschungsstellung*, und diese kann umgekehrt auf Grund dieses Umstandes sehr genau ermittelt werden. Außerdem wird die Gleichung auch für $\psi = \pi/4$ erfüllt (Diagonalstellung), was jedoch praktisch ohne Bedeutung ist.

Da sich zeigen läßt, daß die *Empfindlichkeit* der Einstellung auf Halbschatten proportional ctg δ ist, verwendet man am besten *dünne* Platten, wie z. B. die sogenannte *Nakamura-Platte*, oder man gibt ihnen die Gestalt eines dünnen Keils, wie beim *Halbschattenkeil nach* MACÉ DE LÉPINAY, bei welchem sich der Halbschattenwinkel entsprechend der veränderlichen Dicke in gewissen Grenzen variieren läßt. Unterlegt man bei einem solchen Keil die beiden Hälften mit je einer entgegengesetzt drehenden planparallelen, ebenfalls senkrecht zur optischen Achse geschnittenen Quarzplatte, so wird die Drehung in den beiden Keilen an den Stellen gleicher Dicke für Keil und Platte aufgehoben. Diese sogenannte

Doppel-Quarzkeilplatte nach F. E. WRIGHT gestattet somit die Anwendung kleinster Halbschattenwinkel.

Die beschriebenen Halbschattenvorrichtungen eignen sich vor allem für monochromatisches Licht. Für *weißes Licht* kommt im allgemeinen eine so große Genauigkeit überhaupt nicht in Frage, oder sie erweist sich in vielen Fällen wegen der vorhandenen Dispersion der Schwingungsrichtungen als illusorisch, so daß darauf nicht näher eingegangen zu werden braucht.

3. Auslöschungsverhältnisse der verschiedenen Kristallsysteme

Die Kenntnis der Auslöschungsverhältnisse ermöglicht im allgemeinen und, besonders in Verbindung mit konoskopischen Untersuchungen, die Bestimmung des Kristallsystems. Es soll daher im folgenden auf die für die verschiedenen Systeme charakteristischen Verhältnisse eingegangen werden. Da jedes kristallographische *Symmetrieelement* auch ein solches für die *Indikatrix* ist, muß die kristallographische Symmetrie auch für die Auslöschungsverhältnisse maßgebend sein. Weil in optischer Beziehung Richtung und Gegenrichtung immer *gleichwertig* sind, der Vorgang der Lichtfortpflanzung (abgesehen von der hier nicht betrachteten Zirkularpolarisation) somit zentrosymmetrisch ist, verhalten sich alle Symmetrieklassen, die auseinander durch Hinzufügen eines Symmetriezentrums abgeleitet werden können, gleich, so daß statt der 32 Kristallklassen nur noch 11 Gruppen zu unterscheiden sind. Da durch das Hinzufügen eines *Symmetriezentrums* normal zu jeder vorhandenen *geradzähligen Achse* immer auch eine neue *Spiegelebene* entsteht, die ebenfalls eine solche für die Indikatrix sein muß, so folgt, daß alle *Schnitte senkrecht zu einer wirklich vorhandenen Spiegelebene oder zu einer solchen, die durch Hinzufügen eines Symmetriezentrums entstehen würde, gerade* oder *symmetrisch* auslöschen, da ja auch die Kanten, Spaltbarkeiten usw., auf welche die Auslöschung im allgemeinen bezogen wird, in bezug auf diese Spiegelebenen symmetrisch liegen.

Bei den *Schnitten senkrecht zu einer Symmetrieachse* sind drei Fälle zu unterscheiden, nämlich daß die Achse mehr als zweizählig, daß sie eine zweizählige Achse im Schnitte zweier Spiegelebenen ist, oder daß sie eine solche ohne parallele Spiegelebenen darstellt. Im ersten Fall entspricht die Drehachse einer *Rotationsachse* der (einachsigen) Indikatrix. Der dazu senkrechte Schnitt entspricht einem *Kreisschnitt* der Indikatrix, für welchen die Schwingungsrichtungen unbestimmt sind, so daß der Schnitt zwischen gekreuzten Nicols in allen Azimuten *dunkel* bleibt. Im zweiten Fall liegen die Schwingungsrichtungen parallel den beiden sich in der Digyre schneidenden Spiegelebenen, die Auslöschung erfolgt *gerade* und *symmetrisch*. Im dritten Fall erfolgt sie *schief*. Diese Fälle sind auch maßgebend für das eventuelle Auftreten von *Auslöschungsdispersion*. Für alle Fälle, für welche soeben gerade oder symmetrische Auslöschung postuliert wurde, d. h. für Schnittlagen senkrecht zu wirklich vorhandenen Spiegelebenen, oder senkrecht zu solchen, die durch Hinzufügen eines Symmetriezentrums zu der vorhandenen Symmetrie entstehen, oder senkrecht zu Digyren, in denen sich zwei Spiegelebenen schneiden, ist Dispersion der Auslöschungsrichtungen nicht möglich. Sie kann jedoch in Schnitten senkrecht zu Digyren auftreten, die nicht Schnittgeraden von Spiegelebenen sind, sowie in solchen, welche keine spezielle Lage zu irgendwelchen Symmetrieelementen aufweisen. Auf Grund dieser allgemeinen Sätze läßt sich für die einzelnen Kristallsysteme folgendes aussagen:

a) *Kubisches System:* Da die Indikatrix eine Kugel ist, sind sämtliche Schnittlagen Kreisschnitte, Auslöschungsprobleme spielen daher überhaupt keine Rolle.

b) *Wirtelige Systeme* (tetragonal, trigonal-rhomboedrisch, hexagonal): Basisschnitte entsprechen Kreisschnitten der Indikatrix und bleiben daher zwischen gekreuzten Nicols in allen Stellungen dunkel. Prismenschnitte löschen immer gerade aus, zur *c*-Achse geneigte Schnitte (Dipyramiden-, Pyramiden-, Rhomboeder- usw. Schnitte) jedoch symmetrisch. Keine Dispersion der Auslöschung.

c) *Orthorhombisches System:* Schnitte senkrecht zu einer oder zwei der drei Spiegelebenen bzw. parallel zu mindestens einer der drei Digyren, die parallel zu den kristallographischen Achsen liegen, löschen gerade oder symmetrisch aus. Alle übrigen Schnitte löschen schief aus und können Auslöschungsdispersion zeigen[1]).

d) *Monoklines System:* Alle Schnitte aus der Zone der *b*-Achse (Digyre) löschen gerade oder symmetrisch aus und zeigen keine Auslöschungsdispersion. Alle andern löschen schief aus und besitzen die Möglichkeit der Dispersion der Auslöschung.

e) *Triklines System:* In allen Schnitten ist die Auslöschung schief, und die Möglichkeit für Dispersion der Schwingungsrichtungen ist vorhanden.

4. Auslöschungsverhältnisse verzwillingter Kristalle

Für Kristalle mit Symmetriezentrum kann die Verzwillingung immer so erklärt werden, daß man eine *Drehung* des einen Individuums um den Betrag von 180° um eine bestimmte Richtung, die sogenannte *Zwillingsachse*, gegenüber dem andern Individuum annimmt. Man spricht daher auch von *Hemitropien*, d. h. Halbdrehungen. Durch diese Operation entsteht für den Zwilling eine *neue Spiegelebene normal zur Zwillingsachse* (Zwillingsebene). Diese kann zugleich *Verwachsungsebene*, d. h. Kontaktfläche der beiden Individuen sein, kann aber auch senkrecht zu dieser stehen. Wie die Kristallindividuen bei Zwillingen in gesetzmäßig-symmetrischer Stellung zueinander stehen, trifft dies auch für ihre optischen Indikatrizen immer zu. Da diese in jedem Fall zentrosymmetrisch sind, kann für sie die Zwillingsstellung auch durch eine Drehung um 180° gedeutet werden, wenn die Kristallindividuen selbst kein Symmetriezentrum aufweisen. Dieser Fall spielt jedoch praktisch kaum eine Rolle und soll hier nicht betrachtet werden. Da die *Indikatrizen* in Zwillingskristallen *symmetrisch* zueinander liegen, müssen auch die *Auslöschungsschiefen* in Schnitten senkrecht zur Zwillingsebene *symmetrisch* sein. In der Praxis identifiziert man derartige Schnitte daher meist auf Grund ihrer symmetrischen Auslöschung in bezug auf die Spur der Zwillingsebene, so z. B. bei der meistgebrauchten *Plagioklasbestimmungsmethode*, derjenigen an Hand von Albitzwillingen in Schnitten der Zone $\perp$ (010),

---

[1]) Da die Auslöschungsverhältnisse im orthorhombischen System in vielen Darstellungen unvollständig oder gar unrichtig wiedergegeben werden, soll in Kapitel J auf einige wichtige diesbezügliche Fälle näher eingegangen werden.

die daher auch als «*symmetrische Zone*» bezeichnet wird. Wie sich mit Hilfe der
Fresnelschen Formel (D 3) zeigen läßt, sind derartige Schnitte auch daran erkennbar, daß die Zwillingsindividuen *gleiche Aufhellung* zeigen, wenn die Spur
der Zwillingsebene Winkel von 0, $\pi/4$ oder $\pi/2$ mit der Polarisatorrichtung bildet, d. h. in Normal- oder Diagonalstellung steht. Die Auslöschungsverhältnisse
verzwillingter Kristalle lassen sich in sehr eleganter Weise mit Hilfe der stereographischen Projektion behandeln, wie zuerst A. MICHEL-LÉVY[1]) gezeigt hat. Es
muß hierfür jedoch auf das Original oder auf die ausgezeichnete Darstellung
durch DUPARC und PEARCE[2]) verwiesen werden.

V. ANHANG:

KRISTALLE MIT OPTISCHEM DREHVERMÖGEN

Das bis jetzt geschilderte Verhalten ist für weitaus die größte Zahl der bekannten Kristalle gültig, und die behandelte Theorie erklärt die an denselben
wahrzunehmenden Erscheinungen in durchaus genügender Weise. Es existiert
jedoch eine kleine Anzahl von Kristallarten, die sich dadurch auszeichnen, daß
bei ihnen im Gegensatz zu dem bis jetzt Konstatierten, Schnitte senkrecht zur
optischen Achse Einachsiger (z. B. bei Quarz oder Zinnober), oder senkrecht
zu einer optischen Achse Zweiachsiger (z. B. bei Rohrzucker oder Seignette-
salz) oder gar beliebige Schnitte Isotroper (z. B. bei $NaClO_3$) zwischen gekreuzten Nicols *nicht* auslöschen. Das bedeutet, daß die erwähnten Richtungen, im
Gegensatz zu der allgemeinen Theorie, *keine* Richtungen der Isotropie mehr sind.
Gemeinsam ist diesen Substanzen, daß sie in Symmetrieklassen ohne Symmetriezentrum kristallisieren[3]). Da das einzige häufige und zugleich gesteinsbildende
Mineral, das ein derartiges Verhalten zeigt, der *Quarz* ist, und da das Phänomen
1811 von ARAGO auch an diesem Mineral entdeckt wurde, sollen die charakteristischen Erscheinungen an Hand dieses Beispiels kurz erläutert werden. Es
soll jedoch schon an dieser Stelle darauf aufmerksam gemacht werden, daß die
wahrzunehmenden Effekte am Quarz von so geringem Ausmaß sind, daß sie in
Dünnschliffen normaler Dicke (0,02—0,04 mm) *nicht* festgestellt werden können
und daher bei den üblichen mikroskopisch-petrographischen Untersuchungen
nicht berücksichtigt zu werden brauchen. Bei der Untersuchung von Präparaten
neudargestellter chemischer Verbindungen besteht natürlich prinzipiell immer

---

[1]) A. MICHEL-LÉVY, *Etudes sur la détermination des feldspaths*, I (Paris 1894).
[2]) DUPARC-PEARCE, l. c. (1907), S. 266—272.
[3]) Das Fehlen eines Symmetriezentrums ist eine notwendige Bedingung für die Möglichkeit des
Auftretens von optischem Drehvermögen. Das Vorhandensein einer Tetragyroide oder einer
Spiegelebene bildet jedoch keinen Hinderungsgrund. Die alte Auffassung SOHNCKES, wonach
optische Aktivität nur in Symmetrieklassen mit enantiomorphen Formen möglich sein sollte, wurde
durch den Nachweis der Aktivität des monoklin-hemiedrischen (C_s) Mesityloxydoxalsäuremethyl-
esters durch E. SOMMERFELDT widerlegt. Vgl. N. Jb. Min. usw. (1908) I., 58—62. Optisches Drehvermögen ist somit in folgenden 15 von den insgesamt 21 azentrischen Symmetrieklassen möglich:
C_1, C_s, C_2, C_{2v}, D_2, S_4, C_4, D_{2d}, D_4, C_3, D_3, C_6, D_6, T, O.

die Möglichkeit des Auftretens analoger Phänomene, wenn auch die Wahrscheinlichkeit hierfür wegen der geringen Verbreitung der niedrig-symmetrischen Kristallklassen, speziell auch derjenigen ohne Symmetriezentrum, nur sehr gering ist. Dies trifft um so mehr zu, als das Fehlen eines Symmetriezentrums nicht auch umgekehrt zwangsläufig optische Aktivität in wahrnehmbarem Grade zur Folge haben muß.

Betrachtet man eine senkrecht zur optischen Achse geschnittene dickere, z. B. 1 mm dicke Quarzplatte zwischen gekreuzten Nicols im homogenen Licht, so erscheint sie nicht dunkel und kann auch durch Drehen um ihre Normale als Achse nicht in Dunkelstellung gebracht werden. Dunkelheit wird jedoch durch *Drehen des Analysators* um einen bestimmten Winkel ϱ bzw. $\varrho + \pi$ erzielt. Dieses Verhalten muß so gedeutet werden, daß das aus der Platte austretende Licht *linear polarisiert* ist und daß seine Schwingungsebene gegenüber derjenigen des einfallenden Lichtes (wie sie durch die Orientierung des Polarisators gegeben ist) um einen gewissen Winkel ϱ oder $\varrho + \pi$ *gedreht* ist. Man spricht daher von *optisch aktiven* Kristallen oder von solchen mit *optischem Drehvermögen* oder auch von *zirkular polarisierenden* Kristallen, wie auf Grund der theoretischen Deutung des Phänomens verständlich werden wird.

Die Erscheinung ist durch folgende Punkte näher charakterisiert:

a) Der Drehwinkel ϱ ist proportional der Plattendicke. Man bezeichnet daher die Drehung für die Dicke 1 als *spezifisches Drehvermögen* ϱ_0.

b) Dreht man die Platte um eine in derselben liegende Digyre, d. h. vertauscht man Ober- und Unterseite, so ändert sich ϱ weder nach Absolutbetrag noch nach Drehsinn.

c) Bei gleicher Präparatendicke ist ϱ dem Absolutbetrag nach für alle Präparate der gleichen Substanz gleich groß. Es existieren jedoch in bezug auf den Drehsinn zwei einander entgegengesetzte Fälle, die als *rechts-* bzw. *linksdrehend* bezeichnet werden. Blickt ein Beobachter dem einfallenden Licht entgegen, so bezeichnet man ein Präparat als *rechts*drehend, wenn man den Analysator im *Uhrzeigersinn* um den kleinern Winkel drehen muß, um Dunkelheit zu erzeugen.

d) Bei gegebener Dicke ist der Drehwinkel in erster Annäherung umgekehrt proportional dem Quadrat der Wellenlänge. Genauer wird die Abhängigkeit durch eine von BOLTZMANN gefundene Beziehung von der Form

$$\varrho = \frac{A}{\lambda^2} + \frac{B}{\lambda^4} + \frac{\Gamma}{\lambda^6} + \frac{\Delta}{\lambda^8} + \cdots$$

wiedergegeben.

e) Aus Punkt d) folgt, daß sich für weißes Licht beim Drehen des Analysators ein Farbwechsel ergeben muß, da bei einer bestimmten Analysatorstellung immer nur ein bestimmter Spektralbereich ausgelöscht wird und somit eine Restfarbe übrigbleibt. Der Drehsinn der Platte entspricht dem Drehsinn des Analysators, wenn die beobachteten Farben in der gewöhnlichen spektralen Reihenfolge von Violett über Gelb nach Rot wechseln.

Die theoretische Erklärung des Phänomens wurde durch A. FRESNEL schon bald nach seiner Entdeckung gegeben. Danach findet bei den Kristallen mit optischem Drehvermögen in Richtung der optischen Achse *Doppelbrechung* statt, die allerdings von besonderem Charakter ist. Die einfallende, linear polarisierte Welle wird dabei nämlich nicht, wie bei der gewöhnlichen Doppelbrechung, in zwei ebenfalls lineare Schwingungen zerlegt, sondern in zwei zirkular polarisierte. Diese haben *gleiche Amplitude*, aber *entgegengesetzten Umlaufsinn*, d. h. die eine ist *rechts-, die andere linkszirkular*, sowie *verschiedene Fortpflanzungsgeschwindigkeit*.

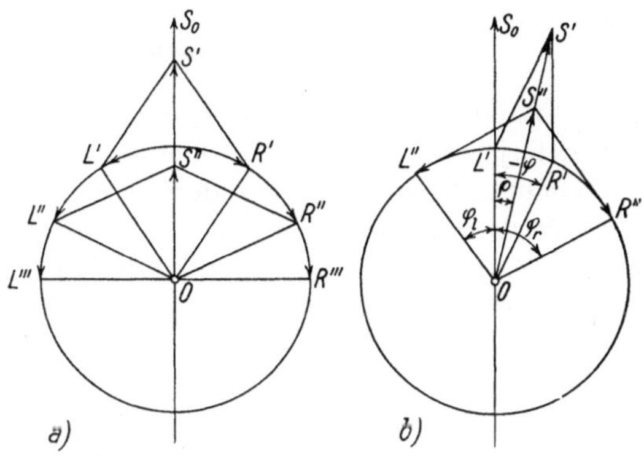

Fig. 82

Zur Theorie der Zirkularpolarisation.

a) Eine lineare Schwingung OS_0 läßt sich in zwei entgegengesetzt zirkulare Komponenten von gleicher Umlaufgeschwindigkeit zerlegen, die ihrerseits als Resultante wiederum eine mit der ursprünglichen identische lineare Schwingung ergeben.

b) Wird eine der beiden zirkularen Schwingungen gegenüber der andern beschleunigt oder verzögert, so fällt die lineare Resultante nicht mehr mit der ursprünglichen Schwingung zusammen, sondern die beiden Schwingungsebenen bilden einen Winkel ϱ miteinander.

Analytisch und geometrisch läßt sich zeigen, daß eine lineare Schwingung von der Amplitude a sich in zwei zirkulare von gleicher Geschwindigkeit, aber entgegengesetztem Umlaufsinn vom Radius $a/2$ zerlegen läßt und daß umgekehrt diese sich wieder zur ursprünglichen linearen Schwingung zusammensetzen lassen. Ist (Fig. 82 *a*) OS_0 die lineare Schwingung nach Amplitude und Schwingungsrichtung im Moment t_0, so ist sie zur Zeit t' gegeben durch OS' und läßt sich, wie das Parallelogramm $OR'S'L'$ zeigt, in die beiden zirkularen Komponenten OR' und OL' zerlegen. Zur Zeit t'' ist sie durch OS'' gegeben, und die beiden Komponenten sind OR'' und OL''; zur Zeit t''' ist ihr Wert gleich Null, und die beiden sich aufhebenden, entgegengesetzt gerichteten Komponenten sind OR''' und OL'''. Bei weiter fortschreitender Zeit wird die Elongation negativ. Aus der Umkehrung der Betrachtung ergibt sich die Zusammensetzung der beiden zirkularen Schwingungen zu einer linearen von der ursprünglichen Schwingungsrichtung.

Nimmt man nun an, daß den beiden zirkularen Schwingungen verschiedene Geschwindigkeiten zukommen, so weisen sie nach Durchlaufen der Platte einen *Gangunterschied R* bzw. eine *Phasendifferenz φ* auf, und es ergeben sich die Verhältnisse von Fig. 82 *b*. OS_0 sei wiederum die Schwingungsebene der ursprünglich einfallenden Welle, die in zwei zirkulare Schwingungen zerlegt werde. OL' und OR' bzw. OL'' und OR'' stellen wiederum zwei Schwingungszustände dar, wobei die linke Schwingung gegenüber der rechten eine dem Bogen $L'R'$ entsprechende Phasenverzögerung $-\varphi$ aufweise. Die beiden zirkularen Schwingungen setzen sich zu einer neuen linearen Schwingung OS' zusammen, die mit der Ebene der einfallenden Schwingung OS_0 den Winkel $\varrho = \varphi/2 = (\varphi_r - \varphi_l)/2$ einschließt. Der *Drehwinkel ϱ* der resultierenden Schwingungsebene ist somit gleich der *halben Phasendifferenz* der beiden entgegengesetzt zirkularen Wellen.

Nach (D2) ergibt sich die Phasendifferenz zweier Wellen mit den Brechungsindizes n_γ' und n_α' bei einer Plattendicke d zu $\varphi = 2\,\pi\,(d/\lambda)\,(n_\gamma' - n_\alpha')$. Bezeichnet man die Indizes der beiden zirkularen Wellen mit ω_l und ω_r, so folgt für den Winkel ϱ, um den die Schwingungsebene der resultierenden Welle gedreht ist,

$$\varrho = \frac{\varphi}{2} = \pi\,\frac{d}{\lambda}\,(\omega_r - \omega_l) \quad \text{bzw.} \quad \varrho = \pi\,\frac{d}{\lambda}\,(\omega_l - \omega_r). \tag{D15}$$

Die Drehung ist eine *rechte* oder *linke*, je nachdem die *rechts-* oder *linkszirkulare* Welle die *raschere* ist, d. h. je nachdem $\omega_l > \omega_r$ oder $\omega_l < \omega_r$ ist. Das *spezifische Drehvermögen* ϱ_0 errechnet sich aus (D15), indem man $d = 1\,\text{mm}$ setzt. Die Größe der *zirkularen Doppelbrechung* folgt ebenfalls aus (D15). Setzt man $\varrho_{0D} = 21{,}67°$ und $\lambda_D = 589{,}3\,\mu\mu$, so wird (für λ und d sind die gleichen Einheiten zu verwenden) für einen Rechtsquarz z. B.

$$\omega_l - \omega_r = \frac{\varrho_0\,\lambda}{d\,\pi} = \frac{21{,}67 \cdot 589{,}3}{10^4 \cdot 180} = 0{,}000071\,.$$

Eine Übersicht über die Abhängigkeit des spezifischen Drehvermögens und der zirkularen Doppelbrechung von λ vermittelt folgende Zusammenstellung:

Fraunhofersche Linien	ϱ_0	Zirkulare Doppelbrechung $\omega_l - \omega_r$
B	$15{,}55°$	$0{,}000059$
C	$17{,}22°$	$0{,}000068$
D	$21{,}67°$	$0{,}000071$
E	$27{,}46°$	$0{,}000080$
F	$32{,}69°$	$0{,}000083$
G	$42{,}37°$	$0{,}000101$
H	$50{,}98°$	$0{,}000112$

Die zirkulare Doppelbrechung in Richtung der optischen Achse ist demnach für Quarz nur sehr gering und für mittlere λ ungefähr 100mal geringer als der Maximalwert der gewöhnlichen Doppelbrechung. Ihr demgemäß nicht leichter experimenteller Nachweis gelang jedoch schon FRESNEL durch Anwendung einer sinnreichen Prismenkombination aus Quarz, die es ermöglicht, die beiden zirkularen Wellen zu trennen und ihren Schwingungszustand zu analysieren. Die Vorrichtung (Fig. 83) besteht aus einem stumpfwinkligen Quarzprisma, das mit zwei rechtwinkligen, unter sich gleich, in bezug auf das erste Prisma aber entgegengesetzt drehenden Prismen so verkittet ist, daß eine Kombination von parallelepipedischer Gestalt entsteht. Die optischen Achsen liegen in allen drei Teilprismen parallel der Längserstreckung und senkrecht zu den Endflächen. Eine senkrecht auf AB fallende Welle wird in zwei zirkulare zerlegt. Diese werden an der Grenzfläche BE in entgegengesetztem Sinne gebrochen, da die im ersten Prisma ABE raschere Welle im zweiten BED die langsamere ist, und umgekehrt. An der Grenzfläche *ED* findet nochmals Brechung statt, wobei aus dem gleichen Grunde die Divergenz der beiden Wellen nochmals verstärkt wird. Mit Hilfe eines zirkularen Analysators, d. h. eines Nicols mit diagonal vorgeschaltetem $\lambda/4$-Glimmerplättchen, läßt sich zeigen, daß die beiden Wellen tatsächlich entgegengesetzt zirkular polarisiert sind.

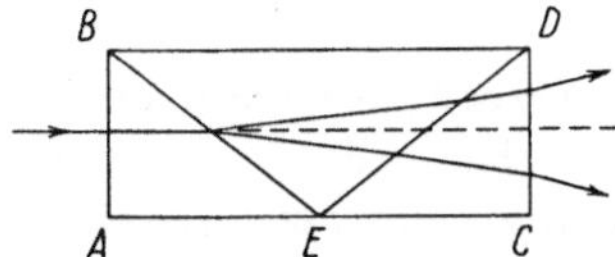

Fig. 83

Fresnelsches Prisma, abwechselnd aus *r*- und *l*-Quarz zusammengesetzt, zur experimentellen Trennung der beiden sich in Richtung der optischen Achse fortpflanzenden zirkularen Wellen ungleicher Geschwindigkeit bzw. Lichtbrechung.

In von der optischen Achse abweichenden Richtungen pflanzen sich zwei *elliptisch* polarisierte Wellen fort, deren große und kleine Achsen je senkrecht aufeinander stehen und die *entgegengesetzten Umlaufsinn* aufweisen. Die großen Achsen entsprechen den Schwingungsrichtungen, wie sie sich bei fehlender Aktivität nach dem Fundamentalsatz der Kristalloptik ergeben würden. Da mit zunehmender Entfernung von der Richtung der optischen Achse die gewöhnliche Doppelbrechung rasch zunimmt, stellt sich praktisch bald normales Verhalten ein, und der Quarz verhält sich für Untersuchungen mit den gewöhnlichen mikroskopischen Methoden wie ein nichtaktives Mineral[1].

Weitere Ausführungen über das Verhalten optisch aktiver Kristalle enthält der Anhang zu Kapitel F (Konoskopische Methoden).

---

[1] Eingehendere Darlegungen über die optische Aktivität des Quarzes siehe z. B. bei G. Szivessy, *Neuere Untersuchungen über die optischen Erscheinungen bei aktiven Kristallen*, Fortschr. Min. Petr. Krist. *21*, 111−168 (1937).

E. Absorbierende Kristalle (Pleochroismus)

I. ALLGEMEINES

Die bisherigen Darlegungen über Fortpflanzung, Brechung, Doppelbrechung und Polarisation des Lichtes in Kristallen bezogen sich ausschließlich auf vollkommen durchsichtige, *nichtabsorbierende* Kristalle. Für *absorbierende Medien* sind die Verhältnisse bedeutend komplizierter, indem eine die Absorption charakterisierende Konstante neben dem Brechungsindex als mitbestimmend für das optische Gesamtverhalten auftritt[1]). Ist J_0 die ursprüngliche Lichtintensität und J diejenige nach dem Durchgang durch ein absorbierendes Medium von der Schichtdicke d, so gilt, wie das Experiment zeigt, ganz allgemein das Exponentialgesetz

$$J = J_0 e^{-md}. \tag{E 1}$$

Hierbei bedeutet e die Basis des natürlichen Logarithmensystems und m eine die Stärke der Absorption charakterisierende Materialkonstante, die gelegentlich als *Absorptionsmodul* bezeichnet wird. Setzt man nach CAUCHY

$$m = \frac{4\pi}{\lambda}\,\varkappa,$$

wobei λ die Wellenlänge im absorbierenden Medium bedeutet, so wird $\varkappa$ als *Absorptionsindex* bezeichnet. Ist $\lambda_0 = n\lambda$ die Wellenlänge im leeren Raum, so gilt weiter

$$J = J_0 e^{-(4\pi d/\lambda)\varkappa} = J_0 e^{-(4\pi d/\lambda_0)n\varkappa} = J_0 e^{-(4\pi d/\lambda_0)k}. \tag{E 2}$$

Dabei bezeichnet man $k = n\varkappa$ als *Absorptionskoeffizienten*. Diese verschiedenen Konstanten zur Charakterisierung der Absorption sind scharf auseinanderzuhalten. Für kristalloptische Zwecke verwendet man mit Vorteil den Absorptionskoeffizienten k, der eine einfache Formulierung der auftretenden Beziehungen gestattet.

Für die absorbierenden Medien müssen die optischen Gesetze in allgemeinerer Weise gefaßt werden als für die vollkommen durchsichtigen. Es zeigt sich, daß die Analogie in der Formulierung gegenüber den durchsichtigen Medien weitgehend gewahrt bleibt, wenn man statt der gewöhnlichen reellen Größen komplexe einführt, wodurch allerdings die unmittelbare Vorstellbarkeit der

---

[1]) Die klassische Theorie der absorbierenden Kristalle, wie sie besonders durch W. VOIGT und P. DRUDE begründet wurde, ist in den Werken von POCKELS, l. c. (1906), SZIVESSY, l. c. (1928) und BORN, l. c. (1933) zusammenfassend dargestellt. Eine den Bedürfnissen des Mikroskopikers angepaßte Darstellung und wesentliche Weiterentwicklung erfuhr sie durch M. BEREK. Von den Arbeiten dieses Autors, auf welche sich die folgenden Ausführungen in erster Linie stützen, seien vor allem genannt: M. BEREK, *Elementare Einführung in die Optik absorbierender Kristalle und in die Methodik ihrer Bestimmung im reflektierten Licht*, C. B. f. Min. usw., Abt. A, 198—207 (1931); *Optische Meßmethoden im polarisierten Auflicht, insonderheit zur Bestimmung der Erzmineralien, mit einer Theorie der Optik absorbierender Kristalle*, Fortschr. Min. Petr. Krist. *22*, 1—104 (1937).

Begriffe verlorengeht. Die wichtigste derartige Substitution betrifft den Brechungsindex. An Stelle des gewöhnlichen Brechungsindex n, wie er für vollkommen durchsichtige Medien Gültigkeit hat, setzt man

$$n' = n(1 - i\varkappa) = n\left(1 - i\,\frac{k}{n}\right) = n - ik. \qquad \text{(E 3)}$$

Hierbei bedeutet i die imaginäre Einheit $\sqrt{-1}$, n' ist somit von der Form $a - bi$, also einer komplexen Zahl und wird daher als *komplexer Brechungsindex* bezeichnet.

Analog zu der in Kapitel A eingehend besprochenen gewöhnlichen Indikatrix für vollkommen durchsichtige Kristalle läßt sich nun für die absorbierenden Kristalle eine Bezugsfläche gewinnen in Form einer allgemeinen Fläche zweiten Grades mit komplexen Brechungsindizes als Radienvektoren. Sie wird als *komplexe Indikatrix* bezeichnet. Sie hat jedoch den Nachteil, daß sie nicht vorstellbar ist und daß daher zur Ableitung der optischen Verhältnisse keine anschauliche Konstruktion analog dem Fundamentalsatz der Kristalloptik für die nichtabsorbierenden Medien existiert, nach welcher sich der Schwingungszustand sowie die Größen n und k für sich in beliebiger Richtung fortpflanzende Wellen einfach ermitteln lassen, sondern daß dies nur rechnerisch möglich ist.

Die Rechnung zeigt, daß sich in einem absorbierenden Kristall im allgemeinen in einer gegebenen Richtung, wie in einem vollkommen durchsichtigen, zwei Wellen fortpflanzen. Im Unterschied zum letzteren sind diese jedoch im allgemeinen elliptisch polarisiert, wobei die beiden Schwingungsbahnen gleiche Elliptizität und gleichen Umlaufsinn aufweisen und ihre größeren bzw. kleineren Achsen senkrecht aufeinander stehen. Die Wellen weisen nicht nur verschiedene Brechung, sondern auch verschiedene Absorption auf. Für spezielle Fortpflanzungsrichtungen spezialisiert sich die Schwingungsform. Für alle Wellennormalenrichtungen optisch einachsiger und für solche zweiachsiger Kristalle parallel einer optischen Symmetrieebene wird sie linear. Bemerkenswert ist ferner, daß bei den orthorhombischen, monoklinen und triklinen absorbierenden Kristallen keine optischen Achsen vorhanden sind, welche denen der durchsichtigen Kristalle entsprechen. In den Richtungen, für welche die Brechungsindizes der beiden Wellen gleich sind, sind die Absorptionskoeffizienten verschieden, und umgekehrt. An Stelle der optischen Achsen treten daher paarweise je zwei zur Ebene $\perp n_\beta$ symmetrisch gelegene sogenannte *Windungsachsen*, längs welcher sich je *eine* zirkular polarisierte Welle fortpflanzt. Derartige Kristalle können daher nicht mehr als «zweiachsig» im üblichen Sinne bezeichnet werden.

Die hier kurz skizzierten Verhältnisse sind von Bedeutung für alle stark absorbierenden Kristalle, d. h. für solche, welche in normaler Dünnschliffdicke (0,02—0,03 mm) nicht mehr durchsichtig sind. Ihre Untersuchung im durchfallenden Licht nach den gewöhnlichen mikroskopischen Methoden ist nicht mehr möglich, sondern sie muß im auffallenden Licht unter Verwendung eines Opakilluminators erfolgen. Man spricht in diesem Falle von Auflicht- oder *Erzmikroskopie*, weil diese Verhältnisse besonders für zahlreiche Erzmineralien zutreffen[1].

---

[1] Zur Einführung in die diesbezügliche Untersuchungsmethodik siehe: H. Schneiderhöhn und P. Ramdohr, *Lehrbuch der Erzmikroskopie* I, 1, Berlin (1934), und für die seither entwickelten quantitativen Methoden M. Berek, l. c. (1937).

II. SCHWACH ABSORBIERENDE KRISTALLE

Absorbierende Kristalle, welche in normaler Dünnschliffdicke noch durchsichtig sind und daher mit Hilfe der gewöhnlichen mikroskopischen Methoden untersucht werden können, nennt man *schwach absorbierend*. Für sie muß wegen des immer großen Wertes von d/λ_0 in (E 2) der Absorptionskoeffizient k sehr klein sein, nämlich von der Größenordnung 10^{-4} oder kleiner[1].

Zu den schwach absorbierenden Kristallarten gehört vor allem eine Reihe von makroskopisch dunklen, im Dünnschliff aber durchsichtigen und farbig erscheinenden gesteinsbildenden Mineralien, wie z. B. Biotite, viele Hornblenden und Augite, Staurolith, Epidot, Turmalin, Andalusit, aber auch viele Laboratoriumsprodukte, z. B. Farbstoffe.

Da die Theorie zeigt, daß für den Fall, daß k^2 neben n^2 vernachlässigt werden darf, die Abweichungen der komplexen Indikatrix von derjenigen für durchsichtige Kristalle ebenfalls vernachlässigt werden dürfen, so folgt, daß sich für schwach absorbierende Kristalle Schwingungsrichtung und Lichtbrechungsverhältnisse in gewohnter Weise aus dem Fundamentalsatz der Kristalloptik ergeben. Eine gewisse Ausnahme ergibt sich nur für die den optischen Achsen bzw. Windungsachsen eng benachbarten Richtungen, was jedoch praktisch hier ohne Bedeutung ist. Für die Absorptionskoeffizienten gilt auch bei schwach absorbierenden Kristallen noch ein komplizierteres Gesetz, was jedoch für die hier verfolgten Zwecke ebenfalls nicht wichtig ist.

Für das mikroskopische Studium von Dünnschliffen und Körnerpräparaten ist vor allem die Tatsache wichtig, daß die beiden sich in einer bestimmten Richtung eines schwach absorbierenden Kristalls fortpflanzenden Wellen verschiedene Absorption aufweisen. Da die Absorption auch eine Funktion der Wellenlänge ist, bedingt dies somit eine Abhängigkeit der im durchfallenden Licht wahrgenommenen Farbe von der Schwingungsrichtung. Diese Farbänderung wird wahrgenommen, wenn man eine anisotrope Platte eines schwach absorbierenden Kristalls unter Benützung nur eines Nicols (z. B. mit dem Polarisator, Analysator ausgeschaltet) unter dem Mikroskop betrachtet. Beim Drehen des Tisches ändert sich die Farbe je nach der benützten Schwingungsrichtung. Man nennt die Erscheinung den *Dichroismus* der betreffenden Platte und spricht in bezug auf den ganzen Kristall von *Pleochroismus*. Ohne Nicols, im gewöhnlichen Licht, konstatiert man lediglich eine einheitliche *Mischfarbe* als Summationseffekt über die den verschiedenen Schwingungsrichtungen zukommenden Absorptionsfarben, weil das menschliche Auge nicht fähig ist, Lichtschwingungen verschiedener Azimute zu analysieren.

---

[1] Aus (E 2) ergibt sich, daß, wenn man die Reflexion an den Grenzflächen vernachlässigt, der Anteil des durchgelassenen Lichtes $D = J/J_0 = e^{-4\pi\,(d/\lambda_0)\,k}$ ist. Setzt man willkürlich z. B.

$$D = \frac{1}{5}, \quad \lambda_0 = 550\,\mu\mu \quad \text{und} \quad d = 0,03\,\text{mm} = 3 \cdot 10^4\,\mu\mu,$$

so ist

$$k = \frac{\ln 5 \cdot \lambda_0}{4\,\pi\,d} = \frac{1,61 \cdot 550}{4 \cdot 3,14 \cdot 3 \cdot 10^4} = 2,34 \cdot 10^{-4}.$$

Soll der Pleochroismus *diagnostisch* zur Charakterisierung verschiedener Kristallarten benutzt werden, so ist es notwendig, ihn auf gewisse, gut charakterisierte und leicht feststellbare *Bezugsrichtungen* zu beziehen. Als solche kommen in erster Linie die Hauptschwingungsrichtungen eines Kristalls oder unter Umständen auch einfach die Schwingungsrichtungen einer Platte in Betracht, seltener morphologische Richtungen, wie z. B. die Längserstreckung eines Kristalls, Spuren von Spaltrissen usw. Man gibt z. B. als Resultat einer solchen Bestimmung an: n_γ = blaugrün, n_β = braun, ε = farblos, parallel Spaltbarkeit schwache Absorption, senkrecht dazu starke, fast schwarz usw.

Da man die Absorptionsverhältnisse nur rein qualitativ beurteilt und im allgemeinen auch über die Präparatendicke nicht näher orientiert ist, braucht auch die Orientierung des Präparates nicht genau inne gehalten zu werden.

Für optisch gleichwertige Richtungen resultieren gleiche Absorptionsfarben, so daß z. B. Basisschnitte einachsiger Kristalle beim Drehen keinen Farbwechsel zeigen und zu ihrer Charakterisierung zwei extreme Werte der Absorption (Farben) für die Schwingungsrichtungen parallel und senkrecht c ausreichen. Im Gegensatz hierzu sind für optisch Zweiachsige drei Farben charakteristisch, entsprechend den drei ungleichwertigen Hauptschwingungsrichtungen. Isotrope zeigen überhaupt keinen Pleochroismus.

Praktisch geht man so vor, daß man bei bekannter Orientierung des Polarisators und bei ausgeschaltetem Analysator an Kristallen geeigneter Orientierung die für die einzelnen Hauptschwingungsrichtungen (d. h. für parallele Lage derselben zum Polarisator) auftretenden Farben registriert. Die Lage und den Charakter der Hauptschwingungsrichtungen stellt man vorher zwischen gekreuzten Nicols fest. Zwei Beispiele sollen das Vorgehen illustrieren.

a) *Turmalin* (optisch einachsig-negativ) bildet stengelige, nach der c-Achse gestreckte Kristalle (Fig. 84, PP = Schwingungsrichtung des Polarisators). Für

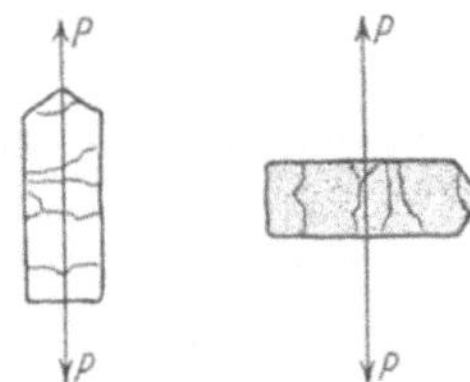
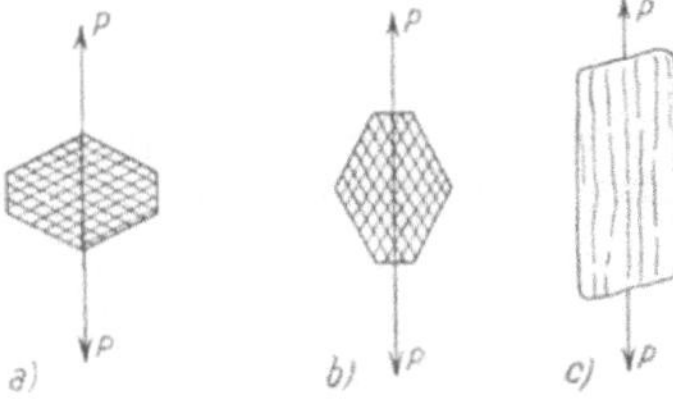

Fig. 84
Absorption eines Turmalinkristalls in Abhängigkeit von der Schwingungsrichtung (Dichroismus, Pleochroismus). PP Schwingungsrichtung des Polarisators.

Fig. 85
Feststellung der Absorptionsverhältnisse (Pleochroismus) für angenähert parallel zu den drei Hauptschwingungsrichtungen schwingendes Licht bei Hornblende. PP Schwingungsrichtung des Polarisators.

Licht, das parallel einem Hauptschnitt eines Turmalinkristalls schwingt, ist die Absorption gering, für solches mit Schwingungsrichtung senkrecht zur optischen Achse stark. Es ist somit, da Turmalin optisch negativ ist, z. B. $n_\alpha = \varepsilon$ hellbraun und $n_\gamma = \omega$ dunkelbraun oder schwarz.

b) *Hornblende*, monoklin, vorwiegend optisch zweiachsig-negativ mit meist kleiner Auslöschungsschiefe n_γ/c. Wegen der geringen Auslöschungsschiefe sind

Schnitte, die ungefähr $\perp c$ liegen und die am pseudohexagonalen Querschnitt mit der ausgezeichneten prismatischen Spaltbarkeit (Fig. 85a und b) leicht erkannt werden, auch ungefähr $\perp n_\gamma$ orientiert und zeigen die den beiden andern Hauptschwingungsrichtungen n_α und n_β entsprechenden Absorptionsfarben. Ist, was meistens zutrifft, $n_\beta = b$, d. h. die optische Achsenebene in (010) gelegen, so halbiert n_α den stumpfen, n_β jedoch den spitzen prismatischen Spaltwinkel. Schnitte parallel c, kenntlich an den parallelen Spaltrissen (Fig. 85c), ergeben die Absorptionsfarbe für n_γ, wenn die den Spaltrissen benachbarte Schwingungsrichtung ungefähr parallel zu derjenigen des Polarisators liegt. Die Absorptionsfarbe für quer dazu schwingendes Licht würde einen nicht charakteristischen, weil keinem Hauptwert der Absorption entsprechenden Zwischenwert zwischen n_α und n_β liefern und wird daher nicht beachtet. Auf diese Weise erhält man z. B. $n_\alpha = $ gelbgrün, $n_\beta \sim n_\gamma = $ grün.

III. EXAKTE MESSUNG DER ABSORPTIONSVERHÄLTNISSE

Während für die meisten Zwecke eine qualitativ-deskriptive Untersuchung des Pleochroismus in der eben skizzierten Weise vollauf genügt, kann für gewisse Spezialuntersuchungen eine *quantitative* Messung der Absorptionsverhältnisse wünschbar werden. Man benötigt dazu ein *Photometer* in Verbindung mit einem *Monochromator*, um die Durchlässigkeit eines Präparates bestimmter Orientierung und Dicke für verschiedene λ messend zu verfolgen.

Sind J_0 und J wiederum die Lichtintensitäten vor und nach dem Durchgang durch das Präparat, so bezeichnet man $D = J/J_0$ als dessen *Durchlässigkeit*. Sie ist abhängig von der Plattendicke d, der Wellenlänge λ_0, gemessen im leeren Raume, dem Absorptionskoeffizienten k und dem relativen Brechungsindex des Kristalls gegenüber dem umhüllenden Medium n. Berücksichtigt man, daß bei senkrechter Inzidenz der reflektierte Anteil des einfallenden Lichtes gegeben ist durch $r = (n-1)^2/(n+1)^2$, so daß nur der Anteil $D = 1 - r = 4n/(n+1)^2$ in den Kristall eindringt, so gilt folgende Beziehung

$$D = \left(\frac{4\,n}{(n+1)^2} \right)^2 e^{-(4\pi k/\lambda_0)\,d} . \tag{E 4}$$

Der gesuchte Absorptionskoeffizient ergibt sich hieraus, wenn man an Stelle des natürlichen den dekadischen Logarithmus einführt, zu

$$k = \frac{2 \log \dfrac{4\,n}{(n+1)^2} - \log D}{4\pi d \log e}\, \lambda_0 . \tag{E 4a}$$

Da D immer < 1 ist, so ist $-\log D$ immer positiv.

Bei anisotropen Kristallen muß k auf diese Weise für die einzelnen Schwingungsrichtungen gesondert bestimmt werden. Als *Maß für den Pleochroismus* wird die absolut genommene Differenz der Absorptionskoeffizienten $|\,k_1 - k_2\,|$ benutzt. Zu derartigen Untersuchungen eignet sich vor allem das in Verbindung mit dem Polarisationsmikroskop zu gebrauchende Mikrophotometer nach M. BEREK, das auch die Untersuchung sehr kleiner Kriställchen gestattet[1]).

---

[1]) Für Einzelheiten siehe: F. RINNE und M. BEREK, l. c. (1934), S. 229—232, die einschlägigen Druckschriften der Firma E. Leitz, sowie: M. BEREK und F. STRIEDER, *Beiträge zur Kenntnis der komplexen Indikatrix rhombischer, schwach absorbierender Kristalle*, Z. Kristallogr. *86*, 212—224 (1933).

F. Konoskopische Untersuchungsmethoden

I. ALLGEMEINES

Bei den in Kapitel D behandelten *orthoskopischen* Methoden wird das Verhalten des zu untersuchenden Kristalls in der Richtung senkrecht zur Präparatenebene, d. h. in einer einzigen Richtung, untersucht, und es wurde darauf hingewiesen, wie zur praktischen Erreichung dieses Zieles vielfach eine Aperturbeschränkung unumgänglich ist. Durch diese bewußt angestrebte Beschränkung auf die Untersuchung in einer Richtung können wohl sehr wichtige Erkenntnisse gewonnen werden, es gibt jedoch eine Reihe von Problemen, welche auf diese Weise nicht lösbar sind. Um nur ein wichtiges Beispiel hierfür zu nennen, kann nicht zwischen einem beliebigen Schnitt eines *isotropen* Kristalls und einem senkrecht zu einer optischen Achse gelegten eines *anisotropen* unterschieden werden, da in allen diesen Fällen zwischen gekreuzten Nicols Dunkelheit besteht, die sich auch beim Drehen des Präparates nicht ändert. Zur Lösung dieses sehr wichtigen Problems sind prinzipiell zwei Wege denkbar. Entweder wird die zu untersuchende Kristallplatte unter Beibehaltung des orthoskopischen Strahlenganges mittels einer irgendwie konstruierten Drehvorrichtung so geneigt, daß eine von der Plattennormale abweichende Richtung vom Licht durchlaufen wird, oder man ändert unter Belassung der Platte in ihrer Lage die Einfallsrichtung des Lichtes. Der erste Weg wird in Kapitel H (U-Tisch-Methoden) näher behandelt werden, der zweite führt auf die sogenannten *konoskopischen Methoden*, wie sie wegen der Verwendung eines Lichtkegels von möglichst hoher Apertur an Stelle von parallelem Licht genannt werden. Ein derartiger Lichtkegel besteht aus an sich parallelstrahligen Lichtbündeln von verschiedener Neigung gegenüber der Mikroskopachse, so daß, wie bei Verwendung eines Drehapparates im orthoskopischen Strahlengang, sämtliche Richtungen im Kristall innerhalb der durch die Apertur des Beleuchtungskegels gegebenen Möglichkeiten von Scharen ebener Wellen durchlaufen werden. Aus diesem Grunde ist die Bezeichnung «*konoskopisch*» dem oft an ihrer Stelle gebrauchten Ausdruck «*konvergentes Licht*» vorzuziehen. Faßt man nun die einer Richtung im Kristall entsprechenden Strahlenbündel zusammen und bringt sie bei gekreuzten Nicols zur Interferenz, so entsteht in der oberen Brennfläche des Objektivs das sogenannte *Interferenzbild* oder *Achsenbild*. In diesem entspricht somit jeder Punkt nicht ebenfalls einem Punkt des Objekts, wie dies beim gewöhnlichen mikro-

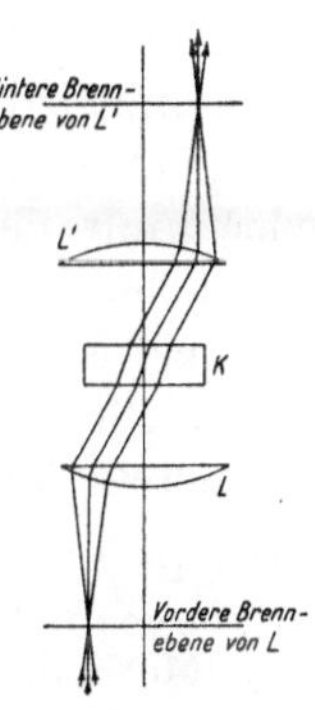

Fig. 86
Prinzip der
konoskopischen
Methode.

skopischen Bild der Fall ist, sondern er ist vielmehr das Abbild der optischen
Verhältnisse, wie sie der betreffenden Richtung im Kristall zukommen (Fig. 86).
Das Interferenzbild gestattet somit, innerhalb der angewandten Apertur sämtliche Richtungen im Kristall gleichzeitig zu überblicken. Die der Plattennormale entsprechende Richtung sticht dabei im Zentrum des Gesichtsfeldes aus,
so daß aus der Art und Weise, wie sich die Ausstichspunkte bestimmter ausgezeichneter Indikatrixrichtungen (optische Achsen, Bisektrizen usw.) um sie
gruppieren, auf die Lage der Kristallplatte zur Indikatrix, d.h. auf ihre *optische
Orientierung* geschlossen werden kann. Da sich die Symmetrie der Indikatrix
im Interferenzbild ebenfalls ausdrücken muß, besteht ferner die Möglichkeit
der Unterscheidung zwischen optisch ein- und zweiachsigen Kristallen.

II. TECHNIK DER KONOSKOPISCHEN BEOBACHTUNG

Aus den obigen einleitenden Bemerkungen ergeben sich sofort die beim konoskopischen Arbeiten zu beobachtenden Regeln. Da es erwünscht ist, möglichst
viele verschiedene Richtungen im Kristall gleichzeitig zu überblicken, verwendet man eine möglichst *hohe Beobachtungsapertur*. Damit diese zur vollen
Auswirkung kommt, muß eine *entsprechende Beleuchtungsapertur* damit verbunden sein. Neben den starken Trockensystemen (numerische Apertur um 0,9)
mit eingeschaltetem Kondensorklappteil verwendet man daher auch Immersionen mit den zugehörigen Immersionskondensoren, wenn es sich darum handelt, höchstmögliche Aperturen zu verwirklichen. Im allgemeinen wird man
jedoch mit den erwähnten Trockensystemen auskommen. Verwendet man
künstliches Licht, so muß darauf geachtet werden, daß die Apertur *voll ausgeleuchtet* ist. Man benutzt daher eine ausgedehnte, nicht eine punktförmige
Lichtquelle, oder in Verbindung mit einer solchen eine Mattscheibe oder einen
geeigneten Vorsatzkollektor.

Die Beobachtung des in der oberen Brennfläche des Objektivs entstehenden
Interferenzbildes kann auf verschiedene Weise erfolgen. Zur direkten Beobachtung (Methode nach A. v. LASAULX) entfernt man das Okular und blickt bei gekreuzten Nicols in den leeren Tubus. Man sieht auf diese Weise das Interferenzbild direkt, klein, aber scharf. Nach der Methode von BERTRAND oder AMICI-
BERTRAND schaltet man eine *Hilfslinse*, die sogenannte Bertrandsche oder Amici-
sche Linse, in den Strahlengang ein. Diese ist so berechnet, daß sie mit dem
Okular zusammen ein Hilfsmikroskop bildet, welches das Interferenzbild vergrößert zur Abbildung bringt. Dieses erscheint dabei etwas weniger scharf als bei
der direkten Betrachtung, zudem seitenverkehrt. Die Unschärfe rührt davon her,
daß die Brennfläche des Objektivs keine Ebene ist, sondern eine gekrümmte
Fläche. Die Bertrand-Linse ist auf einem Schieber montiert, der sich oberhalb des
Tubusanalysators befindet. Bei einfacheren Stativen ist sie zum Gebrauch mit
einer bestimmten Kombination von Objektiv und Okular vorgesehen und daher
nicht besonders einstellbar. Bei vollkommeneren Mikroskopen ist sie in der Höhe
verstellbar und zentrierbar eingerichtet. Bei verschiebbarer Bertrand-Linse ist eine
am Tubus angebrachte Skala, welche gestattet, eine benutzte Einstellung sofort
wieder aufzufinden, sehr zu empfehlen.

Figur 87 (teilweise nach E. A. Wülfing) zeigt den Strahlengang des zum *Konoskop* umgewandelten Mikroskops bei Verwendung der Bertrand-Linse. Das primäre Interferenzbild AB liegt in der obern Brennebene des durch seine

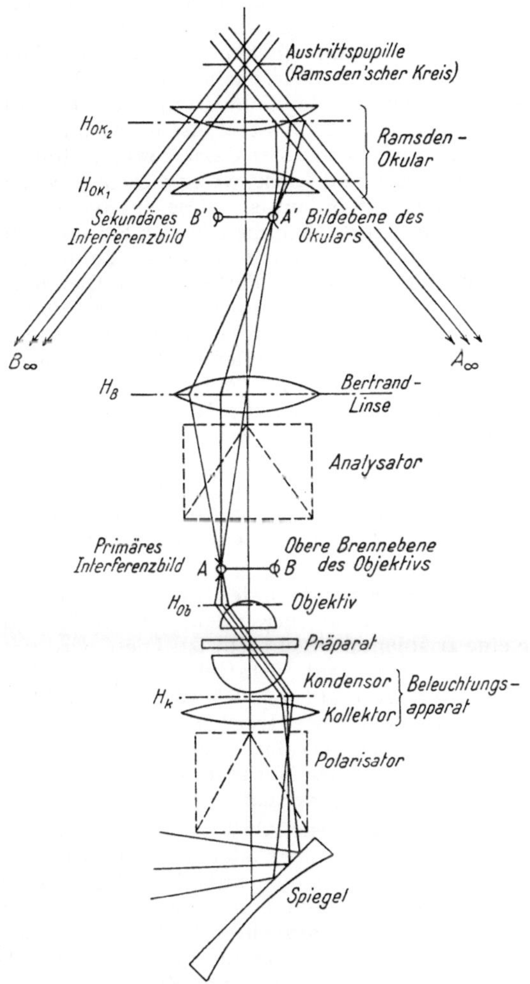

Fig. 87.

Das zum Konoskop umgewandelte Mikroskop (teilweise nach Wülfing).

Hauptebene H_{Ob} charakterisierten Objektivs. Es wird durch die Bertrand-Linse in der Bildebene des Okulars als sekundäres Interferenzbild $A'B'$ abgebildet. Da in der Figur ein Ramsdensches Okular angenommen wurde, liegt die Bildebene unterhalb der Okularlinsen. Das durch das Okular von $A'B'$ entworfene vergrößerte und in bezug auf AB seiten- und höhenverkehrte Interferenzbild $A_\infty B_\infty$ liegt im Unendlichen, wenn mit entspanntem Auge beobachtet wird.

Liegt ein einzelner Kristall vor, so bieten die Erzeugung und das Studium seines Interferenzbildes keine Schwierigkeiten. Liegt jedoch ein Präparat vor, bei dem eine größere Zahl von Kristallindividuen das Gesichtsfeld erfüllt (Immersionspräparat, Dünnschliff, Körnerpräparat usw.), so überlagern sich oft die einzelnen Interferenzbilder und verunmöglichen eine genauere Diagnose. Wenn es nicht gelingt, ein befriedigendes Interferenzbild zu erhalten, obwohl man das interessierende Individuum genau in den Schnittpunkt des Fadenkreuzes gebracht hat, muß man es *ausblenden*. Da dies aus technischen Gründen nicht in der Präparatenebene möglich ist, muß es in einer dazu konjugierten Ebene geschehen, am besten in der Nähe der Bertrand-Linse, wo zu diesem Zwecke bei vollkommeneren Stativen eine *Irisblende* angebracht ist. Diese ist entweder mit der Bertrand-Linse fest verbunden und mit ihr zusammen in den Strahlengang ein- und ausschiebbar (Leitz) sowie zentrierbar, oder fest in den Tubus eingebaut (Winkel-Zeiß). Bei einfacheren Stativen ist gewöhnlich eine feste Blende mit der Bertrand-Linse verbunden. Bei der Betrachtung *ohne Okular* kann man die Ausblendung durch eine an Stelle des Okulars auf dem Tubus angebrachte feine Lochblende bewirken. Die zwischen Kollektor und Kondensor des Beleuchtungsapparates angebrachte Blende, die bei orthoskopischer Beobachtung als Aperturblende wirkt, spielt bei konoskopischem Strahlengang die Rolle einer Gesichtsfeldblende für das Interferenzbild und ist somit ohne Bedeutung. Um das genaue Ausblenden kleiner und kleinster Individuen zu erleichtern, existieren auf das Okular aufsetzbare *Hilfslupen*. Diejenige nach M. Berek z. B., die in Verbindung mit der Irisblende der Bertrand-Linse gebraucht wird, gestattet mit dem Objektiv Leitz P 7 oder mit einer Ölimmersion 1/12, noch Achsenbilder von Körnern von 0,012 bzw. 0,007 mm Durchmesser zu erzeugen.

Weist das Mikroskop keine Irisblende in der Nähe der Bertrandschen Linse auf, so kann man das Czapskische Okular verwenden, d. h. ein Ramsdensches Okular, in dessen Bildebene eine Irisblende angebracht ist. Diese wird mit dem mikroskopischen Bild zusammen gesehen und gestattet das genaue Ausblenden des zu untersuchenden Korns. Zur Betrachtung des Interferenzbildes kann entweder mit der Bertrandschen Linse beobachtet werden, oder der obere Teil des Czapskischen Okulars, d.h. das eigentliche Okular, kann weggenommen und das Interferenzbild nach der von Lasaulxschen Methode, jedoch unter Belassung der Irisblende im Strahlengang, betrachtet werden.

F. E. Wright hat darauf hingewiesen, daß kleine Kriställchen im allgemeinen nicht isodiametrisch, sondern eher mehr oder weniger leistenförmig ausgebildet sind, so daß eine Irisblende entweder eine unvollständige Ausblendung bewirkt oder aber einen Teil des Objektes abschneidet. Er schlug für solche Fälle die Verwendung einer in zwei zueinander senkrechten Richtungen veränderlich begrenzbaren Spaltblende vor. Diese ist an Stelle des Okulars in den Tubus einsetzbar und zur scharfen Einstellung mit einer wegklappbaren Lupe versehen. Sie wird in Verbindung mit synchroner Nicoldrehung gebraucht.

Zum Schluß soll noch darauf hingewiesen werden, daß die Erzeugung und Betrachtung von Interferenzbildern prinzipiell nur dann einen Sinn hat, wenn der betreffende Kristall *homogen* ist oder wenn sich zum mindesten ein genügend großer *homogener Teilbereich* davon ausblenden läßt. Inhomogenitäten, wie z. B. feine Zwillingslamellen, Einschlüsse, oder Entmischungserscheinungen vom Typus vieler Perthite, schließen die Anwendung konoskopischer Methoden aus.

III. DIE INTERFERENZBILDER

1. Allgemeines

Im homogenen Lichte zeigen die Interferenzbilder zwei Systeme von Kurven, beide von schwarzer Farbe. Beim Übergang zur Beleuchtung mit weißem Licht bleibt das eine System schwarz. Es umfaßt alle Punkte des Gesichtsfeldes, in denen Wellennormalenrichtungen ausstechen, für welche die Schwingungsebenen mit denjenigen der Nicols übereinstimmen. Man nennt sie *Hauptisogyren*[1]).

Das andere System zeigt im weißen Licht die Newtonschen *Interferenzfarben* in vom Zentrum des Gesichtsfeldes nach außen ansteigender Folge. Da Punkte mit gleicher Interferenzfarbe Richtungen im Kristall mit gleichen Gangunterschieden entsprechen, spricht man von *Kurven gleichen Gangunterschieds* oder von *Isochromaten*. Zur Ableitung der Erscheinungen können Hauptisogyren und Isochromaten getrennt behandelt werden. Bei Präparaten von nur geringem Gangunterschied, sei es infolge kleiner Doppelbrechung, oder weil das Präparat sehr dünn ist, zeigt oft das ganze Gesichtsfeld im Konoskop nur das Grau I und überhaupt keine isochromatischen Kurven. Die Hauptisogyren sind jedoch immer sichtbar und spielen daher vom Standpunkt des praktischen Mikroskopikers die wichtigere Rolle, weshalb ihre Ableitung hier an erster Stelle erfolgen soll.

2. Ableitung der Hauptisogyren mit Hilfe der Skiodromen

a) *Optisch zweiachsige Kristalle*

Zur anschaulichen Ableitung der Hauptisogyren für beliebige Kristallschnitte bei beliebiger Stellung in bezug auf die Schwingungsrichtungen der Nicols eignet sich vor allem eine von F. BECKE gegebene Darstellungsmethode[2]).

Bezeichnet man die Winkel, die eine beliebige Wellennormalenrichtung N in einem zweiachsigen Kristall mit den beiden optischen Achsen A und A' bildet (Fig. 88), mit ϑ und ϑ', so gilt für die Geschwindigkeiten $v_1 > v_2$, mit denen sich die beiden zufolge der Doppelbrechung im Kristall entstehenden Wellen längs N fortpflanzen, nach (A 35)

$$v_1^2 = \frac{a^2 + c^2}{2} + \frac{a^2 - c^2}{2} \cos(\vartheta - \vartheta'), \tag{A 35a}$$

$$v_2^2 = \frac{a^2 + c^2}{2} + \frac{a^2 - c^2}{2} \cos(\vartheta + \vartheta'). \tag{A 35b}$$

---

[1]) Isogyren sind ganz allgemein Kurven «gleicher Drehung», wobei hier unter «Drehung» die Orientierung der Schwingungsrichtungen gemeint ist. Isogyren sind somit Kurven, welche die Orte gleicher Schwingungsrichtung verbinden. Hauptisogyren werden diejenigen Isogyren genannt, welche die Punkte umfassen, für welche die Schwingungsrichtungen parallel zu denjenigen der Nicols liegen.

[2]) F. BECKE, *Die Skiodromen. Ein Hilfsmittel bei der Ableitung der Interferenzbilder*, Tscherm. Mitt. *24*, 1–34 (1905); *Optische Untersuchungsmethoden*, Denkschr. math.-naturw. Kl. k. Akad. Wiss. Wien *75*, 64–88 (1904).

Betrachtet man vorerst unter Konstanthaltung der Summe $(\vartheta + \vartheta')$ ϑ und ϑ' selbst als variabel, so kommt den so definierten Wellennormalen gleiches v_2 zu. Ihr geometrischer Ort ist ein *Kegel 2. Grades* von elliptischem Querschnitt mit den optischen Achsen als Brennstrahlen und der spitzen Bisektrix als Zentralstrahl. Verschiedenen Werten der Summe $\vartheta + \vartheta'$ bzw. von v_2 entspricht auf diese Weise eine ganze Schar derartiger konfokaler Kegel 2. Grades. Da die Variationsmöglichkeit von $\vartheta + \vartheta'$ gegeben ist durch $2\,V \leqq (\vartheta + \vartheta') \leqq \pi$, so spezialisieren sich diese sogenannten *Beerschen Geschwindigkeitskegel* mit der spitzen Bisektrix als Zentralstrahl für den einen Grenzfall zu dem im spitzen Achsenwinkel $2\,V$ gelegenen Sektor der Achsenebene, im andern zu der zur spitzen Bisektrix normalen Ebene. Die entsprechenden Extremwerte für v_2 erhält man aus (A 35b). Berücksichtigt man, daß $\cos 2\,V = \cos^2 V - \sin^2 V$ ist und setzt man unter Annahme eines optisch positiven Kristalls hierfür die aus den Ausdrücken (A 30) ableitbaren Beziehungen

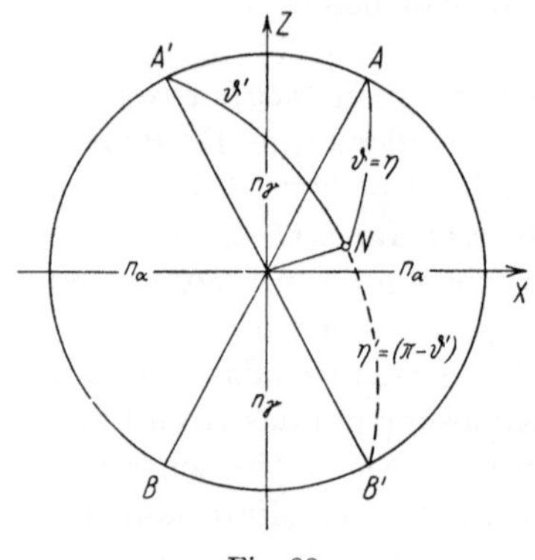

Fig. 88

$$\cos^2 V = \frac{b^2 - c^2}{a^2 - c^2} \qquad \text{bzw.} \qquad \sin^2 V = \frac{a^2 - b^2}{a^2 - c^2}$$

Zur Ableitung der Beerschen Geschwindigkeitskegel. Die Wellennormale N bildet mit den beiden der in Z liegenden spitzen Bisektrix benachbarten Ästen der optischen Achsen A und A' die Winkel ϑ und ϑ', mit den der in X liegenden stumpfen Bisektrix benachbarten Ästen A und B' die Winkel $\eta = \vartheta$ und $\eta' = \pi - \vartheta'$.

ein, so folgt für $\vartheta + \vartheta' = 2\,V$, $v_2 = b$. Für $\vartheta + \vartheta' = \pi$ ergibt sich $v_2 = c$. Somit folgt, daß im allgemeinen Wellen, deren Normalen dem betrachteten Geschwindigkeitskegel angehören, sich mit einer Normalengeschwindigkeit $b > v_2 > c$ fortpflanzen bzw. eine Lichtbrechung $n'_\gamma = 1/v_2$ aufweisen, für welche $n_\beta < n'_\gamma < n_\gamma$ gilt.

Bezeichnet man die Winkel, die N mit A und der Gegenrichtung von A', B' bildet, mit η und η', so ist nach Fig. 88 $\eta = \vartheta$ und $\eta' = \pi - \vartheta'$ bzw. $\vartheta = \eta$ und $\vartheta' = \pi - \eta'$, folglich $\cos(\vartheta - \vartheta') = -\cos(\eta + \eta')$. Die erste Neumannsche Gleichung (A 35a) wird daher zu

$$v_1^2 = \frac{a^2 + c^2}{2} - \frac{a^2 - c^2}{2} \cos(\eta + \eta')\,.$$

Die Normalen mit der konstanten Geschwindigkeit v_1 liegen somit ebenfalls auf *Kegeln 2. Grades* mit den optischen Achsen als Brennstrahlen, jedoch mit der stumpfen Bisektrix als Zentralstrahl. Verschiedenen Werten von v_1 bzw. $\eta + \eta'$ entspricht auch hier eine Schar von konfokalen Kegeln. Ähnlich wie für die erstbeschriebene Kegelschar gilt hier $(\pi - 2\,V) \leqq (\eta + \eta') \leqq \pi$. Für die Extremfälle reduzieren sich hier die *Beerschen Geschwindigkeitskegel* auf den im stumpfen Achsenwinkel $\pi - 2\,V$ gelegenen Sektor der Achsenebene bzw. zu der auf der stumpfen Bisektrix senkrechten Ebene. Dadurch, daß man $\eta + \eta' = \pi - 2\,V$, bzw. $\eta + \eta' = \pi$ setzt, erhält man für die Normalengeschwindigkeiten $v_1 = b$ bzw. $v_1 = a$. Allgemein weisen somit die dem Geschwindigkeitskegel um die stumpfe Bisektrix angehörenden Wellennormalen eine Fortpflanzungsgeschwindigkeit $a > v_1 > b$ auf, und für ihre Lichtbrechung $n'_\alpha = 1/v_1$ gilt $n_\alpha < n'_\alpha < n_\beta$.

Jede *Normalenrichtung* N im Kristall kann nun aufgefaßt werden als die Schnittgerade zweier sich unter einem rechten Winkel schneidender Kegel 2. Grades (sogenannte Beersche Geschwindigkeitskegel) mit den optischen Achsen als Brennstrahlen und der spitzen bzw. stumpfen Bisektrix als Zentralstrahl (Fig. 89). Die Brechung der beiden sich längs dieser Normalen fortpflanzenden Wellen besitzt die Werte n'_γ und n'_α, wobei, wie schon früher bewiesen,

$$n_\gamma \geqq n'_\gamma \geqq n_\beta \geqq n'_\alpha \geqq n_\alpha \,.$$

ist. Von den Tangentialebenen, welche durch die Normalenrichtung an jeden der beiden sich in ihr schneidenden Kegelmäntel gelegt werden können, läßt sich zeigen, daß sie die räumlichen Winkel der Ebenen halbieren, die durch die Normale N und die beiden optischen Achsen verlaufen. Sie entsprechen dem-

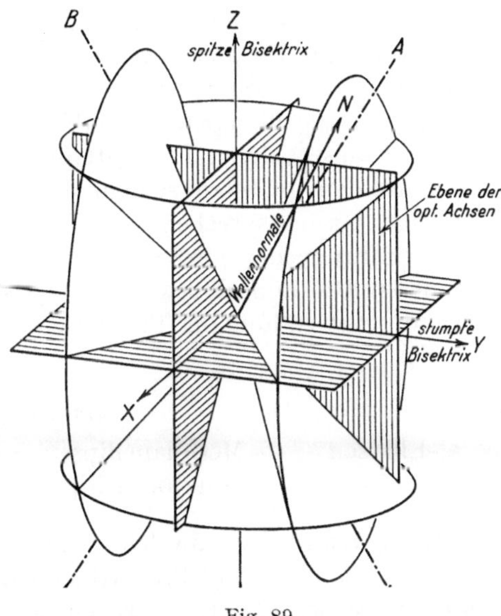

Fig. 89

Zwei Beersche Geschwindigkeitskegel mit den optischen Achsen als Brennstrahlen (Fokallinien). Von den acht symmetrisch gelegenen gemeinsamen Erzeugenden (Schnittlinien), längs welchen sich je zwei Wellen verschiedener Geschwindigkeit fortpflanzen, ist nur diejenige im positiven Oktanten, N, besonders hervorgehoben.

nach gemäß der Fresnelschen Konstruktion (S. 53) den *Schwingungsebenen* der beiden sich längs N fortpflanzenden Wellen.

Zur Erleichterung der räumlichen Vorstellung betrachtet man nun nach BECKE nicht die beiden Kegelsysteme selbst, sondern die *Schnittkurven*, die sie mit einer um die Spitze der Kegel als Mittelpunkt geschlagenen *Kugel* bilden. Diese bestehen für jedes Kegelsystem in einer Schar von *Kugelellipsen*, d. h. von Kurven, für welche auf der Kugeloberfläche die Summe der Abstände von zwei festen Brennpunkten konstant ist. Man nennt sie nach BECKE *Geschwindig-keitsellipsen*. Die beiden Scharen schneiden sich rechtwinklig, wie die Kegel-mäntel, und sie umschlingen beide die Ausstichspunkte der optischen Achsen als *Brennpunkte*[1]). Das Netz der Geschwindigkeitsellipsen auf der Kugeloberfläche kann beliebig dicht gezeichnet werden. Jeder Punkt der Kugeloberfläche kann als Ausstichspunkt einer radial verlaufenden *Wellennormalenrichtung* aufgefaßt werden. Die *Schwingungsrichtungen* der beiden sich längs derselben fortpflanzenden Wellen werden in jedem Fall durch die Tangenten an die beiden sich im Ausstichspunkt rechtwinklig schneidenden Kugelellipsen gegeben, da ihre Schwingungsebenen, wie eben bemerkt, die durch die Wellennormale an die Geschwindigkeitskegel gelegten Tangentialebenen sind. In den Ausstichpunkten der optischen Achsen wird die Tangentenlage und somit auch die Schwingungsrichtung *unbestimmt*, was sie als *Richtungen der Isotropie* erscheinen läßt.

Die Schnittkurven der Beerschen Kegel um den *spitzen Achsenwinkel* mit der Kugeloberfläche werden von F. BECKE *Äquatorial-*, diejenigen der Kegel um den *stumpfen Achsenwinkel Meridian-Ellipsen* genannt, da beim Grenzprozeß $2V \to 0$ die ersteren in ein System von Äquatorial- (Parallel-) Kreisen, die letzteren aber in Meridiane (Großkreise) übergehen. Unabhängig von dieser Bezeichnung werden diejenigen Ellipsen, deren Tangenten der Schwingungsrichtung der *langsameren* Welle mit dem größeren, seinem Werte nach zwischen n_γ und n_β gelegenen Brechungsindex n_γ' entsprechen, n_γ'-Ellipsen, diejenigen, deren Tangenten der Schwingungsrichtung der *rascheren* Welle mit dem zwischen n_β und n_α gelegenen kleineren Brechungsindex n_α' entsprechen, n_α'-Ellipsen genannt. Dabei gelten, wie die Anwendung der Fresnelschen Konstruktion ergibt, folgende Beziehungen:

Optisch positiv:	*Optisch negativ:*
Meridianellipsen $= n_\gamma'$-Ellipsen	Meridianellipsen $= n_\alpha'$-Ellipsen
Äquatorialellipsen $= n_\alpha'$-Ellipsen	Äquatorialellipsen $= n_\gamma'$-Ellipsen

Zur Ableitung der *Hauptisogyren* für irgendwelche Schnittlagen werden nun nach BECKE die *orthographischen* (Parallel-) Projektionen der Kugelellipsensysteme auf die *Präparatenebene* betrachtet, da wegen des im Vergleich zur Äquivalentenbrennweite der benützten kurzbrennweitigen Objektive großen Augenabstands des Beobachters die im Konoskop in der oberen Brennfläche des Objektivs wahrgenommenen Erscheinungen in erster Annäherung als *Parallelprojektion* aufgefaßt werden dürfen. Diese Projektionen auf die Präparatenebene werden von BECKE als *Skiodromen* bezeichnet.

Wichtig sind vor allem die Projektionen auf die Ebenen senkrecht zur spitzen und stumpfen Bisektrix sowie zur optischen Normalen, d. h. auf die drei Hauptschnittebenen der Indikatrix. Legt man die spitze Bisektrix in die Z-, die stumpfe in die X- und die optische Normale in die Y-Achse eines Linkssystems, so erhält man die gewünschten Projektionen durch Eliminierung von z, x bzw. y aus den Gleichungen der Geschwindigkeitskegel und der Kugel. Für

---

[1]) Zur besseren Veranschaulichung dieser Verhältnisse wurden seinerzeit auf Vorschlag von F. BECKE durch die Firma Krantz in Bonn a. Rh. Kugelmodelle mit aufgezeichneten Geschwindigkeitsellipsen für verschiedene Größe von $2V$ in den Handel gebracht. Sie sind in den meisten mineralogischen Instituten vorhanden.

den Gang der Ableitung muß auf die Originalabhandlung BECKES[1]) verwiesen werden, an dieser Stelle seien nur die Resultate mitgeteilt.

Bezeichnet man die konstante Summe der Abstände von den Ausstichspunkten der optischen Achsen (Brennpunkten) auf der Kugeloberfläche für die Äquatorialellipsen mit 2α, diejenigen für die Meridianellipsen mit $2\alpha'$, so ergeben sich folgende Gleichungen für die Skiodromen der drei erwähnten Schnittlagen (Radius der Kugel $r = 1$ gesetzt):

I. *Schnitt senkrecht zur spitzen Bisektrix (Z)*

Die Äquatorialskiodromen sind Ellipsen mit der in X liegenden großen Achse $a = \sin\alpha$ und der in Y liegenden kleinen Achse $b = \sqrt{\cos^2 V - \cos^2\alpha}/\cos V$. Die Meridianskiodromen sind Hyperbeln mit der in X liegenden reellen Achse $a' = \cos\alpha'$ und der in Y liegenden imaginären Achse $b' = \sqrt{\sin^2 V - \cos^2\alpha'}/\cos V$.

II. *Schnitt senkrecht zur stumpfen Bisektrix (X)*

Die Äquatorialskiodromen sind Hyperbeln mit der in Z liegenden reellen Achse $c = \cos\alpha$ und der in Y liegenden imaginären Achse $b = \sqrt{\cos^2 V - \cos^2\alpha}/\sin V$. Die Meridianskiodromen sind Ellipsen mit der in Z liegenden großen Achse $c' = \sin\alpha'$ und der in Y liegenden kleinen Achse $b' = \sqrt{\sin^2 V - \cos^2\alpha'}/\sin V$.

III. *Schnitt senkrecht zur optischen Normalen (Y)*

Die Äquatorialskiodromen sind Ellipsenstücke mit der in X liegenden großen Achse $a = \sin\alpha/\sin V$ und der in Z liegenden kleinen Achse $c = \cos\alpha/\sin V$.

Die Meridianskiodromen sind Ellipsenstücke mit der in Z liegenden großen Achse $c' = \sin\alpha'/\sin V$ und der in X liegenden kleinen Achse $a' = \cos\alpha'/\sin V$.

Zur *Konstruktion der Skiodromen* für gegebene spezielle Fälle erweist es sich als zweckmäßig, nicht α oder V als unabhängige Variablen zu betrachten, sondern den Winkel τ, welcher der kleineren Kugelellipsenachse entspricht. Zwischen α bzw. α', V und τ bestehen die Beziehungen

$$\cos\alpha = \cos V \cos\tau \quad \text{und} \quad \cos\alpha' = \sin V \cos\tau.$$

Man erhält so für die drei Hauptschnittebenen:

I'. *Schnitte senkrecht zur spitzen Bisektrix (Z):*

Äquatorialskiodromen (Ellipsen):

$$a = \sqrt{1 - \cos^2 V \cos^2\tau} \qquad\qquad b = \sin\tau$$

Meridianskiodromen (Hyperbeln):

$$a' = \sin V \cos\tau \qquad\qquad b' = \mathrm{tg}\, V \sin\tau$$

II'. *Schnitte senkrecht zur stumpfen Bisektrix (X):*

Äquatorialskiodromen (Hyperbeln):

$$c = \cos V \cos\tau \qquad\qquad b = \cos V \sin\tau$$

Meridianskiodromen (Ellipsen):

$$c' = \sqrt{1 - \sin^2 V \cos^2\tau} \qquad\qquad b' = \sin\tau$$

---

[1]) F. BECKE, l. c. (1904), S. 67 ff.

III'. *Schnitt senkrecht zur optischen Normalen Y)*:

Äquatorialskiodromen (Ellipsen):

$$a = \frac{\sqrt{1 - \cos^2 V \cos^2 \tau}}{\sin V} \qquad\qquad c = \cos \tau$$

Meridianskiodromen (Ellipsen):

$$c' = \frac{\sqrt{1 - \sin^2 V \cos^2 \tau}}{\cos V} \qquad\qquad a' = \cos \tau$$

Unter Benützung dieser Formeln wurden Fig. 90—92 konstruiert, wobei $2V = 50°$ angenommen und τ von 15° zu 15° variiert wurde.

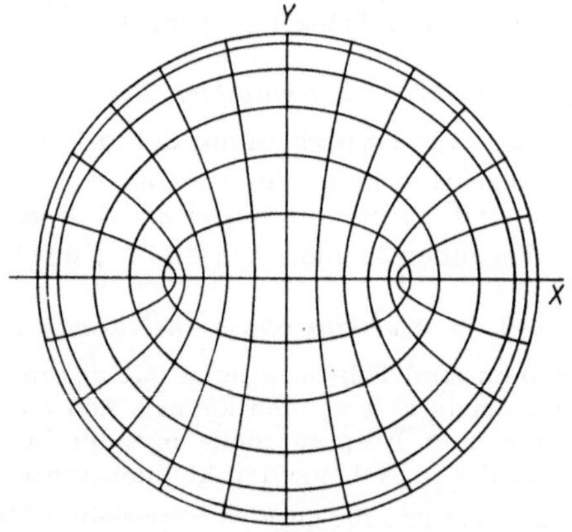

Fig. 90
Skiodromen für einen optisch zweiachsigen Kristall mit $2V = 50^0$.
Projektionsebene = Ebene senkrecht zur spitzen Bisektrix.

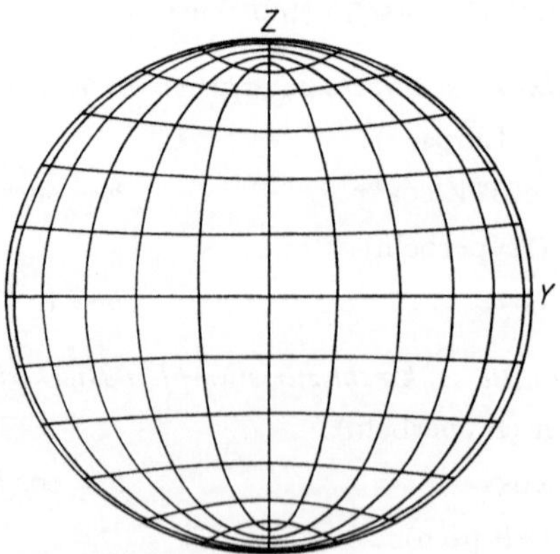

Fig. 91
Skiodromen für einen optisch zweiachsigen Kristall mit $2V = 50^0$.
Projektionsebene = Ebene senkrecht zur stumpfen Bisektrix.

Für andere beliebige Schnittlagen können die Skiodromen aus den eben gegebenen Projektionen auf die drei Hauptschnittebenen durch Transformation der Projektionsebene gewonnen werden. Statt der zwar prinzipiell einfachen, aber zeitraubenden, von BECKE angeführten Konstruktionsmethode bedient man sich vorteilhafter des von F. E. WRIGHT gegebenen orthographischen Netzes[1]). Da in orthographischer wie in stereographischer Projektion eine Transformation der Projektionsebene einer Drehung der Projektionskugel in bezug auf die Zeichenebene gleichkommt, so bringt man den Pol der neuen Projektionsebene auf den Äquator und liest seinen Abstand vom Zentrum ab. Hierauf dreht man die ganze Kugel um diesen Betrag, wobei sich alle Pole auf Klein- (Parallel)-Kreisen bewegen. In orthographischer Projektion bilden sich diese, im Gegensatz zur stereographischen, als parallele Geraden ab.

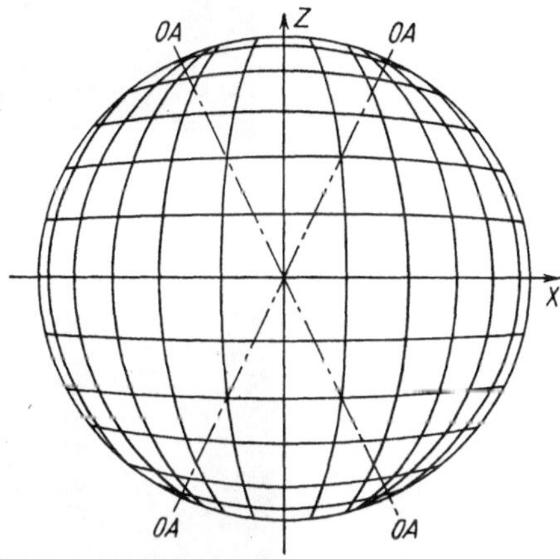

Fig. 92
Skiodromen für einen optisch zweiachsigen Kristall mit $2\,V = 50^0$.
Projektionsebene = Ebene der optischen Achsen.

Sind die Skiodromen für eine bestimmte Schnittlage bekannt, so lassen sich die *Hauptisogyren* für jede beliebige Stellung in bezug auf die Schwingungsrichtungen der Nicols ableiten, indem man die Punkte aufsucht, für welche die durch die Tangenten an die Skiodromen gegebenen Schwingungsrichtungen der Platte mit denjenigen der Nicols übereinstimmen. Man legt zu diesem Zweck ein Blatt durchsichtiges Koordinatenpapier (Millimeterpapier) auf die Skiodromen, wobei man entweder dessen Liniensystem in NS- bzw. EW-Richtung beläßt und der Skiodromenfigur die gewünschte Lage erteilt (Fall des gewöhnlichen Polarisationsmikroskops) oder bei festgehaltenen Skiodromen das Pausblatt dreht (Fall der synchronen Nicoldrehung). In jedem Fall zieht man kurze Stücke derjenigen Linien des Koordinatennetzes nach, die Tangenten und Normalen der Skiodromenkurven sind. Die Gesamtheit der so erhaltenen Schwingungskreuze ergibt die Gestalt der Hauptisogyren für die betreffende Stellung der Kristallplatte in bezug auf die Nicols.

---

[1]) F. E. WRIGHT, *The Methods of Petrographic-Microscopic Research* usw., l. c. (Washington D. C. 1911), Tafel 4.

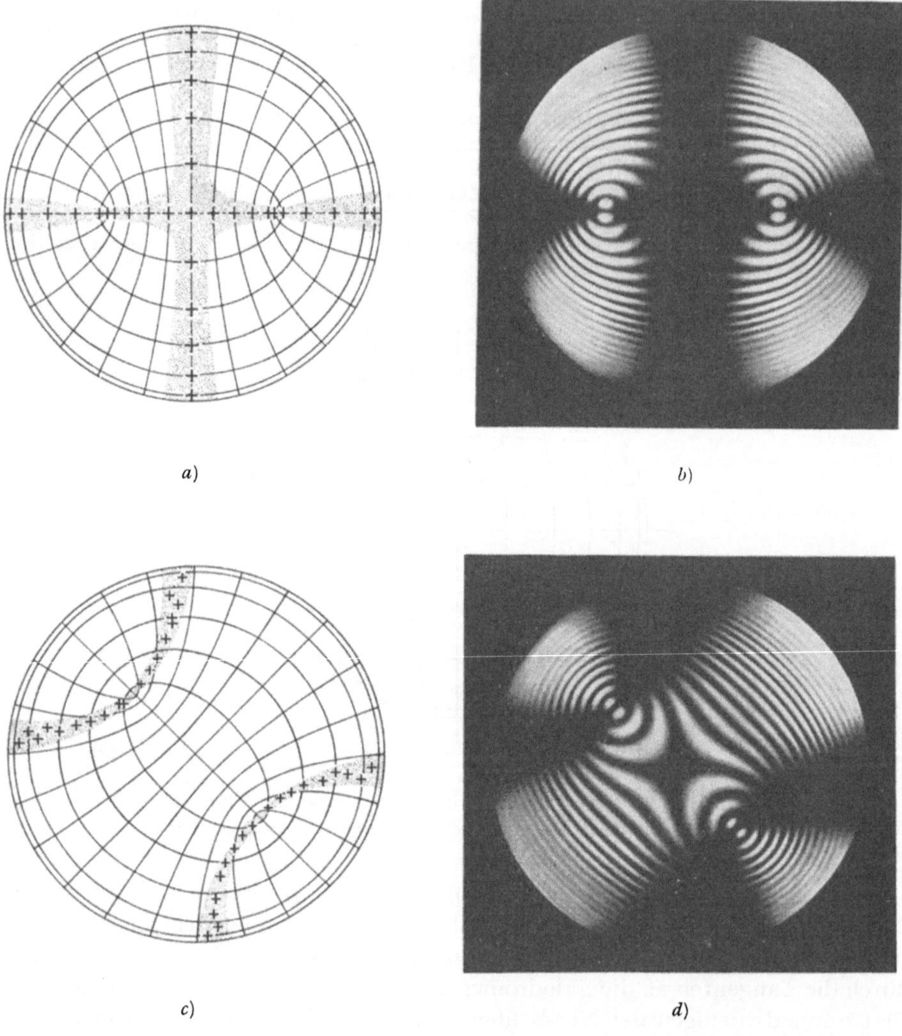

a)   b)

c)   d)

Fig. 93

Gestalt der Hauptisogyren für optisch zweiachsige Kristalle in Schnitten senkrecht zur spitzen Bisektrix (Schwingungsrichtungen der Nicols: vertikal und horizontal).

a) Konstruktion der Hauptisogyren auf Grund der Skiodromen für die «Normalstellung». Die Hauptisogyren bilden ein dunkles Kreuz, für welches ein breiterer «Mittelbalken», senkrecht zur Spur der Achsenebene, und ein zwei Einschnürungen aufweisender «Achsenbalken», parallel zur Spur der Achsenebene, unterschieden werden kann.

b) Interferenzbild einer dicken Platte von Baryt in Normalstellung.

c) Konstruktion der Hauptisogyren auf Grund der Skiodromen für die 45°- oder «Diagonalstellung». Die Hauptisogyren bilden zwei Hyperbeläste, an deren Scheitel die optischen Achsen ausstechen.

d) Interferenzbild der gleichen Barytplatte wie b), in Diagonalstellung.

b) und d) photographische Aufnahmen in D-Licht nach HAUSWALDT. Sie zeigen außer den Hauptisogyren auch die lemniskatenförmigen Kurven gleichen Gangunterschiedes.

Figur 93 zeigt die Durchführung dieser Konstruktion für den Fall eines Schnittes senkrecht zur spitzen Bisektrix in Normal- und Diagonalstellung. In der *Normalstellung* (Schwingungsrichtungen der Kristallplatte parallel den-

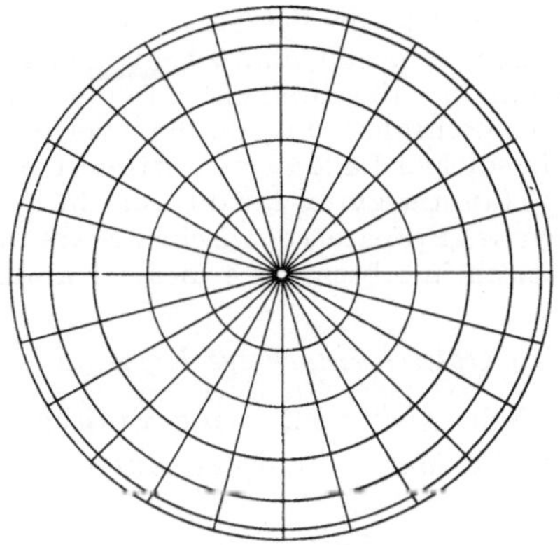

Fig. 94
Skiodromen für einen optisch einachsigen Kristall.
Projektionsebene = Ebene senkrecht zur optischen Achse (Basispinakoid).

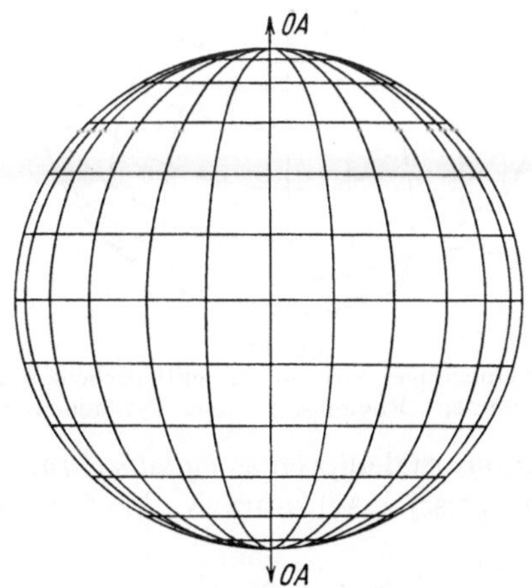

Fig. 95
Skiodromen für einen optisch einachsigen Kristall.
Projektionsebene = Ebene parallel zur optischen Achse (Prismenfläche).

jenigen der Nicols) bilden die Hauptisogyren ein *dunkles Kreuz*, das aus einem schärfer ausgebildeten, durch die Spuren der optischen Achsen verlaufenden sogenannten *Achsenbalken* und einem breiteren, etwas verwaschenen, darauf senkrecht stehenden sogenannten *Mittelbalken* besteht. Beim Übergang zur *Diagonalstellung* öffnet sich das dunkle Hauptisogyrenkreuz zu zwei *Hyperbelästen*, an deren *Scheitel* die *optischen Achsen* ausstechen. Die Achsenausstichspunkte sind die einzigen Punkte des ganzen Gesichtsfeldes, die für alle Plattenstellungen dunkel erscheinen, in Übereinstimmung damit, daß für die optischen Achsen, als Richtungen der Isotropie, die Schwingungsrichtungen unbestimmt sind.

Benützt man zur Ableitung der Hauptisogyren für gewisse Schnitte die Randpartien der Skiodromen, für welche die beiden Kurvensysteme nicht mehr genau senkrecht aufeinander stehen, so erhält man zwei voneinander differierende Partialisogyren, je nachdem man die Ableitung unter Benützung der Äquatorial- oder der Meridionalskiodromen durchführt. Für die hier verfolgten Zwecke genügt es vollkommen, wenn man in solchen Fällen eine mittlere Isogyre in Betracht zieht.

Die spezielle Form der Hauptisogyren für die verschiedenen Schnittlagen und ihr Verhalten beim Drehen des Präparates zwischen gekreuzten Nicols soll zusammenfassend und systematisch in Abschnitt 4 dieses Kapitels behandelt werden.

b) *Optisch einachsige Kristalle*

Läßt man den spitzen Achsenwinkel $2V$ eines optisch zweiachsigen Kristalls Null werden, so werden die Meridianellipsen auf der Kugel zu *Meridianen*

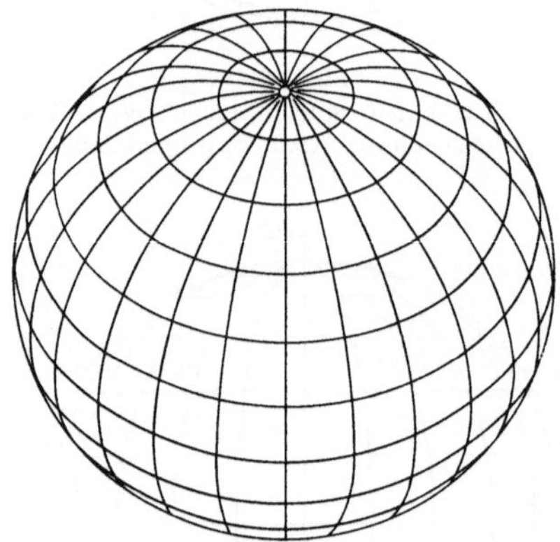

Fig. 96

Skiodromen für einen optisch einachsigen Kristall. Projektionsebene = Ebene schief zur optischen Achse (Bipyramiden-, Rhomboeder- oder Pyramidenfläche z. B.).

(Großkreisen) und die Äquatorialellipsen zu *äquatorparallelen Kleinkreisen* (Parallelkreisen), wobei die optische Achse im N- bzw. S-Pol aussticht. Es entsprechen dabei für

optisch positiv:

die Tangenten an die Großkreise den langsameren Wellen mit dem Index $n'_\gamma = \varepsilon'$,
die Tangenten an die Kleinkreise den rascheren Wellen mit dem Index $n_\alpha = \omega$;

optisch negativ:

die Tangenten an die Großkreise den rascheren Wellen mit dem Index $n'_\alpha = \varepsilon'$,
die Tangenten an die Kleinkreise den langsameren Wellen mit dem Index $n_\gamma = \omega$.

Die Skiodromen für einen Schnitt senkrecht zur optischen Achse zeigt Fig. 94, diejenigen für einen solchen parallel dazu Fig. 95 und Fig. 96 diejenigen für einen Schnitt schief zur optischen Achse.

3. Ableitung der Isochromaten aus den Flächen gleichen Gangunterschiedes

a) *Optisch zweiachsige Kristalle*

Zur anschaulichen Ableitung der *Kurven gleichen Gangunterschiedes* (Isochromaten) eignet sich vor allem eine Methode, welche A. BERTIN 1861 angegeben hat und die sich der sogenannten *Flächen gleichen Gangunterschiedes* bedient. Die Ableitung dieser Flächen geschieht allerdings unter der vereinfachenden Voraussetzung, daß man für die zwei im Kristall bei schiefer Inzidenz durch Doppelbrechung entstehenden Wellennormalen die Wegdifferenz vernachlässigt, indem nur ihr Geschwindigkeits- bzw. Brechungsunterschied in Rechnung gestellt wird. Da die beiden Wellennormalen somit als *zusammenfallend* betrachtet werden, so müssen ihre an und für sich verschiedenen Weglängen durch eine *mittlere Weglänge* ϱ und ihre *Brechungswinkel* r_1 und r_2 durch einen *mittleren* r_m ersetzt werden. Unter dieser Voraussetzung wurde schon früher Ausdruck (A 44a), $R = \varrho\,(n_\gamma' - n_\alpha')/\lambda$, abgeleitet, worin $\varrho = d/\cos r_m$ die mittlere Weglänge im Kristall bedeutet. Dabei wurde auch bemerkt, daß, immer unter der Voraussetzung kleiner Doppelbrechung, der Ausdruck für *beliebig große Einfallswinkel* Gültigkeit hat.

Um die Bertinsche Fläche gleichen Gangunterschiedes zu erhalten, denkt man sich von einem Punkt im Innern des Kristalls alle Richtungen ausstrahlend und auf jeder, als Wellennormalenrichtung aufgefaßt, die mittleren Weglängen ϱ für die Gangunterschiede, z. B. von λ zu λ, aufgetragen. Alle Punkte gleichen konstanten Gangunterschiedes liegen dann auf einem System von ähnlichen, ineinandergeschachtelten Flächen, für welche gilt $R = \varrho\,(n_\gamma' - n_\alpha')/\lambda = $ const. Da der Wert der Konstanten nur die absoluten Dimensionen der Fläche bestimmt und auf ihre Gestalt ohne Einfluß ist, genügt es, eine einzige zu betrachten, z. B. diejenige für $R = \lambda$. Die von der Richtung abhängigen Brechungsindizes n_γ' und n_α' können nach der Beziehung (A 41) näherungsweise durch die Hauptbrechungsindizes ersetzt werden, worauf man erhält

$$R = \frac{\varrho}{\lambda}\,(n_\gamma - n_\alpha)\,\sin\vartheta\,\sin\vartheta' = \text{const.,} \qquad (\text{F 1})$$

wobei ϑ und ϑ' die Winkel sind, welche die für beide Wellen als gemeinsam angenommene Normalenrichtung mit den beiden optischen Achsen bildet. Für einen gegebenen Kristall und eine gegebene Lichtart ist $(n_\gamma - n_\alpha)/\lambda = k$, d. h. ebenfalls eine Konstante. Nennt man ferner ϱ_0 einen kleinsten Wert von ϱ, den dieses für $\vartheta = \vartheta' = \pi/2$ annimmt, so wird $\varrho_0 = R/k$. In $R = k\varrho \sin\vartheta \sin\vartheta'$ eingesetzt und nach ϱ aufgelöst, ergibt sich somit als Gleichung der gesuchten Fläche gleichen Gangunterschiedes in Polarkoordinaten

$$\varrho = \frac{\varrho_0}{\sin\vartheta\,\sin\vartheta'}. \qquad (\text{F 2})$$

Die Fläche selbst ist von der in Fig. 98 und 101 dargestellten Form. Sie besitzt, gleich wie die Indikatrix, orthorhombisch-holoedrische Symmetrie und ist in ihrer speziellen Form durch die Größe von $2V$ bedingt. Sie verhält sich asymptotisch in bezug auf die optischen Achsen, indem, für ϑ oder $\vartheta' = 0$, $\varrho = \infty$ wird. Der minimale Wert $\varrho = \varrho_0$ stellt sich ein für $\vartheta = \vartheta' = \pi/2$, d. h. für die Richtung der optischen Normalen, was mit der Tatsache übereinstimmt, daß diese Richtung die maximale Doppelbrechung aufweist.

Eine genauere Charakterisierung der Fläche ergibt sich durch die Betrachtung ihrer *Schnittkurven* mit den drei Symmetrieebenen. Wählt man ein rechtwinkliges Rechtssystem XYZ und legt man die spitze Bisektrix in die Z-Achse, die stumpfe in die X- und die optische Normale in die Y-Achse, so lassen sich, wie aus den stereographischen Projektionen Fig. 97 hervorgeht, die Winkel ϑ

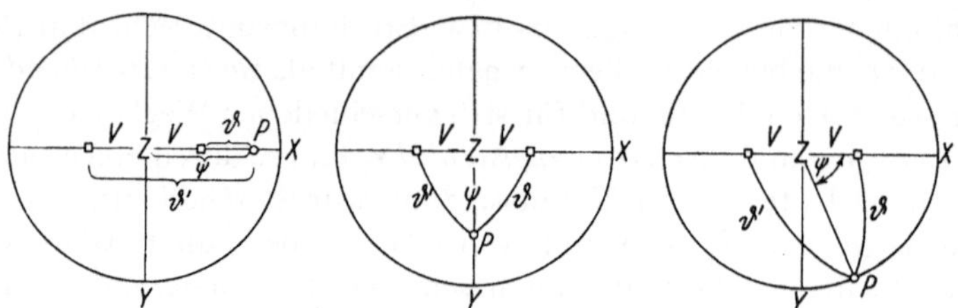

Fig. 97

Einführung von Polarkoordinaten zur Ableitung der Schnittkurven der Bertinschen Fläche gleichen Gangunterschiedes zweiachsiger Kristalle mit den drei Koordinatenebenen.

und ϑ' in V und ψ ausdrücken, wobei unter ψ der Winkel verstanden werden soll, den eine variable Richtung (Radius vector) innerhalb der betrachteten Symmetrieebene mit einer Koordinatenachse einschließt.

Für die drei Symmetrieebenen ergeben sich folgende Beziehungen:

a) *Ebene XZ (optische Achsenebene)*

$$\vartheta = \psi - V, \quad \vartheta' = \psi + V,$$

somit $\qquad \sin\vartheta \sin\vartheta' = \sin(\psi - V)\sin(\psi + V) = \cos^2 V - \cos^2\psi.$

b) *Ebene YZ (Ebene normal zur stumpfen Bisektrix)*

$\vartheta = \vartheta'$, somit $\sin\vartheta \sin\vartheta' = \sin^2\vartheta = 1 - \cos^2\vartheta$. Aus dem rechtwinkligen $\triangle ZPA$ ergibt sich $\cos\vartheta = \cos V \cos\psi$, also $\sin\vartheta \sin\vartheta' = 1 - \cos^2 V \cos^2\psi$.

c) *Ebene XY (Ebene normal zur spitzen Bisektrix)*

Aus den beiden Dreiecken APZ bzw. $A'PZ$ (wobei A und A' die in Fig. 97 nicht näher bezeichneten Austrittspunkte der beiden optischen Achsen bedeuten) ergibt sich nach dem Kosinussatz (weil $ZP = \pi/2$), daß $\cos\vartheta = \sin V \cos\psi$ und $\cos\vartheta' = -\sin V \cos\psi$ ist. Da $\sin\vartheta = \sqrt{1 - \cos^2\vartheta}$ ist, so wird

$$\sin\vartheta \sin\vartheta' = 1 - \sin^2 V \cos^2\psi.$$

Die Gleichungen der gesuchten Schnittkurven mit den drei Symmetrieebenen lauten daher in Polarkoordinaten:

$$\text{Ebene } XZ\colon \quad \varrho = \varrho_0/(\cos^2 V - \cos^2\psi) \qquad \text{(a)}$$
$$\text{Ebene } YZ\colon \quad \varrho = \varrho_0/(1 - \cos^2 V \cos^2\psi) \qquad \text{(b)} \qquad \text{(F 3)}$$
$$\text{Ebene } XY\colon \quad \varrho = \varrho_0/(1 - \sin^2 V \cos^2\psi) \qquad \text{(c)}$$

Auf Grund dieser Gleichungen wurde Fig. 98 unter der Annahme von $2V = 50°$ konstruiert.

Die Flächen gleichen Gangunterschiedes erlauben nun eine anschauliche Ableitung der Kurven gleichen Gangunterschiedes, wie sie bei konoskopischer Betrachtung in der obern Objektivbrennfläche erscheinen.

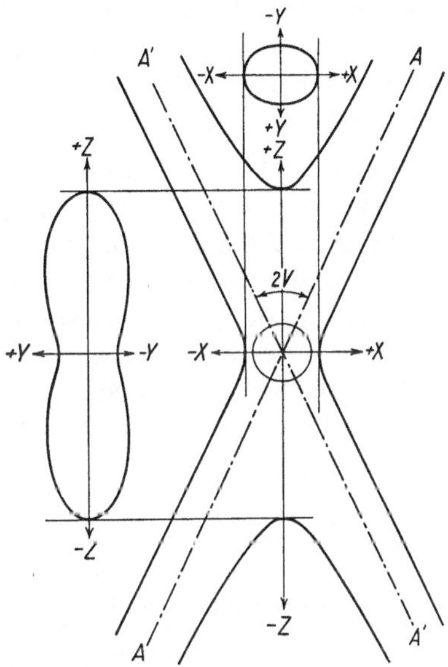

Fig. 98

Schnittkurven der Bertinschen Fläche gleichen Gangunterschiedes für optisch zweiachsige Kristalle mit den drei Koordinatenebenen (Hauptschnitten). $2V = 50°$.

Es sei (Fig. 99) K eine Kristallplatte von der Dicke d, α der Einfalls-, β der Brechungswinkel für schräg einfallende Lichtbündel. Das Objektiv Ob sei durch seine beiden Hauptebenen schematisch dargestellt. Ein durch den Hauptpunkt H_1 verlaufender Strahl setzt sich, parallel verschoben, durch den Hauptpunkt H_2 fort, so daß der der im Kristall durchlaufenen Wellennormalenrichtung [welche für die beiden Wellen gemäß (A 44a) als gemeinsam angenommen wird] zugeordnete Punkt des Interferenzbildes in P auf der Brennfläche mit der Zentraldistanz D erscheint. Aus der Figur folgt, daß $D = f \sin\alpha$ ist, wenn man die Äquivalentbrennweite des Objektivs mit f bezeichnet. Anderseits trifft eine vom untern Durchstoßpunkt der Systemachse mit der Kristallplatte ausgehende Welle die Präparatenoberfläche in einem Punkt mit dem Abstand $D' = d \operatorname{tg}\beta$ vom Mittelpunkt. Betrachtet man nur kleine Winkel α und β und ersetzt man den Tangens durch den Sinus, so erhält man durch Division der beiden Ausdrücke und Anwendung des Brechungsgesetzes

$$D = D' \frac{f\, n_m}{d\, n_0} = D' \text{ const.}, \tag{F 4}$$

wenn man den mittleren Brechungsindex des Kristalls mit n_m und den des äußeren Mediums mit n_0 bezeichnet. Diese Beziehung gilt natürlich für alle Punkte der Kurven gleichen Gangunterschiedes des Interferenzbildes in der Objektivbrennebene. Diese sind somit ähnlich zu Kurven, wie man sie erhält, wenn man die Flächen gleichen Gangunterschiedes mit der Oberfläche des Präparates zum Schnitt bringt. Die vorgenommene Ersetzung des Tangens durch den Sinus wirkt sich auch bei größern Winkeln innerhalb der in Betracht kommenden Aperturen nur als geringfügige Deformation der Kurvenbilder aus und ist praktisch ohne Bedeutung.

Homogenes Licht vorausgesetzt, entsprechen den Schnittkurven mit den Flächen für die Gangunterschiede $R = 2 k \lambda/2 = k \lambda$ die dunkeln, für $R = (2 k + 1) \lambda/2$ die hellen Kurven. Man betrachtet daher zur Ableitung des ganzen Systems der dunkeln Kurven eine Serie von ineinandergeschachtelten Bertinschen Flächen, welche sukzessive den Gangunterschieden 1λ, 2λ, 3λ, ..., $k\lambda$ entsprechen, in ihren Schnitten mit einer zur Präparatenebene parallelen

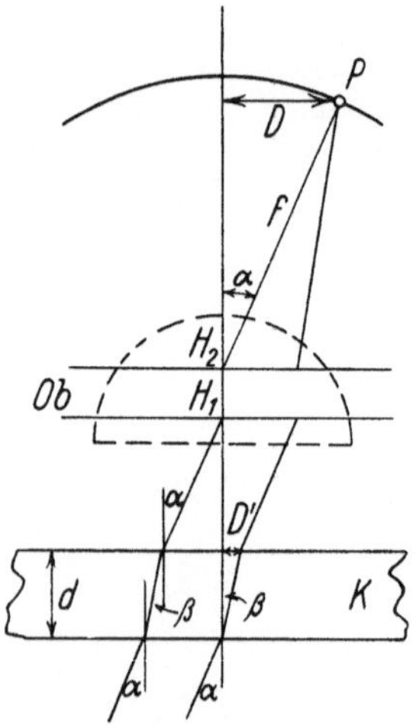

Fig. 99

Beziehungen zwischen den als Schnittkurven der Bertinschen Fläche gleichen Gangunterschiedes mit der Präparatenoberfläche abgeleiteten und den bei konoskopischer Beobachtung wahrnehmbaren Isochromaten.

Ebene im Abstand der Präparatendicke d, vom Ursprung aus gemessen. Dabei ergibt sich, daß die Kurven gleichen Gangunterschiedes im Interferenzbild um so *enger* geschart auftreten müssen, je *höher* die Doppelbrechung des betreffenden Kristalls ist, weil für diesen Fall auch die Bertinschen Flächen geringeren Abstand voneinander aufweisen müssen. Es zeigt sich auch, daß sie, gleiche Doppelbrechung und Beobachtungsapertur vorausgesetzt, ebenfalls für *dickere* Präparate *enger* geschart sein müssen als für *dünnere*.

Aus der Beziehung $\varrho (n_\gamma - n_\alpha) \sin \vartheta \sin \vartheta' = k \lambda$ folgt für die verschiedenen ineinandergeschachtelten, den Gangunterschieden λ, 2λ, 3λ, ..., $k\lambda$ entsprechenden Bertinschen Flächen $F_1, F_2, F_3, ..., F_k$ ein- und desselben Kristalls für eine durch die Winkel ϑ und ϑ' charakterisierte Wellennormalenrichtung, daß $\varrho_1 : \varrho_2 : \varrho_3 : ... : \varrho_k = 1 : 2 : 3 : ... : k$ wird. Stellen F_1, F_2 und F_3 in Fig. 100 Stücke der Bertinschen Flächen einer Kristallplatte von der Dicke d dar, wobei das gemeinsame Zentrum derselben in O angenommen sei, so ist $OA_1 : OA_2 = 1 : 2$, $OB_1 : OB_2 : OB_3 = 1 : 2 : 3$ usw. Zieht man DA_1 und CB_1 parallel O_1B_3, so folgt aus ähnlichen Dreiecken

$$\frac{O_1 A_2}{DA_1} = \frac{OA_2}{OA_1} = \frac{O_1 O}{OD} = 2 \quad \text{und} \quad \frac{O_1 B_3}{CB_1} = \frac{OB_3}{OB_1} = \frac{O_1 O}{OC} = 3 \quad \text{usw.}$$

Es genügt somit, die Fläche F_1 und ihre Schnittfigur mit der Oberfläche des Präparates zu kennen. Die weiteren, den Flächen $F_1, F_2, F_3, \ldots, F_k$ entsprechenden Schnittfiguren ergeben sich, indem man F_1 durch Ebenen im Abstand $d/2, d/3, \ldots, d/k$ vom Ursprung und parallel zur Oberfläche schneidet. Multipliziert man die Zentraldistanzen analoger oder symmetrisch gleichwertiger

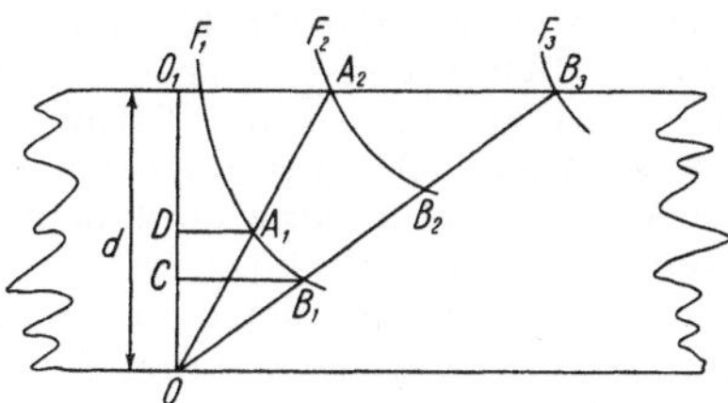

Fig. 100
Beziehungen zwischen den Bertinschen Flächen gleichen Gangunterschiedes verschiedener
Ordnungen.

Punkte der Schnittkurven mit $2, 3, \ldots, k$, so erhält man die Zentraldistanzen für die Isochromaten entsprechender Ordnung auf der Präparatenoberfläche.

Im folgenden soll nun versucht werden, für einige wichtige spezielle Schnittlagen aus den Bertinschen Flächen die Gestalt der Kurven gleichen Gangunterschiedes abzuleiten, wobei in Befolgung des eben Gesagten jeweils nur die Schnitte mit einer einzigen Fläche betrachtet werden.

Schnitte senkrecht zur spitzen Disektrix

Ist P in Fig. 101 ein beliebiger Punkt der Schnittkurve mit dem Abstand ϱ von 0, sind r und r' seine Abstände von den Ausstichpunkten der optischen

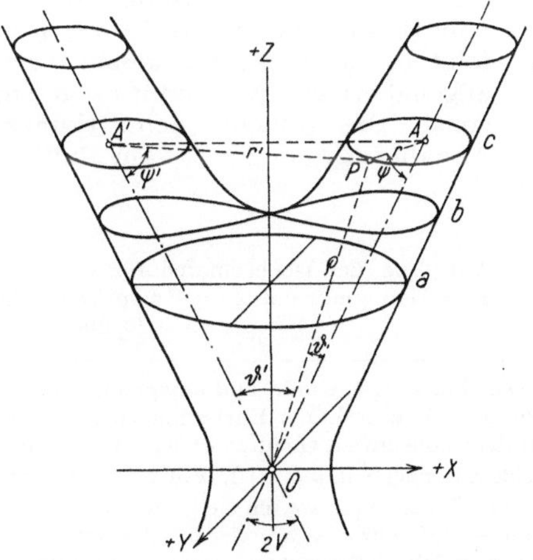

Fig. 101
Ableitung der Isochromaten für Schnitte optisch zweiachsiger Kristalle senkrecht zur spitzen
Bisektrix aus der Bertinschen Fläche.

Achsen A und A', sowie ψ und ψ' die Winkel, die A und A' mit r und r' bilden, so ergibt sich nach dem Sinussatz

$$\sin \vartheta = \frac{r}{\varrho}\, \sin \psi \quad \text{und} \quad \sin \vartheta' = \frac{r'}{\varrho}\, \sin \psi',$$

wenn ϑ und ϑ' die bisherige Bedeutung haben. Aus (F 2) ergibt sich, da $\varrho_0 = R/k$ ist, $R = \varrho k \sin \vartheta \sin \vartheta' = k\,(r\,r'/\varrho)\, \sin \psi \sin \psi'$. Bei kleinem $2\,V$ nähern sich jedoch ψ und ψ' dem Wert $\pi/2$ und ϱ demjenigen der Plattendicke d. Es wird somit angenähert $R = k\,(r\,r'/d)$ oder $r\,r' = R\,d/k = \text{const}$. Das besagt, daß die untersuchten Schnittkurven der Bertinschen Fläche mit einer Ebene senkrecht zur spitzen Bisektrix dadurch charakterisiert sind, daß für einen beliebigen Punkt das Produkt der Abstände von den Achsenausstichpunkten konstant ist. Es handelt sich somit um Cassinische Kurven oder *Lemniskaten im weiteren Sinne*[1]. Fig. 101 zeigt die für drei verschiedene Schnittebenen mit verschiedenem Abstand von 0 auftretenden Typen von Schnittkurven, welche den drei Fällen $c \gtreqless a$ entsprechen. Platten geringer Doppelbrechung werden im allgemeinen nur ein einziges oder nur wenige der beide Achsenspuren umschlingenden Ovale zeigen, im extremen Fall sogar nur das sich über das ganze Gesichtsfeld erstreckende Grau I im Innern des ersten Ovals. Erst für größere Gangunterschiede werden Kurven vom Typus der Schnitte b oder c in Fig. 101 erscheinen.

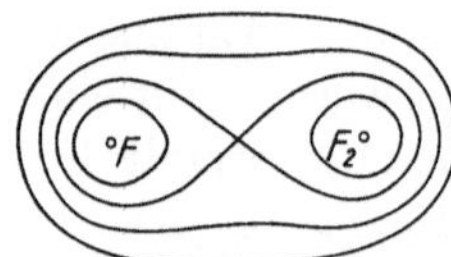

Fig. 102
Cassinische Kurven (Lemniskaten im weiteren Sinne).

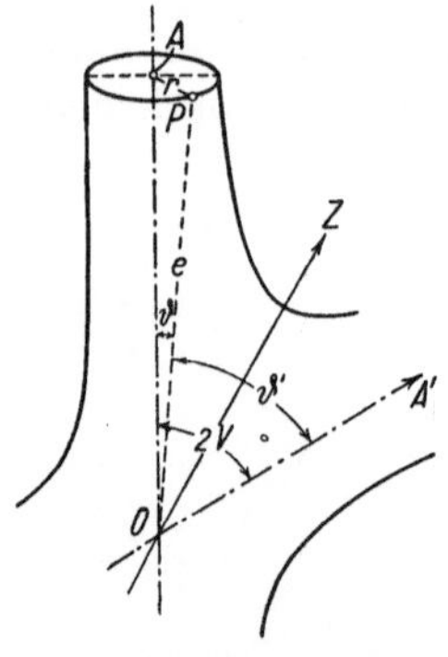

Fig. 103

Schnitt senkrecht zu einer optischen Achse

Aus Fig. 103 ergibt sich für einen beliebigen Punkt P der Kurve gleichen Gangunterschiedes im Abstand ϱ vom Ursprung 0, daß $AP = r = \varrho \sin \vartheta$ ist, und aus (F 2) folgt $r = \varrho_0/\sin \vartheta'$. Für kleine Werte von ϑ wird jedoch angenähert $\vartheta' = 2\,V$, somit $r = \varrho_0/\sin 2\,V = R/k \sin 2\,V = \text{const}$. Die gesuchte Schnittkurve ist daher in erster Annäherung ein *Kreis* vom Radius $r = R/k \sin 2\,V$.

Ableitung der Isochromaten für optisch zweiachsige Kristalle in Schnitten senkrecht zu einer optischen Achse aus der Bertinschen Fläche.

---

[1]) Die Cassinischen Kurven sind vom 4. Grade und entsprechen dem geometrischen Orte eines Punktes, für welchen das Produkt (Rechteck) der Entfernungen von zwei festen Punkten («Brennpunkten») F_1 und F_2 gleich dem konstanten Quadrat c^2 ist. Beträgt der Abstand $F_1 F_2 = 2a$, so sind drei Fälle zu unterscheiden, je nachdem $c \gtreqless a$ ist. Für $c > a$ sind die Kurven Ovale um beide Brennpunkte. Solange zugleich $c^2 < 2\,a^2$ ist, weisen sie in der Nachbarschaft ihres Schnittpunktes mit der Y-Achse Einbuchtungen auf. Für $c^2 = a^2$ oder $c = a$ vereinigen sich diese Einbuchtungen zu einem Doppelpunkt mit zwei Wendetangenten unter $\pi/4$ mit den beiden Symmetrieachsen. Diese spezielle Kurve heißt schlichte Lemniskate oder Lemniskate im engeren Sinne. Für $c < a$ zerfällt die Kurve in zwei getrennte Äste, welche die beiden Brennpunkte einzeln umschlingen. Fig. 102 zeigt die verschiedenen Fälle.

Schnitt senkrecht zur optischen Normalen

Für diesen Fall läßt sich zeigen, daß die Kurven gleichen Gangunterschiedes, unabhängig von der Größe von $2\,V$, annäherungsweise *gleichseitige Hyperbeln* sind, deren Asymptoten Winkel von 45° mit den Bisektrizen (Schwingungsrichtungen der Platte) einschließen. Dabei nehmen die Gangunterschiede von der Mitte aus in Richtung der spitzen Bisektrix ab, in Richtung der stumpfen aber zu. Für optisch neutrale Kristalle verschwindet dieser Unterschied.

Schnitte senkrecht zur stumpfen Bisektrix

Auch diese Schnitte zeigen unabhängig von der Größe von $2\,V$ *gleichseitige Hyperbeln* als Kurven gleichen Gangunterschiedes. Dies gilt übrigens auch für die Schnitte senkrecht zur spitzen Bisektrix, für den Fall, daß $2\,V$ nicht so klein ist, daß die weiter oben angegebene Annäherung zutrifft, und Cassinische Kurven auftreten.

Es ergibt sich somit, daß, außer bei kleinem $2\,V$, die Schnittlagen senkrecht zu den drei Hauptschwingungsrichtungen n_γ, n_β und n_α eines optisch zweiachsigen Kristalls bei den üblichen Beobachtungsaperturen auf Grund der Kurven gleichen Gangunterschiedes allein *nicht* zu unterscheiden sind, da sie in allen drei Fällen, unabhängig von der Größe von $2\,V$, gleichseitige Hyperbeln darstellen[1]). Dies ist jedoch, wie ausdrücklich bemerkt werden soll, praktisch, d. h. für die Untersuchungen mit dem Polarisationsmikroskop, ohne Bedeutung, da die Unterscheidung mit Hilfe der Hauptisogyren erfolgt.

b) *Optisch einachsige Kristalle*

Setzt man in Gleichung (F 2) $\vartheta = \vartheta'$, indem man die beiden optischen Achsen zusammenfallen läßt, so erhält man als Gleichung der Fläche gleichen Gangunterschiedes für *optisch einachsige Kristalle* in Polarkoordinaten

$$\varrho = \frac{\varrho_0}{\sin^2 \vartheta}, \qquad\qquad (\text{F } 5)$$

wobei ϱ_0 wiederum einen minimalen Wert von ϱ darstellt, den dieses für $\vartheta = \pi/2$ annimmt. Es handelt sich um eine offene *Rotationsfläche* mit der Rotationsachse in Richtung der optischen Achse. Zur Diskussion ihrer Eigenschaften betrachtet man am besten ihren Meridianschnitt mit der XZ-Ebene. Um dessen Gleichung in rechtwinkligen Koordinaten zu erhalten, setzt man $\varrho = \sqrt{x^2 + z^2}$ und $\sin \vartheta = x/\sqrt{x^2 + z^2}$, woraus folgt

$$\varrho_0^2 \, (x^2 + z^2) = x^4 \,. \qquad\qquad (\text{F } 5a)$$

Für sehr große Werte von z wird hieraus $\varrho_0 z = x^2$ oder $z = x^2/\varrho_0$, das heißt, die Scheitelgleichung einer *Parabel* mit dem Parameter $2p = \varrho_0$. In der Nähe des Äquators, das heißt für kleine Werte von z, nähert sich ϱ_0/x dem Wert 1, woraus folgt $x^2 - z^2 = \varrho_0^2$, das heißt in der Nähe des Äquators verhält sich die Kurve wie eine *gleichseitige* Hyperbel von der Achsenlänge ϱ_0. Die Rotationsfläche verhält sich demnach in der Nähe des Äquators wie ein *Rotationshyperboloid*, in weiterem Abstand davon jedoch wie ein *Rotationsparaboloid*. Die Meridiankurve muß daher einen *Wendepunkt* haben.

---

[1]) Für eine eingehendere Darstellung, insbesondere auch der bei den Ableitungen durchgeführten Annäherungen, siehe F. Pockels, l. c., (1906), S. 243—247.

Einzelne Punkte der Meridiankurve erhält man leicht durch folgende einfache Konstruktion (Fig. 104). Man schlägt mit dem Radius $\varrho_0 = R/k$ einen Kreis um O und konstruiert eine Gerade OA, welche mit der Richtung der optischen Achse OZ den beliebigen Winkel ϑ bildet. Man legt in A die Tangente an den Kreis, welche die X-Achse in B trifft. Das in B errichtete Lot schneidet den Radius OA in P, welches ein Punkt der gesuchten Kurve ist.

Beweis: $OB = \varrho_0/\sin\vartheta$ und $OP = OB/\sin\vartheta = \varrho_0/\sin^2\vartheta = \varrho$. Fig. 104 zeigt zugleich die Gestalt der Fläche.

Wegen der im Vergleich zu den zweiachsigen Kristallen höheren Symmetrie der Bertinschen Fläche für Einachsige reduziert sich die Anzahl der prinzipiell voneinander verschiedenen Schnittlagen auf nur *drei*, nämlich: senkrecht zur optischen Achse bzw. Rotationsachse, schief dazu und parallel dazu.

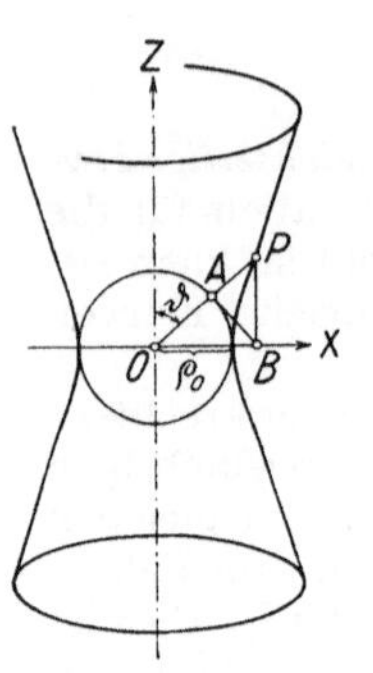

Fig. 104

Gestalt und Konstruktion der Bertinschen Fläche gleichen Gangunterschiedes für optisch einachsige Kristalle.

Schnitte senkrecht zur optischen Achse

Für diesen Fall sind die Schnittkurven der auch hier wieder für die Gangunterschiede $R = 1\lambda, 2\lambda, 3\lambda, \ldots, k\lambda$ ineinander geschachtelt zu denkenden Flächen gleichen Gangunterschiedes konzentrische Kreise. Auch hier gilt, daß mit zunehmender Doppelbrechung und Dicke des Präparates die Kurven enger geschart sind.

Schnitte schief zur optischen Achse

Im Falle von Schnitten *schief* zur optischen Achse deformieren sich die Kreise zu Kegelschnitten, wobei, genau betrachtet, Ellipsen, Parabeln oder Hyperbeln auftreten müssen, je nachdem $\vartheta \lessgtr \operatorname{arc\,tg}\sqrt{2}$ ist. Infolge der ganz allgemein etwas unscharfen Ausbildung der Isochromaten im Konoskop, ferner weil man bei Schnitten schief zur optischen Achse immer nur einen Teil der Kurvenscharen überblickt, ist es in der Praxis nicht möglich, die spezielle Art der Kegelschnitte zu erkennen und diagnostisch zu verwerten. Es ist lediglich zu konstatieren, daß es sich um *leicht deformierte Kreise* handelt.

Schnitte parallel zur optischen Achse

Für diese Schnitte können die Kurven gleicher Gangunterschiede bei niedriger bis mittlerer Doppelbrechung als *gleichseitige Hyperbeln* beschrieben werden, deren Asymptoten zur optischen Achse unter einem Winkel von 45° liegen. Für stark doppelbrechende Substanzen, wie z. B. Kalzit, ist auch diese angenäherte Betrachtung nicht mehr zulässig. In diesem Falle handelt es sich zwar ebenfalls um *Hyperbeln*, jedoch bilden die Asymptoten einen Winkel von $\operatorname{arc\,tg}\sqrt{\varepsilon/\omega}$ mit der optischen Achse. Durchwegs gilt, daß für die Doppelbrechung eine Abnahme in der Richtung der optischen Achse und eine Zunahme in Richtung senkrecht dazu zu konstatieren ist, ganz in Analogie zu den für die Richtungen der spitzen und der stumpfen Bisektrix beobachteten Verhältnissen bei den Schnitten optisch Zweiachsiger parallel zur Achsenebene.

Ganz allgemein gilt auch für die optisch Einachsigen, daß sie bei geringem Gangunterschied (d. h. für alle schwach- bis mittel-doppelbrechenden gesteinsbildenden Mineralien in Dünnschliffen üblicher Dicke) überhaupt keine farbigen Kurven zeigen, sondern, daß bei konoskopischer Betrachtung das ganze Gesichtsfeld vom Grau I, evtl. Gelb I erfüllt erscheint.

4. Die Interferenzfiguren optisch ein- und zweiachsiger Kristalle für verschiedene Schnittlagen und die konoskopische Bestimmung des optischen Charakters

a) *Optisch zweiachsige Kristalle*

Für die systematische Behandlung der diagnostisch sehr wichtigen Interferenzbilder der verschiedenen Schnittlagen optisch Zweiachsiger bilden *Symmetriebetrachtungen* eine ausgezeichnete Grundlage. Maßgebend für die Symmetrie der im Konoskop beobachteten Interferenzbilder ist die Symmetrie des Systems der Bertinschen Flächen für die Isochromaten und diejenige des Systems der Beerschen Geschwindigkeitskegel bzw. der daraus abgeleiteten Skiodromen für die Hauptisogyren. Da beide in bezug auf die Symmetrie mit der Indikatrix übereinstimmen, können die Symmetrien der Interferenzbilder direkt auf diese übertragen werden. Da die Indikatrix selbst orthorhombisch-holoedrische Symmetrie aufweist, wobei die drei aufeinander senkrecht stehenden ungleichwertigen Digyren den Hauptschwingungsrichtungen und die drei darauf senkrecht stehenden Spiegelebenen den drei Hauptschnitten (optischen Symmetrieebenen) entsprechen, weisen die Interferenzbilder für die verschiedenen Schnittlagen Symmetrien auf, die den kristallographischen Flächensymmetrien der orthorhombischen Holoedrie (Klasse V_h) analog sind. Es sind somit folgende, in bezug auf ihre Symmetrie prinzipiell verschiedene Schnittlagen zu unterscheiden:

Schnittlage	Flächensymmetrie des Interferenzbildes
Senkrecht zu einer Symmetrieachse der Indikatrix (Hauptschwingungsrichtung)	C_{2v} d. h. digyrisch und disymmetrisch
Senkrecht zu einer Symmetrieebene der Indikatrix (Hauptschnitt)	C_s d. h. monosymmetrisch
Allgemeine Schnittlage (senkrecht zu keinem Symmetrieelement der Indikatrix)	C_1 d. h. asymmetrisch

α) Schnitte senkrecht zu einer optischen Symmetrieachse

Die Symmetrieachsen der Indikatrix entsprechen den drei Hauptschwingungsrichtungen. Hiervon spielen zwei, n_α und n_γ, die Rolle von *Bisektrizen*, n_β ist die *optische Normale*.

αα) Schnitte senkrecht zu den beiden Bisektrizen

Nach den früheren Ausführungen sind die Isochromaten für die Bisektrizenschnitte gleichseitige Hyperbeln, die sich für die spitze Bisektrix bei kleinem $2V$ zu Cassinischen Kurven (Lemniskaten) spezialisieren. Die Hauptisogyren bilden in der *Normalstellung* ein *dunkles Kreuz*, das sich beim Übergang zu der *Diagonalstellung* zu zwei *Hyperbeln* öffnet (Fig. 93). Dabei stechen die optischen Achsen an den Hyperbelscheiteln aus. Für Schnitte senkrecht zur *stumpfen* Bisektrix besteht gegenüber denjenigen senkrecht zur *spitzen* der Unterschied, daß die Achsenaustrittspunkte weiter voneinander entfernt liegen und die Hauptisogyren etwas verwaschener ausgebildet sind. Für sehr große Achsenwinkel werden die Hauptisogyren sehr undeutlich und die Schnitte werden vielfach praktisch von den weiter unten näher diskutierten, senkrecht zur optischen Normalen orientierten ununterscheidbar.

Die Distanz der Achsenaustritte im Interferenzbild, die am deutlichsten in der Diagonalstellung zu erkennen ist, gibt einen wertvollen Hinweis hinsichtlich der Größe des *scheinbaren* Achsenwinkels $2E$ (in Luft bei Beobachtung mit Trockensystemen, bzw. in Öl mit Immersionen, in diesem Fall meistens mit $2H$ bezeichnet). Wie später gezeigt werden wird, läßt sich die Beziehung zwischen der Distanz der Achsenaustritte im Interferenzbild und der Größe von $2E$ quantitativ auswerten. Hier handelt es sich vorläufig nur darum, zu untersuchen, ob der zu einem gewissen, in Luft beobachteten scheinbaren Achsenwinkel $2E$ gehörige wahre Achsenwinkel $2V$ spitz oder stumpf ist. Diese Feststellung ist notwendig zur Bestimmung des optischen Charakters, weil dieser auf Grund von $2V$ und nicht auf Grund des direkt wahrnehmbaren $2E$ definiert ist.

Der Zusammenhang zwischen $2E$ und $2V$ wird durch Fig. 105 veranschaulicht, die einen Schnitt parallel der Achsenebene eines optisch zweiachsig-positiven Kristalls darstellt. Da die optischen Achsen senkrecht auf Kreis-

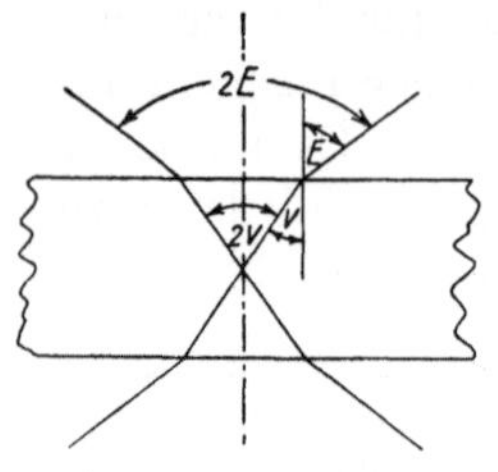

Fig. 105

Beziehung zwischen wahrem ($2\,V$) und scheinbarem ($2\,E$) Winkel der optischen Achsen bei optisch zweiachsigen Kristallen.

schnittebenen vom Radius n_β stehen, wird Licht, das sich in ihrer Richtung fortpflanzt, beim Übertritt in Luft nach diesem Brechungsindex vom Lot weggebrochen. Es gilt somit $\sin E = n_\beta \sin V$, bzw., wenn das äußere Medium nicht Luft, sondern z. B. Öl vom Brechungsindex μ ist, $\mu \sin H = n_\beta \sin V$. Auf Grund dieser Beziehungen kann immer von V zu E oder H übergegangen werden, oder umgekehrt, wenn n_β und μ bekannt sind[1]).

Nimmt man nun einen *optisch neutralen* Kristall ($V = 45°$) an, so ergibt sich sein scheinbarer, in Luft beobachteter Achsenwinkel E aus $\sin E = n_\beta \sin V = n_\beta \sin 45°$. Damit dieser Achsenwinkel in Luft von einem Mikroskopobjektiv gegebener numerischer Apertur überblickt werden kann, d. h. damit die Austritte der optischen

---

[1]) Für eine einfache graphische Lösung siehe u. a. F. E. WRIGHT, *Methods*, l. c. (1911), Pl. 8.

Achsen im Gesichtsfeld erfolgen, muß dieses mindestens einen dem Betrag von $2E$ entsprechenden Öffnungswinkel aufweisen. Setzen wir ein Trockensystem von der theoretisch möglichen Maximalapertur $A = \sin 90° = 1$ voraus, so würde dadurch ein $2E$ von 180° erfaßt. Soll dieser scheinbare Achsenwinkel zu einem optisch neutralen Kristall ($2V = 90°$) gehören, so ist dies nur für ein ganz bestimmtes n_β möglich, das sich aus der Beziehung

$$n_\beta \sin 45° = 1 \quad \text{zu} \quad n_\beta = \sqrt{2} = 1{,}414\ldots$$

ergibt.

Sollen somit die Achsenaustritte für einen optisch neutralen Kristall im konoskopischen Gesichtsfeld erscheinen, so darf, selbst unter der Voraussetzung, daß das angewandte Trockensystem die theoretische (praktisch nicht realisierbare) Maximalapertur 1 besitzt, n_β des Kristalls nicht höher als 1,414 sein. Da nun einerseits Trockensysteme höchstens Aperturen von zirka 0,95 aufweisen und anderseits Substanzen mit $n_\beta < 1{,}414$ äußerst selten sind, so kann folgende für die mikroskopische Praxis äußerst wichtige Regel formuliert werden:

Treten bei einem Bisektrizenschnitt eines zweiachsigen Kristalls, unter Verwendung eines Trockensystems, die beiden optischen Achsen innerhalb des Gesichtsfeldes aus, so handelt es sich um die spitze Bisektrix. Treten die Achsen außerhalb des Gesichtsfeldes aus, so läßt sich für diesen Schnitt nicht entscheiden, ob die Bisektrix spitz oder stumpf ist. Ob die optischen Achsen innerhalb oder außerhalb des Gesichtsfeldes austreten, wird am sichersten beim Übergang zur Diagonalstellung beobachtet. Bei Achsenaustritt im Gesichtsfeld bleiben die hyperbelförmigen Hauptisogyren sichtbar, bei Achsenaustritt außerhalb des Gesichtsfeldes treten sie in diagonaler Richtung aus demselben aus. Die Richtung, in welcher der Austritt aus dem Gesichtsfeld erfolgt, gibt für die Diagonalstellung die Richtung der Spur der optischen Achsenebene an. Ist $n_\beta < 1{,}4$ zirka, so gilt obige Regel nicht mehr, indem der Achsenaustritt auch für den Fall eines Schnittes senkrecht zur stumpfen Bisektrix bei Verwendung eines Trockensystems hoher Apertur im Gesichtsfeld erfolgen kann. Ob dies tatsächlich so ist, hängt außer von n_β auch noch von der Größe von $2V$ ab und muß von Fall zu Fall besonders untersucht werden.

Unabhängig von der Größe des Achsenwinkels läßt sich jedoch in jedem Fall für einen als solchen erkannten Bisektrizenschnitt bestimmen, ob die *ausstechende Bisektrix* die *positive* oder die *negative* ist, d. h. ob sie n_γ oder n_α entspricht. Man bringt zu diesem Zweck die Platte in *Diagonalstellung* und schiebt ein Gips vom Rot I mit n_α *parallel* zur *Spur der Achsenebene* ein (Fig. 106). Liegt ein *Schnitt senkrecht* n_γ vor, so entsprechen die Schwingungsrichtungen im Zentrum des Gesichtsfeldes Wellen mit den Brechungsindizes n_α und n_β, wobei letzteres als optische Normale senkrecht zur Spur der Achsenebene orientiert ist, während die Richtung von n_α mit dieser zusammenfällt. Im *Zentrum des Gesichtsfeldes*, im sogenannten Zentralfeld, muß somit *Addition* stattfinden. Liegt jedoch ein *Schnitt senkrecht zur Bisektrix* n_α vor, so entspricht bei gleich orientiertem n_β die Spur der Achsenebene n_γ, so daß im *Zentralfeld Subtraktion* stattfinden muß. Daraus ergibt sich folgende einfache Merkregel für die Bestimmung des Charakters der ausstechenden Bisektrix (der nicht demjenigen des Kristalls zu entsprechen braucht):

Schiebt man bei einem Bisektrizenschnitt in Diagonalstellung das Rot I mit n_α parallel zur Spur der Achsenebene ein, so bedeutet Addition im Zentralfeld, daß es sich bei der ausstechenden Bisektrix um n_γ handelt, bei Subtraktion um n_α.

Die Addition bzw. Subtraktion macht sich durch das Steigen bzw. Fallen aller im Zentralfeld auftretenden Interferenzfarben um eine Ordnung bemerkbar. Besonders deutlich ist dies dort, wo das Grau I auftritt, welches mit dem Gips vom Rot I nach Blau bzw. Gelb umschlägt. Liegt ein Schnitt senkrecht zur spitzen Bisektrix vor, bei dem in der Diagonalstellung nicht nur das zwischen den Hyperbeln gelegene *Zentralfeld*, sondern auch die Räume auf der *konkaven Hyperbelseite* sichtbar sind, so bemerkt man, daß für sie die Farbreaktion in bezug auf diejenige im Zentralfeld gerade *umgekehrt* ist. Dies ist an Hand der Skiodromen leicht einzusehen. Für einen optisch positiven Kristall z. B. entsprechen ganz allgemein nach dem S. 176 Gesagten die Tangenten an die Meridianskiodromen

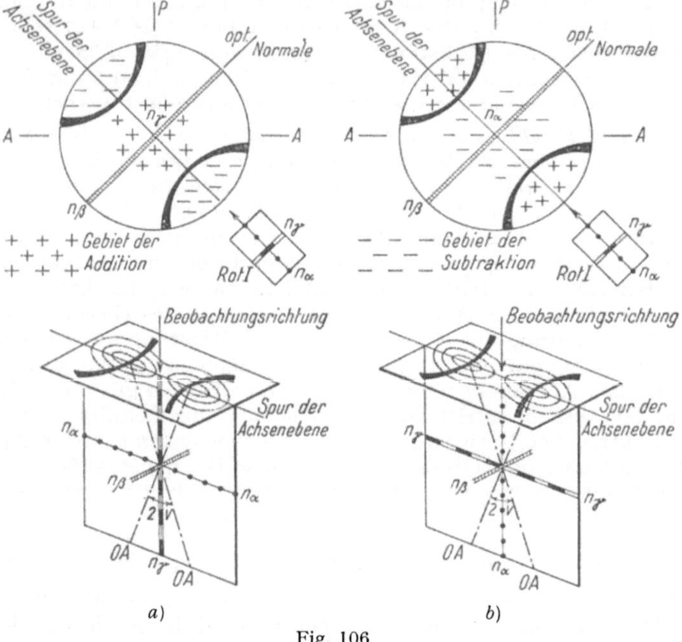

Fig. 106

Bestimmung des Charakters einer ausstechenden Bisektrix mit Hilfe des Gipsplättchens vom Rot I. (Präparat in Diagonalstellung, Einschieberichtung des Gipsplättchens mit n_α parallel der Spur der Achsenebenen des Präparates).

a) Addition im Zentralfeld, die ausstechende Bisektrix ist positiv, d. h. n_γ. Ist sie zugleich spitze Bisektrix, so ist auch der Charakter des Kristalls positiv.

b) Subtraktion im Zentralfeld, die ausstechende Bisektrix ist negativ, d. h. n_α. Ist sie zugleich spitze Bisektrix, so ist auch der Charakter des Kristalls negativ.

(Hyperbeln) den Wellen mit dem größeren, zwischen n_γ und n_β gelegenen Brechungsindex n_γ', diejenigen an die Äquatorialskiodromen (Ellipsen) jedoch den Wellen mit dem kleineren, zwischen n_β und n_α gelegenen Brechungsindex n_α'. Die vorhin für die Mitte des Gesichtsfeldes herausgegriffenen Hauptschwingungsrichtungen stellen je nur zu Geraden spezialisierte Glieder der Hyperbel- und Ellipsenscharen dar. Eine genaue Verfolgung der beiden Kurvenscharen zeigt nun aber, daß sie nach Überschreiten der hyperbelförmigen Hauptisogyren umschwenken, so daß die Richtungen der Tangenten, sowohl an die Hyperbeln wie an die Ellipsen, für die Räume zu beiden Seiten der Hauptisogyren ihrer Lage nach gerade vertauscht sind, daß somit die entgegengesetzten Reaktionen in bezug auf Addition und Subtraktion eintreten müssen. *Es wird somit bei Addition im Zentralfeld gleichzeitig Subtraktion im konkaven Hyperbelraum zu beobachten sein bzw. umgekehrt.*

Läßt sich außer der immer durchführbaren Bestimmung des Charakters der ausstechenden Bisektrix, d. h. ob es sich um n_γ oder n_α handelt, gleichzeitig noch feststellen, daß es sich um die spitze Bisektrix handelt, da die beiden optischen Achsen innerhalb des Gesichtsfeldes austreten, so ist damit auch der *optische Charakter* des Präparates bestimmt. Dieser ist positiv, wenn n_γ spitze, und negativ, wenn n_α spitze Bisektrix ist. Liegen die Achsenaustrittspunkte außerhalb des Gesichtsfeldes, so ist die Bestimmung des Charakters an Hand des betreffenden Schnittes nicht möglich.

Auch wenn die Bestimmung des optischen Charakters nicht möglich ist, kommt dennoch den Bisektrizenschnitten eine große Bedeutung zu. Nach dem früher (S. 55) Gesagten sind es gerade diese Schnitte, welche die Bestimmung von zwei Hauptbrechungsindizes nach der Immersionsmethode gestatten. Dies sind n_α und n_β an Schnitten $\perp n_\gamma$ bzw. n_β und n_γ für solche $\perp n_\alpha$.

$\beta\beta$) Schnitte senkrecht zur optischen Normalen

Diese an und für sich sehr wichtigen Schnitte maximaler Doppelbrechung zeigen sehr wenig charakteristische Interferenzbilder, welche vom Anfänger gern falsch gedeutet oder gar übersehen werden. Aus den Skiodromen, Fig. 92, ergibt sich, daß in der *Normalstellung* für das ganze Gesichtsfeld *Dunkelheit* herrschen muß. Höchstens in den vier Ecken, wo die Schwingungsrichtungen nicht mehr senkrecht aufeinanderstehen, ist zufolge der dadurch bedingten elliptischen Polarisation bei hinreichender Apertur eine *geringe Aufhellung* wahrnehmbar, so daß, als Ganzes gesehen, der Eindruck eines sehr verwaschenen, fast das ganze Gesichtsfeld einnehmenden schwarzen Kreuzes entsteht. Bei einer nur *geringen Drehung* der Kristallplatte muß für den größten Teil des Gesichtsfeldes *Aufhellung* eintreten. Liegt ein positiver oder negativer Kristall mit deutlich verschiedenen Achsenwinkeln vor, so kann beobachtet werden, wie sich das dunkle Kreuz in zwei sehr flaue und verwaschene, nur sehr undeutlich begrenzte, *hyperbelartige Schatten auflöst*, die das Gesichtsfeld in *diagonaler Richtung*, d. h. unter 45° zu den Nicolhauptschnitten verlassen. Eine genaue Untersuchung an Hand der Skiodromen ergibt, daß die beiden Schatten in der *Richtung der spitzen Bisektrix* (die einer der beiden Schwingungsrichtungen der Platte entspricht) aus dem Gesichtsfeld austreten. Da mit dem Rot I bestimmt werden kann, ob diese Richtung n_γ oder n_α entspricht, läßt sich der *optische Charakter* der Platte bestimmen. Er ist nach Definition positiv, wenn die spitze Bisektrix n_γ, negativ, wenn sie n_α ist. Ist der untersuchte Kristall jedoch mehr oder weniger *optisch neutral*, so werden die beiden Schatten nicht wahrgenommen, in Übereinstimmung damit, daß die Skiodromen für diesen Fall die Flächensymmetrie C_{4v} aufweisen, wie auch der Bertinschen Fläche für diesen Spezialfall nicht die Symmetrie V_h, sondern D_{4h} zukommt. In diesem Fall kann weder von einer spitzen noch von einer stumpfen Bisektrix gesprochen werden, weil keine vor der andern ausgezeichnet ist.

Die S. 189 erwähnten Isochromaten von der Gestalt gleichseitiger Hyperbeln mit den optischen Achsenrichtungen als Asymptoten sind nur bei großen Gangunterschieden sichtbar. Bei Dünnschliffen üblicher Dicke tritt im allgemeinen in der Diagonalstellung eine einheitliche Interferenzfarbe für das ganze Gesichtsfeld auf, wobei bei etwas höherer Doppelbrechung vielfach ein leichtes Fallen der Farbe in Richtung der Quadranten, durch welche die spitze Bisektrix verläuft, bemerkbar wird.

Die Bedeutung der Schnitte senkrecht zur optischen Normalen liegt vor allem darin, daß sie die Bestimmung der beiden Extremwerte der Lichtbrechung n_γ und n_α mittels der Immersionsmethode, und somit auch diejenige der *maximalen Doppelbrechung* $(n_\gamma - n_\alpha)$ gestatten.

Weisen die verschiedenen Individuen einer Kristallart gleiche Dicke auf, wie z. B. in einem Dünnschliff, so lassen sich die $\perp n_\beta$ geschnittenen Individuen *orthoskopisch* daran erkennen, daß sie die höchsten Farben zeigen.

β) Schnitte senkrecht zu einer optischen Symmetrieebene.

Denken wir uns, ausgehend von den soeben behandelten Schnitten senkrecht zu einer sich in zwei Symmetrieebenen schneidenden Symmetrieachse der Indikatrix, die Schnittlage so verschoben, daß sie nur noch senkrecht zu einer einzigen Symmetrieebene liegt, d. h. neigen wir die Schnittlage um eine Hauptschwingungsrichtung als Achse, so zeigt die Interferenzfigur nur noch monosymmetrischen Charakter (C_s). Dabei entspricht nur noch *eine* der beiden

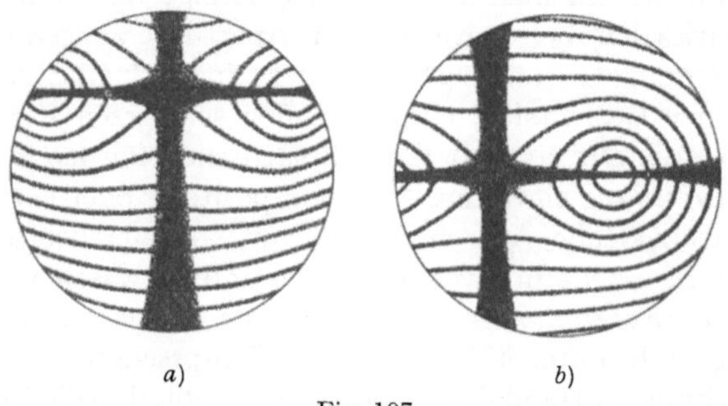

Fig. 107

Monosymmetrische Interferenzbilder optisch zweiachsiger Kristalle in Normalstellung.

a) Die Ebene senkrecht zur Achsenebene ist Symmetrieebene (C_s).
b) Die Achsenebene ist selbst Symmetrieebene (C_s).

Schwingungsrichtungen der Platte einer *Hauptschwingungsrichtung*, nämlich diejenige, die auf der Spur der Symmetrieebene des Interferenzbildes senkrecht steht. Schnitte senkrecht einer optischen Symmetrieebene lassen somit nur die Bestimmung eines *einzigen* dieser Hauptschwingungsrichtung entsprechenden Hauptbrechungsindex zu. Fig. 107a und b zeigen zwei derartige Interferenzbilder mit der Ebene senkrecht zur Achsenebene bzw. dieser selbst als Symmetrieebene, beide in Normalstellung.

αα) Schnitte senkrecht zu einer optischen Achse

Diese Schnitte stellen einen wichtigen Spezialfall der Schnitte senkrecht zu einer Symmetrieebene der Indikatrix dar, nämlich senkrecht zu einer ausgezeichneten Richtung innerhalb der Achsenebene. Sie zeigen im Konoskop einen Ast der Hauptisogyren, der durch die zentral austretende Spur der optischen Achse verläuft, sowie ein System von kreisähnlichen, den Achsenaustritt umschlingenden Isochromaten. In der *Normalstellung*, d. h. wenn die Spur der Achsenebene parallel zur Schwingungsrichtung von Polarisator oder Analysator steht, verläuft die Hauptisogyre (welche nichts anderes ist als ein Stück

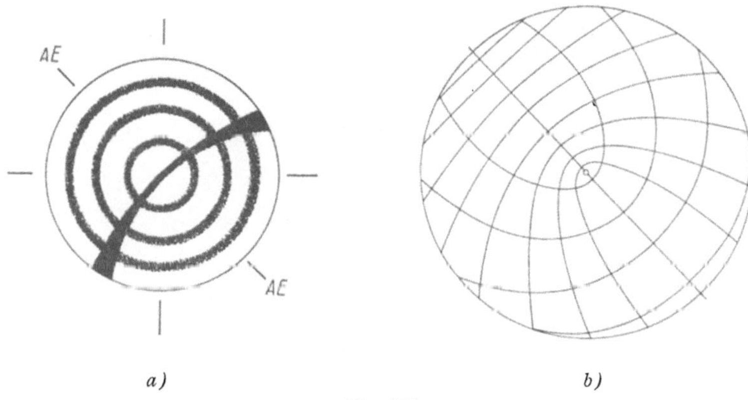

Fig. 108

a) Interferenzbild eines nicht neutralen, optisch zweiachsigen Kristalls, geschnitten senkrecht zu einer optischen Achse in Diagonalstellung. AE = Spur der Achsenebene. Der Hyperbelscheitel weist in Richtung der spitzen Bisektrix.
b) Entsprechende Skiodromenfigur (zentraler Ausschnitt) in gleicher Orientierung. Symmetrie: monosymmetrisch C_s.

des sogenannten *Achsenbalkens* des Interferenzbildes, wie es sich für Schnitte senkrecht zur spitzen Bisektrix darbietet, vgl. Fig. 93) *gestreckt* durch das Zentrum des Gesichtsfeldes und gibt die *Spur der Achsenebene* (horizontal oder vertikal) an. Beim Übergang zur *Diagonalstellung* dreht sich die Hauptisogyre *entgegengesetzt* zur Tischdrehung und *krümmt* sich gleichzeitig zur *Hyperbel*, wie sich auch mit Hilfe der Skiodromen ergibt (Fig. 108). Die *Krümmung der Hyperbel* ist dabei um so ausgeprägter, je mehr der spitze und der stumpfe Achsenwinkel voneinander verschieden sind. Im Bild der Skiodromen drückt sich dieser Umstand in einer mehr oder weniger ausgeprägten Symmetrie nach einer Spiegelebene (C_s) oder in ihrer Annäherung an orthorhombisch-hemimorphe Symmetrie (C_{2v}) des Kurvennetzes aus. Letztere ist für optisch *neutrale Kristalle* realisiert (Fig. 109), für welche sich in Übereinstimmung mit der Beobachtung die *Hauptisogyre* für *beliebige Stellung* der Kristallplatte zu den Nicolhauptschnitten als *gerader Balken* konstruieren läßt. Auch dieser *rotiert* beim Drehen des Tisches in entgegengesetztem Sinne um den Austrittspunkt der optischen Achse.

Orthoskopisch erkennt man Achsenschnitte daran, daß sie in allen Stellungen zwischen gekreuzten Nicols gleichmäßig dunkel bzw. leicht aufgehellt erscheinen. Da die Doppelbrechung für Richtungen in Nachbarschaft der optischen Achsen Zweiachsiger stark richtungsabhängig ist, erkennt man bei Verwendung mittlerer bis stärkerer Objektive beim Hin- und Herbewegen des Auges über dem Okular oft einen deutlichen Farbwechsel. Diese Erscheinung, welche besonders bei stärkerer Doppelbrechung oder dickern Schliffen deutlich ist, kann zum raschen Auffinden von Achsenschnitten benutzt werden.

Im Gegensatz zu den Bisektrizenschnitten lassen die Schnitte senkrecht zur optischen Achse in jedem Falle die *Bestimmung des optischen Charakters* zu. Darauf beruht, in Verbindung mit ihrer leichten Erkennbarkeit (orthoskopisch

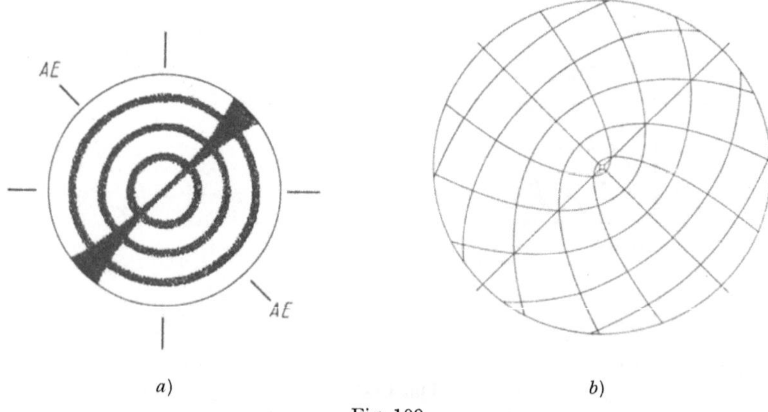

Fig. 109

a) Interferenzbild eines optisch neutralen, zweiachsigen Kristalls, geschnitten senkrecht zu einer optischen Achse in Diagonalstellung. AE = Spur der Achsenebene.

b) Entsprechende Skiodromenfigur (zentraler Ausschnitt) in gleicher Orientierung. Symmetrie: disymmetrisch C_{2v}.

betrachtet bleiben sie immer dunkel oder hellen nur unbedeutend auf, wenn die Schnittlage nicht genau eingehalten wird) ihre große Bedeutung in der mikroskopischen Praxis.

Die Bestimmung des optischen Charakters geschieht im Anschluß an das früher für die Schnitte senkrecht zur spitzen Bisektrix Gesagte. Wie S. 195 ausgeführt wurde, tritt beim Einschieben des Rot I mit n_α *parallel zur Spur der Achsenebene* der sich in Diagonalstellung befindlichen Platte zu beiden Seiten der hyperbelförmigen Hauptisogyre, d. h. im Zentralfeld einerseits und im konkaven Hyperbelraum andererseits, entgegengesetztes Verhalten in bezug auf Addition und Subtraktion ein. Da der *Scheitel* der Hyperbel immer auf den *Ausstichpunkt der spitzen Bisektrix* hinweist (d. h. auf das Zentralfeld), so ist die Beziehung zu den Bisektrizenschnitten ohne weiteres herstellbar. Es ergibt sich daher folgende einfache Merkregel: *Schiebt man das Rot I mit n_α parallel der Spur der Achsenebene (wichtig!) ein, so erfolgt auf der einen Seite der Hauptisogyre (Hyperbel) Addition, auf der andern Subtraktion. Für positive Kristalle*

erfolgt Addition auf der konvexen, für negative auf der konkaven Seite (Fig. 110).
Die Addition bzw. Subtraktion ist auch hier am besten direkt in unmittelbarer
Nachbarschaft des Achsenaustritts zu erkennen, wo das Grau I in Blau II
bzw. Gelb I umschlägt, die Subtraktion auch etwa an der Isochromate vom
Rot I, die bei Subtraktion zu Schwarz kompensiert wird.

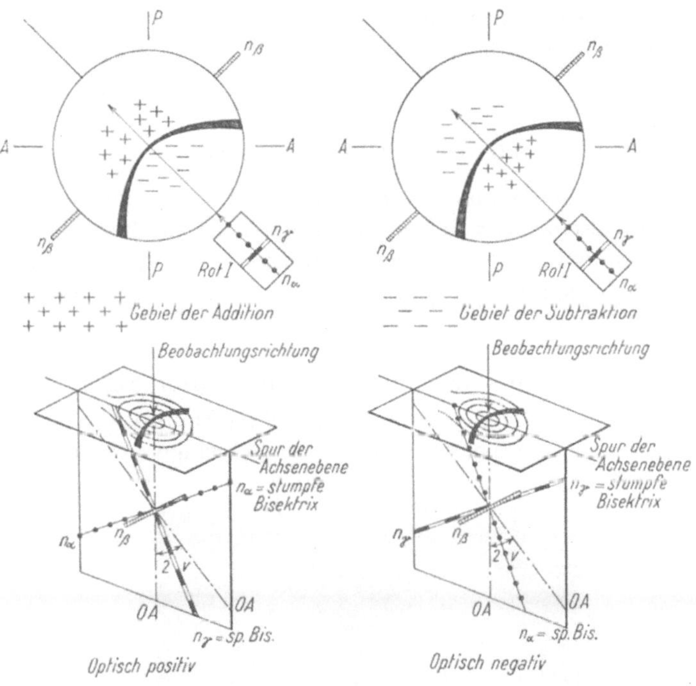

Fig. 110
Bestimmung des optischen Charakters für optisch zweiachsige Kristalle an Hand von Schnitten
senkrecht zu einer optischen Achse mit Hilfe des Gipsplättchens vom Rot I. (Präparat in Diagonalstellung, Einschieberichtung des Gipsplättchens mit n_α parallel der Spur der Achsenebene des
Präparates).

Schnitte senkrecht zu einer optischen Achse lassen die Bestimmung des Hauptbrechungsindex n_β zu, und zwar bei beliebiger Plattenstellung, vorausgesetzt, daß
der Achsenaustritt genau zentral erfolgt. Liegt der Schnitt zwar nicht genau
senkrecht zur optischen Achse, wohl aber senkrecht zur Achsenebene, so läßt
sich n_β ebenfalls bestimmen, jedoch erst nachdem die Achsenebene senkrecht zur
Schwingungsrichtung des Polarisators eingestellt ist.

γ) Schnitte allgemeiner Lage (sogenannte schiefe Schnitte)

Schnitte allgemeiner Lage schneiden die Indikatrix *beliebig* in bezug auf
ihre Symmetrieelemente in einer Ellipse mit den Halbachsen n'_γ und n'_α, wobei
$n_\gamma > n'_\gamma > n_\beta > n'_\alpha > n_\alpha$ ist. Dies hat zur Folge, daß auch die Flächen gleichen
Gangunterschiedes beliebig geschnitten werden und daß die Skiodromen für

solche Schnittlagen *asymmetrisch* ausfallen. Die Interferenzbilder sind daher sowohl in bezug auf die Isochromaten wie auch auf die Hauptisogyren völlig *asymmetrisch*, was ihr Hauptkriterium bildet.

Der optische Charakter läßt sich an beliebigen Schnitten im allgemeinen *nicht* bestimmen. In Fällen, wo die Abweichung von speziellen Lagen, wie sie sich zur Bestimmung des Charakters eignen, nur gering ist, so daß eine Orientierung und die Beobachtung der charakteristischen Reaktionen mit dem Rot I möglich ist, ist sie unter Umständen ausführbar. Dies muß von Fall zu Fall entschieden werden.

b) *Optisch einachsige Kristalle*

Infolge der Rotationssymmetrie der Indikatrix, wie auch der Flächen gleichen Gangunterschiedes und der Skiodromen, ist die Zahl der prinzipiell verschiedenen Schnittlagen, die betrachtet werden müssen, wesentlich geringer als bei den Zweiachsigen. Es sind deren nur drei: senkrecht zur optischen Achse, schief und parallel dazu.

α) Schnitte senkrecht zur optischen Achse

Aus den Skiodromen (Fig. 93) ergibt sich, daß die Hauptisogyren ein *dunkles Kreuz* mit den Armen parallel den Spuren der Schwingungsebenen der Nicols

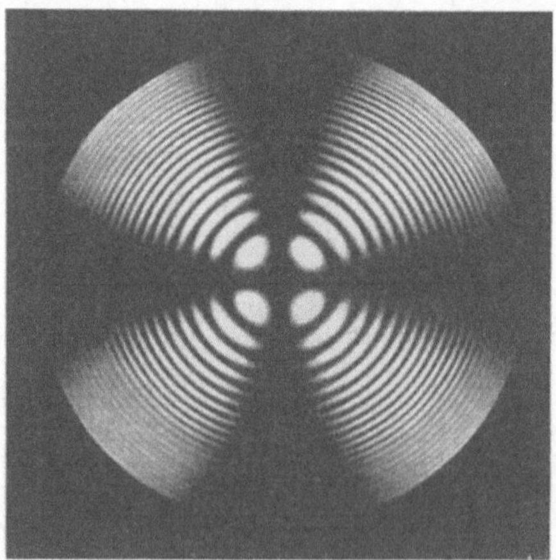

Fig. 111
Interferenzbild eines stark doppelbrechenden, optisch einachsigen Kristalls (Kalzit), senkrecht zur optischen Achse geschnitten. Photographie im *D*-Licht. (Nach HAUSWALDT.)

bilden müssen, in dessen Zentrum die optische Achse aussticht. Die *Isochromaten* bilden zufolge der Rotationssymmetrie der Bertinschen Flächen ein System von *konzentrischen Ringen* mit dem Achsenausstichpunkt als Zentrum und von innen nach außen ansteigenden Farben (Fig. 111). Beim Drehen der Platte tritt keine Änderung ein, da die Skiodromen ebenfalls *Rotationssymmetrie* aufweisen.

Nach dem S. 182 Gesagten entsprechen für *optisch positive Kristalle* die *Tangenten* an die *Äquatorialskiodromen* (Kreise) den rascheren Wellen mit $n_\alpha = \omega$ und diejenigen an die *Meridianskiodromen* (Radien) den langsameren Wellen mit $n'_\gamma = \varepsilon$. Mit andern Worten: die *ordentlichen* Wellen schwingen *tangential*, die *außerordentlichen radial*, wobei $\varepsilon > \omega$. Für *optisch negative Kristalle* ist die Lage der Schwingungsrichtungen analog, jedoch ist $\omega > \varepsilon$. Es muß sich daher sofort mit dem Gips vom Rot I unterscheiden lassen, ob $\varepsilon > \omega$ oder $\omega > \varepsilon$, d. h. ob der Kristall *positiv* oder *negativ* ist. Schiebt man diese wie üblich mit

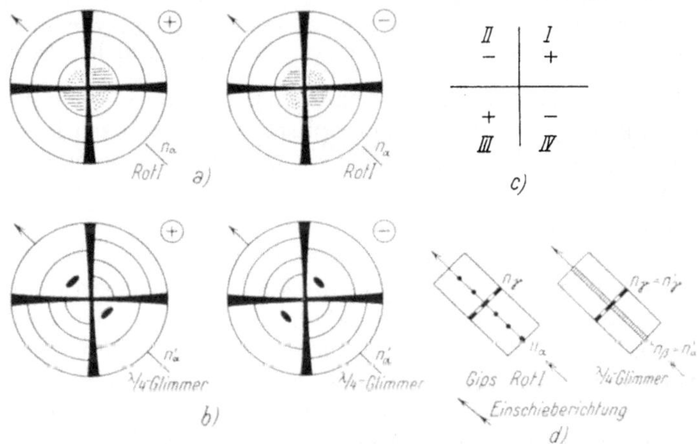

Fig. 112

Bestimmung des optischen Charakters optisch einachsiger Kristalle in Schnitten senkrecht zur optischen Achse.

a) Mit Hilfe des Gipses vom Rot I (horizontale Schraffen = blau, punktiert = gelb).

b) Mit Hilfe des $\lambda/4$-Glimmerplättchens.

c) Bezeichnung der Quadranten für die Merkregel.

d) Vorausgesetzte und meist übliche optische Orientierung und Einschieberichtung der Gips- und Glimmerplättchen.

n_α in SE—NW-Richtung ein, so wird man für optisch positiv Addition im I. und III. Quadranten, Subtraktion jedoch im II. und IV. Quadranten wahrnehmen, für einen optisch negativen Kristall jedoch gerade umgekehrt Addition im II. und IV. bzw. Subtraktion im I. und III. Bezeichnet man den I. und III. Quadranten als positive (da das Produkt der Koordinaten eines Punktes für sie positiv ist) und den II. und IV. als negativ (da für sie das Produkt der Koordinaten eines Punktes negativ ist), so ergibt sich folgende einfache Merkregel für die Bestimmung des optischen Charakters:

Addition in den positiven Quadranten: Kristall positiv, Addition in den negativen Quadranten: Kristall negativ, vorausgesetzt, daß das Rot mit n_α in SE—NW-Richtung eingeschoben wird.

Die Addition bzw. Subtraktion wird am besten wiederum an der Reaktion des Grau I im Innern des ersten Ringes zu Blau bzw. Gelb beobachtet, die Subtraktion auch an der Isochromate vom Rot I, die zu schwarz kompensiert wird (Fig. 112a).

Ist die *Doppelbrechung sehr groß* oder *die Platte sehr dick*, so sind die Isochromaten unter Umständen so eng geschart, daß man Mühe hat, zu entscheiden, ob im Innern des Ringes erster Ordnung Addition oder Subtraktion auftritt. In diesem Falle benutzt man mit Vorteil ein $\lambda/4$-*Glimmerplättchen*, das für sich allein zwischen gekreuzten Nicols ein klares Grau I zeigt[1]). Dort, wo im Interferenzbild in den Subtraktionsquadranten das gleiche Grau erscheint, muß vollständige Kompensation auftreten, was am Erscheinen zweier *schwarzer Flecken* erkenntlich ist. Außerdem liegen in den *Subtraktionsquadranten* die Kurven gleichen Gangunterschiedes etwas *weiter* geschart, in den *Additionsquadranten* etwas *enger* (Fig. 112b). Dieser Effekt tritt natürlich auch beim Gips vom Rot I auf, er wurde jedoch bis jetzt nicht erwähnt, da er gegenüber den viel auffälligeren Farbänderungen zurücktritt und außerdem beim Vorhandensein von nur wenigen Isochromaten oder gar bei deren vollständiger Abwesenheit nicht bemerkt wird.

Gips Rot I und $\lambda/4$-Glimmer lassen sich in analoger Weise, wie dies eben für die Schnitte Einachsiger senkrecht zur optischen Achse beschrieben wurde, auch bei Schnitten Zweiachsiger senkrecht zu einer Bisektrix in Normalstellung verwenden. In Anbetracht des früher Gesagten muß jedoch die Regel für diesen Fall folgendermaßen formuliert werden:

Addition in den positiven Quadranten: ausstechende Bisektrix positiv $(d.\ h.\ n_\gamma)$.
Addition in den negativen Quadranten: ausstechende Bisektrix negativ $(d.\ h.\ n_\alpha)$.
Da für die Kenntnis des optischen Charakters bei Zweiachsigen zweierlei bekannt sein muß, nämlich der Charakter der Bisektrix *und* die Größe von $2V$, d. h. ob spitz oder stumpf, läßt er sich *nur* angeben, *wenn die Achsenaustritte im Gesichtsfeld erfolgen*. Bei optisch einachsigen Medien ist immer $2V = 0$, somit bekannt. Es genügt daher zur Bestimmung des optischen Charakters die Feststellung, ob die durch Zusammenfallen der beiden Achsen Zweiachsiger mit der spitzen Bisektrix resultierende *einzige* optische Achse n_γ oder n_α ist.

Schnitte senkrecht zur optischen Achse erlauben immer die Bestimmung eines Hauptbrechungsindex, nämlich desjenigen der ordentlichen Welle ω. Dieser ist n_α, wenn der Kristall positiv ist, und n_γ, wenn er negativ ist.

β) Schnitte schief zur optischen Achse

Schnitte schief zur optischen Achse zeigen einen *exzentrischen* Achsenaustritt. Dieser befindet sich wiederum im Schnittpunkt des nun ebenfalls exzentrisch gelegenen Hauptisogyrenkreuzes. Beim Drehen des Präparates bewegt sich die optische Achse im Raume auf dem Mantel eines Kreiskegels, ihr Ausstichspunkt auf einem zur Gesichtsfeldbegrenzung konzentrischen Kreise. Bei nur *geringer Schiefe* des Schnittes können alle *Meridian-Skiodromen* als *Geraden*, die Äquatorial-Skiodromen als konzentrische Kurven betrachtet werden. Bei Drehung des Präparates verschieben sich daher die Arme des Hauptisogyren-

---

[1]) Während die Gipsplättchen vom Rot I heute wohl ganz allgemein so orientiert sind, daß sie n_α in der Einschieberichtung aufweisen, sind die $\lambda/4$-Glimmerplättchen, je nach der Herstellerfirma, entweder analog orientiert oder entgegengesetzt, d. h. mit n_γ in der Einschieberichtung. Es wäre sehr zu wünschen, daß eine Vereinheitlichung vorgenommen würde in dem Sinne, daß auch für die $\lambda/4$-Plättchen die Schwingungsrichtung der rascheren Welle n_α' in die Einschieberichtung, d. h. SE–NW gelegt würde. Dies würde eine analoge Formulierung der Gedächtnisregeln für die Bestimmung des optischen Charakters ermöglichen. – Hier wird diese Orientierung vorausgesetzt.

kreuzes *parallel zu sich selber* und *parallel zu den Faden des Fadenkreuzes.* Bei *größerer Schiefe* des Schnittes sind die *Meridian-Skiodromen nicht mehr Geraden* und die Äquatorial-Skiodromen nicht mehr konzentrisch (Fig. 96). Dies bewirkt, daß die einzelnen Kreuzesarme *nur dann völlig gerade* sind, wenn sie das Gesichtsfeld *symmetrisch* teilen, daß sie sich jedoch beim Drehen leicht schräg stellen. Nennt man nach F. BECKE dasjenige Ende des schwarzen Armes, das sich beim Drehen des Tisches im *gleichen* Sinne bewegt wie der benachbarte Tischrand, das *homodrome,* dasjenige, das sich in *entgegengesetztem* Sinne bewegt,

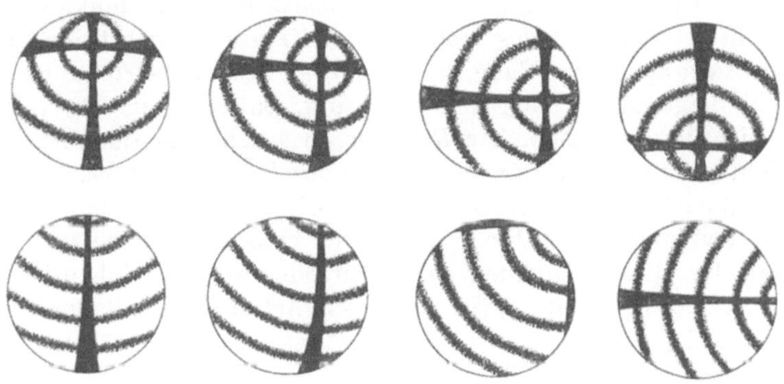

Fig. 113

Verhalten der Interferenzbilder optisch einachsiger Kristalle in Schnitten schief zur optischen Achse beim Drehen des Objekttisches.

Obere Reihe: Die optische Achse tritt bei der angewandten Beobachtungsapertur im Gesichtsfeld aus.
Untere Reihe: Die optische Achse liegt bei der angewandten Apertur außerhalb des Gesichtsfeldes.

das *antidrome* Ende, so kann man sagen, daß das leichte Hin- und Herpendeln der Kreuzesarme, wie es für stark schiefe Schnitte beobachtet werden kann, dadurch zustande kommt, daß sich das *antidrome Ende rascher verschiebt als das homodrome.* Bei *stark schiefen* Schnitten erfolgt der Achsenaustritt *außerhalb* des Gesichtsfeldes, und beim Drehen erscheinen abwechslungsweise die vier Kreuzesarme (Fig. 113).

Die Isochromaten sind für schiefe Schnitte mehr oder weniger deformierte Kreise. Der optische Charakter wird in analoger Weise bestimmt, wie dies für die Schnitte senkrecht zur optischen Achse geschieht. Die Bestimmung ist nur so lange möglich, als die Schiefe der Schnitte und die Doppelbrechung die Beobachtung von Addition oder Subtraktion gestatten. Die Orientierung, in welchem Quadranten man sich befindet, ergibt sich ohne weiteres aus dem Verlauf der Isochromaten und dem Wanderungssinn der Häuptisogyrenbalken.

Schnitte schief zur optischen Achse erlauben wiederum die Bestimmung des ordentlichen Brechungsindex ω ($= n_\alpha$ für positive und $= n_\gamma$ für negative Kristalle). Die zweite Schwingungsrichtung der Platte entspricht einem von der Schiefe des Schnittes abhängigen Zwischenwert ε' zwischen n_γ und n_α. Da er (außer etwa für Spaltplättchen) keinen reproduzierbaren Wert darstellt und sich somit nicht zur Charakterisierung einer Substanz eignet, wird er im allgemeinen nicht bestimmt.

γ) Schnitte parallel zur optischen Achse

Aus dem Vergleich der zentralen, mit Objektiven normaler Apertur allein überblickbaren Partie der Skiodromen für diese Schnitte (Fig. 95) mit denjenigen für Schnitte optisch Zweiachsiger parallel zur Achsenebene (Fig. 92) geht sofort hervor, daß Gestalt und Verhalten der Hauptisogyren für die beiden Schnittarten weitgehend analog sein müssen. Es gilt auch hier, daß vom Anfänger diese Schnitte oft nicht richtig gedeutet werden, im speziellen, daß sie gerne mit Schnitten optisch Zweiachsiger senkrecht zur stumpfen Bisektrix verwechselt werden. Sie zeigen in der *Normalstellung* ein dunkles, fast das ganze Gesichtsfeld ausfüllendes, *verwaschenes Kreuz*, das sich beim Übergang zur *Diagonalstellung* in zwei flaue, *hyperbelartige Schatten* zerteilt, welche das Gesichtsfeld diagonal, je nach dem Drehsinn, entweder in SE—NW- oder NE—SW-Richtung verlassen. Die *Richtung*, in welcher die dunklen Schatten wandern, entspricht in der *Diagonalstellung* der *Lage der optischen Achse*. Die theoretisch ableitbaren hyperbelförmigen Isochromaten sind nur bei großen Gangunterschieden sichtbar. Bei gewöhnlicher Dünnschliffdicke zeigt das Gesichtsfeld in der Diagonalstellung eine mehr oder weniger einheitliche Interferenzfarbe, wobei in Richtung der optischen Achse oft ein Fallen derselben bemerkbar ist. Ist die Lage der optischen Achse erkannt, so kann mit dem Rot I bestimmt werden, ob diese n_γ oder n_α entspricht, woraus der *positive* oder *negative* Charakter des Kristalls folgt.

Die Bedeutung der Schnitte parallel zur optischen Achse liegt vor allem darin, daß sie die einzigen Schnitte einachsiger Kristalle sind, welche die Bestimmung beider Hauptbrechungsindizes nach der Immersionsmethode gestatten. Die Brechungsindizes der beiden Schwingungsrichtungen sind $n_\alpha = \omega$ und $n_\gamma = \varepsilon$ für optisch positiv und $n_\gamma = \omega$ bzw. $n_\alpha = \varepsilon$ für optisch negativ.

c) *Kriterien zur konoskopischen Unterscheidung optisch einachsiger und optisch zweiachsiger Kristalle*

Obwohl in den vorhergehenden Abschnitten das konoskopische Verhalten der verschiedenen Schnittlagen ein- und zweiachsiger Kristalle eingehend dargestellt wurde, mag es doch in Anbetracht der Wichtigkeit des Gegenstandes für die mikroskopische Praxis angezeigt erscheinen, die Unterscheidungskriterien Ein- und Zweiachsiger einander gegenüberzustellen. Dabei wird ausschließlich auf das Verhalten der Hauptisogyren abgestellt, da diese immer sichtbar sind und fast immer auch allein die Entscheidung ermöglichen.

Kein Zweifel hinsichtlich der Frage ein- oder zweiachsig wird bestehen, wenn sich entweder das für die Einachsigen typische Hauptisogyrenkreuz mit Achsenausstich im Gesichtsfeld oder das für Zweiachsige typische Bild des sich zu zwei Hyperbeln öffnenden Kreuzes für Bisektrizenschnitte beobachten läßt. Zweifel hinsichtlich der Zuordnung entstehen im allgemeinen erst dann, wenn nur einzelne Teile der Hauptisogyren im Gesichtsfeld erscheinen und keine charakteristischen Richtungen, wie Achsen oder Bisektrizen, darin austreten. Da auch für Einachsige die dunklen Kreuzesarme, die bei stark schiefen Schnitten mit Achsenaustritt außerhalb des Gesichtsfeldes dieses beim Drehen abwechselnd durchlaufen, sich leicht schräg stellen können, bereitet die Unterscheidung oft Schwierigkeiten. Für die *Einachsigen* ist es jedoch immer möglich, eine Stellung zu finden, für welche der schwarze Balken das Gesichtsfeld *symmetrisch* horizontal oder vertikal teilt. *Optisch zweiachsige* Kristalle zeigen im Gegensatz dazu nur dann eine gerade, das Gesichtsfeld symmetrisch teilende Barre parallel einem Faden des Fadenkreuzes, wenn der betrachtete Schnitt senkrecht auf einer optischen Symmetrieebene steht. Im allgemeinen Fall geht sie *nicht* durch *die Mitte des Gesichtsfeldes*, und in beiden Fällen verschiebt sie sich beim Drehen *nie* parallel zu sich selbst, sondern stellt sich irgendwie *schräg* oder krümmt sich.

Die Schnitte *Einachsiger parallel zur optischen Achse* sind von solchen *parallel* der Achsenebene bzw. senkrecht zur Normalen *Zweiachsiger nicht* zu unterscheiden, sofern die Schnittlage genau innegehalten wird. In beiden Fällen erscheint in der Normalstellung das flaue Kreuz, das sich beim Übergang zur Diagonalstellung zu zwei hyperbelartigen verwaschenen Schatten öffnet, deren Bewegungsrichtung die Lage der optischen Achse (für Einachsige) oder der spitzen Bisektrix (bei Zweiachsigen) in der Diagonalstellung angibt. Bei etwas abweichender Schnittlage verläuft für Einachsige der zur Achsenrichtung parallele Kreuzbalken immer durch das Zentrum des Gesichtsfeldes (weil für Einachsige jede durch die Achse gelegte Ebene eine optische Symmetrieebene darstellt), während der andere leicht parallel verschoben erscheint. Bei Zweiachsigen muß keiner der beiden Kreuzesbalken durch das Zentrum verlaufen.

Zu bemerken ist jedoch, daß auch für den Fall, daß an Hand dieser Schnitte zwischen ein- und zweiachsig tatsächlich nicht unterschieden werden kann, sich doch der optische Charakter richtig erkennen läßt, sofern nur die durch das Verschwinden der Hyperbeln charakterisierte Diagonalrichtung als n_γ oder n_α bestimmt werden kann. Da ein zweiachsiger Kristall nach Definition optisch positiv oder negativ genannt wird, je nachdem seine spitze Bisektrix n_γ oder n_α ist, ein einachsiger, je nachdem seine optische Achse diese Eigenschaft aufweist, so muß sich der Charakter tatsächlich in beiden Fällen richtig ergeben.

Die Immersionsmethode liefert auch, unabhängig von der Erkennbarkeit der Ein- oder Zweiachsigkeit, die beiden extremen Hauptbrechungsindizes n_γ und n_α sowie die maximale Doppelbrechung $(n_\gamma - n_\alpha)$. Die Frage der Ein- oder Zweiachsigkeit kann aber an jedem andern, z. B. beliebigen Schnitt geklärt werden.

IV. DIE DISPERSION OPTISCH ZWEIACHSIGER KRISTALLE

1. Allgemeines

Nach den früheren Ausführungen ist für das *orthorhombische System* die Indikatrix lagegebunden, d. h. die drei Hauptschwingungsrichtungen müssen immer mit den drei kristallographischen Achsen zusammenfallen. Äußere Einflüsse können sich daher nur durch eine Veränderung der Gestalt der Indikatrix, bei Erhaltung ihrer Symmetrie, nicht aber in einer Änderung ihrer Lage gegenüber dem Kristallgebäude auswirken. Im *monoklinen System* hingegen existieren gewisse Möglichkeiten der Dispersion, da nur eine Hauptschwingungsrichtung mit einer kristallographischen Symmetrieachse bzw. nur ein Hauptschnitt mit einer kristallographischen Symmetrieebene zusammenfällt. Im *triklinen System* endlich bestehen gar keine Bedingungen hinsichtlich der gegenseitigen Lage von Indikatrix und Kristallgebäude mehr, die Dispersionsmöglichkeit ist durch keine Symmetriebedingung eingeschränkt.

Für das Studium mit dem Polarisationsmikroskop kommen nur die Dispersionserscheinungen in Abhängigkeit von λ in Betracht. Sie lassen sich am besten an Hand von Interferenzfiguren bestimmter spezieller Schnittlagen beobachten.

2. Dispersion im orthorhombischen System

Da die drei Hauptbrechungsindizes wegen der Ungleichwertigkeit der drei Hauptschwingungsrichtungen in verschiedenem Maße von λ abhängig sind, ändert sich die spezielle Gestalt der Indikatrix mit der Wellenlänge λ, wobei jedoch die orthorhombische Symmetrie als solche voll erhalten bleiben muß. Da eine ungleiche Änderung der drei Hauptbrechungsindizes eine Verlagerung der für die Lage der optischen Achsen maßgebenden Kreisschnittebenen zur Folge hat, muß sich $2V$ ändern, d. h. für verschiedene λ verschiedene Werte aufweisen. Mit dem Mikroskop beobachtet man im allgemeinen nur, ob $2V$ für das langwellige rote Ende des Spektrums größer als für das kurzwellige violette ist, oder umgekehrt. Den ersten Fall bezeichnet man mit $\varrho > v$, den letzteren mit $v > \varrho$[1]) und benützt diese Angabe mit zur Charakterisierung einer untersuchten Substanz, falls der Effekt überhaupt wahrnehmbar ist. Man beobachtet in Schnitten, die den Austritt beider oder auch nur einer optischen Achse zeigen, da ja im orthorhombischen System beide Achsen aus Symmetriegründen gleiches Verhalten aufweisen müssen.

Da für die sich in Richtung einer optischen Achse fortpflanzenden Wellen keine Doppelbrechung auftritt, muß im Interferenzbild für ihren Austrittspunkt Dunkelheit herrschen. Sind die optischen Achsen dispergiert, so wird am Ausstichspunkt der optischen Achse für rotes Licht das langwellige Ende des Spektrums, an demjenigen für blauviolettes Licht das kurzwellige ausgelöscht erscheinen. Dies gilt auch für die Beleuchtung mit weißem Licht. In diesem Fall bleibt jedoch dort, wo das langwellige *rote* Licht ausgelöscht wird, das kurzwellige *blaue* übrig, und umgekehrt dort, wo das *blaue* Licht fehlt, das *rote*. Dies macht sich dadurch bemerkbar, daß die hyperbelförmigen Hauptisogyren in der Diagonalstellung rote und blaue Säume zeigen. Dabei sind für $\varrho > v$ die blauen Säume auf der konkaven Seite der Hyperbelscheitel gelegen, d. h. weiter vom Ausstichspunkt der spitzen Bisektrix entfernt als die roten am konvexen Hyperbelscheitel, während für $\varrho < v$ gerade das Umgekehrte der Fall ist. In extremen Fällen kann der Wert von $2V$ sehr große Änderungen in Funktion von λ zeigen und für ein gewisses mittleres λ sogar durch Null hindurchgehen. Dabei ist für kurz- und langwelliges Licht die Lage der Achsen-

---

[1]) Vgl. Fußnote [1]), S. 129.

ebene verschieden, sie fällt jedoch immer mit einer Symmetrieebene zusammen. So ist z. B. für das Mineral Brookit (orthorhombische Modifikation von TiO$_2$) vielfach (001) Achsenebene für rotes Licht und (010) für blaues, während $2V$ für ein bestimmtes λ im Gelbgrün Null wird.

3. Dispersion im monoklinen System

Im monoklinen System kann man prinzipiell drei Fälle der Indikatrixorientierung gegenüber dem Kristallgebäude unterscheiden, nämlich:

α) die spitze Bisektrix liegt parallel kristallographisch b,
β) die stumpfe Bisektrix liegt parallel kristallographisch b,
γ) die optische Normale liegt parallel kristallographisch b.

Die kristallographische b-Achse wird konventionsgemäß in die Digyre bzw. normal zur Spiegelebene gelegt.

Da die charakteristischen Dispersionseffekte am besten an Schnitten senkrecht zur spitzen Bisektrix beobachtet werden können, unterscheidet man die

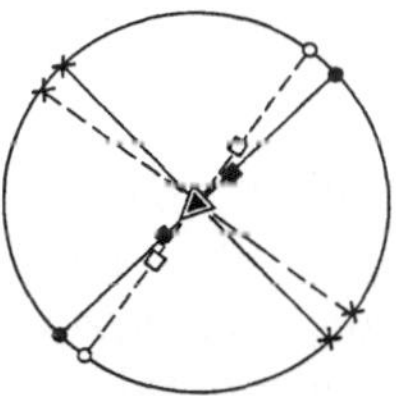

Fig. 114

Gekreuzte Dispersion im monoklinen System. Links: optische Orientierung für zwei extreme Wellenlängen in stereographischer Projektion. Die spitze Bisektrix liegt in kristallographisch b. Rechts: Schematische Farbverteilung des Interferenzbildes, Symmetrie digyrisch (C_2). Beobachtungsrichtung parallel zur spitzen Bisektrix.

drei Fälle je nach den dabei wahrgenommenen Erscheinungen als α) *gekreuzte*, β) *horizontale* oder *parallele* und γ) *geneigte Dispserion*. Da nur noch eine Hauptschwingungsrichtung der Indikatrix mit einer kristallographischen Symmetrieachse (Digyre) zusammenfällt, ist für die einzelnen λ eine verschiedene Lage der Indikatrix möglich, wobei jedoch immer die mit der Symmetrieachse zusammenfallende Hauptschwingungsrichtung für alle λ gemeinsam sein muß. Dieser Umstand bewirkt im Interferenzbild bestimmte *Änderungen in der Farbenverteilung*, indem die für das nichtdispergierte Interferenzbild senkrecht zu einer Bisektrix charakteristische Flächensymmetrie C_{2v} (digyrisch und disymmetrisch nach zwei Spiegelebenen) für die drei erwähnten Fälle wie folgt herabgesetzt wird (als Beobachtungsrichtung wird immer die spitze Bisektrix vorausgesetzt):

α) *Gekreuzte Dispersion:* Da die Indikatrizen für die verschiedenen λ die Richtung der Digyre = spitze Bisektrix, die zugleich der Beobachtungsrichtung entspricht, gemeinsam haben, kann die Farbverteilung im Interferenzbild nur mehr *digyrische* Flächensymmetrie (C_2) aufweisen, während Symmetrieebenen ausgeschlossen sind (Fig. 114).

β) Horizontale Dispersion: Die Achsenebenen für die verschiedenen λ haben für einen Schnitt senkrecht zur spitzen Bisektrix parallele Spuren. Die Farbverteilung kann daher nur *symmetrisch in bezug auf eine zu den Achsenebenen für die verschiedenen λ senkrechte Symmetrieebene* sein (C_s) (Fig. 115).

γ) Geneigte Dispersion: Die für alle λ gemeinsamen Achsenebenen fallen in die kristallographische Symmetrieebene. Innerhalb dieser sind jedoch die opti-

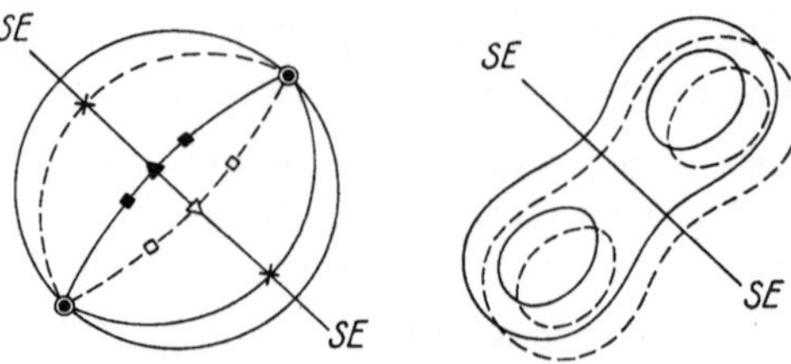

Fig. 115

Horizontale oder parallele Dispersion im monoklinen System. Links: optische Orientierung für zwei extreme Wellenlängen in stereographischer Projektion. Die stumpfe Bisektrix liegt in kristallographisch *b*. Rechts: schematische Farbverteilung des Interferenzbildes, Symmetrie monosymmetrisch (C_s) mit Ebene senkrecht zur Spur der Achsenebene als Symmetrieebene. Beobachtungsrichtung parallel zur spitzen Bisektrix.

schen Achsen verschieden geneigt, so daß auch die Bisektrizen nicht zusammenfallen. Im Interferenzbild senkrecht zur spitzen Bisektrix ist daher nur die *Achsenebene in bezug auf die Farbverteilung eine Symmetrieebene.* Die Symmetriebedingung ist also hier, wie im Falle der horizontalen Dispersion, C_s, die Lage der Symmetrieebene ist jedoch senkrecht zu derjenigen im Fall $\beta)$ (Fig. 116).

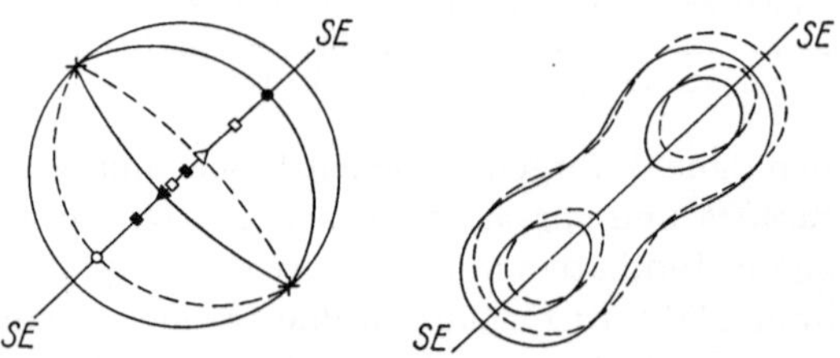

Fig. 116

Geneigte Dispersion im monoklinen System. Links: optische Orientierung für zwei extreme Wellenlängen in stereographischer Projektion. Die optische Normale liegt in kristallographisch *b*. Rechts: schematische Farbverteilung des Interferenzbildes, Symmetrie monosymmetrisch (C_s) mit Achsenebene als Symmetrieebene. Beobachtungsrichtung parallel zur spitzen Bisektrix.

4. Dispersion im triklinen System

Im triklinen System ist keine die Dispersion irgendwie beschränkende Symmetriebedingung vorhanden, die Farbverteilung im Interferenzbild daher vollständig *asymmetrisch* (C_1).

5. Bemerkungen über die Beobachtung der Dispersionserscheinungen

Während die Achsendispersion $\varrho > v$ bzw. $\varrho < v$ im allgemeinen auch in dünnen Präparaten gut wahrnehmbar ist, bedarf es zur Beobachtung der Lagendispersion im monoklinen und triklinen System, außer bei sehr starken Effekten, dickerer Präparate, welche die Asymmetrieerscheinungen infolge der dichter gescharten Isochromaten deutlicher hervortreten lassen. In vielen Fällen leistet auch das Drehkonoskop (S. 284) gute Dienste. Vielfach sind die Effekte jedoch so geringfügig, daß sie überhaupt nicht wahrgenommen werden.

Der Charakter der Dispersion im monoklinen System kann unter Umständen auch durch Kombination von Beobachtungen an verschiedenen Schnitten ein- und derselben Substanz, z. B. ein- und desselben Minerals, in einem Gesteinsdünnschliff erkannt werden. Dies soll im folgenden am Beispiel der Pyroxene kurz skizziert werden. Diese wichtige Familie gesteinsbildender Mineralien umfaßt neben monoklinen Gliedern mit abwesender oder kaum wahrnehmbarer Dispersion auch solche, bei welchen diese äußerst ausgeprägt auftritt, wie z. B. die sogenannten Titanaugite. Bei den monoklinen Pyroxenen sticht ganz allgemein eine optische Achse (A) ungefähr auf (100), die andere (B) auf (001) aus (Fig. 117). Im Dünnschliff sind diese beiden Schnittlagen sehr gut voneinander unterscheid-

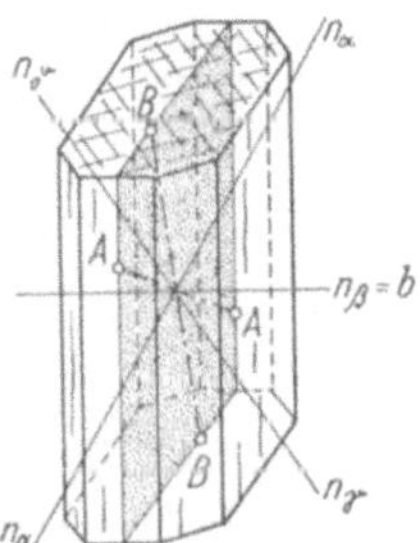

Optische Orientierung von Augit. A = optische Achse, annähernd auf (100), B = optische Achse, annähernd auf (001) austretend. Da $n_\beta = b$ ist, ist geneigte Dispersion möglich.

Fig. 117

bar, da die erstere nur parallele Spaltrisse nach dem Prisma, die letztere jedoch zwei sich unter zirka 90° kreuzende Systeme von solchen zeigen muß. Schnitte senkrecht zu einer optischen Achse lassen daher auf Grund dieser Merkmale sofort erkennen, um welche von den beiden optischen Achsen es sich handelt. Da für beide Achsen die Dispersion eine verschieden starke ist, wobei die Spur der Achsenebene jedoch eine Symmetrieebene für die Farbverteilung darstellt, muß geneigte Dispersion vorliegen, was in Übereinstimmung damit steht, daß $n_\beta = b$ ist. Für die Titanaugite im besonderen gilt, daß die optische Achse B bedeutend stärker dispergiert ist als A, wobei für beide $\varrho > v$ gilt. Da beide Achsen verschieden starke Dispersion aufweisen, können auch die Bisektrizen für die verschiedenen λ nicht zusammenfallen. In Übereinstimmung damit löschen Titanaugite in Schnitten parallel (010) im weißen Licht überhaupt nicht aus, und auch alle andern Schnittlagen, ausgenommen diejenigen, die der Zone [010] angehören, zeigen ebenfalls Dispersion der Schwingungsrichtungen.

V. KONOSKOPISCHE MESSUNGEN

1. Grundlagen

Im konoskopischen Interferenzbild entspricht jeder Punkt des Gesichtsfeldes einer Richtung im Kristall, wobei die Bildpunkte um so mehr vom Zentrum entfernt liegen, je größer der Neigungswinkel ist, den die zugehörige Richtung gegenüber der Mikroskopachse bildet. Diese Beziehung läßt sich quantitativ auswerten, da MALLARD zeigen konnte, daß die *Zentraldistanz eines Punktes im Interferenzbild proportional zum Sinus des Winkels ist, den die zugehörige Richtung in Luft mit der Mikroskopachse einschließt.* Dieser wichtige Zusammenhang ergibt sich auch aus der Helmholtz-Abbeschen Sinusbedingung, was jedoch MALLARD seinerzeit nicht bekannt war. Wir beschränken uns hier auf die Mallardsche Darstellung[1]).

In Fig. 118 bilde eine bestimmte Wellennormalenrichtung im Kristall den Winkel v mit der Präparatennormale, während der zugehörige Winkel in Luft u sei. *Ob* sei das durch seine beiden Hauptebenen charakterisierte Objektiv, f dessen Äquivalentbrennweite, B die obere Brennfläche desselben, *Ok* die Bildebene des Okulars. Da jeder durch den Hauptpunkt H_1 verlaufende Strahl sich, parallel verschoben, durch den zweiten Hauptpunkt H_2 fortsetzt, so ist der Durchstoßpunkt F von H_2F mit der Brennfläche B der Bildpunkt für Strahlenbündel, welche unter dem Winkel u einfallen.

Ist d die Zentraldistanz, unter welcher der betrachtete Punkt auf der als kugelförmig angenommenen Brennfläche des Objektivs erscheint, so folgt aus der Figur $d = f \sin u$ bzw. $\sin u = d/f$.

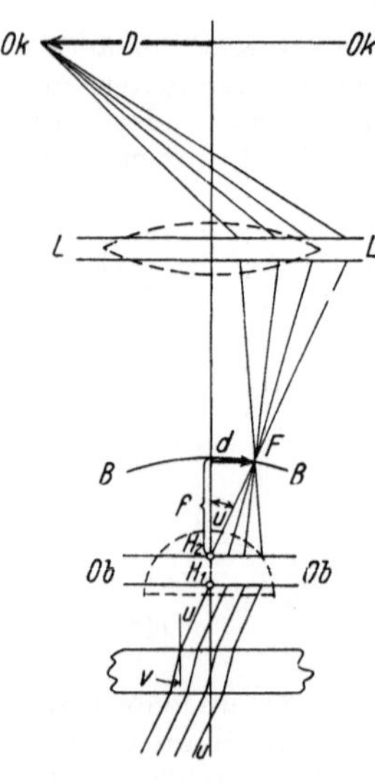

Prinzip der Mallardschen Methode. Die gemessene Zentraldistanz D eines Punktes des Interferenzbildes (mit Bertrand-Linse) bzw. d (im primären Interferenzbild) ist proportional dem Sinus des Winkels u, den die dem betreffenden Bildpunkt zugeordnete Richtung in Luft mit der Mikroskopachse bildet. Proportionalitätsfaktor ist die sogenannte Mallardsche Konstante.

Fig. 118

Betrachtet man das Interferenzbild mit Hilfe der Bertrand-Linse L, so wird d in h-facher Vergrößerung als D in der Brennebene des Okulars abgebildet. Für diesen Fall gilt $\sin u = D/hf$. Für eine gegebene Kombination von Objektiv, Okular und Bertrand-Linse in bestimmter Stellung ist $1/hf = \text{const.} = K$, somit

$$\sin u = DK \quad \text{bzw.} \quad K = \frac{\sin u}{D}, \tag{F 6}$$

wobei die Konstante K als «*Mallardsche Konstante*» bezeichnet wird. Sie läßt sich aus den Daten des Instrumentariums berechnen oder auch, weit bequemer, experimentell bestimmen. Es muß jedoch bemerkt werden, daß es sich bei K nur annäherungsweise um eine *Konstante* handelt, nämlich insofern, als man von der Krümmung der Brennfläche des Objektivs und von seinen Aberrationen absieht. In Wirklichkeit ist dies nur annäherungsweise erlaubt, jedoch liegt der dadurch begangene Fehler bei neuern Objektiven in der Regel innerhalb der bei petrographischen Untersuchungen angestrebten Genauigkeit.

---

[1]) Für die Beziehungen zur Abbeschen Theorie siehe S. CZAPSKI, *Die dioptrischen Bedingungen der Messung von Achsenwinkeln mittelst des Polarisationsmikroskopes*, N. Jb. Min. usw. B.-Bd. 7, 506–515 (1891), oder z. B. DUPARC-PEARCE, l. c. (1907), S. 141–145.

Die *Zentraldistanz D* kann auf verschiedene Weise gemessen werden. Am vorteilhaftesten betrachtet man das Interferenzbild, wie oben angenommen wurde, mit der Bertrand-Linse unter Verwendung eines *Meßokulars*, in dessen Bildebene eine der S. 105 erwähnten Mikrometerteilungen eingelegt wird. Diese braucht für den vorliegenden Zweck nicht in Millimetern ausgewertet zu sein. Die genauesten Resultate erhält man bei Anwendung eines *Schraubenmikrometerokulars*.

Zur Bestimmung der Mallardschen Konstante benützt man eine genau senkrecht zur spitzen Bisektrix geschnittene Platte eines zweiachsigen Kristalls, für welche beide Achsenaustritte im Gesichtsfeld erfolgen. Der Achsenwinkel in Luft $2E$ muß vorgängig mittels des Achsenwinkelapparates genau bestimmt werden. Man benutzt, je nach den gestellten Genauigkeitsanforderungen, weißes oder homogenes Licht. Die Plattendicke wählt man nicht zu dünn, damit die Hauptisogyren scharf ausgebildet erscheinen. Man mißt in *Diagonalstellung* die Distanz der beiden Hyperbelscheitel in Einheiten des benutzten Mikrometers. Sie sei $-2D$. Da es sich um den optischen Achsenwinkel in Luft handelt, ist der früher u genannte Winkel $= E$ und die Mallardsche Konstante ergibt sich für die gewählte *Kombination von Objektiv, Okular und Bertrand-Linse*[1]) zu $K = \sin E/D$. Im allgemeinen notiert man sich statt K den Logarithmus, wenn man es nicht vorzieht, mit dem Rechenschieber zu arbeiten. Statt einer Kristallplatte mit bekanntem $2E$ kann man zur Bestimmung der Mallardschen Konstanten auch ein *Apertometer*, z. B. dasjenige nach ABBE oder METZ, verwenden. Ein solches Instrument bietet sozusagen die Vorteile eines Kristallpräparates mit kontinuierlich veränderlichem Achsenwinkel. Mit seiner Hilfe kann auch der Bereich, für welchen K wirklich konstant ist, festgestellt werden.

2. Bestimmung des scheinbaren Achsenwinkels $2E$ in Schnitten senkrecht zur spitzen Bisektrix oder senkrecht zur Achsenebene

Die Kenntnis der Mallardschen Konstante erlaubt nun die Bestimmung von $2E$ beliebiger Präparate an Hand von Schnitten senkrecht zur spitzen Bisektrix, vorausgesetzt, daß die Achsenaustritte bei der angewandten Apertur im Gesichtsfeld erfolgen. Man mißt zu diesem Zwecke unter den gleichen Bedingungen und mit dem gleichen Mikrometer, mit welchem K bestimmt wurde, die Distanz der beiden Achsenaustritte in Diagonalstellung. Beträgt diese $2D'$, so erhält man E aus der Beziehung $\sin E = D'K$. Wird die Kenntnis des wahren Achsenwinkels V verlangt, so gilt hierfür, da $\sin E = n_\beta \sin V$ ist, $\sin V = D'K/n_\beta$.

Statt die Rechnung $\sin E = DK$ jedesmal durchzuführen, kann man sich auch für das meistgebrauchte Instrumentarium ein Diagramm von der Art von

---

[1]) Ist die Bertrandlinse in der Höhe verstellbar, so ist darauf zu achten, daß die Ermittlung der Mallardschen Konstante und die Messungen bei gleicher Stellung vorgenommen werden. Eine am Tubus angebrachte Skala zur Festlegung derselben ist daher sehr zweckmäßig. Besitzt das Objektiv Korrektionsfassung für veränderliche Deckglasdicke, so ist auch diese immer auf den gleichen Wert einzustellen.

Fig. 119 konstruieren. Dabei kann man entweder K als Konstante annehmen oder für verschiedene Winkelbereiche verschiedene K benützen, die man mit Hilfe von Kristallplatten mit verschieden großen $2E$ oder mittels eines Apertometers erhält[1]). Das Diagramm Fig. 119 wurde im speziellen für folgendes Instru-

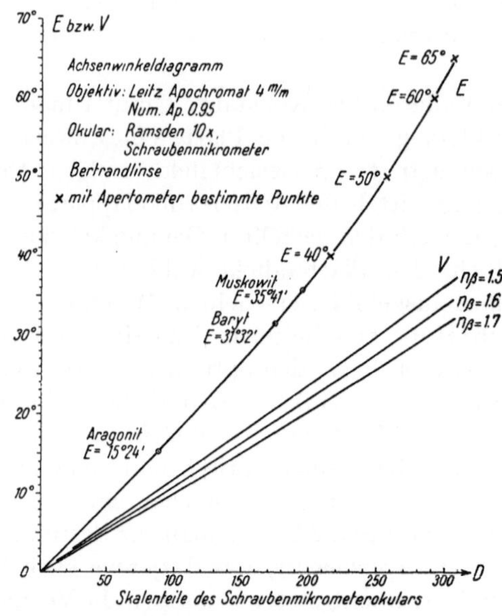

Fig. 119

Entwurf eines Diagramms zur Bestimmung von $2E$ bzw. $2V$ oder allgemein zur Umwandlung von in Interferenzbildern gemessenen Zentraldistanzen in Winkelwerte, für ein gegebenes Instrumentarium.

mentarium gezeichnet: Objektiv Leitz Apochromat 4 mm Äquivalentbrennweite, numerische Apertur 0,95, Ramsden-Schraubenmikrometerokular zehnfach mit passender Bertrand-Linse. Als Kristallplatten wurden solche von Aragonit, Baryt und Muskowit, sowie für größere Winkel ein Apertometer nach ABBE verwendet. Die betreffenden Werte sind folgende:

	$2E$	$2D$	K berechnet	$2E'$ berechnet für $K = 0{,}002\,985$
Aragonit	30° 48′	178	0,00299	30° 49′
Baryt	63° 05′	350	0,00299	62° 59′
Muskowit	71° 22′	390	0,00299	71° 11′
	80°	432	0,00298	80° 18′
	100°	515	0,00298	100° 28′
Apertometer	120°	582	0,00298	120° 36′
	130°	613	0,00296	132° 22′

[1]) Ist der Tubusanalysator mit Korrektionslinsen versehen, so muß er bei der Eichung der Okularskala mittels eines Apertometers eingeschaltet werden.

Diese Zusammenstellung zeigt, daß die Variation von K für moderne, hochkorrigierte Objektive tatsächlich nur sehr gering ist. Nimmt man z. B. versuchsweise $K = 0,002\,985 =$ const. an, so berechnen sich aus den gemessenen Werten von $2D$ rückwärts die in der letzten Kolonne angeführten Achsenwinkel $2E'$, die nur wenig von $2E$ differieren. Man darf somit für die meisten Zwecke die Mallardsche Konstante für derartige Objektive, mit Ausnahme einer schmalen Randzone des Gesichtsfeldes, tatsächlich als konstant annehmen. Für petrographische Untersuchungen trifft dies um so mehr zu, als bei Dünnschliffen normaler Dicke die Hauptisogyren meist etwas unscharf ausgebildet sind und somit nicht die hohe Einstellgenauigkeit dicker Präparate gestatten, wie sie gewöhnlich für die Bestimmung der Konstanten benützt werden.

Man kann das Diagramm, um es noch brauchbarer zu gestalten, auch für die direkte Entnahme des wahren Achsenwinkels V einrichten. In Fig. 119 ist dies für $n_\beta = 1,5$, 1,6 und 1,7 geschehen.

Liegt die untersuchte Kristallplatte nicht senkrecht zur spitzen Bisektrix, aber *senkrecht zur Ebene der optischen Achsen*, so ist die Messung von $2E$ ebenfalls möglich, insofern die beiden Achsen innerhalb des Gesichtsfeldes austreten. Liegen die beiden Hyperbeln in der Diagonalstellung, z. B. so, wie in Fig. 120 angedeutet ist, so ergibt sich der Achsenwinkel $2E$ aus der Summe der beiden Winkel E_1 und E_2, d. h. der Winkel, die die beiden optischen Achsen gegen die Plattennormale bilden. Diese ergeben sich aus den beiden Zentraldistanzen D_1 und D_2 zu $\sin E_1 = D_1 K$

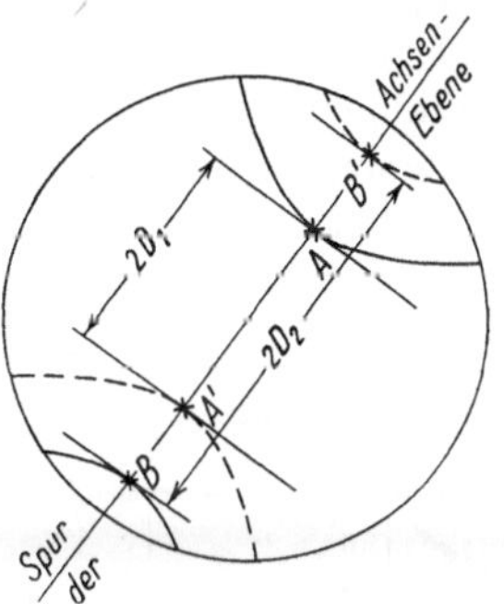

Konoskopische Bestimmung des scheinbaren Achsenwinkels $2E$ in Schnitten schief zur spitzen Bisektrix, jedoch senkrecht zur Achsenebene.

Fig. 120

und $\sin E_2 = D_2 K$, worauf der gesuchte Achsenwinkel sich als $2E = E_1 + E_2$ ergibt.

Die Zentraldistanzen D_1 und D_2 werden bestimmt, indem für jeden der beiden Achsenaustritte die Distanzen $2D_1$ und $2D_2$ gemessen werden, d. h. die Abstände zwischen den gleichen Hyperbeln in zwei voneinander um 180° differierenden Diagonalstellungen (Fig. 120).

Eine Methode zur Ermittlung von $2V$ aus den Achsenbildern von Schnitten normal zu den Bisektrizen beliebig großer Achsenwinkel oder normal zu n_β wurde von A. RITTMANN[1]) angegeben. Sie benützt das Verhältnis der maximalen und minimalen, am Rande des Interferenzbildes wahrnehmbaren Gangunterschiede. Diese entsprechen Wellennormalenrichtungen, welche Mantellinien des Öffnungskegels des angewandten Objektivs sind. Bei bekannter numerischer Apertur desselben und bei bekannter mittlerer Lichtbrechung des untersuchten Minerals läßt sich $2V$ berechnen bzw. einem Diagramm entnehmen.

---

[1]) A. RITTMANN, *Metodo del quoziente caratteristico dei ritardi per la determinazione indiretta di 2 V*, Rendic. Soc. Min. Ital. *3*, 3–22 (1946).

Liegt die Kristallplatte *schief* zur Ebene der optischen Achsen, d. h. handelt es sich um einen Schnitt allgemeiner Lage, so kann, auch bei Sichtbarkeit beider Achsenaustritte, die Methode der Messung der Hyperbeldistanz *nicht* angewandt werden.

3. Bestimmung der Position einer optischen Achse und Übertragung in stereographische Projektion

Die Festlegung der Richtung einer optischen Achse in bezug auf gegebene kristallographische Richtungen spielt eine große Rolle bei der Bestimmung der optischen Orientierung von Kristallen, d. h. der Festlegung der Indikatrix in bezug auf das Kristallgebäude unter Verwendung von Schnitten bekannter Orientierung. Sie ist außerdem die grundlegende Operation für zwei spezielle Methoden der Bestimmung von $2V$. Am bequemsten und genauesten läßt diese sich mittels des *Doppelschraubenmikrometers* nach F. E. WRIGHT ausführen, welches gestattet, jeden beliebigen Punkt des Gesichtsfeldes durch seine rechtwinkligen Koordinaten zu fixieren. Es wird so angewandt, daß die beiden verschiebbaren Faden parallel den Nicol-Hauptschnitten zu liegen kommen. Dies läßt sich z. B. gut mit Hilfe einer Anhydritplatte erreichen, auf deren Spaltrisse die Faden in Auslöschungsstellung einjustiert werden.

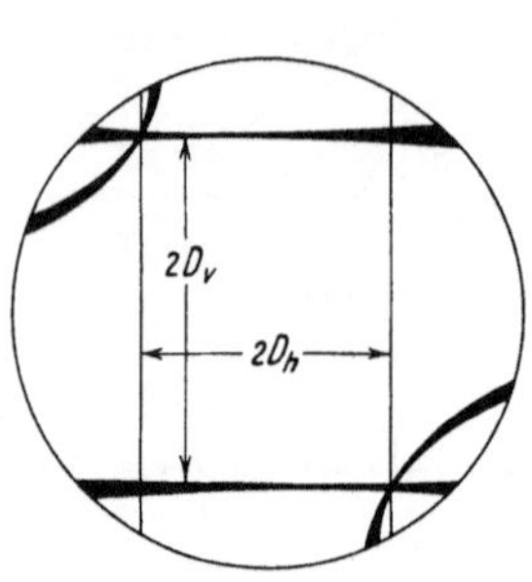

Fig. 121

Als kristallographische Bezugsrichtung in der Ebene der untersuchten Platte wird im allgemeinen die Spur einer Spalt- oder Verwachsungsebene genommen. Die Präparatenebene ist entweder ebenfalls eine Spaltfläche oder aber ein durch seine Winkel mit bekannten Flächen festgelegter künstlich hergestellter Kristallschliff.

Konoskopische Bestimmung der Position einer optischen Achse mit Hilfe des Doppelschraubenmikrometer-Okulars nach WRIGHT oder eines Okular-Netzmikrometers.

Zur Bestimmung des Achsenaustrittspunktes geht man wie folgt vor[1]:

Die Platte wird gedreht, bis (Fig. 121) die Hauptisogyre als gestreckter Balken horizontal verläuft. Dann bringt man durch Betätigung der Vertikalschraube des Mikrometers den Horizontalfaden mit dem Hauptisogyrenbalken zur Deckung und dreht das Präparat um 180°, worauf die Distanz $2D_v$ gemessen werden kann. Man beläßt den Horizontalfaden im Hauptisogyrenbalken und dreht beide Nicols um einen beliebigen Winkel, z. B. 30° oder 45°, wobei sich die Hauptisogyre zur Hyperbel krümmt. (Man benötigt zu dieser Operation kein Mikroskop mit syn-

---

[1] F. E. WRIGHT, *Das Doppelschraubenmikrometerokular usw.*, Tscherm. Mitt. 27, 293–314 (1908). — F. BECKE, *Übertragung konoskopischer Beobachtungen in stereographische Projektion*, Tscherm. Mitt. 35, 81–88 (1922).

chroner Nicoldrehung, es genügt vielmehr, wenn beide Nicols separat drehbar angeordnet sind). Der Achsenaustritt liegt nun dort, wo die schwarze Hyperbel den horizontalen Faden schneidet, da die Hauptisogyre in ihren sämtlichen Lagen immer durch die Achsenaustrittspunkte verlaufen muß. Durch Betätigung der Horizontalschraube wird jetzt der Vertikalfaden in diesen Schnittpunkt gebracht und nach Drehung des Präparates um 180° $2 D_h$ gemessen, womit der Achsenaustrittspunkt durch seine rechtwinkligen Koordinaten D_v und D_h festgelegt ist. Um diese auf das Präparat zu beziehen, ist es noch nötig, den Winkel, den die Bezugsrichtung (Spaltriß, Zwillingsgrenze usw.) mit einer der beiden Koordinatenachsen bildet, zu messen.

Die beiden Koordinaten D_v und D_h stellen *Parallelkreiskoordinaten* dar, d. h. in stereographischer Projektion liegt die eingemessene Achsenposition im Schnitt von zwei Parallel-(Klein-)Kreisen mit den in Winkelwerte umgerechneten Abständen D_v und D_h vom Zentrum. Da die stereographische Projektion immer die Verhältnisse im Kristall und nicht im äußern Medium wiedergeben soll, muß n_β bekannt sein. Zwei Dezimalen genügen; eventuell verschafft man sich den Wert mit Hilfe der Immersionsmethode. Man erhält so für die gesuchten Winkel

$$\sin V_v = \frac{D_v}{n_\beta} K_v \qquad \text{bzw.} \qquad \sin V_h = \frac{D_h}{n_\beta} K_h . \tag{F 7}$$

Haben die beiden Schraubenspindeln des Mikrometerokulars gleiche Steigung (was für jedes Instrument nachzuprüfen ist), so ist $K_v = K_h$. Auf Grund der beiden Winkel V_v und V_h kann die Position der optischen Achse in die Projektion eingetragen werden.

Statt mit einem Doppelschraubenmikrometer-Okular können V_v und V_h auch unter Benutzung eines feinen *Okularnetzmikrometers* ermittelt werden, wie man es z. B. durch Photographieren von gewöhnlichem Millimeterpapier erhält. Diese Art der Bestimmung ist allerdings weniger genau.

Tritt auch die zweite Achse im Gesichtsfeld aus, so kann sie auf analoge Weise eingemessen und in die Projektion übertragen werden, worauf der wahre Achsenwinkel $2V$ auf einem durch die beiden Achsenpole gelegten Großkreis abgelesen werden kann.

Eine sinnreiche, von F. Becke erstmals gegebene Methode gestattet, aus der Position einer optischen Achse und der Kenntnis der Schwingungsrichtungen in einem weiteren Punkt der hyperbelförmigen Hauptisogyre durch Anwendung der Fresnelschen Konstruktion auch den Projektionsort der zweiten Achse und damit $2V$ zu finden. Die Methode stellt gewissermaßen die Umkehrung des S. 52 beschriebenen Verfahrens dar, bei welchem aus der bekannten Lage beider optischer Achsen auf die unbekannten Schwingungsebenen für irgendeine Normalenrichtung geschlossen wurde. Die Genauigkeit der Methode wird leider dadurch ungünstig beeinflußt, daß die Hauptisogyren meist etwas unscharf ausgebildet sind, außerdem bestehen auch noch prinzipielle Schwierigkeiten, die noch nicht vollständig geklärt sind. Für Einzelheiten muß daher auf die Originalliteratur verwiesen werden[1].

---

[1] F. Becke, *Messung des Winkels der optischen Achsen aus der Hyperbelkrümmung*, Tscherm. Mitt. *24*, 35—44 (1905). — F. E. Wright, l. c. ibid. *27*, 293—314 (1908). — F. Becke, *Zur Messung des Achsenwinkels aus der Hyperbelkrümmung*, ibid. *28*, 290—293 (1909). — H. Collingridge, *Note on the determination of the optic axial angle of a crystal in thin section by the Mallard-Becke method*, Min. Mag. *16*, 348—351 (1913). — F. E. Wright, *The formation of interference figures*... usw. J. Opt. Soc. Am. and Rev. Sci. Instr. *7*, 778—817 (1923), im besondern S. 805—814.

VI. ANHANG:
KONOSKOPISCHES VERHALTEN OPTISCH AKTIVER KRISTALLE

Die S. 159 anhangsweise erwähnten Kristalle mit Drehvermögen zeigen auch bei konoskopischer Untersuchung ein abweichendes Verhalten. Da die optische Achse keine Richtung der Isotropie mehr ist, kann das Achsenbild optisch Einachsiger (auf welche sich die vorstehenden Ausführungen beschränken) für Schnitte $\perp c$ im Zentrum keine Dunkelheit aufweisen. Es zeigt vielmehr im Schnittpunkt des Hauptisogyrenkreuzes ein helles Feld mit einer der Plattendicke bei orthoskopischer Betrachtung entsprechenden Interferenzfarbe. Außerdem weisen die inneren Isochromaten nicht Kreisform auf, sondern sind eher

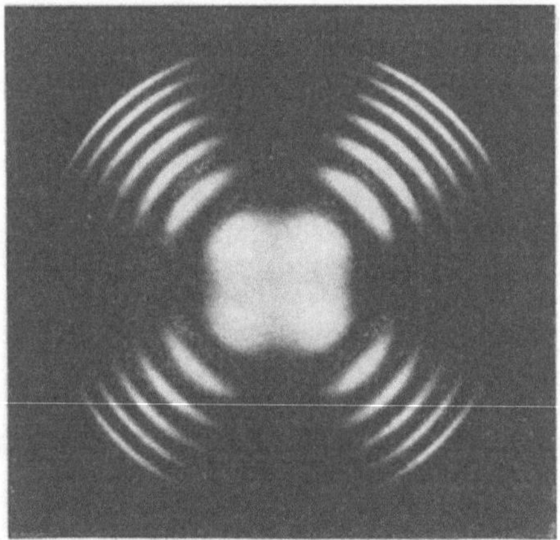

Fig. 122

Achsenbild einer dicken Quarzplatte, senkrecht zur optischen Achse geschnitten. Photographie in D-Licht. (Nach HAUSWALDT.)

mit abgerundeten Quadraten vergleichbar. Für die Kurven höherer Ordnung gehen sie immer mehr in normale Kreise über, wobei auch das Hauptisogyrenkreuz die gewohnte Ausbildung annimmt. Dies steht in Übereinstimmung mit der schon früher gemachten Feststellung, daß mit zunehmender Abweichung von der Richtung der optischen Achse sich rasch praktisch normales Verhalten einstellt. Fig. 122 zeigt die Erscheinung, wie sie an einer mehrere Millimeter dicken Quarzplatte wahrgenommen wird. In normalen Dünnschliffen zeigt Quarz ein normales Interferenzbild mit geschlossenem Hauptisogyrenkreuz. Das Drehvermögen macht sich höchstens dadurch in geringem Maße bemerkbar, daß die zentrale Partie des Kreuzes statt tiefschwarz etwas grau erscheint.

Die sehr interessanten Erscheinungen, die bei der Kombination von rechts- und linksdrehenden Basisschnitten einachsiger Kristalle mit Drehvermögen auftreten (Airysche Spiralen), spielen bei mikroskopischen Untersuchungen praktisch keine Rolle. Es soll daher für sie, sowie die Beispiele der seltenen optisch zweiachsigen Kristalle mit Drehvermögen, auf die Darstellungen in den speziellen Werken über Kristalloptik verwiesen werden[1].

---

[1] Unter anderem: F. POCKELS, l. c. (1906), S. 358—362.

G. Die Bestimmung der Lichtbrechung
nach der Immersionsmethode

I. ALLGEMEINES

1. Prinzip der Immersionsmethode

Die Lichtbrechung ist eine der wichtigsten und meistverwendeten Eigenschaften zur Charakterisierung durchsichtiger Medien in Wissenschaft und Technik. Die zahlreichen zu ihrer Bestimmung ausgearbeiteten Verfahren und Instrumente (Refraktometer) versagen jedoch, sobald es sich um Objekte von mikroskopischen Dimensionen handelt, wie sie im Rahmen der hier behandelten Untersuchungen allein in Betracht kommen. Es war daher notwendig, hierfür eine eigene Methodik auszuarbeiten. Sie beruht auf der Erfahrungstatsache, daß ein durchsichtiger (vorläufig als farblos und isotrop vorausgesetzter) Körper nur dann in seinen Umrissen sichtbar in Erscheinung tritt, wenn er eine von seinem umgebenden Medium abweichende Lichtbrechung aufweist. Dabei gilt ferner, daß er um so deutlicher hervortritt, je größer der Unterschied seiner Lichtbrechung gegenüber derjenigen des umgebenden Mediums ist. Bettet man daher den zu untersuchenden Körper der Reihe nach in Flüssigkeiten verschiedener und bekannter Lichtbrechung ein und untersucht man, in welcher er unsichtbar wird, d. h. in seinen Konturen verschwindet, so ergibt sich seine Lichtbrechung als gleich derjenigen der betreffenden Flüssigkeit. Von diesem Prinzip der Einbettung mikroskopischer Untersuchungsobjekte in Medien verschiedener Lichtbrechung wird bekanntlich auch in der Biologie Gebrauch gemacht, indem z. B. ein Präparat zur Beobachtung seiner äußeren Form in ein Medium von möglichst abweichender, zur Sichtbarmachung seiner inneren Struktur jedoch in ein solches möglichst ähnlicher Brechung (sogenanntes «Aufhellungsmittel») eingebettet wird.

Das plastische Hervortreten eines Objektes in einem Medium abweichender Lichtbrechung bezeichnet man als sein «*Relief*». Dieses kommt dadurch zustande, daß, mikroskopisch betrachtet, auch scheinbar glatte Oberflächen immer kleine Rauhigkeiten, Unebenheiten und Risse aufweisen, an denen Streuung des einfallenden Lichtes und bei geeigneter Lage Totalreflexion auftritt. Die dadurch bewirkte, auch in der Aufsicht wahrnehmbare unregelmäßige Lichtverteilung und die dunklen Stellen wirken sich wie Schattierungen einer Zeichnung aus und bilden den Grund der «chagrinierten» Oberfläche und des plastischen Hervortretens. Da mit steigendem Unterschied in der Lichtbrechung der beiden Medien der Anteil des Lichtes, der beim Übergang vom optisch dichteren zum optisch dünneren Medium total reflektiert wird, zunimmt, erscheint das *Relief* um so *ausgeprägter*, je *größer* eben diese Differenz ist.

In einem Gesteinsdünnschliff, in welchem die verschiedenen Mineralkörner in gleicher Dicke nebeneinander liegen, scheinen die höher brechenden Individuen gegenüber den niedriger brechenden aus der Schliffebene herauszutreten. Dies erklärt sich nach A. Johannsen (Fig. 123) dadurch, daß die von der Unterfläche des Schliffes herkommenden gebrochenen Strahlen infolge der verschiedenen Lichtbrechung der einzelnen Mineralien von verschieden tief gelegenen Schnittpunkten herzustammen scheinen. Dadurch erscheinen die Körner höherer Brechung gegenüber den andern wie gehoben.

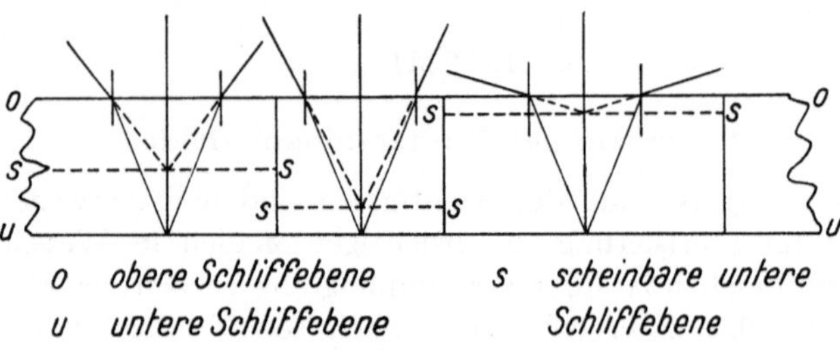

Fig. 123

Erklärung der verschiedenen Reliefs der in einem Gesteinsdünnschliff aneinander grenzenden Mineralkörner unterschiedlicher Lichtbrechung und gleicher Dicke. (Nach Johannsen.)

Die Stärke des Reliefs gibt somit ein ungefähres Maß für die Größe des Unterschiedes in der Lichtbrechung der beiden aneinandergrenzenden Medien. Mit einiger Übung kann man aus der Betrachtung des Reliefs die Differenz der beiden Brechungsindizes auf zirka 0,1 genau abschätzen. Dabei ist jedoch in Betracht zu ziehen, daß das Relief durch verschiedene Nebenumstände als scheinbar höher vorgetäuscht werden kann. Als solche kommen in Betracht: Absorption (Farbe), Erfüllung mit feinverteilten Einschlüssen, z. B. Umwandlungsprodukten, besonders solchen höherer Lichtbrechung, Spaltrisse, eventuell auch Reaktionsränder mit Pigmentanhäufung, wie sie sich u. a. an Mineralien der Sodalithgruppe in Ergußgesteinen vorfinden.

Beim Studium des Reliefs spielt die richtige *Regelung der Beleuchtungsapertur* eine große Rolle. Man schließt die Aperturblende des Beleuchtungsapparates oder senkt denselben, bis das Relief optimal deutlich in Erscheinung tritt.

Die Stärke des Reliefs sagt nun aber noch nichts darüber aus, ob es dadurch zustande kommt, daß beispielsweise ein in einer Flüssigkeit eingebetteter Kristall *höher* brechend ist als die letztere (sogenanntes *positives Relief*), oder dadurch, daß er *niedriger* brechend ist (sogenanntes *negatives Relief*). Ein Kristall von $n = 1{,}6$ zeigt z. B., in zwei Flüssigkeiten $n = 1{,}5$ und $n = 1{,}7$ eingebettet, ein durchaus analoges Relief. Um daher die vorgeschlagene, auf dem Verschwinden des Reliefs beim Eintauchen in Flüssigkeiten gleicher Lichtbrechung basierende Methode, die allgemein als *Immersionsmethode* (Eintauchmethode) bezeichnet wird, praktisch zur Lichtbrechungsbestimmung auszunützen, braucht es unbedingt noch ein Verfahren, welches gestattet, zu entscheiden, welches von den beiden Medien höher- bzw. tieferbrechend ist, d. h. festzustellen, ob ein beobachtetes Relief positiv oder negativ sei. Dieses Ziel wird durch die Methoden von F. Becke und J. C. L. Schröder van der Kolk erreicht.

2. Methode der Beckeschen Linie
(«Central illumination» der amerikanischen Autoren)

Betrachtet man unter dem Mikroskop die mehr oder weniger senkrechte Grenzfläche zweier Medien verschiedener Lichtbrechung (Kristall in Flüssigkeit eingebettet oder zwei Kristalle verschiedener Lichtbrechung, die in einem Dünnschliff aneinandergrenzen), so bemerkt man bei leicht unscharfer Einstellung einen *hellen Lichtschein* parallel der Grenze der beiden Medien. Durch genaues Fokussieren auf die Präparatenebene kann er zum Verschwinden gebracht werden. Bei eingehenderer Untersuchung erweist sich das Phänomen der hellen Linie als sehr komplexer Art, da sowohl Beugungs- wie auch Brechungs- und Totalreflexionserscheinungen an der Grenzfläche der beiden Medien eine Rolle spielen. Eine generelle Theorie ist erst in neuester Zeit durch

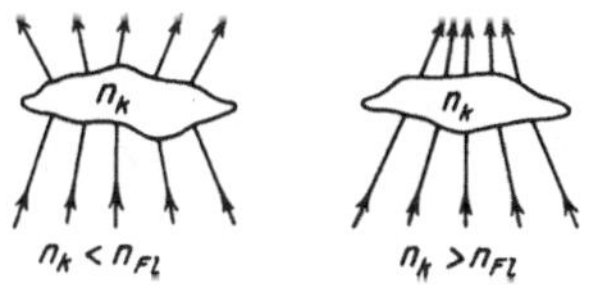

Fig. 124
Zur Erklärung der Beckeschen Linie rundlicher bis linsenförmiger Kristallkörner.

M. BEREK gegeben worden. Es ist jedoch verhältnismäßig einfach, für zwei Grenzfälle, die beim mikroskopischen Arbeiten von Wichtigkeit sind, anschauliche Erklärungen zu geben. Es betrifft dies den Fall des mehr oder weniger *linsenförmig begrenzten Korns* in einer Flüssigkeit abweichender Lichtbrechung und denjenigen der mit einer *senkrechten Grenzfläche aneinandergrenzenden Medien* verschiedener Lichtbrechung. Im ersten Fall (Fig. 124) wirkt das Korn annäherungsweise wie eine *Sammel-* bzw. *Zerstreuungslinse*, je nachdem es höher oder tiefer brechend ist als die Einbettungsflüssigkeit. Dieser Umstand bewirkt beim Heben oder Senken des Tubus das Wandern einer breiten hellen Linie nach innen oder außen.

Bei *senkrecht orientierter Grenzfläche* der beiden Medien (Fig. 125) zeigt es sich, daß teilweise *Totalreflexion* an derselben die beim Einfall symmetrische Lichtverteilung in eine asymmetrische verwandelt. Es treten wohl alle von den unter verschiedenen Winkeln einfallenden Strahlen aus dem Medium niedrigerer Brechung in das höher brechende ein, wie z. B. die Strahlen 1–1′ und 2–2′ in Fig. 125, es wird jedoch umgekehrt ein Teil der zuerst das Medium höherer Brechung passierenden Strahlen total reflektiert, wie z. B. 3–3′ und 4–4′ der Figur, so daß sie nicht in das niedriger brechende Medium übertreten. Ist nun das Objektiv genau auf die Präparatenebene fokussiert, so wird dies nicht weiter bemerkbar sein. Wenn der Tubus jedoch um ein geringes *gehoben* wird, wodurch eine etwas oberhalb der Präparatenebene liegende Ebene in der

Brennebene des Okulars abgebildet wird, so tritt die *Lichtanreicherung* auf der Seite des *höher brechenden Mediums* in Erscheinung. Beim *Senken* des Tubus tritt der umgekehrte Vorgang ein, die helle Linie erscheint auf der Seite des Mediums mit *niedrigerer Brechung*. Diese Erklärungen gelten jedoch nur für Körner, bzw. Trennungsflächen, deren Dimensionen sehr groß gegenüber λ sind. Für kleinere Inhomogenitäten hat neuerdings BEREK eine exakte Theorie entwickelt.

Für die Zwecke des praktischen Arbeitens faßt man die eben beschriebenen Erscheinungen zweckmäßigerweise in der bekannten «*Gedächtnisregel der 3H*» zusammen: *Beim **H**eben des Tubus wandert die **h**elle Linie ins **h**öher brechende*

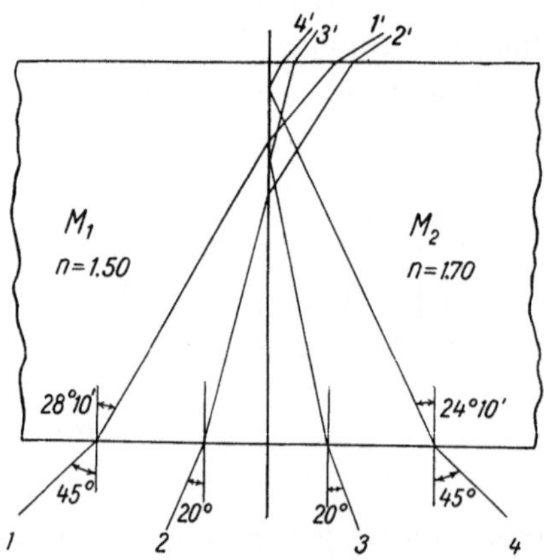

Fig. 125

Zur Erklärung der Beckeschen Linie bei mit senkrechter Grenzfläche aneinanderstoßenden Medien verschiedener Lichtbrechung. Die ursprünglich symmetrische Lichtverteilung wird durch Totalreflexion an der Grenzfläche asymmetrisch. (Nach HOTCHKISS, vereinfacht).

Medium. Nach dem Vorschlag von W. SALOMON (1896) bezeichnet man die helle Linie zu Ehren von FR. BECKE, der sie zuerst für die Unterscheidung der relativen Lichtbrechung zweier aneinandergrenzender Medien benutzte, als Beckesche Linie.

Die Beobachtung wird am besten mit einem mittleren Objektiv von 12—20facher Eigenvergrößerung und 0,25—0,45 num. Apertur durchgeführt. Die Beleuchtung regelt man durch Senken des Beleuchtungsapparates oder besser mittels der Aperturblende desselben empirisch so, daß das Phänomen optimal in Erscheinung tritt. Stärkere Objektive von über 45facher Eigenvergrößerung und mit num. Aperturen von 0,65—0,85 zirka verwendet man nur, wenn die Grenzfläche der beiden Medien so unregelmäßig ausgebildet ist, daß das Phänomen undeutlich wird und man, um eindeutige Resultate zu erhalten, kleinste Elemente derselben oder abgesplitterte Partikel bei starker Vergrößerung betrachten muß oder wenn die Objekte überhaupt sehr klein sind. Der Regelung der Beleuchtung ist in diesem Falle besondere Sorgfalt zu widmen. Die Erscheinung läßt sich am besten bei mittlerem bis schwachem Relief beobachten.

3. Methode von Schröder van der Kolk

(«Oblique illumination» der amerikanischen Autoren)

In Fällen, wo die beiden Medien, deren Lichtbrechung verglichen werden soll, nicht mit mehr oder weniger glatter und senkrecht verlaufender Trennfläche aneinanderstoßen, wird oft mit Vorteil ein durch J.C.L. SCHRÖDER VAN DER KOLK vorgeschlagenes Verfahren angewandt. Dieses empfiehlt sich besonders für ganz unregelmäßige bis linsenförmig oder rundlich begrenzte Körner, die in einer Flüssigkeit eingebettet sind. Je nachdem der Brechungsindex n_K des Kornes höher oder tiefer als derjenige des Einbettungsmediums n_{Fl} ist, sind die von den Korngrenzen ausgehenden Beugungswellen für das Innere des Kornes oder für seine Umgebung intensiver. Führt man nun eine Blende einseitig in den

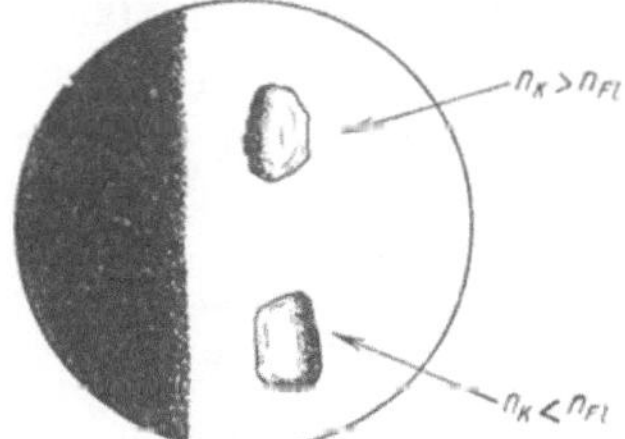

Fig. 126
Schröder van der Kolk-Effekt beim Einschieben der seitlichen Blende über dem Objektiv.

Tubus ein, so erscheint für den Fall $n_K > n_{Fl}$ der der Blende abgewandte Teil des Kornes heller und für den Fall $n_K < n_{Fl}$ der derselben zugewandte. Man kann auch die Fassung des Tubusanalysators als einschiebbare Blende benützen, indem man ihn hierzu so weit einschiebt, bis seine verschwommen erscheinende («vignettierende») Kante fast bis an das Bild des Kornes herankommt. Das Korn bleibt dabei dauernd fokussiert. Die Merkregel kann wie folgt formuliert werden: *Beim Einschieben einer seitlichen Blende in den Tubus über dem Objektiv ist der Kornrand auf der Seite des nicht abgeblendeten Teiles des Gesichtsfelds hell, wenn das Korn höher brechend ist als das umgebende Medium* (Fig. 126).

II. DURCHFÜHRUNG DER IMMERSIONSMETHODE

1. Immersionsmedia

Die Beckesche und die Schröder van der Kolksche Methode gewährleisten eine rationelle Durchführung der Immersionsmethode. Bei *Dünnschliffuntersuchungen* spielt in erster Linie der Vergleich der Lichtbrechung einzelner Mineralien mit derjenigen von Canadabalsam ($n = 1{,}54$ im Mittel) eine Rolle. Die Hauptbedeutung der Immersionsmethode liegt jedoch in der Ermittlung der Lichtbrechung von *Mineralkörnern* oder andern *losen kleinen Kriställchen*, wie beispielsweise chemischen Niederschlägen, Sublimaten usw. Diese Bestimmungen erfolgen zur Identifizierung der betreffenden Substanz, z. B. nach vorhandenen Tabellenwerken oder zum Vergleich mit vorhandenem Vergleichsmaterial oder zur Charakterisierung von neu aufgefundenen oder neu dargestellten Stoffen. Zu diesem Zwecke vergleicht man die zu untersuchende Substanz mit einer Reihe von Einbettungsflüssigkeiten bekannter Lichtbrechung, wobei die erwähnten Methoden nach BECKE oder SCHRÖDER VAN DER KOLK gestatten, den gesuchten Brechungsindex zwischen diejenigen zweier benachbarter Flüssigkeiten einzuschließen. Je kleiner die Intervalle der zur Verfügung stehenden Flüssigkeiten sind, um so größer ist die Annäherung an den wahren Wert der Lichtbrechung. Im weißen Licht lassen sich erfahrungsgemäß mit den erwähnten Methoden Lichtbrechungsbestimmungen auf 0,005—0,003, im homogenen auf 0,001 genau durchführen. Für seine Doppelblendenmethode gibt CH. P. SAYLOR[1]) eine Genauigkeit von 0,0001 im homogenen Licht an. Die homogene Lichtquelle muß in allen Fällen sehr intensiv sein (Na-Dampflampe oder Hg-Bogenlampe), da die notwendige Aperturbeschränkung die Helligkeit stark herabsetzt.

Eine Auswahl der gebräuchlichsten *Immersionsflüssigkeiten* ist in Tabelle I zusammengestellt. An ihrer Stelle empfehlen verschiedene Autoren für größere

Tabelle I

Auswahl der gebräuchlichsten Immersionsflüssigkeiten (n_D)

Wasser	1,333	Bittermandelöl		1,546
Äthyläther	1,352	Anisöl		1,547
Azeton	1,359	Nitrobenzol		1,553
Äthylalkohol	1,362	Dimethylanilin		1,559
Hexan	1,375	Monobrombenzol		1,561
Heptan	1,387	Orthotoluidin		1,572
Chloroform	1,444	Anilin		1,586
Petroleum	1,45	Bromoform		1,589
Lavendelöl	1,461	Monochloranilin		1,592
Kohlenstofftetrachlorid	1,466	Chines. Zimtöl (Cassiaöl)		1,586
Terpentin	1,472	Ceylon-Zimtöl		1,619
Glyzerin	1,473	Monojodbenzol		1,621
Olivenöl	1,476	Schwefelkohlenstoff		1,628
Mandelöl	1,478	Phenylsulfid		1,635
Rizinusöl	1,48	α-Monochlornaphthalin		1,639
Toluol	1,495	α-Monobromnaphthalin		1,656
Benzol	1,498	Cadmiumborowolframat		1,70
Sandelholzöl	1,507	(wässrige Lösung)		
Zedernholzöl	1,510	K-Mercurichlorid		1,717
Äthyljodid	1,513	(wässrige Lösung)		
Monochlorbenzol	1,527	Methylenjodid		1,744
Fenchelöl	1,538	Methylenjodid mit Schwefel		
Nelkenöl	1,544	gesättigt		1,778

---

[1]) CH. P. SAYLOR, *Accuracy of microscopical methods for determining refractive index by immersion*, J. Res. Nat. Bureau Standards *15*, 277—294 (1935). Separat auch als Nat. Bureau Standards Res. Paper RP 829.

Intervalle *Gemische* aus je zwei Flüssigkeiten zu benutzen, was den Vorteil bietet, daß die Vorratshaltung auf wenige Typen beschränkt werden kann. Einige derartige Gemische sind in Tabelle II und III aufgeführt. Zum Gebrauch hält man die Flüssigkeiten in kleinen Fläschchen von 10—20 cm³ Inhalt bereit. Man vereinigt hierbei zweckmäßigerweise die je ein bestimmtes Intervall umfassenden Serien in mit passenden Ausbohrungen versehenen Holzblöcken. Diese bedeckt man bei Nichtgebrauch zum Schutze gegen die Lichteinwirkung mit Kartonhauben. Für relativ viskose Flüssigkeiten, wie es die meisten ätherischen Öle sind, haben sich Fläschchen mit Glasstopfen, die mit einem in die Flüssigkeit hineinragenden Glasfortsatz versehen sind, sehr gut bewährt. Für dünnflüssigere Medien empfehlen sich im Gegensatz hierzu Fläschchen mit Tropfvorrichtung, wovon es verschiedene Systeme gibt.

Die angegebenen Brechungsindizes entsprechen mittleren Werten für handelsübliche Ware bei Zimmertemperatur. Sie geben daher nur einen ersten Anhaltspunkt für die Wahl der Flüssigkeit. Der genaue Wert der Lichtbrechung ist in jedem Falle zu bestimmen.

Tabelle II

Immersionsgemische nach F. E. WRIGHT

Petroleum + Terpentin	1,450—1,475
Terpentin + Nelkenöl	
oder Terpentin + Äthylenbromid	1,480—1,535
Nelkenöl + α-Monobromnaphthalin	1,540—1,635
α-Monobromnaphthalin + α Monochlornaphthalin	1,640 1,656
α-Monobromnaphthalin + Methylenjodid	1,660—1,740
Schwefel in Methylenjodid gelöst	1,740—1,790
Methylenjodid mit SbJ_3, As_2S_3, Sb_2S_3 ,S	1,790—1,960

Tabelle III

Immersionsgemische nach K. SPANGENBERG

Glyzerin + Chinolin	1,47 —1,624
Diäthylanilin + Chinolin	1,542—1,624
α-Monobromnaphthalin + Chinolin	1,658—1,624
Methylenjodid + Bromoform	1,742—1,589

Wenn man Gemische aus zwei Komponenten verwendet, so ist es von Vorteil, wenn diese eine sogenannte ideale Mischungsserie darstellen, d. h. wenn sich der Brechungsindex der Mischungen rein additiv aus demjenigen der reinen Endglieder berechnen läßt. M. J. BUERGER[1]) hat die Anforderungen, die an eine solche Serie zu stellen sind, näher diskutiert. Abgesehen davon, daß die beiden Endglieder ähnlichen Dampfdruck aufweisen sollen, damit sich das Mischungsverhältnis nicht durch vorwiegendes Verdampfen einer Komponente ändert, ferner daß sie farblos und chemisch haltbar sein sollen, ist zu verlangen, daß Dispersion und Temperaturkoeffizient der ganzen Serie ebenfalls eine kontinuierliche Variation zeigen.

---

[1]) M. J. BUERGER, *The optical properties of ideal solution immersion liquids*, Am. Min. *18*, 325—334 (1933).

Die Brechungsindizes der einzelnen Glieder einer solchen idealen Serie mit den Endgliedern A und B, deren Brechungsindizes mit n_A und n_B bezeichnet werden sollen, werden (Fig. 127) durch die Gerade $n_A\,n_B$ dargestellt. Der Brechungsindex n_x irgendeiner Mischung hängt vom Verhältnis der Volumina V_A und V_B der beiden Komponenten A und B ab. Aus ähnlichen Dreiecken der Figur ergibt sich hierfür

$$\frac{n_x - n_A}{n_B - n_A} = \frac{V_B}{V_A + V_B} = \frac{V_B}{V}; \qquad n_x = n_A + \frac{V_B}{V_B + V_A}\,(n_B - n_A) \qquad (G\,1)$$

Diese Formel erlaubt eine Mischung mit beliebiger, zwischen n_A und n_B gelegener Lichtbrechung n_x durch einfaches Mischen bestimmter Volumina der Endglieder A und B herzustellen. Die Mischung wird am besten unter Verwendung geeichter Pipetten oder Buretten vorgenommen und der Brechungsindex am Refraktometer kontrolliert. Dabei wird sich meist noch eine kleine Korrektur als notwendig erweisen. Dies hat seinen Grund darin, daß Volumenmessungen ohne besondere Vorsichtsmaßnahmen nicht die Genauigkeit von Lichtbrechungsmessungen

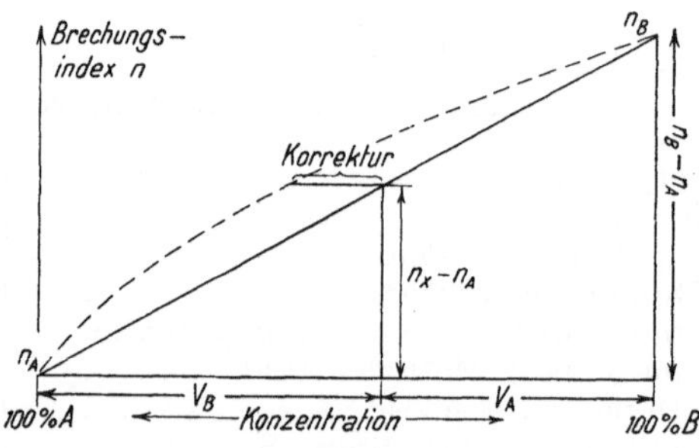

Fig. 127

Berechnung der Brechungsindizes von binären Flüssigkeitsgemischen aus dem Volumenverhältnis und der bekannten Lichtbrechung der Endglieder beim Vorliegen einer idealen Mischungsserie, sowie anzubringende Korrektur bei Abweichung von einer solchen. Nach BUERGER.

erreichen. Genauer, aber umständlicher wären Wägungen an Stelle von Volumenmessungen. Ist die Mischungsreihe keine ideale mit streng additiven Eigenschaften, so liegen die Brechungsindizes der Mischglieder nicht auf der Geraden $n_A\,n_B$, sondern auf einer mehr oder weniger abweichenden Kurve, etwa von der Art der in Fig. 127 gestrichelt eingezeichneten Verbindung $n_A\,n_B$[1]. Ist deren Verlauf bekannt, so können die zur Erzielung eines bestimmten Brechungsindex notwendigen Volumina von A und B ebenfalls abgelesen werden.

Es läßt sich ferner zeigen, daß für die Glieder einer idealen Mischungsreihe auch der Temperaturkoeffizient $\Delta n/\Delta t$ der Brechungsindizes eine lineare Funktion der Zusammensetzung ist. Da dies auch für den Brechungsindex selbst gilt, steht auch dieser zum Temperaturkoeffizienten in linearer Abhängigkeit. Gleicherweise ist auch die Dispersion $\Delta n/\Delta \lambda$ eine lineare Funktion der Zusammensetzung und des Brechungsindex. Alle diese Zusammenhänge lassen sich demnach durch geradlinige Diagramme veranschaulichen, was das Arbeiten mit einer derartigen Flüssigkeitsserie sehr angenehm und einfach gestaltet. Für weitere Einzelheiten muß auf die zitierte Originalarbeit verwiesen werden.

---

[1] Ein Beispiel für eine derartige nicht ideale Mischungsreihe bilden die vielfach gebrauchten Gemische Methylenjodid-α-Monobromnaphthalin. Vgl. K. L. DARNEAL, *Immersion media containing methylene iodide*, Amer. Min. *33*, 346—352 (1948).

Es ist nun praktisch von Interesse, daß es R.D. BUTLER[1]) gelungen ist, eine Flüssigkeitsserie herzustellen, die den eben formulierten Anforderungen in vollkommener Weise entspricht. Sie umfaßt ein Lichtbrechungsintervall von 1,450 bis 1,630, wobei als Endglieder eine bei 220°—225° siedende *Kerosinfraktion*[2]) mit $n_D = 1,4500$ bei 22° (gewonnen durch fraktionierte Destillation von Petroleum) und α-*Monochlornaphthalin* vom Siedepunkt 260° und $n_D = 1,6324$ bei 22° verwendet wurden. Die Mischungen blieben während 18 Monaten praktisch unverändert und erwiesen sich daher zur Herstellung von Flüssigkeitssätzen mit gleichen Lichtbrechungsintervallen sehr geeignet. Für Einzelheiten muß auf die zitierte Arbeit verwiesen werden.

Obwohl verhältnismäßig wenige natürliche oder künstliche Stoffe Brechungsindizes unter 1,45 aufweisen, kann sich doch das Bedürfnis nach Immersionsflüssigkeiten niedriger Lichtbrechung geltend machen. V.M. HARRINGTON und M. J. BUERGER[3]) konnten zeigen, daß man derartige Immersionsmedia für den Bereich von $n = 1,35 - n = 1,45$ durch fraktionierte Destillation von Petroleum erhalten kann. Nähere Angaben enthält die angeführte Arbeit.

Die höchstbrechende, leicht zugängliche Flüssigkeit ist *Methylenjodid* mit $n = 1,74$. Dieser Brechungsindex kann durch Lösen von Schwefel bis zur Sättigung auf 1,78 erhöht werden. H. E. MERWIN[4]) erzielte $n = 1,87$ durch Lösen von 35g Jodoform, 10g Schwefel, 31g Zinnjodid, 16g Arsentrijodid und 8g Antimontrijodid in 100g Methylenjodid. Zur Beschleunigung der Lösung wird etwas erwärmt, das Ungelöste läßt man absitzen und filtriert die klare Lösung ab. Derartige Lösungen sind aber nur beschränkte Zeit haltbar und ziemlich dunkel gefärbt.

Nach H. BORGSTRÖM[5]) kann man durch Lösen von Arsensulfür und Arsentribromid in Methylenjodid eine Flüssigkeit von $\pm 1,90$ erhalten, die nur schwach gefärbt ist.

C. D. WEST[6]) beschreibt Flüssigkeiten, die durch Lösen von Schwefel und weissem Phosphor(!) in Methylenjodid Brechungsindizes von $n_D = 1,78-2,06$ zu erreichen gestatten. Wegen der Giftigkeit und leichten Selbstentzündlichkeit des weißen Phosphors in feinverteiltem Zustande erfordern sie jedoch eine sehr sorgfältige Handhabung.

Höher brechende Media in flüssiger Form waren bis vor kurzem kaum bekannt. Man war an ihrer Stelle auf *amorph erstarrende Schmelzen* angewiesen, von denen im folgenden einige erwähnt werden sollen. Für Einzelheiten, betreffend die Herstellung und Handhabung dieser ziemlich selten gebrauchten Media muß auf die angeführte Originalliteratur verwiesen werden.

H. E. MERWIN[7]) erhielt durch Auflösen von Arsentrijodid und Antimontrijodid in geschmolzenem Piperin amorphe Gläser von $n = 1,68-2,10$. Ähnliche Gläser mit der Brechung $n = 2,05-2,72$ erhält man durch Zusammenschmelzen von Schwefel und Selen. Für Brechungsindizes über 2,2 sind diese jedoch nur mehr

---

[1]) R. D. BUTLER, *Immersion liquids of intermediate refraction* (1,450—1,630), Amer. Min. *18*, 386—401 (1933).

[2]) P.J. BEGER, Z. angew. Min. *4*, 296 (1942/43), empfiehlt eine im Temperaturintervall 217°—249° übergehende Fraktion mit $n_D = 1,4453$.

[3]) V. M. HARRINGTON und M. J. BUERGER, *Immersion liquids of low refraction*, Amer. Min. *16*, 45—54 (1931).

[4]) H. E. MERWIN, *Media of high refraction for refractive index determination with the microscope, also a set of permanent standard media of lower refraction*, J. Wash. Acad. Sci. *3*, 35—40 (1913).

[5]) H. BORGSTRÖM, *Ein Beitrag zur Entwicklung der Immersionsmethode*, Bull. Comm. géol. Finlande *87*, 58—63 (1929).

[6]) C. D. WEST, *Immersion liquids of high refractive index*, Amer. Min. *21*, 245—249 (1936). — Vgl. auch CH. MILTON, *Fire hazard with* C. D. WEST's *high refractive liquids*, Amer. Min. *33*, 512 bis 513 (1948).

[7]) H. E. MERWIN, l. c. (1913).

für rotes Licht durchlässig. Die Genauigkeit in der Lichtbrechungsbestimmung mit Hilfe dieser Media erreicht bei sorgfältigem Arbeiten etwa $\pm$ 0,01[1]).

Eine Reihe *neuer hochlichtbrechender Flüssigkeiten* wurde durch B. W. ANDERSON und C. J. PAYNE bekanntgegeben[2]). Tetrajodäthylen C_2J_4 löst sich leicht (bis zu 22% bei 15°) in Methylenjodid und bildet mit Schwefel zusammen eine klare stabile Flüssigkeit von $n_D = 1,81$.

Phenyldijodoarsin $C_6H_5AsJ_2$ ist eine klare orangerote Flüssigkeit mit folgenden Brechungs- und Dispersionsverhältnissen:

$\lambda_{\mu\mu}$	607,8	643,8	614,1	589,3	553,5	535,0	510,6
n	1,822	1,828	1,835	1,843	1,856	1,865	1,879

Die Verbindung muß mit Vorsicht gehandhabt werden, da sie auf der Haut Blasen erzeugt. (Die entsprechende Cl-Verbindung wurde als Kampfstoff vorgeschlagen.) Gleich Methylenjodid greift sie hochlichtbrechende Pb-haltige Gläser an. Sie ist mit Methylenjodid gut mischbar, so daß sich Mischungen von $n_D = 1,74 - 1,84$ herstellen lassen. Sie ist auch mit Paraffinöl, α-Monobromnaphthalin oder α-Monochlornaphthalin in allen Verhältnissen mischbar, jedoch spricht ihr hoher Preis gegen eine Verwendung zur Herstellung niedriger brechender Gemische[3]).

Die *höchstbrechende Flüssigkeit*, die bis jetzt bekannt wurde, ist nach B. W. ANDERSON und C. J. PAYNE Selenbromür SeBr, das direkt aus den Elementen erhalten wird. Nur für rotes Licht durchlässig, ist $n_{Li} = 1,96 \pm 0,01$. Beim Stehenlassen an der Luft steigt die Lichtbrechung zufolge Ausscheidung und Wiederauflösung von Se bis auf 2,02 an. Die Autoren empfehlen das Se-gesättigte SeBr mit S-haltigem Tetrajodäthylen-Methylenjodidgemisch zu mischen, um Flüssigkeiten mit n_D größer als 1,90 zu erhalten.

Schmelzgemische von Selen und Arsentrisulfid ergeben Lichtbrechungen von $n_{Li} = 2,72-3,17$. Sie sind ebenfalls nur für rotes Licht durchlässig. Die Fehler dürften im günstigsten Falle unter $\pm$ 0,02 bleiben[4]).

Nach T. F. W. BARTH[5]) erreicht man durch Zusammenschmelzen von Thalliumbromür und Thalliumjodür Brechungsindizes von $n = 2,4-2,8$. Diese isotropen Mischkristalle sind für einen beträchtlichen Teil des sichtbaren Spektrums lichtdurchlässig und daher den Schwefel-Selenschmelzen gleicher Lichtbrechung überlegen.

2. Bestimmung der Lichtbrechung der Immersionsmedia[6])

Die Messung der Lichtbrechung erfolgt für die Immersionsmethode mit einem Refraktometer oder nach der Prismenmethode. Die gemessenen Brechungsindizes sind ein- bis zweimal während eines Jahres nachzukontrollieren, da ver-

---

[1]) H. E. MERWIN und E. S. LARSEN, *Mixtures of amorphous Sulphur and Selenium as immersion media for the determination of high refractive indices with the microscope*, Amer. J. Sci. *34*, 42−47 (1912).

[2]) B. W. ANDERSON und C. J. PAYNE, *Liquids of high refractive index*, Nature (London), *133*, 66−67 (1934).

[3]) V. L. BOSAZZA, *Notes on refractive index liquids*, Amer. Min. *25*, 299−301 (1940).

[4]) H. E. MERWIN, persönliche Mitteilung an E. S. LARSEN und H. BERMAN. Cf. U. S. Geol. Surv. Bull. 848, 2. Aufl. (1934), S. 17. — H. G. FISK, *Preparation and purification of the Tri-Iodides of Antimony and Arsenic for use in immersion media of high refraction index*, Amer. Min. *15*, 263−266 (1930).

[5]) T. F. W. BARTH, *Some new immersion melts of high refraction*, Amer. Min. *14*, 358−361 (1929).

[6]) In diesem Zusammenhang wird vielfach der Ausdruck «Standardisierung» gebraucht, dem jedoch nicht überall die gleiche Bedeutung zugelegt wird. Während die einen Autoren darunter einfach die genaue Bestimmung der Lichtbrechung verstehen, sprechen andere, besonders die amerikanischen, nur von «standardisierten» Immersionsmedia, wenn diese gleiche Lichtbrechungsintervalle aufweisen. Vielfach sind dabei solche von 0,01 gebräuchlich.

schiedene Flüssigkeiten, insbesondere höher brechende Gemische, die Methylenjodid enthalten, in ihrem Brechungsindex bis 0,005 innerhalb Jahresfrist variieren können. Ganz allgemein ist für derartige Messungen zu betonen, daß bei Flüssigkeiten der Brechungsindex im Mittel für eine Temperaturzunahme von 2—3° eine Abnahme von zirka 0,001 zeigt, so daß in allen Fällen die Angabe einer vierten Dezimale nur dann einen Sinn hat, wenn zugleich die Beobachtungstemperatur registriert wird.

a) *Abbe-Refraktometer*

Das bequemste Refraktometer für die Bestimmung von n_D von Flüssigkeiten ist dasjenige nach ABBE (Fig. 128). Es besitzt jedoch den Nachteil, daß sein Meßbereich nur von 1,30—1,71 reicht[1]). Hauptbestandteil des Abbe-Refraktometers

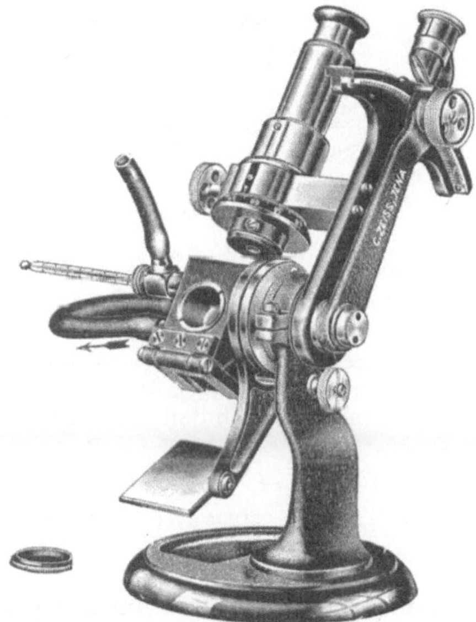

Fig. 128
Refraktometer nach ABBE von Zeiß mit heizbaren Prismen.

sind zwei gleiche rechtwinklige Prismen ADC und DBC (Fig. 129) aus Glas von $n = 1,75$, die sich zu einer planparallelen Platte ergänzen. Eines der beiden Prismen ist aufklappbar eingerichtet, so daß ein Tropfen der zu untersuchenden Flüssigkeit zwischen den beiden Hypothenusenflächen sich in Form einer dünnen Schicht anbringen läßt. Der Brechungsindex der Flüssigkeit muß kleiner sein als derjenige der Prismen. Die ganze Prismenkombination ist um eine zur Bildebene

---

[1]) Das gilt für die allerdings meistverbreitete Originalkonstruktion von Zeiß (Jena). Die Bausch & Lomb Optical Co. in Rochester (N. Y.) fabriziert ein Modell mit einem Meßbereich von 1,45—1,84, und die American Optical Co. in Buffalo (N. Y.) stellt zwei Typen mit einem Meßbereich bis 1,79 bzw. 1,84 her. Bei diesen Ausführungen sind die Prismen aus sehr empfindlichem Glas hergestellt und erfordern sorgfältige Behandlung. Besonders methylenjodidhaltige Flüssigkeiten sollten mit den Prismen nicht länger als unbedingt nötig in Kontakt belassen werden, da sich infolge des hohen Pb-Gehaltes derartiger Gläser leicht ein dünner Film von Bleijodid bilden kann. Mit derartigen Prismen ausgerüstete Refraktometer sind daher als Spezialinstrumente zu betrachten und können den Standardtyp für den laufenden Gebrauch nicht ersetzen.

von Fig. 129 senkrechte Achse drehbar, wobei der Drehwinkel mittels Marke an einem seinerseits mit einem Fernrohr starr verbundenen Teilkreis abgelesen werden kann. Die von einer Lichtquelle L stammenden Lichtstrahlen treffen die Endflächen CB des Prismas unter einem Winkel α gegenüber deren Normalen und verlassen die Fläche AD unter demselben Winkel, solange sie die zwischengeschaltete Flüssigkeitsschicht unter einem Winkel γ treffen, der kleiner ist als der Winkel der Totalreflexion zwischen Glas und Flüssigkeit. Sobald aber durch Drehen der ganzen Prismenkombination im Sinne der Zunahme von γ dieser Grenzwinkel erreicht wird, tritt *Totalreflexion* ein. Im Beobachtungsfernrohr F erkennt man diese Stellung daran, daß parallel zu der brechenden Kante des Prismas das Gesichtsfeld in eine helle und eine dunkle Hälfte geteilt erscheint. Bezeichnet man mit N den Brechungsindex der Glasprismen und mit n denjenigen der Flüssigkeit (wobei $N > n$), sowie mit $\pm \alpha$ den Winkel, welchen die Normale der Prismenendfläche AD mit der Fernrohrachse bei Einstellung der Totalreflexionsgrenze bildet,

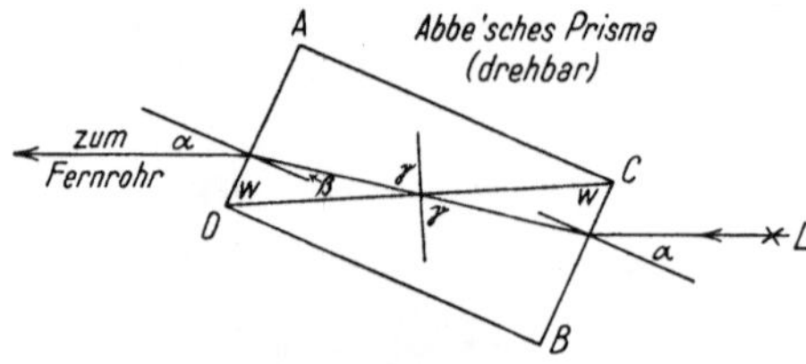

Fig. 129

Abbesches Prisma, aus zwei Hälften bestehend, zwischen welchen ein Tropfen der zu
untersuchenden Flüssigkeit angebracht wird.

und mit γ den Winkel der Totalreflexion, so ist $n = N \sin \gamma$. Unter Berücksichtigung, daß $\gamma = \beta + w$ und daß $\sin \alpha = N \sin \beta$, läßt sich n folgendermaßen durch die konstanten Größen N und w sowie durch den am Teilkreis ablesbaren Winkel $\pm \alpha$ ausdrücken

$$n = N \sin \gamma = N \sin (\beta + w) = N \sin \beta \cos w + N \cos \beta \sin w$$
$$= \pm \sin \alpha \cos w + \sin w \, N \sqrt{1 - \sin^2 \beta} \tag{G 2}$$
$$n = \pm \, \sin \alpha \, \cos w + \sin w \sqrt{N^2 - \sin^2 \alpha} \, .$$

Aus Gründen der Bequemlichkeit ist das Instrument so eingerichtet, daß am Teilkreis statt des Winkels α direkt der gesuchte Brechungsindex n_D auf $1-2$ Einheiten der vierten Dezimale abgelesen werden kann. Arbeitet man in *weißem Licht*, so wird die Grenze der Totalreflexion im allgemeinen wegen der unterschiedlichen Dispersion von Prismen und Flüssigkeit einen *farbigen Saum* aufweisen. Eine *Kompensationseinrichtung* aus zwei zueinander in entgegengesetztem Sinne drehbaren, in der Fernrohrachse angeordneten geradsichtigen Amicischen Prismensätzen gestattet diese Dispersion zu kompensieren und den farbigen Saum zum Verschwinden zu bringen. Aus dem ablesbaren Drehbetrag der Kompensationsprismen ergibt eine einfache Rechnung die *mittlere Dispersion* $(n_F - n_C)$. Um die Temperatur während der Messung konstant zu halten oder um, was für später zu erwähnende Methoden wichtig ist, die Temperaturabhängigkeit der Lichtbrechung für eine bestimmte Flüssigkeit zu ermitteln, sind die Prismenfassungen mit einer Zirkulationseinrichtung für warmes Wasser, das von einem Thermostaten geliefert wird, versehen. Ein in den Zirkulationsweg eingeschaltetes Thermometer erlaubt dabei die Temperaturkontrolle. Für gewöhnlich wird jedoch von dieser Heizvorrichtung kein Gebrauch gemacht.

Das Abbe-Refraktometer liefert somit rasch und unter Beleuchtung mit weißem Licht n_D und $(n_F - n_C)$, jedoch nicht n_F oder n_C selbst oder die Brechungsindizes für irgend ein anderes λ. Es ist jedoch möglich, unter Verwendung von monochromatischem Licht die Brechungsindizes für beliebige λ durch einfache Rechnung zu erhalten[1]).

b) *Halbkugel-Refraktometer*

Steht kein Abbe-Refraktometer zur Verfügung, oder reicht dessen Meßbereich nicht aus, so ist man auf das wohl in allen mineralogischen Instituten vorhandene Halbkugel-Refraktometer nach ABBE-PULFRICH, bzw. KLEIN angewiesen, das in

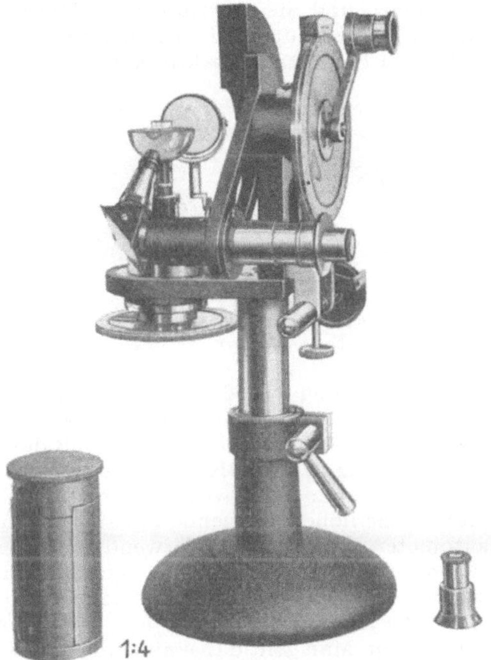

Fig. 130
Halbkugel-Refraktometer nach KLEIN, von Fueß. Links Schutzkappe zum Fernhalten von störendem Seitenlicht, rechts Aufsatzanalysator für das Beobachtungsfernrohr beim Gebrauch als Kristall-refraktometer für anisotrope Medien.

verschiedenen konstruktiven Abarten durch eine Reihe von Firmen hergestellt wird. Fig. 130 zeigt die Ausführung von Fueß-Berlin.

Die bei diesem Instrument sonst meist angewandte Methode der *streifenden Inzidenz* ist wegen der konvexen Form des auf der Halbkugel angebrachten Flüssigkeitstropfens ·nicht anwendbar, da die streifend zur Halbkugeloberfläche einfallenden Strahlen nur zum geringsten Teil in den Tropfen eintreten können.

[1]) L. E. DODD, *Calibration of the Abbe refractometer with compensating prisms, to measure refractive index for any wave length*, Rev. Sci. Instr. etc. N. S. 2, 466–500 (1931). Hier wird auch darauf hingewiesen, daß der mit Hilfe der Kompensationsprismen bestimmte Wert $(n_F - n_C)$ für höhere n_D merklich genauer ist als für niedrige. Für n_D um 1,33 z. B. kann der Fehler bis 30% und mehr betragen. – Vgl. auch: R. C. EMMONS. Mem. Geol. Soc. Amer., 8, 95 (1943). – In gewissen Fällen, nämlich wenn es sich um reine Substanzen handelt, für welche der Wert $Q = (n_D - n_C)/(n_F - n_C)$ genau bekannt ist, kann auch die Methode von H. WALDMANN zur Berechnung von n_F und n_C angewandt werden. – Vgl. H. WALDMANN, *Über die Bestimmung der Molekulardispersion mit dem Abbe-Refraktometer*, Helv. chim. acta 21, 1053–1065 (1938).

Man beleuchtet daher schräg von unten (Fig. 131) durch die Halbkugel. Nach F. E. WRIGHT bedeckt man dabei zweckmäßig den Flüssigkeitstropfen mit einem 1—2 cm² großen Stück Stanniol. Dieses wird vorher mit einem Radiergummi gegen die Oberfläche einer fein mattgeschliffenen Glasplatte gedrückt, wodurch ihm eine Anzahl feinster Vertiefungen eingeprägt werden. Diese, mit bloßem Auge kaum sichtbar, sind jedoch relativ groß im Vergleich zur Wellenlänge des Lichtes. Läßt man daher Licht durch die Refraktometer-Halbkugel einfallen, so wird dieses an der Unterseite des Stanniols unter allen möglichen Richtungen in die Halbkugel zurückreflektiert und gebrochen. Auf diese Weise entsteht genau der Effekt der streifenden Inzidenz, und die Grenze der Totalreflexion ist deutlich als dunkel-hell wahrnehmbar. Dieser Kunstgriff erleichtert die Messung der Lichtbrechung von Flüssigkeiten am Halbkugelrefraktor ganz bedeutend.

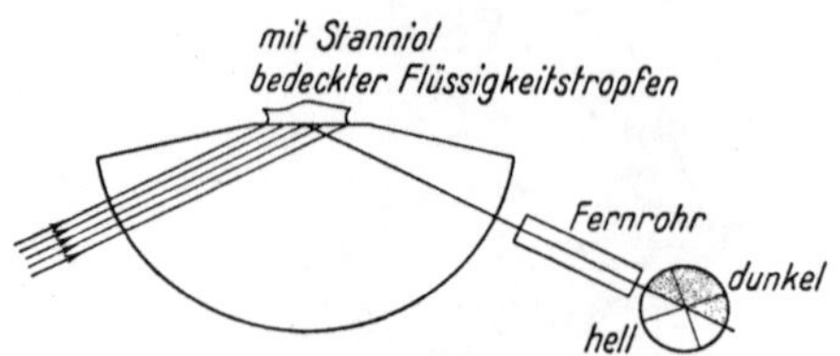

Fig. 131

Prinzip der Messung der Lichtbrechung von Flüssigkeiten mit dem Halbkugel-Refraktometer.
Nach WRIGHT.

Eine andere Methode, die jedoch eine größere Flüssigkeitsmenge benötigt, besteht darin, daß man der Halbkugel eine mit einem plangeschliffenen Boden versehene Glasküvette aufsetzt. Die Brechung des Glases muß dabei höher sein als diejenige der zu messenden Flüssigkeit. Die Küvette besitzt als Verschluß einen eingeschliffenen Stopfen mit Thermometer. Zwischen Küvette und Halbkugel muß der optische Kontakt durch eine höher brechende Flüssigkeit vermittelt werden.

Das Halbkugelrefraktometer liefert unter Verwendung der entsprechenden Lichtart auch die Brechungsindizes für beliebige λ. Vor Beginn der Messungen muß allerdings die Halbkugel des Refraktometers, deren Brechung von der Herstellerfirma nur für D-Licht bestimmt zu werden pflegt, für die in Betracht kommenden andern λ geeicht werden. Man geht dabei am einfachsten so vor, daß man an einem kleinen Glasprisma von zirka 1 cm² Flächengröße auf dem Reflexionsgoniometer unter Verwendung eines Monochromators nach der Minimalablenkungsmethode die Lichtbrechung für eine Anzahl verschiedener λ bestimmt. Man legt hierauf das Prisma mit einer seiner polierten Flächen auf die Halbkugel, wobei zwischen dieser und dem Prisma in bekannter Weise eine höher brechende Flüssigkeit anzubringen ist. Man sucht nun unter Beleuchtung mit einem Monochromator für die verschiedenen λ die Grenze der Totalreflexion auf und berechnet aus der bekannten Lichtbrechung des Prismas diejenige der Halbkugel. Ist n der Brechungsindex des Prismas, N derjenige der Halbkugel und γ der Grenzwinkel der Totalreflexion, so ist $N = n/\sin\gamma$.

c) *Prismenmethode*

Für hochlichtbrechende oder aggressive Flüssigkeiten eignen sich zur Untersuchung der Lichtbrechung vor allem auch *Hohlprismen*, von denen es eine Reihe verschiedener Modelle gibt[1]. Besonders empfehlenswert sind solche, bei denen sich die Flächen zwecks Reinigung abnehmen lassen.

---

[1] Vgl. z. B. E. S. LARSEN und H. BERMAN, *The microscopic determination of the nonopaque minerals*, U. S. Geol. Surv. Bull. 848, 2. Aufl. (1934), S. 18—20, oder R. F. COGSWELL, *A hollow prism for goniometric calibration of refractive index media*, Amer. Min. *30*, 541—542 (1945).

Die Bestimmung der Lichtbrechung der weiter oben beschriebenen und als Immersionsmedia verwendeten hochlichtbrechenden Gläser muß ebenfalls nach der Prismenmethode durchgeführt werden. Dabei werden die Prismen unter Verwendung geeigneter Formen gegossen. Für Einzelheiten muß auf die Originalliteratur verwiesen werden.

Die Ermittlung des Brechungsindex an Hand von Prismen geschieht gewöhnlich auf dem Reflexionsgoniometer nach der *Minimalablenkungsmethode*. Nennt man den brechenden Winkel des Prismas ω und den Betrag der Minimalablenkung δ, so ergibt sich die Lichtbrechung n zu

$$n = \sin \frac{1}{2} (\omega + \delta)/\sin \frac{1}{2} \omega . \tag{G 3}$$

Über andere Methoden der Lichtbrechungsbestimmung unter Verwendung von Prismen geben die größeren Lehrbücher der Optik oder der praktischen Physik Auskunft.

d) *Mikroskop-Refraktometer nach* F. E. WRIGHT

Für den Fall, daß keines der erwähnten Refraktometer zur Verfügung steht, z. B. auch bei Prospektierungsarbeiten im Felde usw., ist eine Reihe von Vorrichtungen in Vorschlag gebracht worden, die erlauben, die Lichtbrechung eines Flüssigkeitstropfens mit genügender Genauigkeit mit Hilfe eines Mikroskopes zu bestimmen[1]). Man bezeichnet sie daher als *Mikroskop-Refraktometer*. An dieser Stelle soll nur auf eines dieser Instrumente aufmerksam gemacht werden und im übrigen sei auf die Angaben von F. E. WRIGHT verwiesen.

Das Wrightsche Mikroskop-Refraktometer besteht aus einer planparallelen Platte aus hochlichtbrechendem Glas ($n = 1{,}92$) von der Dimension 20 × 10 × 4 mm. Sie ist (Fig. 132) unter einem Winkel von 60° durchschnitten, wobei die obere

Fig. 132
Prismen des Mikroskop-Refraktometers nach WRIGHT.

der beiden Schnittflächen poliert, die untere mattgeschliffen ist. Ein winziges Tröpfchen der zu untersuchenden Flüssigkeit wird zwischen den beiden abgeschrägten Flächen durch die Oberflächenkräfte festgehalten. Man beobachtet *konoskopisch* mit einem mittelstarken Trockensystem unter Benützung von Bertrandlinse und Meßokular und mißt die Zentraldistanz der scharf im Gesichtsfeld erscheinenden Grenze der Totalreflexion. Als Meßokular verwendet man ein gewöhnliches Mikrometer-Okular, ein Koordinatenokular oder am besten ein Schraubenmikrometer-Okular. Um sich von den Zentrierfehlern unabhängig zu machen, beobachtet man in zwei um 180° voneinander abweichenden Positionen des Objekttisches und ermittelt die Zentraldistanz der Grenze der Totalreflexion als Mittel aus den beiden Messungen. Die gesuchte Lichtbrechung entnimmt man einer Eichkurve, die man empirisch unter Benutzung von drei Flüssigkeiten bekannter Lichtbrechung konstruiert. Besitzt das Mikroskop eine verschiebbare Bertrandlinse, so ist darauf zu achten, daß Eichung und Messung bei gleicher Stellung derselben ausgeführt werden. Nach den Angaben von F. E. WRIGHT beträgt die erreichbare Genauigkeit 0,001.

---

[1]) F. E. WRIGHT, *The measurement of the refractive index of a drop of liquid*, J. Wash. Acad. Sci. *4*, 269–279 (1914).

3. Spezielle Technik der Immersionsmethode für isotrope Kristalle

Die folgenden Darlegungen beschränken sich auf isotrope Medien, d. h. kubische Kristalle und Gläser. Von den durch die Anisotropie bedingten Komplikationen wird vorerst abgesehen.

a) *Einfache Immersionsmethode*

Zur Herstellung der Präparate bringt man eine kleine Menge der zu untersuchenden Substanz (zirka 1 mm³ dürfte bei homogenem Material, bei dem es nicht auf die Unterscheidung mehrerer Komponenten ankommt, im allgemeinen durchaus genügen) auf einen Objektträger. Größere Kristalle müssen zerkleinert werden, wobei sie nicht zerrieben werden sollen, sondern z. B. mit einer flachen Messerklinge oder einem Pistill zerdrückt werden, damit eine etwa vorhandene *Spaltbarkeit* sichtbar wird. Zarte organische Kristalle ertragen eine derartige Behandlung nicht und müssen daher so untersucht werden, wie sie vorliegen. Falls man noch gar keine Anhaltspunkte über die Höhe des zu erwartenden Brechungsindex besitzt, gibt man einen Tropfen einer mittel-lichtbrechenden Flüssigkeit zum Untersuchungsmaterial und deckt das Präparat mit einem *Deckglas* zu. Das Deckglas verhindert das Verdunsten der Immersionsflüssigkeit und zugleich die Beschmutzung der Frontlinse kurzbrennweitiger Objektive, außerdem bewirkt es, daß die Immersionsflüssigkeit sich zu einer planparallelen Schicht ausbreitet und nicht die Gestalt eines stark konvexen Tropfens beibehält, wie dies bei starker Oberflächenspannung der Fall ist. Wichtig ist bei derartigen Präparaten, daß zum mindesten der größere Teil des Präparates mit Immersionsflüssigkeit bedeckt ist. Wenn dies nicht der Fall ist, so müssen größere, störende Brocken entfernt werden, oder es muß etwas Flüssigkeit zugegeben werden. Hierfür genügt es, diese an den Rand des Deckglases zu bringen, worauf sie infolge der Oberflächenkräfte sofort unter dieses eindringt. Man kann diese Methode der Zuführung der Immersionsflüssigkeit auch von Anfang an benützen, indem man die trockene Substanz auf dem Objektträger mit einem Deckglas bedeckt und die Flüssigkeit tropfenweise an dessen Rand zugibt.

Bei *spärlich vorhandenem Untersuchungsmaterial* kann es wünschenswert sein, die Untersuchung mit den verschiedenen Flüssigkeiten an ein- und derselben Substanzprobe, oder gar an ein- und demselben Einzelkorn durchzuführen, statt für jede neue Flüssigkeit auch eine neue Substanzprobe zu verwenden. Dies ist durch eine neuerlich von H. W. FAIRBAIRN[1]) vorgeschlagene Methode möglich. Man verwendet dazu Objektträger mit einer *Gelatineschicht*, wie sie durch Ausfixieren von unbelichteten photographischen Platten erhalten werden. Geeignet sind z. B. ausfixierte Leica-Diaplatten im Format 5 × 5 cm, welche durch Halbieren Objektträger geeigneter Größe ergeben. Vor dem Aufbringen der Substanz läßt man die Gelatineschicht mit etwas Wasser quellen, so daß die Körner nach dem Wiedereintrocknen festgehalten werden, während ihr oberer Teil aus der Gelatine herausragt. Man bringt hierauf die Immersionsflüssigkeit in der gewohnten Weise auf die Substanz, deckt mit einem Deckglas zu und beobachtet. Nach Ent-

---

[1]) H. W. FAIRBAIRN, *Gelatincoated slides for refractive index immersion mounts*, Amer. Min. *28*, 396—397 (1943).

fernen des Deckglases wäscht man die Immersionsflüssigkeit mit einem Lösungsmittel, wie Benzol, absolutem Alkohol oder dergleichen, das die Gelatine nicht erweicht, ab, worauf zu einer neuen Immersionsflüssigkeit übergegangen werden kann.

Auf Grund des Studiums des *Reliefs* und der *Beckeschen Linie* oder des *Schröder van der Kolkschen Phänomens* wird nun festgestellt, ob das Untersuchungsmaterial gleiche Lichtbrechung besitzt wie die Immersionsflüssigkeit, oder ob ein Unterschied besteht. Wenn das letztere der Fall ist, so wird zugleich konstatiert, ob das beobachtete Relief positiv oder negativ ist, d. h. ob es dadurch zustande kommt, daß der Kristall höher oder tiefer brechend ist als das Immersionsmedium. Je nach dem Ergebnis wird ein neues Präparat mit einer höher- bzw. tieferbrechenden Flüssigkeit angefertigt, wobei man bei großem Lichtbrechungsunterschied, d. h. bei starkem Relief und bei einiger Übung im Abschätzen desselben, eine oder mehrere Stufen des Flüssigkeitssatzes überspringen kann. Man fährt so fort, bis man die Substanz zwischen zwei benachbarte Flüssigkeiten eingeschlossen hat. Wie weit diese Annäherung an die wahren Verhältnisse heranreicht, hängt vor allem davon ab, wie groß die Intervalle des Flüssigkeitssatzes gewählt wurden.

Soll die Annäherung weiter getrieben werden, so kann man die beiden Flüssigkeiten mischen und durch Probieren an weiteren Präparaten die Mischung herausbringen, für welche die Beckesche Linie verschwindet. Die letzten Versuche sind in monochromatischem Licht zu machen, damit der Unterschied in der Dispersion von Kristall und Immersionsmedium nicht störend hervortritt. Die besten Dienste leistet hierzu eine Na-Dampflampe.

Das Mischen unternimmt man vorteilhaft in einem kleinen *Wägegläschen* mit eingeschliffenem Deckel, der bei Unterbrechung der Arbeit eine Änderung des Mischungsverhältnisses durch fraktionierte Verdampfung verhindert. Die hohe Form ist für diese Wägegläschen der vielfach gebräuchlichen flachen vorzuziehen, da sie das Mischen kleiner Flüssigkeitsmengen durch Umrühren mit einem Glasstäbchen erleichtert. Ein Holzblock mit entsprechender Bohrung verleiht dem Gläschen die nötige Standfestigkeit. Ist das Verschwinden des Reliefs und der Beckeschen Linie festgestellt, so wird an Hand des Restes des Immersionsgemisches im Wägegläschen mittels eines der weiter oben erwähnten Refraktometer der Brechungsindex bestimmt.

Von A. T. J. DOLLAR[1]) wurde eine auf den Mikroskoptisch aufsetzbare Glaszelle beschrieben, in welcher das Mischen der Immersionsflüssigkeit durch tropfenweisen Zusatz bis zum Verschwinden der Beckeschen Linie vorgenommen werden kann, worauf die Brechung der Flüssigkeit mit Hilfe eines Refraktometers bestimmt wird.

Beim Operieren mit *hochlichtbrechenden Schmelzen* ist das Vorgehen prinzipiell ähnlich, jedoch etwas umständlicher. Man schmilzt ein kleines Stückchen des Glases, dessen Lichtbrechung man entweder auf Grund der Zusammensetzung den in der Literatur angeführten Diagrammen entnimmt, oder die man vorgängig nach der Prismenmethode bestimmt hat, auf einem Objektträger. Dies geschieht am besten auf einer kleinen elektrischen Heizplatte oder auf einem durch einen Mikrobrenner erhitzten Metallblech. Man gibt die zu untersuchende Substanz in die Schmelze und preßt das Präparat mittels eines Deckglases zu einer dünnen Schicht aus, was besonders für stark absorbierende Schmelzen, wie sie z. B. die Schwefel-Selen-Gemische darstellen, von Wichtigkeit ist.

---

[1]) A. T. J. DOLLAR, *A refractive index comparator for the microscope*, Min. Mag. 28, 438—446 (1948).

b) *Variationsmethoden*

Die eben beschriebene Methode, bei der man sich mit dem Eingabeln der zu untersuchenden Substanz zwischen zwei Medien verschiedener Lichtbrechung begnügt, oder bei der man die Übereinstimmung mit dem Immersionsmedium durch Mischen erzielt, kann man als die *«gewöhnliche»* oder *«einfache»* Immersionsmethode bezeichnen. Ihr kann eine Reihe von Verfahren, bei welchen man die Übereinstimmung der Lichtbrechung von Untersuchungssubstanz und Immersionsmedium durch Variation bestimmter Größen erzielt, zu denen der Brechungsindex in funktioneller Abhängigkeit steht, als sogenannte *«Variationsmethoden»* gegenübergestellt werden.

Als derartige unabhängige Variable kommen in Betracht: die *Konzentration* bzw. das *Mischungsverhältnis* der Immersionsflüssigkeit, die *Temperatur* sowie die *Wellenlänge* des beleuchtenden Lichtes. Die erstgenannte Variationsmethode wird im allgemeinen nur als Spezialfall der gewöhnlichen Immersionsmethode betrachtet. Da die einzige bisher praktisch angewandte Beeinflussung der Konzentration des Immersionsmediums außer durch Mischen im Verdunstenlassen der Komponenten mit höherem Dampfdruck besteht, kann sie auch als *«Verdunstungsmethode»* bezeichnet werden. Die andern, die man als Variationsmethoden in engerem Sinne zusammenfaßt, zerfallen in die *T-Variationsmethode*, die *λ-Variationsmethode* und die *λT-* oder *Doppelvariationsmethode*.

α) Verdunstungsmethode (U. PANICHI, C. W. CORRENS)[1]

Bei der Verdunstungsmethode benützt man als Immersionsflüssigkeiten *Gemische* aus Komponenten von stark verschiedener Flüchtigkeit, so daß sich beim Stehenlassen des Gemisches infolge fraktionierter Verdunstung die Zusammensetzung und die Lichtbrechung ändern. Man kontrolliert in gewissen Zeitintervallen, ob die Beckesche Linie und das Relief verschwunden sind. Wenn dies der Fall ist, so bringt man den Objektträger samt dem Präparat auf die Halbkugel des Refraktometers und mißt die Lichtbrechung der Flüssigkeit[2]. Objektträger und Deckglas müssen hierbei von höherer Brechung sein als die zu messende Flüssigkeit, auch muß der optische Kontakt zwischen Halbkugel und Objektträger durch eine höher brechende Flüssigkeit vermittelt werden, um Totalreflexion zu verhindern. Nach C. W. CORRENS ändert beispielsweise ein Gemisch aus α-Monobromnaphthalin, eingedicktem Zedernholzöl und Schwerbenzin seine Lichtbrechung während 24 Stunden von 1,619 bis 1,510, wobei die Raschheit der Änderung natürlich von der herrschenden Temperatur abhängt. Will man den Verdunstungsprozeß z. B. während der Nacht unterbrechen, so kann man das Präparat während dieser Zeit in einer Atmosphäre von Schwerbenzindämpfen aufbewahren, indem man es in einem mit Schwerbenzin beschickten Exsikkator unterbringt. Wichtig ist bei der Durchführung der

---

[1] U. PANICHI, in: *Ricerche petrografiche su la Regione Aurunca*, Mem. Soc. ital. Sci. nat. detta «dei XL» Roma (3) *22* (1922), im besonderen S. 24—26. — C. W. CORRENS, *Bestimmung der Brechungsexponenten in Gemengen feinkörniger Minerale und von Kolloiden*, Fortschr. Min. Petr. Krist. *14*, 26—27 (1929). — T. CARPANESE, Contributo alla tecnica del metodo di immersione. Z. Krist. *101*, 285—289 (1939).

[2] Über eine andere Art des Vorgehens siehe U. PANICHI, l. c., und T. CARPANESE, l. c.

Methode, daß man kleine Deckgläser verwendet, damit die Diffusionsgeschwindigkeit groß genug ist, um die Unterschiede zwischen dem Rand, wo die Verdunstung stattfindet, und der Mitte des Präparates auszugleichen. C. W. Correns schlägt runde (!) Deckgläser von 9 mm Durchmesser vor. Für diese konnte zwischen Rand und Mitte des Präparates nur ein Unterschied von 0,0009 konstatiert werden, also ein Betrag, der vernachlässigt werden kann, während dies für größere Deckglasformate nicht mehr der Fall ist. Die Methode wurde besonders bei der Untersuchung sehr feinkörniger Mineralgemische, wie sie unter anderem bei der Tonuntersuchung getroffen werden, als brauchbar befunden.

β) T-Variationsmethode (P. Gaubert, R. C. Emmons)

Diese zuerst durch P. Gaubert[1]) vorgeschlagene und von R. C. Emmons[2]) ausgebaute Methode beruht darauf, daß die gebräuchlichen Immersionsflüssigkeiten einen *Temperaturkoeffizienten* der Lichtbrechung dn/dt von $-0,0005$ bis $0,0007$ aufweisen, während er für Kristalle zirka 20 bis 100 mal kleiner ist, so daß er im Rahmen der angestrebten Genauigkeit vernachlässigt werden darf. Der zu untersuchende Kristall wird daher in eine etwas *höher* brechende Flüssigkeit eingebettet und durch *Erwärmen* deren Brechung so weit erniedrigt, bis die Beckesche Linie verschwindet. Ist n_x der Brechungsindex der Flüssigkeit bei $x°C$ (z. B. Zimmertemperatur) und ist $\beta = dn/dt$ deren Temperaturkoeffizient, so erhält man die Brechung bei der Temperatur t zu $n_t = n_x - \beta (t - x)$.

Die Immersionsflüssigkeiten sollen keinen zu tief gelegenen Siedepunkt aufweisen, damit sie nicht zu rasch verdampfen. Ausserdem sollen sie sich beim Erhitzen nicht zersetzen und wenn möglich reine Verbindungen darstellen, damit sie bei der Erhitzung nicht ihre Zusammensetzung verändern. In Tabelle IV ist eine Auswahl geeigneter Flüssigkeiten nach P. Gaubert und R. C. Emmons zusammengestellt. Die Brechungsindizes dienen nur der ersten Orientierung und müssen in jedem Fall genau bestimmt werden, da sie durch geringe Verunreinigungen schon merklich verändert werden können, was auch für die Temperaturkoeffizienten dn/dt gilt, wie die zum Teil differierenden Angaben in der Literatur zeigen. Die Messungen der Temperaturkoeffizienten werden am bequemsten mittels eines Abbe-Refraktometers mit heizbaren Prismen durchgeführt.

Die Erwärmung des Immersionspräparates geschieht entweder durch einen elektrisch heizbaren Objekttisch, der mit einer Temperaturmessvorrichtung versehen sein muß, oder durch eine auf den Mikroskoptisch aufsetzbare Warmwasserzelle. Diese wird entweder an ein Warmwasserreservoir angeschlossen oder, zweckmäßiger, in einen durch eine Pumpe in fortwährender Zirkulation und mittels eines Thermostaten auf konstanter Temperatur gehaltenen Warmwasserstrom eingeschaltet. Dabei ist es von Vorteil, zur Vermeidung lästiger Luftblasen und die Sicht störender Kalkabsätze ausgekochtes und destilliertes Wasser zu verwen-

---

[1]) P. Gaubert, *Mesure des indices de réfraction d'un solide par immersion dans un liquide porté à une température déterminée*, Bull. Soc. fr. Min. *45*, 89—94 (1922).

[2]) R. C. Emmons, *The double variation method of the refractive index determination*, Amer. Min. *14*, 414—426 (1929); *A set of thirty immersion media*, Amer. Min. *14*, 482—483 (1929); *The universal stage (with five axes of rotation)*, Mem. Geol. Soc. Amer. *8*, 59 (1943).

den. C. S. HURLBUT[1]) hat eine geeignete Ausführungsform einer derartigen Warmwasserquelle in Vorschlag gebracht. Im Falle der Warmwasserheizung wird der Heizwasserstrom zweckmäßig durch ein mit der gleichen Flüssigkeit beschicktes Abbe-Refraktometer geleitet. Man kann somit im Moment des Verschwindens der Beckeschen Linie im Mikroskop den Brechungsindex der Flüssigkeit im Refraktometer feststellen. Man benötigt somit bei dieser Versuchsanordnung die genaue Kenntnis des Temperaturkoeffizienten der Immersionsflüssigkeit nicht, während sie bei der erstbeschriebenen Anordnung notwendig ist, um den Brechungsindex zu berechnen. Man kann natürlich auch ein für alle Male die Kurven $n_t = f(t)$ für die benutzten Flüssigkeiten aufnehmen und sich so von jeglicher Rechnung unabhängig machen.

Tabelle IV

Immersionsflüssigkeiten für die T-Variationsmethode
nach P. GAUBERT und R. C. EMMONS

	n_D	t	$\beta = dn/dt$	Sdp.
1. Methylenjodid	1,747	10°	−0,00068	180° (zers.)
2. α-Jodnaphthalin	1,706	10°	47	
3. α-Jodnaphthalin + α-Bromnaphthalin	1,681	10°	47	
4. o-Brom-Jodbenzol	1,668	10°	52	305°
5. α-Bromnaphthalin	1,657	20°	48	280°
6. Phenylisothiozyanat . . .	1,655	10°	56	
7. Monojodbenzol	1,625	10°	57	
8. Tetrabromazetylen	1,635	20°	54	
9. s-Tetrabromäthan	1,642	10°.	53	
10. Chinolin	1,622	24°	49	
11. Bromoform	1,603	10°	60	151°
12. Anilin	1,582	20°	52	184°
13. o-Toluidin	1,577	10°	51	
14. Monobrombenzol	1,560	20°	54	154°
15. Dibromazetylen	1,555	20°	60	110
16. Nitrobenzol	1,553	20°	51	121°
17. o-Nitrotoluol	1,551	10°	49	220 °
18. Äthylenbromid	1,543	10°	56	130°
19. Monochlorbenzol	1,525	20°	55	132°
20. Propylenbromid	1,524	10°	54	
21. Anisol	1,515	21°	51	154°
22. Trimethylenbromid . . .	1,513	25°	48	
23. Pentachloräthan	1,508	10°	47	158°−160°
24. p-Xylol	1,495	20°	57	138°
25. Methylfuroat	1,491	10°	45	
26. Methylthiozyanat	1,473	10°	54	
27. Isoamylsulfid	1,458	10°	45	
28. Trimethylenchlorid . . .	1,453	10°	49	119,5°
29. Äthyldichlorazetat	1,441	10°	47	
30. Äthylmonochlorazetat . .	1,426	10°	47	141°

[1]) C. S. HURLBUT JR., *An improved heating and circulating system to use in double variation procedure*, Amer. Min. *32*, 487−492 (1947).

Die wichtigste Fehlerquelle beim Arbeiten nach der T-Variationsmethode besteht darin, daß die Immersionsflüssigkeit nicht die gleiche Temperatur aufweist, wie sie für den heizbaren Tisch bzw. die Warmwasserzelle abgelesen wird. Man mache daher eine Reihe von Bestimmungen, indem man das Verschwinden der Beckeschen Linie sowohl beim Erwärmen, wie beim Abkühlen beobachtet. Für Präzisionsbestimmungen, wie sie jedoch nur ausnahmsweise in Betracht kommen, muß die Temperatur der Immersionsflüssigkeit direkt im Präparat mittels eines Thermoelements gemessen werden[1]).

Nach P. Gaubert läßt sich die T-Variationsmethode sehr gut zur raschen *Plagioklasbestimmung* an Körnerpräparaten verwenden. An Stelle eines mittleren Brechungsindex für die einzelnen Plagioklasglieder, wie er von diesem Autor gebraucht wurde, bestimmt man besser n'_α an Spaltblättchen der im Mörser zerstossenen Individuen. Nach S. Tsuboi (vgl. dieses Kapitel, Abschnitt II, 4c, ζ) weist n'_α für (001) und (010) praktisch den gleichen Wert auf, so daß es nicht notwendig ist, zwischen den beiden Spaltbarkeiten zu unterscheiden, sofern immer nur der relativ kleinere Brechungsindex beachtet wird. Für die konventionell abgegrenzten Plagioklastypen lassen sich aus den Angaben von Tsuboi folgende Lichtbrechungsintervalle interpolieren:

Albit	Oligoklas	Andesin	Labrador	Bytownit	Anorthit
An_{0-10}	An_{10-30}	An_{30-50}	An_{50-70}	An_{70-90}	An_{90-100}
1,5285 –	1,5335 –	1,5435 –	1,5535 –	1,5640 –	1,5745 –
1,5335	1,5435	1,5535	1,5640	1,5745	1,5800

Mit Anilin von z. B. $n_D = 1,5814$ bei 20° und $dn/dt = -0,00052$ läßt sich die ganze Variation der Plagioklaszusammensetzung erfassen, wobei allerdings bei den sauren Endgliedern etwas hoch erhitzt werden muß. Wünscht man dies zu vermeiden, und ist man über die Zusammensetzung des in Frage stehenden Plagioklases ungefähr orientiert, so können, je nach Umständen, auch andere Flüssigkeiten gebraucht werden. Folgende Zusammenstellung gibt einige Beispiele. Die Temperaturen wurden durch Auflösen der weiter oben gegebenen Beziehung nach $t = x + (n_x - n_t)/\beta$ berechnet. Kennt man $n_{D(t)}$ und β für die betreffende Flüssigkeit genau, so ist bei sorgfältigem Arbeiten auch eine genauere Bestimmung des An-Gehaltes möglich.

Immersionsflüssigkeit	An_{0-10}	An_{10-30}	An_{30-50}	An_{50-70}	An_{70-90}	An_{90-100}
Anilin $n_D = 1,5814$ bei 20° $\beta = -0,00052$	122° – 112°	112° – 93°	93° – 74°	74° – 53°	53° – 33°	33° – 22°
o-Toluidin $n_D = 1,5768$ bei 10° $\beta = -0,00051$ . .	115° – 104°	104° – 85°	85° – 65°	65° – 44°	44° – 24°	
Monobrombenzol $n_D = 1,5600$ bei 20° $\beta = -0,00054$ . .	78° – 69°	69° – 50°	50° – 32°	32° – 12°		
Nitrobenzol $n_D = 1,5529$ bei 20° $\beta = -0,00051$ . .	68° – 55°	55° – 38°	38° – 19°			

In den angegebenen Temperaturbereichen verschwindet die Beckesche Linie für die betreffende Plagioklaszusammensetzung.

---

[1]) F. W. Ashton und W. C. Taylor, *A precision method for measuring temperatures of refractive index liquids on a crystal refractometer and on a microscope slide*, Amer. Min. *13*, 411–418 (1928).

γ) λ-Variationsmethode (H. E. MERWIN, S. TSUBOI)

Die λ-Variationsmethode, welche zuerst von H. E. MERWIN vorgeschlagen wurde, beruht auf der Tatsache, daß es Flüssigkeiten gibt, für welche die Lichtbrechung in Funktion von λ, also ihre *Dispersion*, so stark variiert, daß die entsprechende Änderung im Brechungsindex für die meisten durchsichtigen festen Körper dagegen als klein erscheint. Während bei der *T*-Variationsmethode die Gleichheit der Lichtbrechung von Kristall und Flüssigkeit durch Erhitzen erreicht wurde, geschieht dies demnach hier durch *Änderung der Wellenlänge* des beleuchtenden Lichts. Kennt man aber die Dispersion der verwendeten Flüssigkeiten und kann man den Brechungsindex des Kristalls für zwei oder mehrere λ ermitteln, so läßt sich aus der so gewonnenen Dispersionskurve des Kristalls sein n_D interpolieren. Zur Durchführung der Methode benötigt man somit eine Serie von Immersionsflüssigkeiten mit starker und genau bekannter Dispersion, sowie einen *lichtstarken Monochromator* mit kontinuierlich variablem λ. Am bequemsten ist es, wenn die Trommel des Instruments direkt in Å oder $\mu\mu$ geteilt ist. Ist nur eine gleichmäßige Teilung vorhanden, so muß diese vermittels einiger Spektrallinien bekannter Wellenlänge geeicht werden. Auf alle Fälle ist die Richtigkeit der Angaben vor jeder Inbetriebnahme des Instruments nachzuprüfen, um sich zu vergewissern, ob sich nicht etwa das Prisma in der Zwischenzeit verschoben hat. Benutzt man zur Darstellung der Ergebnisse ein rechtwinkliges Koordinatensystem mit λ als Abszisse und *n* als Ordinate, so stellt sich die gegenseitige Abhängigkeit von λ und *n*, d. h. die Dispersion, sowohl für die Flüssigkeiten wie für die Kristalle in Form von Kurven dar, die in erster Annäherung gleichseitigen Hyperbeln entsprechen. Für derartige, nur durch wenige Punkte bestimmte Kurven sind jedoch Interpolationen oder sogar Extrapolationen gewöhnlich mit Fehlern behaftet, die gegenüber den Meßfehlern nicht vernachlässigt werden können. Es ist daher vorteilhaft, eine Art der Darstellung zu wählen, bei der die Dispersionskurven als Gerade erscheinen, wodurch diese Fehlerquelle zum Verschwinden gebracht wird. Dies wird weitgehend dadurch erreicht, daß man nach J. HARTMANN die Dispersionskurven als gleichseitige Hyperbeln betrachtet und nach (A 24) die Abhängigkeit von *n* und λ auf die Form

$$n = a + c/(\lambda - b) \qquad \text{bzw.} \qquad (n - a)(\lambda - b) = c$$

bringt, wobei a, b und c Konstanten sind. Um nun zu erreichen, daß sich die Dispersionskurve als Gerade abbildet, muß auf der Abszissenachse in Einheiten gemessen werden, die in gleichförmigen Längeneinheiten ausgedrückt durch $x = a + c/(\lambda - b)$ gegeben sind.

Wird λ in $\mu\mu$ ausgedrückt, so setzt man zweckmäßig $c = 10^5$ und $b = 200$. Der Wert von $a = x_0$ hängt von der Begrenzung des betrachteten Spektralbereichs im Rot ab. Auf diese Weise erhält man somit eine Darstellung mit geradlinigen Dispersionskurven, insofern die Dispersionsverhältnisse der betrachteten Substanz durch die Hartmannsche Formel genügend genau wiedergegeben werden. Dies trifft tatsächlich für einen großen Teil der in Betracht kommenden Flüssigkeiten und festen Phasen im betrachteten Spektralbereiche zu, muß jedoch im Zweifelsfalle immer nachgeprüft werden, ein Umstand, auf welchen vielleicht nicht immer genügendes Gewicht gelegt worden ist[1]).

Die heute gebräuchlichen Monochromatoren umfassen im allgemeinen einen Spektralbereich von zirka $400\,\mu\mu - 800\,\mu\mu$. Läßt man $\lambda = 800\,\mu\mu$ in den Koordinatenursprung fallen, so berechnet sich nach der Formel

$$x = a + \frac{c}{\lambda - 200} = x_0 + \frac{100\,000}{\lambda - 200} \quad \text{für } x = 0 \text{ der Wert von } x_0 \text{ zu}$$

$$x_0 = - \frac{100\,000}{800 - 200} = - 166.6, \tag{G 4}$$

d. h. von jedem, einem bestimmten λ entsprechenden Abszissenwert x_λ (in gleichförmigen Längeneinheiten, z. B. Millimetern gemessen), ist der Betrag von 166,6 Längeneinheiten zu subtrahieren. Auf diese Weise erhält man für die wichtigsten Spektrallinien folgende Abszissenwerte

Fraunhofersche Linien	B	C	D	E	F	G
Abszissenwerte in gleichförmigen Längeneinheiten	38,7	52,6	90,3	139,2	182,9	266,7

Wählt man als Längeneinheit den Millimeter, so würde die Darstellung des betrachteten Spektralbereichs von $400 - 800\,\mu\mu$ somit 26,7 cm erfordern. Für die Ordinaten (n) wählt man zweckmäßigerweise 2 oder 3 m für die Einheit, d. h. 20 bzw. 30 cm für 0,1, 2 bzw. 3 cm für 0,01 oder 2 bzw. 3 mm für 0,001.

In Fig. 133 sind auf diese Weise die Dispersionsverhältnisse für eine Anzahl gebräuchlicher *Immersionsmedia* dargestellt, auf Grund ihrer nach der Prismenmethode gemessenen Brechungsindizes für B, C, D, E, F und G. Fig. 134 gibt zum Vergleich die *Dispersionskurven* der gleichen Flüssigkeiten bei gleichmäßiger Abszissenteilung. Die zum Teil deutliche Abweichung der Kurven in Fig. 133 von der Geraden zeigt, daß die Hartmannsche Formel die Dispersionsverhältnisse für verschiedene Flüssigkeiten nicht vollkommen erfaßt. Im allgemeinen sind die Abweichungen für höher brechende Flüssigkeiten größer als für niedriger brechende, wobei allerdings auch Ausnahmen für diese Regel existieren, und ebenfalls größer für das kurzwellige Ende des Spektrums als für das langwellige.

Auch für den Fall, daß die Dispersionsverhältnisse durch die Hartmannsche Formel nicht vollständig erfaßt werden, ist diese Darstellung doch derjenigen mit gleichmäßiger Abszisse vorzuziehen, da trotz der Krümmung vielfach für kleine Intervalle geradlinig interpoliert werden kann. Von den gebräuchlichen Immersionsmedia zeichnen sich u. a. Methylenjodid, Bromoform, Anilin, Äthylenbromid, Nelkenöl, Paraffinöl, Glyzerin weitgehend durch geradlinige Dispersionskur-

---

[1]) Die im folgenden beschriebenen Operationen vereinfachen sich in außerordentlicher Weise, wenn das sog. Hartmannsche Dispersionsnetz für das sichtbare Spektrum, wie es früher von der Firma Schleicher & Schüll in Düren (Rheinland) unter Nr. 397 ½ in den Handel gebracht wurde, zur Verfügung steht. Dieses weist eine der Hartmannschen Formel entsprechende Abszissenteilung mit direkter Wellenlängenbezeichnung von λ 3750–7700 Å auf, so daß die Umrechnung der Abszissenwerte in gleichförmige Einheiten wegfällt. — Da dieses Hilfsmittel wohl auf längere Zeit nicht mehr erhältlich sein wird, so wird im folgenden gezeigt, wie man etwas umständlicher auch ohne Hartmannsches Netz zum gleichen Ziele kommt.

ven in der Hartmannschen Darstellung aus, während z. B. bei Chinolin, Chlornaphthalin, Zimtöl, Bromnaphthalin, Jodbenzol, Orthotoluidin, Brombenzol, Chlorbenzol usw. deutlich gekrümmte Dispersionskurven auftreten, besonders

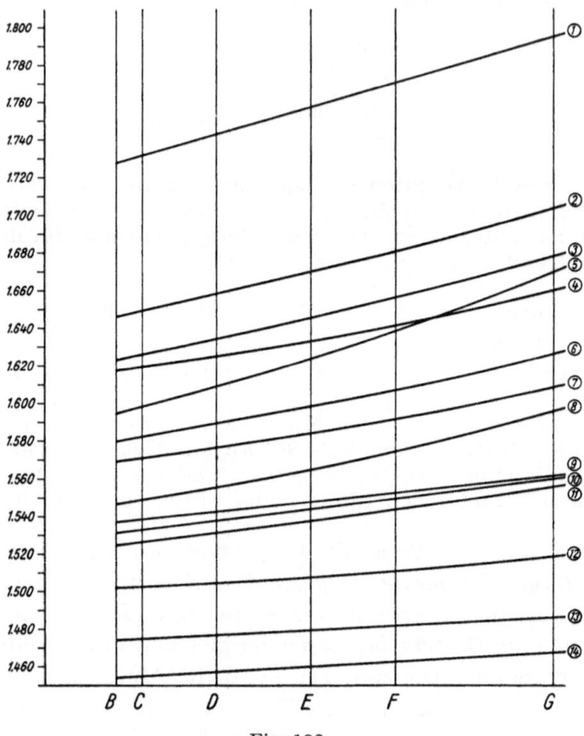

Fig. 133

Dispersionskurven einer Anzahl gebräuchlicher Immersionsflüssigkeiten, im Hartmannschen Dispersionsnetz dargestellt.

1. Methylenjodid $n_D = 1{,}7436$, $t = 14{,}5^0$C
2. α-Monobromnaphthalin $n_D = 1{,}6582$, $t = 20^0$ C
3. α-Monochlornaphthalin $n_D = 1{,}6346$, $t = 17^0$ C
4. Monojodbenzol $n_D = 1{,}6429$, $t = 13^0$ C
5. Zimtöl $n_D = 1{,}6087$, $t = 15{,}5^0$ C
6. Anilin $n_D = 1{,}5894$, $t = 13^0$ C
7. o-Toluidin $n_D = 1{,}5765$, $t = 13^0$ C
8. Nitrobenzol $n_D = 1{,}5565$, $t = 12^0$ C
9. Äthylendibromid $n_D = 1{,}5436$, $t = 12{,}5^0$ C
10. Nelkenöl $n_D = 1{,}5378$, $t = 15{,}5^0$ C
11. Monochlorbenzol $n_D = 1{,}5307$, $t = 12{,}5^0$ C
12. Zedernholzöl $n_D = 1{,}5053$, $t = 15{,}5^0$ C
13. Paraffinöl $n_D = 1{,}4769$, $t = 12^0$ C
14. Glyzerin $n_D = 1{,}4570$, $t = 12^0$ C

für $\lambda < E$. Diesem Umstand ließe sich natürlich Rechnung tragen, indem die vierte Konstante α der Hartmannschen Formel (A 24) nicht gleich 1 gesetzt wird. Für die Praxis ist es wohl einfacher, unter Zugrundelegung der dreikonstantigen Formel die Dispersionskurve so aufzuzeichnen, wie sie sich auf Grund der für einige λ gemessenen Brechungsindizes ergibt.

Wenn die Dispersion einer Flüssigkeit durch die Hartmannsche Formel vollständig erfaßt wird, so daß als Dispersionskurve eine *Gerade* resultiert, genügt es, wenn für zwei verschiedene λ die Brechungsindizes bekannt sind. Besonders einfach gestaltet sich das Aufzeichnen der Dispersionsgeraden, wenn ein Abbe-Refraktometer zur Verfügung steht. Dieses liefert sofort n_D und $(n_F - n_C)$. Zur Eintragung der Dispersionsgeraden errichtet man im $F\,(\lambda = 486,1\ \mu\mu)$ entsprechenden Abszissenwert die Strecke $(n_F - n_C)$ als Ordinate und verbindet ihren Endpunkt mit dem $C\,(\lambda = 656,3\ \mu\mu)$ entsprechenden Punkt. Diese Gerade hat den gleichen Richtungswinkel wie die gesuchte Dispersionsgerade. Diese verläuft somit parallel

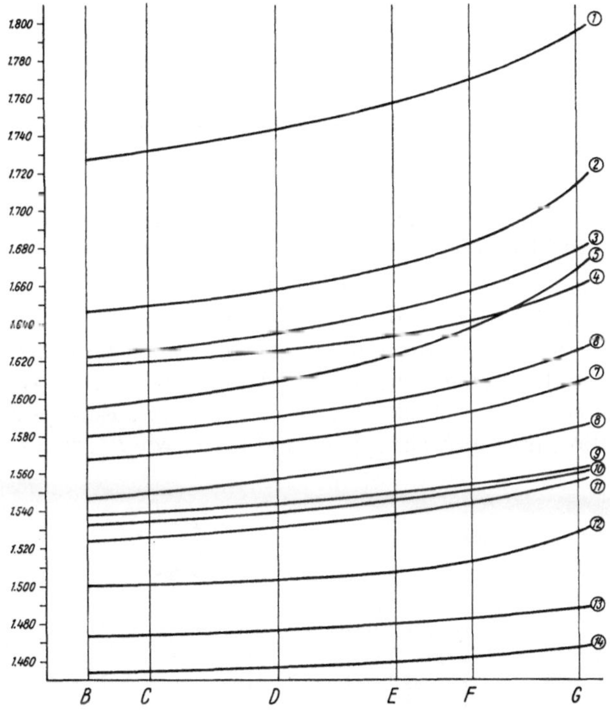

Fig. 134

Dispersionskurven der gleichen Immersionsflüssigkeiten wie in Fig. 133, jedoch mit gleichmäßiger Abszissenteilung.

dazu durch den n_D entsprechenden Punkt. In Fig. 135 ist auf diese Weise die Dispersionsgerade einer Flüssigkeit mit $n_D = 1,560$ und $(n_F - n_C) = 0,030$ eingetragen.

Aus einer solchen Darstellung läßt sich nun ohne weiteres der Brechungsindex n_λ für ein beliebiges λ ablesen oder umgekehrt zu einem gegebenen Index n_λ das zugehörige λ ermitteln. Da jedoch aus dem Diagramm nicht direkt λ, sondern nur das in gleichförmigen Längeneinheiten, z. B. Millimetern, gemessene x_λ abgelesen wird, muß eine entsprechende Umrechnung erfolgen. Dies geschieht nach den Formeln

$$x_\lambda = x_0 + \frac{100\,000}{\lambda - 200} \qquad \text{bzw.} \qquad \lambda = \frac{100\,000}{x_\lambda - x_0} + 200 \,. \qquad \text{(G 5)}$$

Das Problem der Ermittlung von n_λ für ein beliebiges λ unter Voraussetzung der Gültigkeit der Hartmannschen Dispersionsformel läßt sich natürlich auch analytisch lösen, indem man die Gleichung der Dispersionsgeraden aufstellt. Im allgemeinen wird die graphische Lösung genügen.

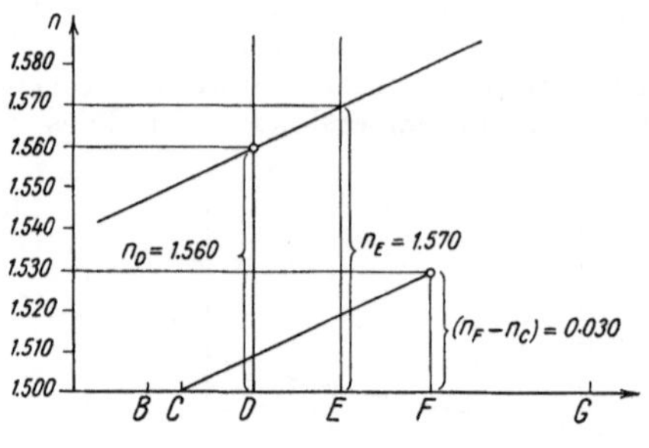

Fig. 135

Einzeichnung der Dispersionsgeraden einer Immersionsflüssigkeit mit n_D = 1,560 und $(n_F - n_C)$ = 0,030 in das Hartmannsche Dispersionsnetz und Interpolation des Brechungsindex n_E.

Sind nun in Fig. 136 $A'B'$ und $A''B''$ die Dispersionskurven zweier Flüssigkeiten F' und F'' (wobei die Kurve für F' als leicht gebogen angenommen werden soll) mit den Brechungsindizes n_D' und n_D'', und wird an Hand des Verschwindens der Beckeschen Linie konstatiert, daß eine isotrope Substanz für λ' gleiche Lichtbrechung aufweist wie F' und für λ'' wie F'', so lassen sich nach

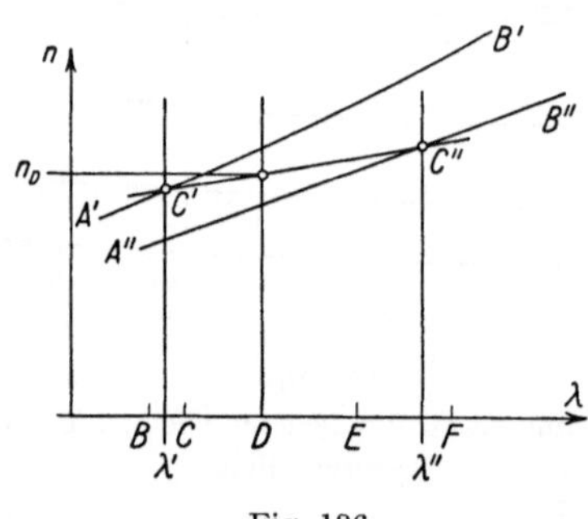

Fig. 136

Bestimmung von n_D eines Kristalls mit Hilfe von zwei Immersionsflüssigkeiten bekannter Dispersion nach der λ-Variationsmethode unter Anwendung des Hartmannschen Dispersionsnetzes.

(G5) die λ' und λ'' entsprechenden Abszissenwerte $x_{\lambda'}$ und $x_{\lambda''}$ berechnen. Die Dispersionsgerade des Kristalls ergibt sich als die Verbindungsgerade $C'C''$, und das gesuchte n_D läßt sich auf derselben interpolieren, indem man ihren Schnittpunkt mit der in x_D errichteten Ordinate bestimmt und n_D auf der Ordinatenachse abliest. Die beiden Punkte C' und C'' können natürlich auch auf der gleichen Seite von x_D liegen, nur dürfen sie nicht zu nahe zusammenfallen.

Zieht man eine *analytische* Lösung vor, so kann auch die auf S. 37 unter
(A 25a) gegebene *zweigliedrige Dispersionsformel* nach CAUCHY benutzt werden.
Gemäß dieser ist $n = A + B/\lambda^2$, wobei A und B Konstanten sind. Wie sich diese
berechnen lassen, wenn für zwei λ die zugehörigen n bekannt sind, wurde ebenfalls
schon früher angegeben. Sind nun für zwei Immersionsflüssigkeiten F' und F'' die
Brechungsindizes n_1' und n_2' für λ_1' und λ_2' bzw. n_1'' und n_2'' für λ_1'' und λ_2'' bekannt,
so lassen sich daraus die Dispersionskonstanten A' und B' für F' bzw. A'' und B''
für F'' berechnen, somit auch deren Brechungsindizes für beliebige λ. Nennt man
nun die Wellenlängen, für welche die Lichtbrechung der zu untersuchenden Sub-
stanz mit denjenigen von F' und F'' identisch wird, λ_x und λ_y, so lassen sich mit
Hilfe von A' und B' bzw. A'' und B'' die zugehörigen Brechungsindizes n_x und n_y
berechnen. Damit kennt man aber für den Kristall ebenfalls zwei Brechungsindizes für zwei verschiedene λ, und folglich lassen sich die Dispersionskonstanten
A_K und B_K des Kristalls ermitteln. Mit ihrer Hilfe kann jedoch n_D oder die
Brechung für eine beliebige andere Wellenlänge errechnet werden.

δ) λT-Variationsmethode (Doppelvariationsmethode) (R.C. EMMONS)

Die T- wie auch die λ-Variationsmethode haben beide den Nachteil, daß zur
Gewinnung der zwei (λ, n)-Wertepaare, die zur Konstruktion der Dispersionskurve der untersuchten Substanz benötigt werden, immer zwei Präparate

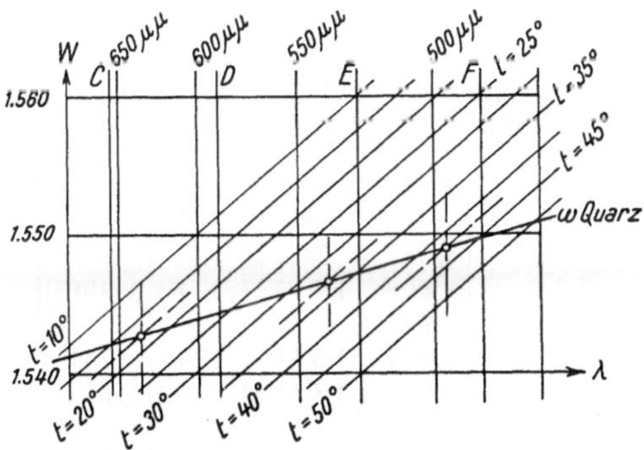

Fig. 137
Bestimmung von ω für Quarz nach der Doppelvariationsmethode unter Verwendung einer einzigen
Flüssigkeit. (Nach EMMONS.)

mit zwei verschiedenen Immersionsmedien angefertigt werden müssen. Es ist
somit unmöglich, mit diesen Methoden das gesuchte n_D in einem einzigen Ar-
beitsgang zu bestimmen, was unter gewissen Umständen als wünschenswert
erscheinen kann.

Dieses Problem läßt sich jedoch durch eine Kombination der beiden Methoden, wie sie die 1929 von R. C. EMMONS angegebene λT- oder Doppelvariationsmethode darstellt, lösen. Wie ihr Name schon andeutet, besteht diese
darin, daß sowohl die Temperatur T wie auch die Wellenlänge λ variiert werden.
Da eine Temperatursteigerung immer eine *Erniedrigung* des Brechungsindex zur
Folge hat, welche ihrerseits wiederum durch eine *Verkleinerung der Wellenlänge* kompensiert werden kann, so besteht die Möglichkeit, für ein und dasselbe Immersionsmedium für mehrere λ Übereinstimmung der Lichtbrechung

mit derjenigen des Kristalls zu erzielen und so dessen Dispersionskurve zu erhalten.

Fig. 137 (umgezeichnet nach R. C. EMMONS) zeigt, wie auf diese Weise ω für Quarz durch Einbetten in o-Nitrotoluol bei einer Variation der Temperatur um 24° und der Wellenlänge um 139 $\mu\mu$ gewonnen werden kann. Bei $t = 18°$C verschwindet die Beckesche Linie für $\lambda = 636\ \mu\mu$, wodurch ein erster Punkt der Dispersionskurve erhalten wird. Erhitzt man das Präparat auf $t = 33°$, so tritt nach Veränderung der Wellenlänge auf $\lambda = 539\ \mu\mu$ neuerdings Übereinstimmung der Lichtbrechung ein, und für $t = 42°$ ist dies nochmals für $\lambda = 497\ \mu\mu$ der Fall. Die drei Wertepaare liefern drei Punkte der Dispersionskurve ω für Quarz, aus welcher n für D oder eine beliebige andere Wellenlänge entnommen werden kann. In der Praxis ist es nicht notwendig, wie in Fig. 137 die Dispersionskurven des Immersionsmediums aufzuzeichnen.

Da die Immersionsmedien für die $\lambda\,T$-Methode sowohl den Anforderungen der λ- wie der T-Variationsmethode genügen müssen, ist es mit einigen Schwierigkeiten verbunden, eine Serie geeigneter Flüssigkeiten zusammenzustellen, die das ganze in Betracht kommende Lichtbrechungsintervall von zirka 1,45 bis 1,8 lückenlos umfassen. Die neueste von R.C. EMMONS gegebene Zusammenstellung[1]) ist in Tabelle VI wiedergegeben.

Tabelle VI

Immersionsflüssigkeiten für die Doppelvariationsmethode
(Nach R. C. EMMONS, 1943)

	Sp. (°C)	$n_C 10°$	$n_C 50°$	$n_F 10°$	$n_F 50°$	dn/dt	$(n_F - n_C)$
Äthyldijodoarsin . .		1,808	1,777	1,834[1])	1,800[1])	− 0,000 81	0,049 ±
Methylenjodid + S .		1,775[2])					
Methylenjodid . . .	180	1,737	1,711	1,774	1,747	− 0,000 68	0,0369
α-Jodnaphthalin . .	305	1,698	1,678	1,734	1,714	− 0,000 47	0,036 8
α-Jodnaphthalin +							
α-Bromnaphthalin		1,675	1,652	1,711	1,689	− 0,000 55	0,036 5
o-Bromjodbenzol . .	257	1,660	1,640	1,687	1,665	− 0,000 52	0,026 1
Phenylisothiozyanat	220	1,646	1,623	1,682	1,658	− 0,000 58	0,035 3
α-Chlornaphthalin .	259	1,629	1,611	1,660	1,640	− 0,000 47	0,030 0
Jodbenzol	188	1,618	1,596	1,644	1,620	− 0,000 55	0,024 7
α-Naphthyläthyläther	276	1,599	1,579	1,628	1,607	− 0,000 50	0,029 0
Glyzeryltribromo-							
hydrin	220	1,583	1,560	1,608	1,586	− 0,000 55	0,025 0
m-Chlorbrombenzol .	196 ±	1,570	1,550	1,590	1,568	− 0,000 55	0,018 8
o-Bromtoluol. . . .	181	1,555	1,534	1,573	1,552	− 0,000 50	0,018 1
o-Nitrotoluol. . . .	222	1,544	1,525	1,568	1,547	− 0,000 49	0,022 8
Äthylsalizylat . . .	233	1,519	1,501	1,551	1,533	− 0,000 46	0,032 6
Äthylbenzoat . . .	211	1,502	1,483	1,531	1,512	− 0,000 47	0,028 7
Cymen	176	1,490	1,471	1,503	1,483	− 0,000 49	0,012 6
Methylthiozyanat. .	130	1,469	1,449	1,481	1,459	− 0,000 54	0,011 1

[1]) Für $\lambda = 550\ \mu\mu$.   [2]) n_D bei 25°.

[1]) R. C. EMMONS, l. c. (1943), S. 63.

Das für die Doppelvariationsmethode benötigte Instrumentarium ist in Fig. 138 abgebildet, und zwar in der auf Vorschlag von R. C. EMMONS durch die Bausch & Lomb Optical Co. in Rochester (N. Y.) in den Handel gebrachten Ausführung. Links befindet sich eine *Bogenlampe* mit Uhrwerkregulierung als *Lichtquelle*. Sie ist mit einem *Spiegel* versehen, der das Licht auf den Eintrittsspalt eines Monochromators lenkt, und vor dessen Austrittsspalt, wenig über der Tischebene, sich ein zweiter schwenkbarer Spiegel befindet. Dieser gestattet, das im Monochromator erzeugte homogene Licht je nach Bedarf dem sich in der Mitte befindlichen Abbe-Refraktometer oder dem rechts sichtbaren Mikroskop zuzuführen. Das *Abbe-*

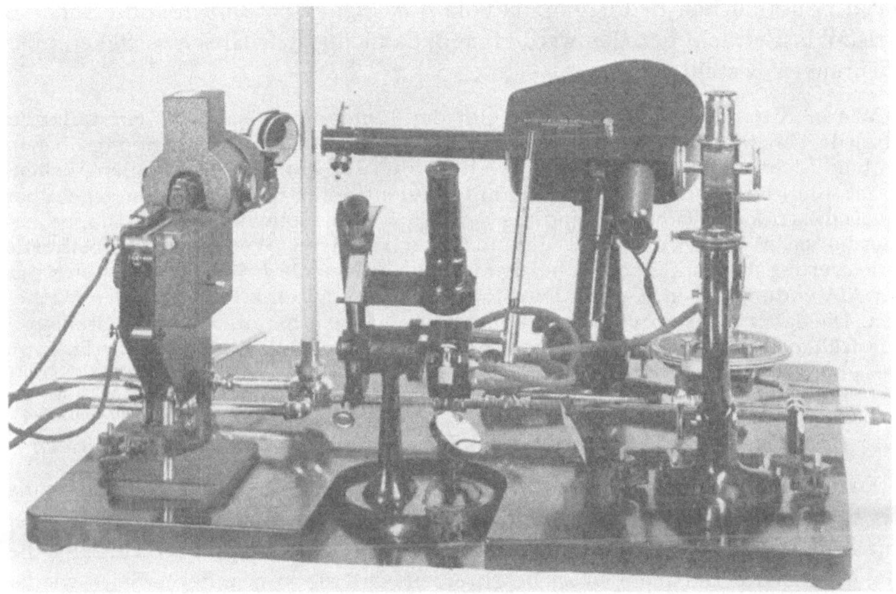

Fig. 138

Instrumentarium für die Doppelvariationsmethode nach EMMONS (Bausch & Lomb Optical Co.). Links Bogenlampe, deren Licht auf den Eintrittsspalt eines Monochromators gelenkt wird. Dieser beleuchtet, je nach Bedarf, was durch einen schwenkbaren Spiegel vor seinem Austrittsspalt ermöglicht wird, das Abbe-Refraktometer (Mitte) oder das Mikroskop (rechts). Ein Warmwasserstrom (von links her kommend) durchläuft nacheinander die Heizvorrichtung der Refraktometerprismen und die Warmwasserzelle auf dem Objekttisch und bringt so beide auf dieselbe Temperatur. Das vertikale Rohr rechts der Bogenlampe dient dem Druckausgleich und ermöglicht das Entweichen von störenden Luftblasen im Heizwasserstrom.

Refraktometer entspricht dem gewöhnlichen Typ, jedoch ohne die hier nicht benötigten Kompensationsprismen. Damit aus den Ablesungen an der direkt n_D liefernden Skala dieses Instrumentes die Brechungsindizes für andere Wellenlängen abgelesen werden können, benötigt man eine Korrektionstabelle, die von der Herstellerfirma geliefert wird. Das Mikroskop ist mit einer auf den Tisch aufsetzbaren *Heißwasserzelle* versehen, wie sie auch für die *T*-Methode gebraucht wird. Sie ist zusammen mit dem Abbe-Refraktometer in einen Heizwasserstrom von beliebig regulierbarer Temperatur eingeschaltet. Das zwischen Bogenlampe und Monochromator sichtbare vertikale Glasrohr dient zur Druckregulierung des Heizwassers und zur Verhinderung lästiger Luftblasen. Diese Einrichtung ermöglicht, wie beschrieben, durch Variation von T und λ Gleichheit der Lichtbrechung für Präparat und Immersionsmedium herzustellen, worauf durch Umleitung der Beleuchtung auf das mit einer Probe der gleichen Flüssigkeit beschickte Refraktometer deren Brechungsindex unter den gleichen Bedingungen gemessen wird.

4. Bestimmung der Lichtbrechung anisotroper Kristalle mit Hilfe der Immersionsmethode

Für anisotrope Kristalle gilt ohne weiteres das bis jetzt Gesagte, allerdings mit der zusätzlichen Bedingung, daß die *Schwingungsrichtung* im untersuchten Kristall in Betracht gezogen werden muß, da nicht mehr Gleichwertigkeit aller Richtungen besteht.

Wie in Kapitel A gezeigt wurde, gibt der Fundamentalsatz der Kristalloptik für jede beliebige Wellennormalenrichtung im Kristall die Schwingungsebenen und die Lichtbrechung der zwei durch die Doppelbrechung entstehenden Wellen. Es ist somit immer möglich, bei bekannter Orientierung des Präparates gegenüber der Indikatrix die Brechungsindizes der den beiden Schwingungsrichtungen zugeordneten Wellen abzuleiten und in ihren relativen Werten anzugeben. Die Orientierung der Indikatrix in bezug auf das vorliegende Präparat ergibt sich aus der Anwendung der in Kapitel F ausführlich behandelten konoskopischen Methoden. Die dabei beobachteten Interferenzbilder wurden bereits an dieser Stelle mit den früher in Kapitel A unterschiedenen verschiedenen Indikatrixschnittlagen in Beziehung gesetzt.

a) *Bestimmung der Hauptbrechungsindizes an orientierten Körnerpräparaten*

Da die Ermittlung der Lichtbrechung ganz allgemein zur Charakterisierung der betreffenden Kristallart erfolgt, sei es, um sie mit Vergleichsmaterial oder mit Angaben in Tabellen oder Handbüchern in Beziehung zu setzen, oder um neuuntersuchte Beispiele so zu beschreiben, daß sie von anderer Seite wieder mit Sicherheit erkannt werden können, ist es klar, daß sich die Bestimmung auf charakteristische und reproduzierbare Werte der Lichtbrechung zu beziehen hat. Es kommen daher nicht irgendwelche Mittelwerte in Betracht, sondern in erster Linie *Haupt*brechungsindizes, in zweiter Linie, unter gewissen Umständen, auch die *Brechungsindizes* von Wellen, die sich senkrecht zu ausgezeichneten Wachstums- oder Spaltflächen fortpflanzen. Man wird somit danach trachten, die Immersionsmethode an Individuen durchzuführen, die so orientiert sind, daß ihre Schwingungsrichtungen (oder zum mindesten eine davon) Hauptschwingungsrichtungen darstellen, daß somit die der Messung zugänglichen Brechungsindizes *Hauptbrechungsindizes* entsprechen. In Anbetracht der Wichtigkeit der Materie für die Anwendung der Immersionsmethode seien hier die Orientierungen, für welche dies zutrifft, nochmals zusammengestellt, wobei jedoch ausdrücklich auf die ausführlichen Darlegungen auf S. 55, 56 und 60 verwiesen werden soll.

α) *Optisch einachsige Kristalle*

Ein Hauptbrechungsindex ist immer bestimmbar, auch bei beliebiger Orientierung des Kristallkornes oder -schnittes, nämlich ω, der Brechungsindex der ordentlichen Welle. Es ist $\omega = n_\gamma$, wenn der Kristall optisch negativ ist, und $\omega = n_\alpha$, wenn er optisch positiv ist.

Der zweite Hauptbrechungsindex ε, d. h. der Extremwert der Lichtbrechung für die außerordentliche Welle, ist nur an Schnittlagen parallel zur optischen Achse bestimmbar. Für optisch positiv ist $\varepsilon = n_\gamma$, für negativ ist $\varepsilon = n_\alpha$.

β) Optisch zweiachsige Kristalle

1. Schnitte senkrecht zu einer der drei Hauptschwingungsrichtungen lassen die Bestimmung der den beiden andern Hauptschwingungsrichtungen entsprechenden Hauptbrechungsindizes zu. Im speziellen ergeben Schnitte $\perp n_\alpha$ die Indizes n_β und n_γ, Schnitte $\perp n_\beta$ die Indizes n_α und n_γ und solche $\perp n_\gamma$ die Indizes n_α und n_β. Zur Bestimmung aller drei Hauptbrechungsindizes braucht man somit zwei Präparate.

2. Schnitte senkrecht zu einer optischen Achse liefern, unabhängig von der Schwingungsrichtung, den Index n_β.

3. Schnitte senkrecht zu einem Hauptschnitt (Symmetrieebene der Indikatrix) liefern den Brechungsindex, welcher der auf diesem Hauptschnitt senkrecht stehenden Hauptschwingungsrichtung entspricht.

Der Vollständigkeit halber sei auch nochmals erwähnt, daß beliebig orientierte Schnitte bzw. Körner allgemeiner Lage zwei Schwingungsrichtungen aufweisen, von denen keine einer Hauptschwingungsrichtung entspricht. Den beiden Schwingungsrichtungen entsprechen vielmehr zwei von der speziellen Lage abhängige Zwischenwerte der Lichtbrechung n_γ' und n_α', wobei immer gilt

$$n_\gamma > n_\gamma' > n_\beta > n_\alpha' > n_\alpha .$$

Aus dieser Beziehung folgt jedoch, daß sich durch eine *größere Anzahl* von Bestimmungen von n_γ' bzw. n_α' an beliebig orientierten Individuen wenigstens ein *Intervall für n_β* abgrenzen läßt.

Hat man nun auf Grund der konoskopischen Untersuchung festgestellt, daß eine vorliegende Schwingungsrichtung einer Hauptschwingungsrichtung entspricht, so muß zur Bestimmung des ihr entsprechenden Hauptbrechungsindex dafür Sorge getragen werden, daß der Lichtdurchgang durch den Kristall einzig unter Benützung dieser Schwingungsrichtung erfolgt, so daß die beobachteten Phänomene (Relief, Beckesche Linie, Schröder

Getrennte Untersuchung der beiden Schwingungsrichtungen eines doppelbrechenden Kristalls.
PP = Schwingungsrichtung des Polarisators.

Fig. 139

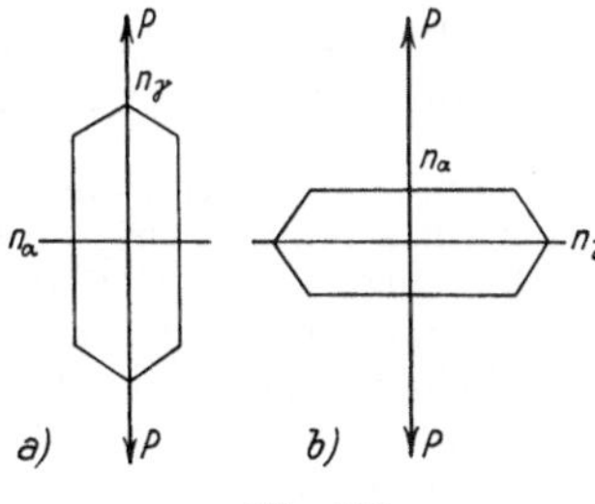

van der Kolk-Effekt) sich nur auf sie beziehen und die zweite Schwingungsrichtung gar nicht benützt wird. Dies geschieht dadurch, daß man die interessierende Schwingungsrichtung *parallel der Schwingungsebene des Polarisators* einstellt (die somit bekannt sein muß). Sollen z. B. an einem nach der c-Achse gestreckten einachsigen Kristall mit $c = n_\gamma$ (optisch positiv) die Hauptbrechungsindizes bestimmt werden, so wird z. B. zuerst n_γ parallel zur Richtung des Polarisators PP (Fig. 139a) eingestellt und auf Grund von Relief und Beckescher Linie die entsprechenden Schlüsse gezogen. Hierauf wird der Kristall um 90° in die andere Auslöschungsstellung gedreht und die gleiche Beobachtung für die nach n_α schwingende Welle wiederholt (Fig. 139b). Durch dieses Vorgehen können somit die beiden Hauptbrechungsindizes getrennt voneinander bestimmt werden. Würde man die Beobachtungen für eine keiner Auslöschungsstellung entsprechende Zwischenlage anstellen, so würde man als Resultat keinen Hauptbrechungsindex, sondern einen von der speziellen Lage abhängigen Zwischenwert ε' erhalten, der keine den Kristall charakterisierende Konstante darstellt.

Unter gewissen Umständen ist dieses die Regel bildende Verfahren der Hauptbrechungsindizesbestimmung an konoskopisch orientierten Körnern bzw. Kristallschnitten nicht durchführbar, da entweder die konoskopische Untersuchung technisch nicht möglich ist oder weil die in Körnerform untersuchte Substanz eine oder mehrere ausgeprägte Spaltflächen schief zu den Hauptschwingungsrichtungen aufweist, so daß Orientierungen, wie sie Hauptbrechungsindizes liefern würden, nur zufällig auftreten.

Der erste Fall tritt meistens dann ein, wenn eine Erhitzungsvorrichtung gebraucht wird, da die wenigsten dieser Apparaturen Beobachtungen im konoskopischen Strahlengang gestatten. Eine Warmwasserzelle, welche solche ermöglicht, wurde durch C. P. SAYLOR[1]) beschrieben. Gewöhnlich ist man für die T-Variationsmethode gezwungen, rein statistisch vorzugehen. Man bestimmt an einer größeren Anzahl von Individuen die den beiden Schwingungsrichtungen entsprechenden Brechungsindizes und setzt den gefundenen Maximalwert $= n_\gamma$ bzw. den Minimalwert $= n_\alpha$. Man berücksichtigt dabei in erster Linie die Körner mit den höchsten Interferenzfarben, da für diese am ehesten die Wahrscheinlichkeit besteht, daß sie geeignete Orientierung aufweisen. Eine Garantie dafür, daß dies in Wirklichkeit zutrifft, besteht natürlich nicht, da im Gegensatz zu den Verhältnissen im Dünnschliff im Körnerpräparat die einzelnen Individuen von ganz verschiedener Dicke sein können. Besser steht es mit der Messung von n_β für optisch Zweiachsige, da entsprechend orientierte Körner an ihrer scheinbaren Isotropie erkannt werden.

Bei der Doppelvariationsmethode kann die Schwierigkeit des Auffindens von Körnern bestimmter Orientierung dadurch beseitigt werden, daß man sie nach dem Vorschlag von R. C. EMMONS mit den *U-Tisch-Methoden* kombiniert, die gestatten, einem Präparat innerhalb der konstruktiv bedingten Einschränkungen jede beliebige Lage zu erteilen und so die gewünschte Hauptschwingungsrichtung parallel der Schwingungsrichtung des Polarisators zu bringen. Im Gegensatz zu den in Kapitel H beschriebenen klassischen, durch FEDOROW und seine Schule begründeten U-Tischmethoden bietet hier die durch R. C. EMMONS vorgeschlagene fünfachsige Ausführung des U-Tisches gewisse Vorteile. Wenn es sich infolge der speziellen Orientierung des Kornes als nicht möglich erweist, alle drei Hauptschwingungsrichtungen desselben der Reihe nach parallel zur Mikroskopachse einzustellen (wodurch je zwei Hauptbrechungsindizes der Messung zugänglich werden), so bringt man durch Drehung um eine normal zu einem Hauptschnitt orientierte Achse eine Richtung innerhalb desselben parallel zur Mikroskopachse. Diese ist durch den Winkel festgelegt, den sie mit einer der beiden in derselben optischen Symmetrieebene gelegenen Hauptschwingungsrichtungen bildet. Längs

---

[1]) C. P. SAYLOR, *A thin cell for use in determining the refractive indices of crystal grains*, U. S. Bureau Standards, Res. Paper 814 (1935).

dieser Richtung pflanzen sich zwei Wellen fort, die eine mit einer Lichtbrechung, die der senkrecht auf dem Hauptschnitt stehenden Hauptschwingungsrichtung entspricht, die andere mit einem Brechungsindex, der einen Zwischenwert zwischen den beiden im betrachteten Hauptschnitt liegenden Hauptbrechungsindizes darstellt. Ist einer davon bereits bekannt, so kann der zweite daraus und aus dem Winkel, den die eingestellte (und für den Unterschied gegenüber der Lichtbrechung der sphärischen Segmente, wenn nötig, korrigierte) Wellennormalenrichtung damit bildet, durch sinngemäße Anwendung der Formel (A 34), oder einfacher (A 42a), berechnet werden, wobei das Nomogramm von R. C. Emmons (Tafel II am Schluß des Bandes) gute Dienste leistet. Für Einzelheiten der in Europa noch wenig angewandten Methode muß auf die Darstellungen durch R. C. Emmons[1] verwiesen werden. Die Methode verlangt besondere, heizbare sphärische Segmente für den U-Tisch, die zudem für die Aufnahme von Körnern eingerichtet sein müssen, bzw. besondere Warmwasserzellen, die zwischen die Segmente des U-Tisches eingeschlossen werden können. Bei der durch R. C. Emmons vorgeschlagenen Ausführung (Bausch & Lomb) erfolgt die Erhitzung durch einen Warmwasserstrom, während sie bei den durch die Firmen Leitz und Winkel-Zeiß gebauten Ausführungen elektrisch bewirkt wird. Der Brechungsindex der Flüssigkeit im Moment des Verschwindens der Beckeschen Linie kann in diesem Falle nicht durch ein in den Heizwasserstrom eingeschalteten Abbe-Refraktometer bestimmt werden, sondern er muß durch Neigen des Tisches nach der Methode der Totalreflexion gemessen werden, was jedoch weniger genaue Werte liefert[2].

b) *Untersuchung von Kristallindividuen mit ausgeprägter Spaltbarkeit*

Weist eine Substanz eine gute Spaltbarkeit nach einer oder mehreren Ebenen schief zu den Hauptachsen der Indikatrix auf, so kann dieser Umstand die Bestimmung der Hauptbrechungsindizes, sowohl an konoskopisch orientierten Individuen wie auch nach der statistischen Methode, sehr erschweren, wenn nicht gar verunmöglichen. Um zwei extreme Fälle anzuführen: es ist beispielsweise sehr mühsam und zeitraubend, n_α an einem Glimmerplättchen oder ε an Kalzit oder einem analog spaltbaren rhomboedrischen Karbonat zu bestimmen.

Bei einiger Übung und Geschicklichkeit gelingt es zwar durch Verschieben des Deckglases oft, das Korn in die gewünschte Lage zu rollen. Diese Manipulation wird durch die Verwendung viskoser Immersionsmedien oder durch Beimischen von Glaspulver erleichtert. Es wird auch gelegentlich empfohlen, das Korn mit der Immersionsflüssigkeit in eine enge Glaskapillare einzuschließen und diese z. B. mittels Korkstützen drehbar auf dem Objekttisch des Mikroskops zu montieren. Durch Drehen der Kapillare um ihre Achse kann so die gewünschte Richtung in die Beobachtungsrichtung gebracht werden.

Im allgemeinen lohnen sich aber diese schwierigen und zeitraubenden Manipulationen nur in besonderen Fällen, z. B. wenn eine neugefundene Mineral-

---

[1] R. C. Emmons, *A modified universal stage*, Amer. Min. *14*, 441—461 (1929); *The Universal Stage (with five axes of rotation)*, Mem. Geol. Soc. Amer. *8*, 205 S., 13 Taf. (1943).

[2] F. Rinne und M. Berek, op. c. (1934), S. 211—215. Man vergleiche auch die einschlägigen Druckschriften der Firmen Leitz (Wetzlar) und Winkel-Zeiß (Göttingen). Über Erfahrungen mit der Leitzschen Apparatur berichtet eingehend P. J. Beger, *Erfahrungen mit dem Leitzschen U-Tisch-Refraktometer*, Z. angew. Min. *4*, 213—344 (1942/43). Es gelang dem Autor, Brechungsindizes mit einem Fehler kleiner als $\pm 1 \cdot 10^{-4}$ zu erhalten, während die Herstellerfirma als Genauigkeitsgrenze nur zirka $2 \cdot 10^{-3}$ angibt.

spezies oder eine neudargestellte Substanz möglichst vollständig charakterisiert werden soll. Für bloße Bestimmungen zu Vergleichszwecken ist es bedeutend bequemer, wenn man beim Vorhandensein einer guten *Spaltbarkeit* sich diese in der Weise zunutze macht, daß man bewußt auf die Bestimmung der Hauptbrechungsindizes verzichtet und an ihrer Stelle diejenigen der beiden Wellen, die sich senkrecht zur Spaltfläche fortpflanzen, bestimmt. Da es sich bei ihnen um *leicht* erhältliche, charakteristische und vor allem *reproduzierbare* Werte handelt, sind sie zur Charakterisierung einer Substanz durchaus verwendbar. Zum Vergleich mit den Angaben, wie sie sich z. B. in Tabellenwerken finden, wo meist die Hauptbrechungsindizes verzeichnet sind, müssen diese letztern allerdings auf die beobachtbaren Schwingungsrichtungen der Spaltplättchen umgerechnet werden. Ein derartiges Vorgehen ist besonders für wichtige und häufig vorkommende gesteinsbildende Mineralien mit guter Spaltbarkeit zu empfehlen. Es wurde daher auch in erster Linie für petrographische Zwecke durch S. Tsuboi[1]) in Verbindung mit der λ-Variationsmethode systematisch ausgearbeitet und angewandt. Im folgenden soll, zum Teil in Anlehnung an S. Tsuboi, auf die Berechnung der Brechungsindizes für Spaltplättchen einiger wichtiger gesteinsbildender Mineralien mit guter Spaltbarkeit näher eingegangen werden.

c) *Die Brechungsindizes der sich senkrecht zu Spaltflächen fortpflanzenden Wellen für einige wichtige gesteinsbildende Mineralien*

α) Rhomboedrische Karbonate

Die ausgezeichnet nach dem Rhomboeder $(10\overline{1}1)$ spaltbaren Mineralien der Kalzitgruppe sind typische Beispiele dafür, wie die Ermittlung des einen der beiden Hauptbrechungsindizes, nämlich $\varepsilon = n_\alpha$, infolge der Spaltbarkeit sehr schwierig ist, während ε', d. h. der außerordentliche Index für die Spaltplättchen, sehr leicht zu gewinnen ist. Da infolge der starken negativen Doppelbrechung ε' bedeutend niedriger ist als das ohne weiteres zugängliche ω, lohnt es sich, zur Bestimmung dieser morphologisch kaum unterscheidbaren Mineralien ε' für die leicht erhältlichen Spaltplättchen zu berechnen.

Nach Kapitel A, S. 61, Formel (A 42) gilt für ε' einer Fläche eines einachsigen Minerals, deren Normale mit der c-Achse den Winkel ϑ einschließt:

$$\varepsilon' = \frac{\omega\,\varepsilon}{\sqrt{\omega^2 \sin^2\vartheta + \varepsilon^2 \cos^2\vartheta}}.$$

Daraus berechnet sich für einige wichtige rhomboedrische Karbonate:

Kalzit	$\omega = 1{,}658$	$\varepsilon = 1{,}486$	$\vartheta = 44°36'$	$\varepsilon' = 1{,}566$
Dolomit. . . .	$\omega = 1{,}680$	$\varepsilon = 1{,}501$	$\vartheta = 43°51'$	$\varepsilon' = 1{,}586$
Magnesit . . .	$\omega = 1{,}700$	$\varepsilon = 1{,}509$	$\vartheta = 43°04'$	$\varepsilon' = 1{,}602$
Rhodochrosit .	$\omega = 1{,}818$	$\varepsilon = 1{,}595$	$\vartheta = 43°22'$	$\varepsilon' = 1{,}702$
Siderit	$\omega = 1{,}875$	$\varepsilon = 1{,}633$	$\vartheta = 43°23'$	$\varepsilon' = 1{,}748$

[1]) S. Tsuboi, *A dispersion method of discriminating rock-constituents and its use in petrogenetic investigation*, J. Fac. Sci. Imp. Univ. Tokyo, Sect. II, *1*, 139–180 (1926). — E. D. Taylor, *Optical properties in cleavage flakes of rock-forming minerals*, Contrib. Geol. Min. Univ. Labal, Quebec *78* (1948), 80 S.

Von I. S. Loupekine[1]) wurde ein Diagramm angegeben, welches unter Annahme eines für alle rhomboedrischen Karbonate gültigen mittleren Winkels $\vartheta = 43°47'$ gestattet, zu jedem Wertepaar ω und ε' das zugehörige ε zu finden. Der maximale Fehler für ε beträgt hierbei $\pm 0{,}004$. Er kann durch Anwendung eines Korrekturfaktors beträchtlich verkleinert werden.

Die Zusammenstellung zeigt, daß man unter Benützung des berechneten ε' vielfach mit den bedeutend billigeren und haltbareren Immersionsflüssigkeiten niedrigerer Lichtbrechung auskommt, während man für die Bestimmung von ω Gemische aus Monobromnaphthalin $+$ Methylenjodid benötigt. Für Rhodochrosit und Siderit würde nicht einmal reines Methylenjodid ausreichen, während dies für ε' bei Rhodochrosit noch der Fall ist. Bei Siderit genügt eine kleine Schwefelbeigabe, um ε' zu erreichen, während für ω zu den hochlichtbrechenden Schmelzen oder den auf S. 226 erwähnten, selten gebrauchten Flüssigkeiten gegriffen werden müßte.

β) Orthorhombische Pyroxene

Da für die Orthaugite die drei Hauptschwingungsrichtungen mit den drei kristallographischen Achsen zusammenfallen und kristallographisch $c = n_\gamma$ ist, so ist für die prismatischen Spaltplättchen nach (110) $n_\gamma' = n_\gamma$, während für n_α' gilt, daß $n_\alpha < n_\alpha' < n_\beta$. Wählt man die Aufstellung nach Tschermak mit kristallographisch $b < a$, so ist $a = n_\beta$ und $b = n_\alpha$. Die Normale auf (110) liegt somit in der Ebene $n_\alpha n_\beta$. Bezeichnet man ihre Richtungswinkel gegenüber n_α, n_β, n_γ mit ψ_1, ψ_2, ψ_3, so ist $\psi_3 = \pi/2$, und der gesuchte Brechungsindex n_α' ergibt sich gemäß Formel (A 34) zu

$$n_\alpha' = \frac{n_\alpha n_\beta}{\sqrt{n_\beta^2 \sin^2\psi_1 + n_\alpha^2 \cos^2\psi_1}},$$

ψ_1 ist gleich dem halben (innern) Spaltwinkel $(110)/(1\overline{1}0)$. Da dieser für die Orthaugite sehr wenig vom Chemismus abhängig ist, kann ψ_1 für die ganze Serie als konstant zu $44°10'$ (Hypersthen vom Laacher See nach G. vom Rath) angenommen werden. Ein Diagramm der Brechungsindizes der Orthaugitspaltplättchen wurde vom Verfasser veröffentlicht[2]).

γ) Orthorhombische Amphibole

Für die orthorhombischen Amphibole gilt als optische Orientierung krist. $a = n_\alpha$, $b = n_\beta$ und $c = n_\gamma$. Für die Spaltplättchen nach (110) ist somit wiederum $n_\gamma' = n_\gamma$. Wenn die Richtungswinkel der Normalen auf (110) gegenüber n_α, n_β, n_γ ebenfalls mit ψ_1, ψ_2, ψ_3 bezeichnet werden, so gilt auch hier $\psi_3 = \pi/2$, und die Normale liegt ebenfalls in der Ebene $n_\alpha n_\beta$. Es gilt somit für n_α' der gleiche Ausdruck, wie er unter β) für die Orthaugite abgeleitet wurde, nur entspricht hier ψ_1 dem halben äußeren Spaltwinkel $(110)/(1\overline{1}0)$, da n_α und n_β gegen-

[1]) I. S. Loupekine, *Graphical derivation of refractive index for the trigonal carbonates*, Amer. Min. *32*, 502—507 (1947).

[2]) C. Burri, *Zur optischen Bestimmung der orthorhombischen Pyroxene*, Schweiz. Min.-Petr. Mitt. *21*, 177—182 (1941).

über den Orthaugiten vertauscht sind. Da der innere Spaltwinkel von 125°37′ bis 124°48′ variiert, weist ψ_1 Werte von 27°11′ bis 27°36′ auf.

δ) Monokline Pyroxene und Amphibole

Für monokline und trikline Kristalle, bei denen die Spaltbarkeit nicht mehr parallel einer Hauptschwingungsrichtung verläuft, berechnet man die Brechungsindizes nach den für Brechungsindizes umgeformten Neumannschen Formeln (A 36). Sind ϑ und ϑ' die Winkel, die die Normale mit den optischen Achsen bildet, und bezeichnet man den Achsenwinkel um n_γ mit $2V$ und die Aus-

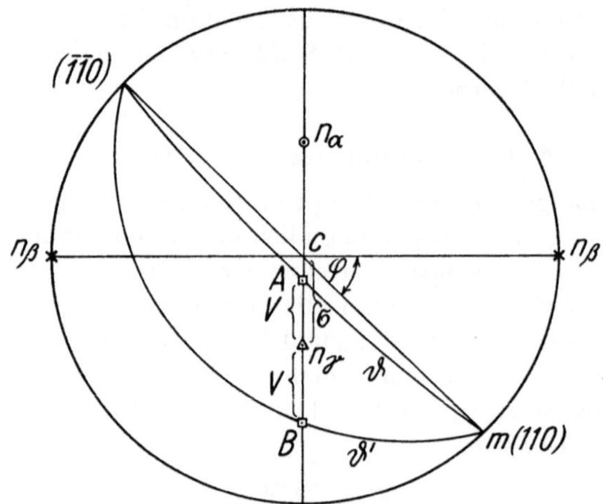

Fig. 140

Zur Berechnung der Lichtbrechung von Spaltplättchen nach (110) für Diopsid mit $(+)\,2V = 59^0$ und $c/n_\gamma = 39^0$.

löschungsschiefe c/n_γ auf (010) mit σ, so ist (Fig. 140), wenn m der Pol von (110) ist, $A\,m = \vartheta$ und $B\,m = \vartheta'$, somit

$$\cos \vartheta = \sin (\sigma - V) \sin \varphi \quad \text{und} \quad \cos \vartheta' = \cos (\sigma + V) \sin \varphi,$$

wobei $2\,\varphi$ der innere Spaltwinkel $(110)/(1\overline{1}0) = 87°10′$ für Augite und $= 124°11′$ für Hornblenden ist.

Für die selteneren Glieder mit normalsymmetrischer Achsenlage, d. h. Achsenebene $\perp$ (010), erfolgt die Ableitung nach ähnlichen Gesichtspunkten.

Über die Berechnung der Auslöschungsschiefe für die Spaltplättchen aus derjenigen auf (010) siehe Kapitel D.

Wie sich für Hornblenden aus $(n_\gamma - n_\alpha)$, V_γ, c/n_γ und den an Spaltplättchen nach (110) gemessenen Werten c/n'_γ und n'_α die Werte der drei Hauptbrechungsindizes n_α, n_β und n_γ berechnen lassen, hat A. MARCHET[1]) gezeigt.

---

[1]) A. MARCHET, *Zur Kenntnis der Amphibolite des niederösterreichischen Waldviertels*, Tscherm. Mitt. *36* (1925), im besonderen S. 173−177.

Die etwas langwierige Rechnung, die auf eine Gleichung 4. Grades führt, läßt sich durch Anwendung des Nomogramms von H. TERTSCH[1]) bedeutend vereinfachen.

ε) Glimmer

Bei den meisten Glimmern steht die spitze Bisektrix n_α normal oder doch nahezu normal auf (001), so daß innerhalb der mit der Immersionsmethode erreichbaren Genauigkeit die beiden in der Spaltebene liegenden Schwingungsrichtungen direkt den beiden Hauptbrechungsindizes n_β und n_γ entsprechen. Da sich bei den Glimmern der Achsenwinkel $2E_\alpha$ konoskopisch sehr gut messen läßt, kann der dritte, direkt nur sehr schwer meßbare Brechungsindex n_α berechnet oder aus dem Waldmannschen Diagramm entnommen werden. Nur bei merklicher Schiefe der Auslöschung auf (001) bzw. bei entsprechendem schiefem Bisektrizenaustritt auf (001), wie er konoskopisch ebenfalls leicht meßbar ist, muß die Berechnung analog den eben erläuterten Prinzipien erfolgen.

Statt bei Glimmern das schwer zugängliche n_α direkt zu bestimmen oder mit Hilfe von $2V$ zu berechnen, kann man auch versuchen, es auf dem Umweg über die maximale Doppelbrechung $(n_\gamma - n_\alpha)$ zu erhalten. Hierfür hat A. RITTMANN[2]) eine Methode angegeben. Sie gilt sowohl für ein- wie auch für zweiachsige Glimmer.

ζ) Plagioklase

Ein ausgezeichnetes Beispiel für die Anwendbarkeit der Methode der Bestimmung der Lichtbrechung an Spaltplättchen liefern die Plagioklase. Diese für die Gesteinsklassifikation sehr wichtigen Mineralien sind nach den beiden Pinakoiden P (001) und M (010) ausgezeichnet spaltbar. S. TSUBOI[3]) berechnete mit Hilfe der Neumannschen Formeln für eine Anzahl chemisch und optisch untersuchter Typenplagioklase verschiedenen Anorthitgehaltes folgende Brechungsindizes für P und M:

Mol. % An	n_γ'		n_α'	
	M (010)	P (001)	M (010)	P (001)
1	1,5332	1,5388	1,5285	1,5290
13	1,5376	1,5423	1,5333	1,5337
20	1,5428	1,5463	1,5388	1,5388
24	1,5447	1,5480	1,5403	1,5403
35	1,5493	1,5520	1,5450	1,5450
41	1,5525	1,5548	1,5482	1,5482
52	1,5592	1,5617	1,5555	1,5560
66	1,5674	1,5693	1,5628	1,5634
95	1,5838	1,5828	1,5777	1,5780

---

[1]) H. TERTSCH, *Zur graphischen Verwendung der Beziehungen zwischen der Hauptdoppelbrechung und jener in einem beliebigen Schnitt*, Min.-Petr. Mitt. *51*, 168—171 (1940).

[2]) A. RITTMANN, *Nuovo metodo per la determinazione della birifrangenza massima dei minerali micacei*. Atti Fond. Polit. Mezzogiorno (Napoli) *3*, 9 (1947).

[3]) S. TSUBOI, *A dispersion method of determining plagioclases in cleavage flakes*, Min. Mag. *20*, 108—122 (1923).

Es ergibt sich somit, daß n'_α für P und M innerhalb der Meßgenauigkeit gleich groß ist, was in Anbetracht der bei den triklinen Plagioklasen völlig asymmetrischen Indikatrixlage natürlich rein zufällig ist. Dieser Umstand ist für die praktische Anwendung der Methode zur Plagioklasbestimmung von ausschlaggebender Bedeutung, da er die bei unbekannter Zusammensetzung der Plagioklase kaum durchführbare Unterscheidung der Spaltplättchen nach P und M unnötig macht, insofern immer nur der kleinere Brechungsindex n'_α in Betracht gezogen wird. S. Tsuboi hat hierfür ein sehr bequemes Bestimmungsdiagramm[1]) ausgearbeitet (Tafel III am Schluß des Bandes). Da dieses unter Zugrundelegung der Hartmannschen Dispersionsformel entworfen wurde, die für die Plagioklase gültig ist, stellen sich die Dispersionskurven als Gerade dar. Es ist daher von Vorteil, als Immersionsflüssigkeiten ebenfalls solche zu benutzen, für welche dies der Fall ist. Die Eintragung der Dispersionsgeraden der benutzten Flüssigkeit erfolgt hier am einfachsten auf Grund der mit dem Abbe-Refraktometer gemessenen Werte von n_D und $(n_F - n_C)$, wofür das Diagramm speziell vorgesehen ist.

Sofern ein Monochromator vorhanden ist, ist diese spezielle Anwendung der λ-Dispersionsmethode zur Plagioklasbestimmung sehr zu empfehlen. Sie leistet besonders auch zur Untersuchung sehr kleiner Individuen, wie sie sich beispielsweise in der Grundmasse vulkanischer Gesteine vorfinden, sehr gute Dienste. Auf die Möglichkeit der Anwendung der T-Variationsmethode zur Plagioklasbestimmung an Hand von Spaltplättchen wurde schon in Abschnitt II, 3b, β dieses Kapitels hingewiesen.

---

[1]) S. Tsuboi, *A straight-line diagram for determining plagioclases by the dispersion method*, Jap. J. Geol. a. Geogr. *11*, 325–326 (1934), Pl. XLI.

H. Universaldrehtisch- (U-Tisch-) oder Fedorow-Methoden[1])

I. ALLGEMEINES

Die optische Indikatrix eines Kristalls ist im allgemeinen Fall ein dreiachsiges Ellipsoid. Durch eine beliebige Ebene, z.B. diejenige eines Dünnschliffs, wird sie allgemein in einer Ellipse geschnitten. Die orthoskopischen Methoden gestatten, die Orientierung der Ellipse festzulegen, und unter Zuhilfenahme von Doppelbrechungsmessungen und der Immersionsmethode auch ihre Gestalt und ihre Dimensionen. Die räumliche Lage der Indikatrix in bezug auf die Schliffebene bleibt aber bei Kenntnis dieser einzigen Schnittebene noch unbestimmt. Zu ihrer Ermittlung benötigt man entweder verschiedene Schnitte bekannter Orientierung oder die konoskopischen Methoden. Auf diesem Wege ist jedoch die Lösung des Problems sehr umständlich oder oft nur qualitativ möglich, da die quantitative Auswertung der konoskopischen Beobachtungen auf spezielle Schnittlagen, d. h. solche von geringer Schiefe zu ausgezeichneten Indikatrixrichtungen (Bisektrizen, optische Achsen), beschränkt ist.

Die allgemeine Lösung, d. h. die Festlegung der räumlichen Lage der Indikatrix bei beliebiger Orientierung durch Angabe der Winkel, die ihre Symmetrieachsen (Hauptschwingungsrichtungen) oder Symmetrieebenen (Hauptschnitte) mit der Präparatenebene bilden, und zwar mit Hilfe eines einzigen Schnittes, liefert die durch E. v. FEDOROW ersonnene Universalmethode, die zu Ehren ihres Erfinders oft auch als Fedorow-Methode bezeichnet wird. Sie ist universal, indem sie das genannte Problem bei beliebiger Schnittlage zu lösen gestattet, ferner in gewissem Sinne auch dadurch, daß sie, wenn auch bei ungünstiger Schnittlage nur auf Umwegen, über die wahre Größe des optischen Achsenwinkels $2V$ sowie über den optischen Charakter, somit über die Gestalt der Indikatrix, Auskunft gibt. Nicht universal ist sie jedoch in ihren Auskünften

[1]) An dieser Stelle können nur die Grundzüge der U-Tisch-Methoden behandelt werden. Für ein weiteres Eindringen ist das Studium folgender Werke unerläßlich: M. BEREK, *Mikroskopische Mineralbestimmung mit Hilfe der Universaldrehtischmethoden* (Berlin 1924). — M. REINHARD, *Universaldrehtischmethoden* (Basel 1931). (Behandelt vor allem die Plagioklasbestimmung.)

Weitere neuere Darstellungen sind: W. NIKITIN, *Die Fedorow-Methode* (Berlin 1936). — R. C. EMMONS, *The Universal Stage (with five axes of rotation)*, Mem. Geol. Soc. Amer. *8* (1943). (Ausführliche Darstellung der λT-Variationsmethode.)

Von historischem Interesse ist: W. NIKITIN, *La méthode universelle de Fédoroff*, Traduction française par L. DUPARC und V. DE DERVIES (Genève, Paris, Liège 1914), 2 Bde. mit Atlas. — Theoretisch wichtig ist: L. CHOMARD, *Théorie et pratique de la méthode de Fédorow. Procédé classique et méthode analytique générale*, Ann. Mines (13), Mémoires *5*, 153—218 (1934); sowie die letzte Arbeit von M. BEREK †, *Grundsätzliches zur Bestimmung der optischen Indikatrix mit Hilfe des Universaldrehtisches*. Schweiz. Min.-Petr. Mitt. *29*, 1—18 (1949).

über die absoluten Dimensionen der Indikatrix, da sie keine Lichtbrechungsbestimmung gestattet, obwohl gerade auch dieses zuerst von ihrem Erfinder
erhofft worden war. Von großer Wichtigkeit ist jedoch, daß in vielen Fällen aus
der in bezug auf die beliebige Schliffebene festgelegten Lage der Indikatrix auf
ihre räumliche Lage zum Kristallgebäude geschlossen werden kann. Dazu muß
entweder die Schliffebene in ihrer Lage bekannt sein und eine verwertbare kristallographische Richtung (Spaltriß, Kristallkante, Zwillingsgrenze) aufweisen,
oder es muß bei beliebiger Schliffebene eine sich mit dieser schneidende Spalt-,
Wachstums- oder Verwachsungsfläche eingemessen werden können.

Die Methode basiert auf der Verwendung eines neuartigen Objekttisches, der
gestattet, dem Präparat, innerhalb eines durch die konstruktiven Möglichkeiten
begrenzten Spielraums, jede beliebige Lage zu erteilen.

An und für sich genügten zur Fixierung der Schliffnormale, wie überhaupt
jeder Richtung im Raum, zwei voneinander unabhängige Drehachsen. Im Gegensatz zu dem für prinzipiell ähnliche Bedürfnisse konstruierten zweikreisigen

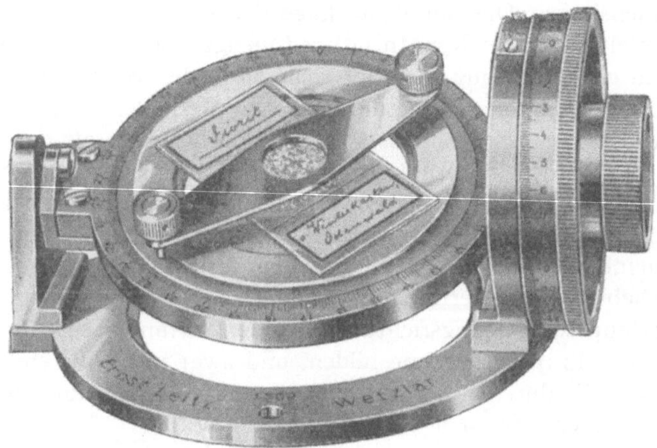

Fig. 141
Zweikreisiger Universaldrehtisch UT 2 nach FEDOROW. Leitz.

(Theodolith-)Goniometer wird jedoch mit polarisiertem, d. h. mit in einer definierten Ebene schwingendem Licht gearbeitet. Aus diesem Grunde ist eine dritte
Drehachse parallel der Mikroskopachse notwendig, die gestattet, die verschiedenen im anisotropen Kristall zu untersuchenden Richtungen mit der fixen Schwingungsrichtung des Lichtes, wie sie durch die Orientierung des Polarisators gegeben
ist, in Beziehung zu setzen. Diese Rolle wird von der Tischachse des Mikroskops
übernommen, indem der *Universaldrehtisch* oder U-Tisch, wie er abgekürzt genannt wird, auf den drehbaren Mikroskoptisch aufgesetzt wird. Die ersten U-Tisch-
Modelle, wie sie durch E. v. FEDOROW vorgeschlagen wurden, wiesen tatsächlich,
abgesehen von der Mikroskoptischachse, nur *zwei Drehachsen* auf, senkrecht und
parallel zur Präparatenebene. Eine moderne Ausführung eines derartigen Tisches,
wie er heute noch zu Spezialzwecken gebraucht wird, zeigt Fig. 141 in der Bauart
der Firma Leitz (Wetzlar). Da es sich bald zeigte, daß das praktische Arbeiten
durch die Einführung weiterer Achsen sehr erleichtert wird, wurde durch FEDOROW

selbst noch ein Modell mit *drei Achsen* vorgeschlagen, während heute wohl allgemein vorwiegend mit *vierachsigen* Tischen gearbeitet wird. Fig. 142 zeigt ein derartiges Instrument mit vier Achsen, ebenfalls in der Ausführung der Firma Leitz, wie es für eine Reihe von Konstruktionen vorbildlich geworden ist. Von R. C. EMMONS[1]) wurde ein Modell mit *fünf Achsen* in Vorschlag gebracht und zuerst von der Bausch & Lomb Optical Co. in Rochester (N. Y.) gebaut. Es bietet, abgesehen vom Gebrauch in Verbindung mit der Doppelvariationsmethode, keine wesentlichen Vorteile gegenüber den vierachsigen Ausführungen, solange man gewöhnt

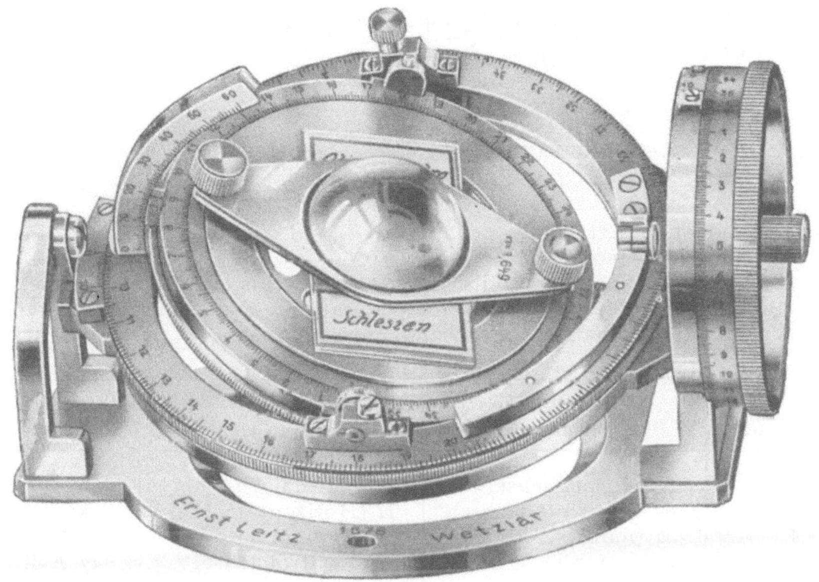

Fig. 142
Vierkreisiger Universaldrehtisch UT 4 von Leitz.

ist, die Ergebnisse der Messungen in üblicher Weise in stereographischer Projektion auszuwerten. Neben diesen auf den Tisch des Mikroskops aufsetzbaren U-Tischen konstruieren einzelne Firmen auch Mikroskopstative mit fest eingebautem U-Tisch, welche an Stelle eines drehbaren Mikroskoptisches mit synchroner Nicoldrehung ausgestattet sind.

Alle Angaben und Ausführungen beziehen sich im folgenden immer auf das heute am meisten übliche Instrumentarium, d. h. auf den *aufsetzbaren vierachsigen U-Tisch*. Besitzer einer anderen Ausrüstung werden keine Schwierigkeiten empfinden, das Gesagte *mutatis mutandis* auf ihre Verhältnisse zu übertragen.

Nach M. BEREK numeriert man die Achsen des *U*-Tisches von innen nach außen als A_1-A_5 (Fig. 143). Bei dieser Wahl der Bezeichnung ergibt sich, daß die Betätigung jeder Achse die Lage aller mit einem kleineren Index versehenen Achsen verändert, diejenigen mit größerem Index jedoch nicht beeinflußt. In

---

[1]) R. C. EMMONS, *A modified universal stage*, Amer. Min. *14*, 441—461 (1929) und l. c. (1943).

Burri 17

der Ausgangsstellung (Fig. 143) entsprechen die ungeraden Indizes Vertikal-
achsen, die geraden Horizontalachsen. A_1 und A_2 bilden ein erstes, A_3 und A_4
ein zweites Paar aufeinander senkrecht stehender Achsen. A_5 entspricht der
Tischachse des Mikroskops (man vergleiche hierzu Fig. 142).

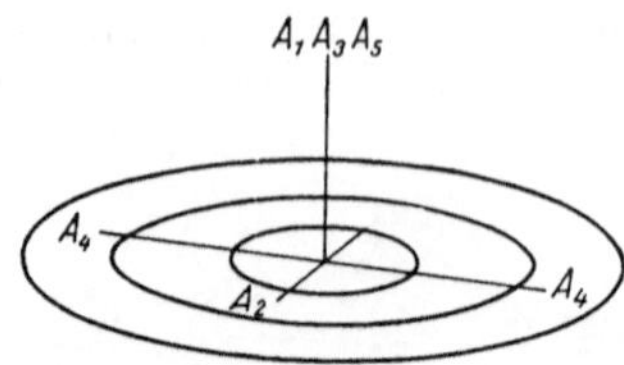

Fig. 143
Schema zur Bezeichnung der Drehachsen des vierkreisigen U-Tisches nach BEREK.
(A_5 = Mikroskoptischachse.)

Die Drehwinkel bei Betätigung der Achsen $A_1 - A_5$ werden in übereinstimmen-
der Weise mit $a_1 - a_5$ bezeichnet.

Neben diesen sehr einfachen und sich dem Gedächtnis leicht einprägenden Bezeichnungen nach M. BEREK werden in der Literatur auch noch andere verwendet,
die der Vollständigkeit halber hier zusammengestellt seien.

Bezeichnung von			
BEREK (1924)	NIKITIN-DUPARC-REINHARD	REINHARD (1931)	R.C. EMMONS
A_1	N (Normalachse)	N (Normalachse)	$I.V.$
A_2	H (Horizontalachse)	H (Horizontalachse)	$N-S$
A_3	M (mobile Achse)	A (Auxiliärachse)	$O.V.$
A_4	I (immobile Achse)	K (Kontrollachse)	$O.E$-W
A_5	—	M (Mikroskopachse)	M

Die Ablesung der Drehwinkel um A_1 erfolgt mittels einer Marke auf dem inner-
sten Teilkreis. A_2, das im allgemeinen in N-S-Lage gebraucht wird, ist durch eine
Schraube arretierbar. Die um diese Achse ausgeführten Drehungen werden an
zwei links und rechts angebrachten aufklappbaren Gradbogen, den sogenannten
Wrightschen Bügeln abgelesen. In Fig. 142 ist davon der linke in aufgeklappter
Stellung sichtbar. Von andern Herstellern, z.B. Winkel-Zeiß oder Leitz, wird an
Stelle der Wrightschen Bügel die Anbringung der Gradteilung auf einem Konus
bevorzugt. Der Achse A_3 ist ebenfalls ein Teilkreis zugeordnet. Sie wird jedoch
nur ausnahmsweise benützt und bleibt daher gewöhnlich arretiert. A_4 verläuft in
der Ausgangsstellung E−W und ist ebenfalls arretierbar. Drehungen um diese
Achse werden an der großen Trommel (rechts in Fig. 142) abgelesen, diejenigen
um A_5 an der Teilung des Mikroskoptisches. Zur Arretierung von A_5 dient die
übliche Tischarretierung, mit der das benützte Stativ ausgestattet sein muß. Sehr
praktisch, und weil zeitsparend sehr zu empfehlen, ist eine Vorrichtung, die gestattet, von der Ausgangs- (Normal-) Stellung ohne weitere Ablesung um genau 45°
zur einen oder andern Diagonalstellung und wieder zurück zur Normalstellung
überzugehen. Die Präparate werden auf der Tischfläche, die in der Mitte eine
herausnehmbare Glasplatte trägt, angebracht. Die modernen U-Tische gestatten,
im Gegensatz zu den älteren Modellen, die Benützung von Dünnschliffen im normalen Format. Ein zusätzliches aufsetzbares *Lineal mit Orientierungsteilung* und

Anschlag ermöglicht eine systematische Verschiebung des Schliffes nach zwei senkrecht zueinander stehenden Richtungen bei gefügestatistischen Untersuchungen.

Um zu erreichen, daß die *effektive Beobachtungsrichtung* im Präparat nicht nur bei horizontaler Lage, sondern auch bei Neigungen um A_2 und A_4 nicht allzu sehr von der Richtung der *eingestellten Beobachtungsrichtung*, d. h. der Mikroskopachse differiert, sowie auch zur Verhinderung der Totalreflexion bei starken Neigungen, wird das Präparat zwischen die sogenannten *sphärischen Segmente* gelagert. Diese sind derart bemessen, daß unter Berücksichtigung der Dicke des Glaseinsatzes und des Objektträgers das Präparat in den Kugelmittelpunkt zu liegen kommt, der zugleich mit dem Schnittpunkt der fünf Drehachsen zusammenfallen soll. Um dies bei abweichender Objektträgerdicke zu gewährleisten, ist der die Glasplatte tragende Rahmen mit einer veränderlichen Höheneinstellung versehen. Zur Vermeidung der Totalreflexion an den zwischenliegenden Luftschichten werden sämtliche Zwischenräume oberes Segment-Präparat-Glasplatte-unteres Segment mit Zedernholzöl oder Glyzerin untereinander verbunden.

Zedernholzöl hat den Vorteil, daß der Schliff bei größeren Neigungen sich weniger verschiebt, es muß jedoch unter Verwendung von Alkohol, Benzol oder dergleichen entfernt werden. Da es Neigung zum Verharzen zeigt, so besteht die Möglichkeit, daß es sich zwischen dem Glaskörper der Segmente und deren Fassung festsetzt. Dies kann zu Spannungsdoppelbrechung der Segmente führen, wodurch die Messungen verunmöglicht werden. Bei der Verwendung von Zedernholzöl lege man daher die Segmente nach Gebrauch immer in Alkohol, Benzol oder dergleichen ein und überzeuge sich vor Ingebrauchnahme davon, daß sie sich in ihren Fassungen drehen lassen und nicht etwa festsitzen.

An Stelle von Dünnschliffen lassen sich auch einzelne Mineralkörner bzw. Kristalle mittels des U-Tisches untersuchen. Eine diesbezügliche Vorrichtung, welche die Ausübung eines bei empfindlichen Objekten schädlichen Druckes vermeidet, wurde von R. J. DIMLER und M. A. STAHMANN angegeben[1]). Durch H. WALDMANN[2]) wurde für diese Zwecke eine statt der Segmente mit dem U-Tisch zu gebrauchende Glashohlkugel vorgeschlagen. Sie enthält einen Kristallträger und wird mit einer Flüssigkeit von geeigneter Lichtbrechung gefüllt. Wie vom Autor an mehreren Beispielen gezeigt wurde, gestattet diese Vorrichtung in ausgezeichneter Weise die optische Orientierung größerer natürlicher oder künstlicher Kriställchen, auch geschliffener Edelsteine, festzulegen, wobei sich auch die Flächenwinkel bestimmen lassen.

Die *effektive* Beobachtungsrichtung im Präparat fällt um so mehr mit der *geometrisch eingestellten* Richtung (Mikroskopachse) zusammen, je geringer der *Lichtbrechungsunterschied* $| n_S - n_M |$ von Segment und Mineral ist. Man wählt daher in jedem Fall die Segmente möglichst gleichbrechend wie das zu untersuchende Mineral. Den meisten U-Tischen sind heute Segmente vom Brechungs-

---

[1]) R. J. DIMLER und M. A. STAHMANN, *A mount for the universal stage study of fragile materials*, Amer. Min. *25*, 502–504 (1940).

[2]) H. WALDMANN, *Glashohlkugel für Kristall- und Edelsteinuntersuchung*, Schweiz. Min.-Petr. Mitt. *27*, 472–520 (1947).

index $n \sim 1{,}51$, $n \sim 1{,}55$ und $n \sim 1{,}65$ beigegeben. Bei unterschiedlicher Lichtbrechung von Mineral und Segment läßt sich auf Grund des Brechungsgesetzes eine Korrektur anbringen, gemäß der aus Fig. 144 ersichtlichen Beziehung

$$n_M \sin \alpha_M = n_S \sin \alpha_S . \tag{H 1}$$

Diese muß im allgemeinen durchgeführt werden, wenn der Lichtbrechungsunterschied zwischen Mineral und Segment 0,1 übersteigt. Auf die Brechung von Objektträger, Deckglas und Einbettungsmittel (Kanadabalsam z. B.) braucht keine Rücksicht genommen zu werden, da nach S. 36 die Einschaltung einer beliebigen Anzahl planparalleler Schichten verschiedener Lichtbrechung in den Strahlengang die Parallelität des einfallenden und des gebrochenen Strahles nicht beeinflußt, solange das äußere Medium (Segment) zu beiden Seiten von gleicher Brechung ist. Die Berechnung der Korrektur erfolgt am

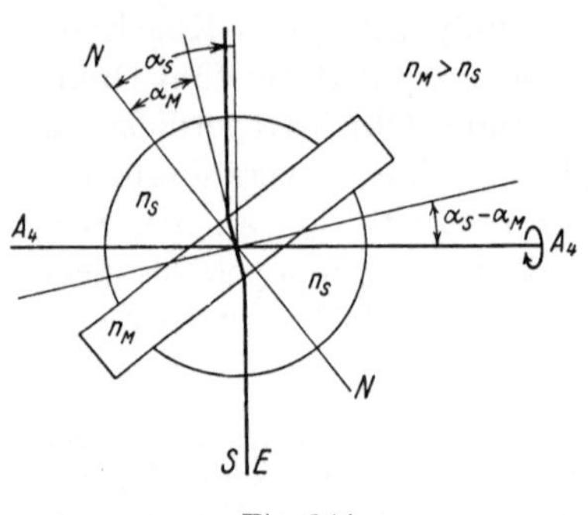

Fig. 144

Zur Korrektion des Lichtbrechungsunterschiedes zwischen Kristall und sphärischen Segmenten.

einfachsten mit dem Rechenschieber oder graphisch, wofür schon durch E. v. FEDOROW ein Nomogramm gegeben wurde. Da dieses jedoch nicht sehr übersichtlich ist, hat E. TRÖGER[1]) vorgeschlagen, die Lösung auf die meist gebrauchten n_S-Werte zu beschränken und für die allgemein üblichen Segmente Korrektionskurven zu zeichnen. Die Trögerschen Kurven für $n_S = 1{,}55$ und $n_S = 1{,}65$ sind auf Tafel IV am Schlusse des Bandes abgedruckt.

Für anisotrope Medien, wie sie ausschließlich in Betracht kommen, läßt sich naturgemäß die Forderung nach Übereinstimmung der Lichtbrechung für Segment und Kristall wegen der Doppelbrechung prinzipiell nicht streng realisieren. Die aus dem oberen Segment in der Beobachtungsrichtung austretende Welle (= Strahl) wird im anisotropen Medium doppelt gebrochen, wobei die beiden entstehenden Wellen verschiedene Normalenrichtungen i' und i'' gegenüber der Schliffnormale aufweisen und die zugehörigen Strahlenrichtungen nicht mit ihnen zusammenfallen. Für beide Wellennormalen gilt das Brechungsgesetz. Somit ist, wenn sich der Index M auf das Mineral und S auf das Segment bezieht:

$$n'_M \sin i'_M = n_S \sin i_s ,$$
$$n''_M \sin i''_M = n_S \sin i_s ,$$

woraus folgt

$$\frac{\sin i''_M}{\sin i'_M} = \frac{n'_M}{n''_M} ,$$

[1]) E. TRÖGER, *Nomogramm zur Reduktion von Kippwinkeln am Universaldrehtisch*, C. B. f. Min. etc. Abt. A. (1939), S. 177–189.

d. h. das Verhältnis der Sinus der Brechungswinkel der beiden Wellen im Mineral ist von der Doppelbrechung abhängig, worauf M. BEREK zuerst hingewiesen hat[1]). Der Unterschied der beiden Brechungswinkel i' und i'' der beiden Wellen im Kristall wächst für größere Neigungen mit zunehmender Stärke der Doppelbrechung rasch an, wobei auch die Schwingungsrichtungen der beiden Wellen im allgemeinen nicht mehr genau senkrecht aufeinander stehen. Die Definition einer bestimmten Richtung im anisotropen Medium verliert daher immer mehr ihren Sinn (BEREK). Diese Verhältnisse bilden eine prinzipielle, nicht zu beseitigende Fehlerquelle und charakterisieren die U-Tisch-Methoden von vornherein als Näherungsmethoden. Sie zeigen auch, daß z. B. eine gesteigerte Ablesegenauigkeit (etwa durch Anbringung eines Nonius an den Wrightschen Bügeln) in der Absicht, genauere Resultate zu erzielen, sinnlos wäre.

Um die Fehler klein zu halten, ist es wichtig, die Winkelkorrektionen nach dem Brechungsgesetz nicht auf irgendwelche nachträglich aus den gemessenen Daten abgeleiteten Winkel, sondern gleich von vornherein an den gemessenen Neigungswinkeln der gefundenen Symmetrieebenen gegen die Schliffnormale anzubringen. Auf diese Weise erhalten die Symmetrieachsen ohne weiteres, soweit dies überhaupt möglich ist, ihre richtige Lage in der stereographischen Projektion.

Der *Brechungsindex* n_M, mit welchem korrigiert werden muß, wird näherungsweise auf Grund folgender Überlegungen erhalten. Falls jedoch ein Lichtbrechungsunterschied zwischen Mineral und Segment vorhanden ist, steht nach erfolgter Einmessung einer optischen Symmetrieebene (Hauptschnitt) diese wohl im Segment, nicht aber im Kristall selbst, normal zur Achse A_4. Die zu ihr normale Symmetrieachse (Hauptschwingungsrichtung) fällt demnach im Kristall ebenfalls nicht mit A_4 zusammen, sondern bewegt sich beim Drehen um diese Achse auf dem Mantel eines Kreiskegels vom Öffnungswinkel $2\,|\,\alpha_S - \alpha_M|$, wie aus Fig. 144 hervorgeht, wo $n_M > n_S$ angenommen wurde. Im Kristall pflanzen sich daher zwei Wellen mit den Brechungsindizes n'_γ und n'_α fort, da, und zwar unabhängig von der Orientierung des Polarisators, keine der beiden Schwingungsrichtungen einer Hauptschwingungsrichtung entspricht. Nach (A 29) gilt $n_\alpha < n'_\alpha < n_\beta < n'_\gamma < n_\gamma$. Um zu einer einfachen angenäherten Lösung zu gelangen, muß nun die Annahme gemacht werden, daß auch im Mineral die eingemessene Symmetrieebene normal zu A_4 steht und die dazu normale Symmetrieachse mit A_4 zusammenfällt. Dies erscheint im Rahmen der angestrebten Meßgenauigkeit statthaft, da die Segmente einerseits passend wählbar sind und anderseits allgemein nur verhältnismäßig niedrig doppelbrechende Substanzen mit dem U-Tisch untersucht werden. Der Indikatrixschnitt, aus welchem der zur Kippwinkelkorrektur benötigte mittlere Brechungsindex n_M zu entnehmen ist, entspricht für diese Annahme einem Schnitt parallel einer optischen Symmetrieachse, und die gesuchte mittlere Lichtbrechung ergibt sich zu $n_M = (\lambda n_\alpha + \mu n_\beta + \nu n_\gamma)/2$. Je nach dem Charakter der zu A_4 parallelen optischen Symmetrieachse gilt hierbei:

---

[1]) M. BEREK, l. c. (1924), S. 15—17.

Charakter der zur eingemessenen
    Symetrieebene   Werte der Koeffizienten
normalen Symetrieachse

$$n_\alpha \qquad \lambda = 1 \qquad \mu + \nu = 1$$
$$n_\beta \qquad \mu = 1 \qquad \nu + \lambda = 1$$
$$n_\gamma \qquad \nu = 1 \qquad \lambda + \mu = 1$$

Für den Spezialfall, daß die Beobachtungsrichtung mit einer Hauptschwingungsrichtung zusammenfällt, vereinfachen sich die Beziehungen wie folgt:

Beobachtungsrichtung

$$n_\alpha \qquad \lambda = 0 \qquad \mu = 1 \qquad \nu = 1,$$
$$n_\beta \qquad \mu = 0 \qquad \nu = 1 \qquad \lambda = 1,$$
$$n_\gamma \qquad \nu = 0 \qquad \lambda = 1 \qquad \mu = 1,$$

d. h. die gesuchte mittlere Brechung n_M ist gleich dem Mittel zweier Hauptbrechungsindizes.

Im allgemeinen Fall (vgl. Fig. 145) hängen die genauen Werte der beiden von den drei Koeffizienten λ, μ, ν, deren Summe $= 1$ ist, von der speziellen Lage der entsprechenden Symmetrieachsen ab, d.h. von den Winkeln ψ, die sie mit der Beobachtungsrichtung R_x bilden. Diese ihrerseits ist auch Schnittgerade der eingemessenen Symmetrieebene mit der durch die Schliffnormale N normal dazu verlaufenden Ebene.

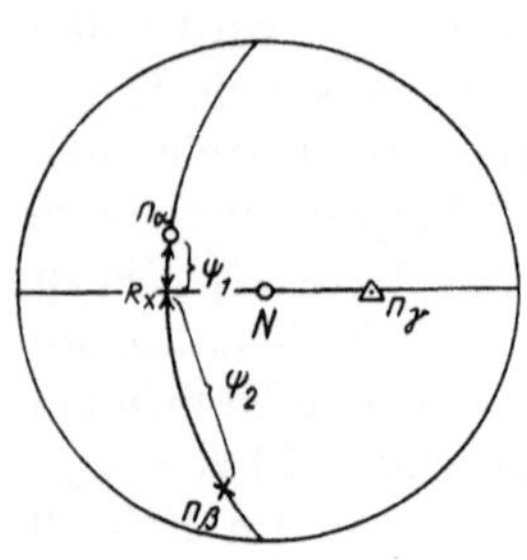

Fig. 145

Zur Ermittlung des für die Korrektur des Lichtbrechungsunterschiedes zwischen Mineral und Segment maßgebenden Brechungsindex.

In Richtung von R_x pflanzen sich zwei Wellen fort: die eine mit dem der parallel A_4 verlaufenden Symmetrieachse entsprechenden Hauptbrechungsindex n_h (in Fig. 145 ist $n_h = n_\gamma$ angenommen), die andere mit einem vorläufig unbekannten Brechungsindex n_x. Dieser kann aus der Ellipsengleichung des eingemessenen Indikatrixhauptschnittes nach (A 34) oder einfacher nach (A 42a) berechnet werden, wobei mit Vorteil das Nomogramm nach R.C.EMMONS (Tafel II am Schlusse des Bandes) benutzt wird. Dabei ist σ der Winkel zwischen R_x und der Hauptschwingungsrichtung mit dem größeren Brechungsindex n_g. (In Fig. 145 ist $n_g = n_\beta$ und $\sigma = \psi_2$). *Der gesuchte mittlere Brechungsindex* endlich ergibt sich zu $n_M = (n_h + n_x)/2$.

Zur Korrektur einer gefundenen *Achsenposition* innerhalb der Achsenebene verfährt man wie folgt. Man entnimmt aus der stereographischen Projektion den Neigungswinkel der Achse gegenüber der Schliffnormalen N. Diesen Winkel korrigiert man mit n_β und schlägt mit dem korrigierten Winkel einen Kreis um

N. Einer der beiden Schnittpunkte mit dem der Achsenebene entsprechenden Großkreis — welcher von beiden kann nicht zweifelhaft sein — ist die richtige Achsenposition in stereographischer Projektion (Fig. 146).

Die *Einmessung einer optischen Symmetrieebene* geschieht nach folgenden Überlegungen. Die Präparatenebene schneidet die Indikatrix im allgemeinen Fall in einer Ellipse. Werden deren Achsen in parallele Lage zu den Nicol-Hauptschnitten gebracht, erfolgt Auslöschung für das Präparat. Wird dieses nun um eine in seiner Ebene gelegene Achse (man benützt hierfür die «Kontrollachse» A_4) geneigt, so kann die Auslöschung nur erhalten bleiben, wenn

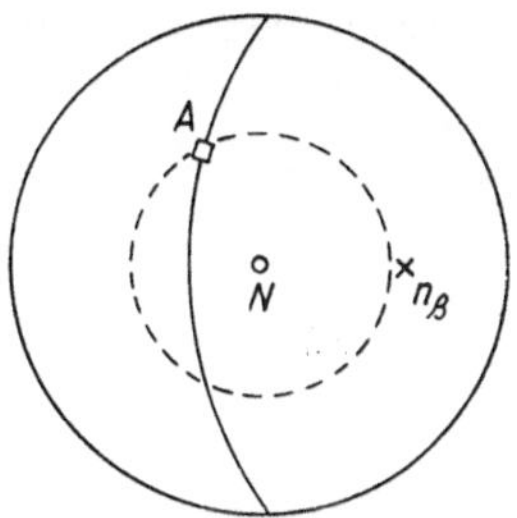

Korrektur einer eingemessenen Achsenposition bei unterschiedlicher Lichtbrechung zwischen Mineral und Segment.

Fig. 146

die der veränderten Indikatrixlage entsprechende neue Schnittellipse zur ersterhaltenen achsenparallele Lage aufweist. Das ist jedoch nur dann der Fall, wenn eine Symmetrieebene normal zur Drehachse A_4 steht.

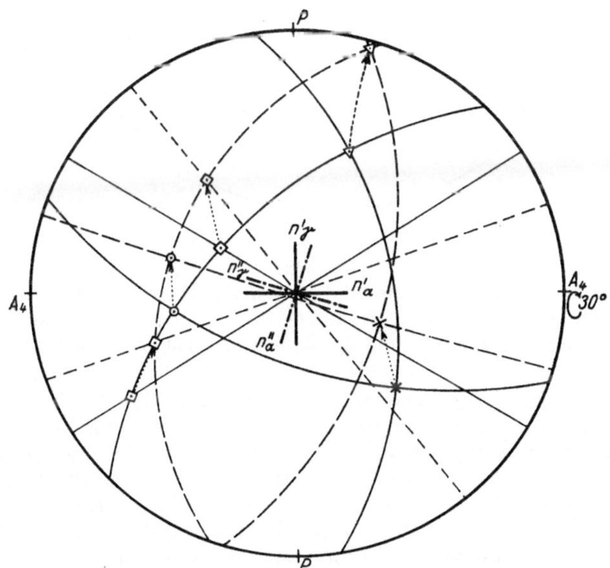

Fig. 147

Stereographische Projektion eines optisch zweiachsigen Kristalls in allgemeiner Schnittlage. Die nach der Fresnelschen Konstruktion ermittelten Schwingungsrichtungen n'_γ und n'_α liegen parallel denjenigen von Polarisator PP und Analysator AA; es herrscht somit Auslöschung. Bei einer Drehung des Präparates um die Achse A_4 um 30^0 nach hinten verlagern sich die optischen Symmetrieebenen in die gestrichelten Lagen, und die neu konstruierten Schwingungsrichtungen n''_γ und n''_α weichen von denjenigen der Ausgangslage ab, so daß Aufhellung erfolgt.

Dies läßt sich sehr instruktiv mit Hilfe der Fresnelschen Konstruktion in stereographischer Projektion nachweisen. Fig. 147 zeigt die Projektion der optischen Symmetrieebenen (ausgezogene Großkreise) und der durch ihre Schnittgeraden gegebenen Symmetrieachsen n_α, n_β und n_γ für einen Kristall mit $2\,V = 60°$ in allgemeiner Lage. Der Tisch befinde sich in horizontaler Lage. Da sich der Pol der Beobachtungsrichtung im Zentrum befindet, so bilden sich die beiden Konstruktionsebenen der Fresnelschen Konstruktion durch den Pol des Schliffes und die beiden optischen Achsen als Kreisdurchmesser ab. Ihre Winkelhalbierenden ergeben das Schwingungskreuz $n_\gamma'n_\alpha'$, von welchem nur die zentrale Partie eingezeichnet ist. Durch Drehung um A_1 ist dieses in parallele Lage zu den Nicols

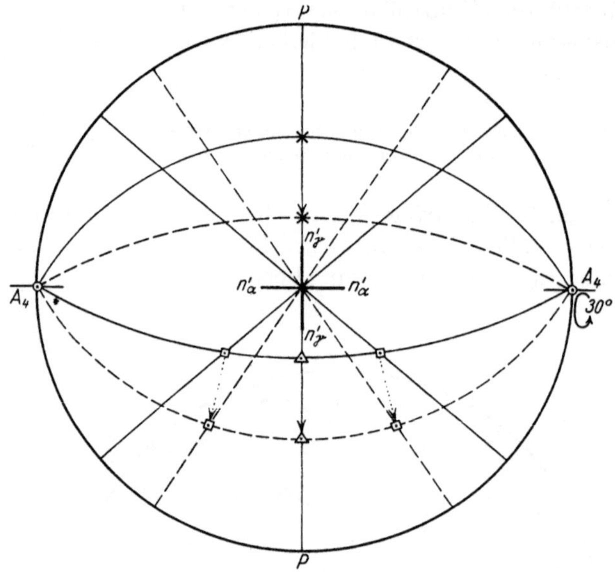

Fig. 148

Liegt, im Gegensatz zur allgemeinen Indikatrixlage von Fig. 147, eine optische Symmetrieebene (Hauptschnitt) senkrecht zu A_4, so bewirkt eine Drehung um diese Achse keine Änderung in der Lage der Schwingungsrichtungen n_γ' und n_α'; die ursprüngliche Auslöschung bleibt erhalten.

gebracht, so daß Auslöschung herrscht. Neigt man nun den Tisch um die horizontal verlaufende Achse A_4 z. B. um 30° nach hinten, so verschieben sich die eingezeichneten Richtungen, wie punktiert angegeben, indem sie sich in der Projektion auf Kleinkreisen bewegen, und die Symmetrieebenen der Indikatrix gelangen in die durch die gestrichelten Großkreise angegebene Lage. Eine erneute Durchführung der Fresnelschen Konstruktion für die neue Beobachtungsrichtung liefert das gestrichelte Schwingungskreuz, $n_\gamma''n_\alpha''$, das mit dem ersterhaltenen nicht mehr zusammenfällt. Es folgt somit, daß bei allgemeiner Indikatrixlage eine durch Drehung um A_1 herbeigeführte Auslöschung nach Neigung um A_4 *nicht* erhalten bleibt. In Fig. 148 ist eine optische Symmetrieebene normal zur Drehachse A_4 angenommen (ausgezogene Großkreise). Die Fresnelsche Konstruktion ergibt Auslöschung. Eine Drehung um A_4 um einen beliebigen Winkel, z. B. um 30° nach vorn (gestrichelte Lage der Symmetrieebenen), läßt die Lage der Schwingungsrichtungen unverändert. Für diese spezielle Indikatrixlage bleibt somit die Auslöschung erhalten.

*Die Erhaltung der Auslöschung beim Drehen um eine in der Präparatenebene
liegende und parallel zu einem Nicolhauptschnitt verlaufende Drehachse ist somit
umgekehrt ein Kriterium dafür, daß normal zu dieser Achse ein Indikatrixhauptschnitt vorhanden ist.*

Da dies mittels der Achse A_4 kontrolliert wird, heißt sie auch «*Kontrollachse*».
Ist diese spezielle Lage des Präparats durch systematisches Probieren gefunden
worden, so ist seine Lage durch die beiden Drehwinkel α_1 und α_2 bestimmt,
welche abgelesen werden können, und diese Werte stellen zugleich die *Winkel-
koordinaten der eingestellten Symmetrieebene* in bezug auf die Präparatenebene dar.

II. TECHNIK DER U-TISCH-METHODEN

1. Vorbereitende Operationen

Der U-Tisch wird mit zwei Schrauben auf dem Mikroskoptisch befestigt, die
Trommel mit dem A_4-Teilkreis liegt rechts. Der Mikroskoptisch muß mit einer
herausnehmbaren Ringplatte versehen sein, damit die Bewegungen des U-Tisches
nicht behindert werden. Das Präparat wird hierauf unter Zwischenschaltung
einer Schicht Glyzerin oder Zedernöl zwischen den beiden sphärischen Segmenten
angebracht, wobei die im einzelnen etwas abweichenden Vorschriften der verschiedenen Herstellerfirmen zu beachten sind. Die Befestigungsschrauben des
oberen Segmentes dürfen nicht zu stark angezogen werden, da sonst durch den
Druck auf die Metallfassung *Spannungsdoppelbrechung* hervorgerufen werden
könnte, was unbedingt zu vermeiden ist. Neuere Modelle besitzen deshalb eine
federnde Segmentbefestigung. Das untere Segment wird mit einem Tropfen Flüssigkeit auf der Unterseite des Glaseinsatzes des Tisches befestigt, wozu man
diesen vorübergehend um 180° durchschlägt. Man fokussiert nun auf das Präparat
und beobachtet, ob bei der Betätigung von A_2 und A_4 ein im Fadenkreuz befindlicher Punkt an Ort und Stelle bleibt oder «schlägt». Ist das letztere der Fall, so
muß durch Veränderung der Höhenverstellung des Tischeinsatzes erreicht werden,
daß die horizontalen Achsen durch das Präparat verlaufen und dieses beim Neigen
um diese Achsen sein Niveau nicht mehr verändert. Hierauf dreht man den ganzen
Tisch um A_5 und zentriert das Mikroskopobjektiv mittels seiner Zentrierschrauben auf diese Achse (Tischachse). Nun prüft man die Zentrierung von A_1. Läßt sie
zu wünschen übrig, so verschiebt man den ganzen U-Tisch auf dem Mikroskoptisch nach Lösen der beiden Befestigungsschrauben, die im allgemeinen genügend
Spiel aufweisen, um die notwendigen geringen Verschiebungen zu ermöglichen.
Meistens muß hierauf das Mikroskopobjektiv geringfügig nachzentriert werden.
Die Achse A_3 ist nicht besonders zentrierbar, man ist hierfür auf die Präzision in
der Herstellung angewiesen. Eine absolut genaue Zentrierung von A_5, A_3 und A_1
ist nicht notwendig, da durch ihr Nichtvorhandensein keine prinzipiellen Meßfehler entstehen. Das Bestehen einer groben Dezentrierung macht sich jedoch
beim Arbeiten unangenehm bemerkbar und verursacht unnötige Zeitverluste.
Wichtig ist jedoch die genaue Ermittlung der *Nullage für* A_5. Darunter versteht
man die Stellung, für welche A_4 genau parallel dem EW verlaufenden Nicolhauptschnitt bzw. dem parallel dazu justierten Faden des Okularfadenkreuzes liegt. Zur
Festlegung dieser Lage stellt man A_2 auf 0°, A_3 auf 90° und A_4 auf 0° ein. Dann
fokussiert man das Objektiv durch Heben des Tubus statt auf die Schliffebene
auf die Oberfläche des oberen Segments, welcher immer mikroskopisch kleine

Staubteilchen oder dergleichen anhaften. Diese werden besonders gut sichtbar, wenn man den Spiegel wegklappt und das Segment von schräg oben mit einer Lampe beleuchtet. Man dreht nun um A_4 und beobachtet die Bahn eines Stäubchens, das man evtl. durch geringes Neigen um A_2 auf den vertikalen Okularfaden gebracht hat. Man korrigiert mittels A_5 so lange, bis das Stäubchen sich genau längs des Vertikalfadens verschiebt. Der zu dieser Stellung gehörige Winkel α_5 ist die gesuchte Ausgangsstellung, die man sich notiert. Sie wird jedesmal wieder genau eingestellt, wenn im Verlaufe der Untersuchung zur Diagonalstellung übergegangen wurde. Ist das Mikroskop mit einer Vorrichtung zur automatischen Einstellung der 45°-Stellung versehen, so braucht nur deren Arretierschraube in der einmal bestimmten Normalstellung angezogen zu werden, die genaue Wiederherstellung der Normalstellung nach jedem Verlassen derselben ist damit ohne weiteres gewährleistet. Eine derartige Vorrichtung ist, weil zeitsparend, sehr zu empfehlen.

Zum *Abmontieren des Schliffes* nach beendeter Untersuchung löse man die beiden Befestigungsschrauben des Segments und hebe die ganze aneinander haftende Kombination: oberes Segment–Schliff–Glasplatte–unteres Segment auf einmal heraus. Durch seitliches Voneinanderschieben längs der Kontaktflächen kann man sie darauf leicht in ihre Elemente zerlegen und diese einzeln reinigen.

2. Das Aufsuchen der optischen Symmetrieebenen und die Bestimmung des Charakters der darauf normal stehenden Hauptschwingungsrichtungen

Die räumliche Lage der Indikatrix, bzw. ihre Lage in bezug auf die Präparatenebene, ist bestimmt, wenn die Lage der drei Symmetrieachsen (Hauptschwingungsrichtungen) fixiert ist. Diese hinwiederum sind definiert als Schnittgeraden zweier Hauptschnitte bzw. als Normalen auf dem dritten derselben. Die U-Tisch-Methode bedient sich zur Einmessung der Lage der Indikatrix der Festlegung der optischen Symmetrieebenen (Hauptschnitte), da diese, wie im vorigen Abschnitt gezeigt wurde, in spezieller Lage, nämlich normal zu A_4, leicht erkannt werden. Als Kriterium dient dabei, daß die *Auslöschung beim Drehen um A_4 um beliebige Drehwinkel erhalten bleibt.* Da die Neigung, die dem Präparat zu diesem Zweck erteilt werden muß, wie auch sein Azimut an den entsprechenden Teilkreisen abgelesen werden können, sind die Koordinaten der Symmetrieebene und damit auch der normal zu ihr stehenden Symmetrieachse in bezug auf die Präparatenebene bekannt und können z. B. in eine stereographische Projektion mit der Präparatenebene als Projektionsebene eingetragen werden.

Zur Erhaltung guter Resultate, d. h. scharf definierter Auslöschungsstellungen, ist es notwendig, mit *geringer Apertur* zu arbeiten, damit möglichst nur Wellen, die sich parallel bzw. senkrecht zu der gesuchten Ebene fortpflanzen, zur Beobachtung gelangen. Dies ist um so mehr zu beachten, als die numerische Apertur eines Objektivs durch die Verwendung sphärischer Segmente von der Brechung n_S auf den n_S-fachen Betrag gehoben wird. Da die Beobachtungsaperturen beim Aufsuchen von optischen Symmetrieelementen nach BEREK nur etwa 0,05 bis 0,005 betragen sollten, verwendet man mit Vorteil die für die U-Tisch-Methoden geschaffenen *Spezialobjektive* mit eingebauter *Irisblende*, etwa vom Typus UM der Firma Leitz. Da durch diese Aperturbeschränkungen die

Helligkeit des mikroskopischen Bildes stark herabgesetzt wird, arbeitet man bei U-Tisch-Untersuchungen am vorteilhaftesten immer mit *künstlicher Beleuchtung*. Weitaus am angenehmsten ist eine Niedervoltlampe mit Reguliertransformator, wodurch die Beleuchtungsintensität jeweils leicht dem momentanen Bedürfnis angepaßt werden kann. Die Zentrierung der Beleuchtung prüft man am besten durch Einschalten der Bertrand-Linse. Genaueres über die sehr wichtige Beleuchtungsfrage ist bei M. BEREK[1]) nachzulesen.

Sollte in besonderen Fällen die *Dispersion* des Untersuchungsobjektes Schwierigkeiten bereiten, so arbeitet man in monochromatischem Licht (Na-Dampflampe oder rotorange Filter). Dabei ist zu beachten, daß im monochromatischen Licht beim Neigen einer Kristallplatte Dunkelheit auch immer dann eintritt, wenn die Plattendicke $d = \lambda$ oder $k\,\lambda$ beträgt, also nicht nur in den Auslöschungsstellungen.

Von den optischen Symmetrieebenen sind immer mindestens zwei der Einmessung zugänglich, d. h. sie stehen unter einem solchen Winkel zur Plattennormalen, daß sie durch Kippen um A_2 in Normallage zu A_4 gebracht werden können. Im ungünstigsten Fall, nämlich dann, wenn alle drei Symmetrieebenen gleiche Neigung gegen die Schliffnormale aufweisen, berechnet sich ihre Neigung α zu 35,3°.

Zur Auffindung einer Symmetrieebene geht man praktisch so vor, daß man das Präparat um A_1 in die Auslöschungsstellung dreht. Hierauf neigt man um A_4 nach vorn oder nach hinten, wobei im allgemeinen Aufhellung erfolgt. Sollte dies nicht zutreffen, so bedeutet dies, daß eine optische Symmetrieebene bereits normal zu A_4 steht und demnach ihrer Lage nach bekannt ist. Ihre Koordinaten wären in diesem Fall α_1, entsprechend dem abgelesenen Wert, und $\alpha_2 = 0°$. Erfolgt Aufhellung, so stellt man die Dunkelheit durch Neigen um A_2 nach links oder rechts wiederum her. Man bringt A_4 wieder in die Ausgangs- (Horizontal-)Stellung und korrigiert eine etwaige geringe Aufhellung durch erneutes Drehen um A_1. Diese Prozedur wird fortgesetzt, d. h. man neigt von neuem um A_4, korrigiert mit A_2 auf Dunkelheit, dreht um A_4 in die Ausgangsstellung, korrigiert mit A_1 usw. und wiederholt diese Operationen, bis beim Drehen um A_4 nach beiden Seiten die *Dunkelheit vollständig erhalten bleibt*. Unter Umständen mag es sich als vorteilhaft erweisen, bei eingeschobenem Gips Rot I auf Gleichbleiben der Rotnuance statt auf Dunkelheit einzustellen. Nach zwei- bis dreimaligem Wiederholen der beschriebenen Manipulationen wird die gesuchte Einstellung auf Dunkelheit erreicht sein, wobei man deutlich bemerkt, wie die auszuführenden Korrekturen immer geringfügiger werden. Ist die Konstanz der Auslöschung beim Drehen um A_4 vorhanden, so weiß man, daß eine optische Symmetrieebene normal zu dieser Achse steht bzw. eine Symmetrieachse (Hauptschwingungsrichtung) parallel dazu. Man liest die Koordinaten α_1 (Azimut) und α_2 (Neigung um A_2) der Symmetrieebene an den entsprechenden Teilkreisen ab, wobei α_{2r} und α_{2l} zu unterscheiden sind, je nachdem ob die Ablesung am rechten oder linken Wrightschen Bügel erfolgt, d. h. je nachdem die aufgefundene Ebene bei Horizontallage des Präparates ($\alpha_2 = 0°$) nach rechts oder links geneigt ist.

Es soll prinzipiell immer zuerst diejenige Symmetrieebene eingemessen werden, welche die *geringste Neigung* gegenüber der Schliffnormalen aufweist[2]). Man

---

[1]) M. BEREK, l. c. (1924), S. 38/39.
[2]) Über eine Ausnahme von dieser Regel siehe w. u.

prüft daher zuerst beide Auslöschungsrichtungen des Präparates und beginnt die Messungen für diejenige, die beim Neigen um A_4 die geringere Aufhellung zeigt; sie entspricht der geringer geneigten optischen Symmetrieebene.

An die Einmessung der optischen Symmetrieebene schließt man die Bestimmung des *Charakters* der dazu normalen (somit zu A_4 parallelen) Symmetrieachse an. Zu diesem Zwecke dreht man den ganzen Tisch (unter Belassung der gefundenen Einstellungen von A_1 und A_2) um 45°, und zwar derart, daß A_4 von NW nach SE verläuft, d. h. parallel dem Tubusschlitz. Unter Beobachtung durch den Tubus kippt man nun nach beiden Seiten um A_4, soweit dies die Tischkonstruktion zuläßt. Dabei sind zwei Fälle zu unterscheiden:

a) Das infolge des Überganges zur Diagonalstellung aufgehellte Präparat zeigt beim Neigen um A_4 ein oder zweimal Verdunklung. Dies bedeutet den Durchgang einer oder beider optischer Achsen, d. h. die untersuchte optische Symmetrieebene ist die *optische Achsenebene*, die normal dazu stehende, d. h. parallel zu A_4 verlaufende Symmetrieachse ist demnach n_β[1]). Die Stellung, für welche Verdunklung eintritt, für welche somit die optische Achse mit der Beobachtungsrichtung zusammenfällt, wird an dem zu A_4 gehörigen Teilkreis abgelesen und notiert. Eventuell kann es sich als vorteilhaft erweisen, die Einstellung der optischen Achsenrichtung dadurch zu präzisieren, daß man bei eingeschobenem Rot I um A_5 dreht, wobei sich der rote Farbton nicht gegen Gelb oder Blau hin ändern darf. Liegen bei kleinem Achsenwinkel die beiden optischen Achsen sehr flach gegenüber der Präparatenebene, so kann es vorkommen, daß sie nicht in die Beobachtungsrichtung gebracht werden können. In diesem Fall erkennt man die Nähe der Achsenaustritte und somit die Achsenebene am starken Fallen der Interferenzfarben beim Drehen um A_4.

b) Beim Kippen um A_4 tritt keine Verdunkelung ein, die eingestellte optische Symmetrieebene ist somit *nicht* die Achsenebene, die zu ihr normal stehende Symmetrieachse daher nicht n_β, sondern n_γ oder n_α. Die Entscheidung liefert das Rot I, das mit seinem n_α parallel A_4 in den Tubusschlitz eingeführt wird. Bei Addition ist die Symmetrieachse n_α, bei Subtraktion n_γ. Durch verschieden starkes Kippen um A_4 kann man die Interferenzfarbe im Präparat variieren und einen zur Bestimmung geeigneten Gangunterschied benützen.

NB. Man kann natürlich auch n_β mit Hilfe des Rot I erkennen. Man beobachtet zu beiden Seiten der optischen Achse verschiedene Reaktionen, d. h. z. B. zuerst Addition und darauf nach dem Durchgang der Achse Subtraktion oder umgekehrt.

Sind zwei Symmetrieebenen auf die beschriebene Weise eingemessen, so trägt man sie an Hand der notierten Daten in eine stereographische Projektion ein. Ist der Unterschied in der Lichtbrechung zwischen Mineral und Segment nicht größer als zirka 0,1, so können die Meßdaten ohne weiteres benutzt werden. Übersteigt die Differenz 0,1, so müssen die Koordinaten α_2 und α_4 auf Grund des Brechungsgesetzes nach der Beziehung

$$\sin\alpha_{2M} = \frac{n_S}{n_M}\sin\alpha_{2S} \qquad\qquad \text{(H 1a)}$$

---

[1]) Der Durchgang der optischen Achse mit ihrer unbestimmten Schwingungsrichtung bedingt in der Normalstellung eine kleine Aufhellung, so daß die Einstellgenauigkeit für die Achsenebene etwas geringer ist als für die beiden andern Symmetrieebenen. Die w. o. gegebene Regel ist daher derart abzuändern, daß man prinzipiell die Symmetrieebene geringster Neigung gegenüber der Schliffnormalen zuerst einmißt, die nicht der Achsenebene entspricht.

korrigiert werden, da man prinzipiell die Lage der optischen Symmetrieelemente im *Kristall* und nicht im *Segment* (welcher die eingestellten Winkel α_2 bzw. α_4 entsprechen) in der Projektion zur Darstellung bringen soll. Die Korrektur geschieht am besten unter Verwendung der Trögerschen Diagramme, Taf. IV, am Schlusse des Bandes. Die Wahl des für n_M einzusetzenden Brechungsindex erfolgt auf Grund der weiter oben, S. 261, angestellten Überlegungen.

3. Übertragung eingemessener optischer Symmetrieebenen in stereographische Projektion und Bestimmung des wahren Winkels der optischen Achsen

Man verwendet eines der üblichen Wulffschen Netze von 10 cm Radius mit aufgelegtem transparentem Pausblatt. Der Grundkreis des Netzes wird mit einer Bezifferung versehen, indem man z. B. von 10° zu 10°, beginnend mit dem S-Pol, die Azimute anschreibt. Liegt die zum Teilkreis von A_1 gehörende Ablesemarke innerhalb der Kreisteilung, so hat die Bezifferung des Netzes im gleichen Umlaufsinne zu erfolgen, wie dies für den Teilkreis des Tisches der Fall ist; liegt sie außerhalb, im entgegengesetzten. Man mache es sich zur Regel, den Grundkreis auf dem Paus-

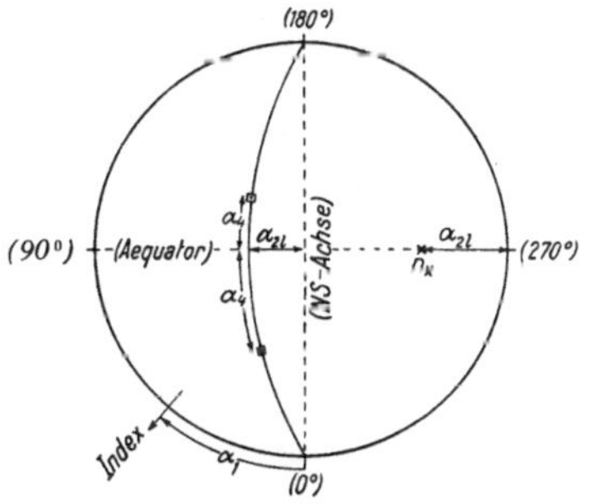

Eintragung einer senkrecht zu A_4 eingestellten optischen Symmetrieebene in stereographische Projektion auf Grund ihrer Koordinaten α_1 und α_2 und der beiden optischen Achsen auf Grund ihrer Koordinaten α_4. Eingeklammerte Bezeichnungen beziehen sich auf das Wulffsche Netz, nichteingeklammerte auf die darüberliegende, drehbare Pause.

Fig. 149

papier immer nachzuziehen, für den Fall, daß dieses im Zentrum ausreißt, ferner bringe man auf der Pause eine dem Ableseindex von A_1 entsprechende Marke an.

Um eine Ebene mit den Koordinaten α_1 und α_{2l} einzuzeichnen (Fig. 149), dreht man die Pause auf dem Netz, bis der Index auf α_1 zu stehen kommt. Nun weiß man, daß die Spur der Symmetrieebene in NS-Richtung verläuft. Die Neigung α_{2l} wird gefunden, indem man auf dem Äquator vom Zentrum aus nach *links* den Winkel α_2 abträgt (die Abtragung erfolgt nach *rechts*, wenn die Ablesung am *rechten* Wrightschen Bügel erfolgte). Die Ebene wird nun durch einen Großkreis dargestellt, welcher durch den auf dem Äquator markierten Punkt und den N- und den S-Pol des Netzes verläuft. Der Pol der Ebene (der auf dieser senkrecht stehenden Hauptschwingungsrichtung entsprechend) liegt auf dem Äquator in 90° Abstand vom Großkreis oder in α_2° Abstand vom Grundkreis. Man bezeichnet ihn sogleich mit dem ihm zukommenden Symbol. Um die bei gewissen Untersuchungen sehr linienreiche Projektion nicht unnötig zu belasten, bedient man sich zur Bezeichnung der ausgezeichneten optischen Richtungen (Hauptschwingungsrichtungen und optischen Achsen) am besten der konventionellen, zuerst von A. Michel-Lévy eingeführten Symbole, nämlich

$$\odot\, n_\alpha \qquad +\, n_\beta \qquad \triangle\, n_\gamma \qquad \boxdot\ \text{optische Achse.}$$

Entspricht die eingetragene Symmetrieebene der optischen Achsenebene, so werden auch die Ausstichpunkte der *optischen Achsen* an Hand der Winkel α_4 eingezeichnet. Diese werden auf dem die Ebene darstellenden Großkreis von dessen

Schnittpunkt mit dem Äquator aus nach *oben* bzw. *unten* eingetragen, je nachdem die Tischneigung um A_4 nach *vorne* bzw. *hinten* erfolgte. Würde eine optische Achse bei der Tischstellung $\alpha_4 = 0°$ in der Beobachtungsrichtung erscheinen, so würde sie sich im Schnittpunkt des die Achsenebene darstellenden Großkreises mit dem Äquator selbst projizieren. Konnte nur eine einzige optische Achse eingemessen werden, so läßt sich der halbe Achsenwinkel V_γ oder V_α aus der Projektion ablesen. Die durch Verdoppelung erhaltenen Werte von $2 V$ sind naturgemäß weniger genau, als wenn beide optischen Achsen der Messung zugänglich sind. Aus der Größe von V_γ bzw. V_α folgt ohne weiteres der optische Charakter. Es ist $V_\gamma < V_\alpha$ für optisch positiv und $V_\gamma > V_\alpha$ für optisch negativ.

Die *zweite Symmetrieebene* wird in genau gleicher Weise eingetragen wie die erste. Ihr Großkreis muß durch den Pol der ersten verlaufen und ihr Pol umgekehrt auf den ersten Großkreis zu liegen kommen, außerdem muß der Abstand der Pole 90° betragen. Dies muß so sein, da je zwei Symmetrieebenen durch ihre Schnittgerade eine Hauptschwingungsrichtung bestimmen und da sowohl die Ebenen wie die Hauptschwingungsrichtungen senkrecht aufeinander stehen. Sind diese Bedingungen nicht erfüllt, so muß ein Meßfehler vorliegen, und die Messung muß sorgfältig wiederholt werden. Eventuell muß auch geprüft werden, ob die Unstimmigkeit ihren Grund in Spannungsdoppelbrechung der Segmente oder der Glasplatte oder des Objektträgers oder schließlich in Lichtbrechungsunterschieden zwischen Segment und Kristall hat.

Es muß jedoch auch ausdrücklich darauf aufmerksam gemacht werden, daß die Tatsache, daß der Pol der an zweiter Stelle eingemessenen Ebene auf den ersten Großkreis fällt, ihrerseits noch keinen Beweis für die «Richtigkeit» der Messung darstellt. Dies trifft nämlich immer dann zu, wenn nur die Koordinaten α_1 richtig bestimmt wurden, über die Richtigkeit der viel schwerer korrekt einzumessenden Koordinaten α_2 ist damit noch nichts ausgesagt. Um sich nicht durch die Daten der erst eingemessenen Ebene allzu stark beeinflussen zu lassen, empfiehlt REINHARD, zuerst nur die Pole einzuzeichnen und dann erst die Großkreise zu ziehen. Bei undeutlich auslöschenden Kristallen (feine Einschlüsse, Entmischungserscheinungen, Zonarstruktur usw.) muß unter Umständen auf graphischem Wege ein Ausgleich versucht werden. Bei klaren, homogenen Kristallen sollte dies jedoch nicht notwendig sein.

Die *dritte Symmetrieebene* gewinnt man im allgemeinen durch Konstruktion: ihr Großkreis ist durch die beiden andern Pole bestimmt, ihr Pol selbst liegt seinerseits im Schnittpunkt der beiden andern Großkreise. Indem man den Pol der so konstruierten Ebene auf den Äquator bringt, kann man ihre Koordinaten α_1 und α_2 (*r* oder *l*) auf dem Grundkreis bzw. dem Äquator ablesen. Ergibt sich α_2 kleiner als 45—50°, so können die Koordinaten am U-Tisch eingestellt, und das tatsächliche Vorhandensein der Symmetrieebene kann durch das Bestehenbleiben der Dunkelheit beim Drehen um A_4 bestätigt werden. Man bestimme zur Kontrolle auch den Charakter der auf der dritten Ebene senkrecht stehenden Hauptschwingungsrichtung. Ist $\alpha_2 > 45—50°$, so ist die Ebene der Einstellung nicht mehr zugänglich.

In Fig. 150 ist die auf die beschriebene Weise gewonnene Projektion der Indikatrix eines monoklinen Augites auf die Schliffebene dargestellt. Die eingemessenen Koordinaten und der Charakter der zu ihnen normal stehenden Hauptschwingungsrichtungen sind die folgenden:

I. Symmetrieebene: $\alpha_1 = 219°, \quad \alpha_2 = 20\,l\,(n_\alpha)$,

II. Symmetrieebene: $\alpha_1 = 143°, \quad \alpha_2 = 32\,r\,(n_\gamma)$.

Die dritte Symmetrieebene wurde konstruktiv ermittelt, wobei sich aus der stereographischen Projektion folgende Koordinaten ergaben, die durch experimentelle Nachprüfung bestätigt werden konnten:

$$\text{III. Symmetrieebene: } \alpha_1 = 103°, \quad \alpha_2 = 48 \, l\,(n_\beta).$$

Innerhalb der Achsenebene war eine optische Achse durch eine Neigung von 6° um A_4 nach vorn erreichbar. Ihr Projektionspunkt kommt daher auf dem die Achsenebene darstellenden Großkreis um 6° nach hinten, vom Schnittpunkt mit dem Äquator an gezählt, zu liegen. Der Winkel vom Achsenausstichpunkt zu n_γ ergibt sich aus der Projektion zu 28°, woraus sich ein $2V$ von 56° bei optisch positivem Charakter des Augites ergibt. Die zweite Achse, der Einmessung nicht zugänglich, ist in Fig. 150 ebenfalls eingezeichnet.

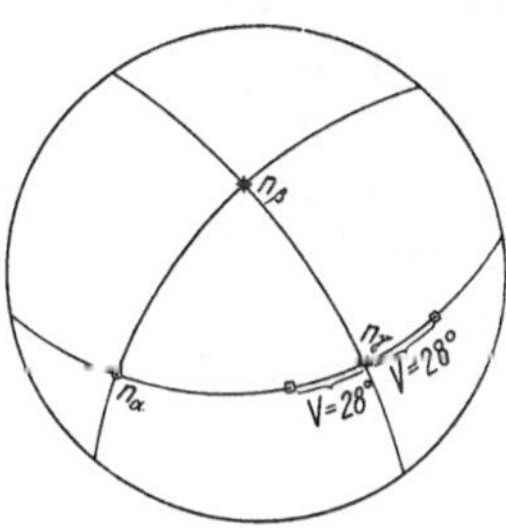

Stereographische Projektion der drei optischen Symmetrieebenen und Hauptschwingungsrichtungen sowie der optischen Achsen für Diopsid in allgemeiner Orientierung. Ermittlung des wahren Achsenwinkels 2 V.

Fig. 150

4. Das Verhalten optisch einachsiger Kristalle

Die U-Tisch-Methoden gestatten auch die Vermessung *einachsiger* Kristalle. Infolge der *Rotationssymmetrie* der einachsigen Indikatrix wird man dabei finden, daß die *optische Achse immer* eine *Symmetrieachse* der Indikatrix darstellt, und daß jede durch die optische Achse verlaufende Ebene eine Symmetrieebene für die Indikatrix ist. Das bedingt, daß für eine beliebig eingestellte Richtung eines optisch einachsigen Kristalls immer die *eine der beiden Auslöschungen* bei Drehung um A_4 *erhalten* bleibt, oder mit andern Worten: man findet immer eine optische Symmetrieebene mit $\alpha_2 = 0°$. Dieses Verhalten kann als Kriterium für die Unterscheidung von optisch einachsig und optisch zweiachsig dienen, wobei jedoch nicht vergessen werden darf, daß auch für optisch zweiachsige Kristalle in speziellen Schnittlagen eine optische Symmetrieebene normal zur Präparatenebene stehen kann. Für optisch Einachsige ist jedoch diese Symmetrieebene nur ein Glied aus einer Schar von unendlich vielen gleichwertigen, die sich in der optischen Achse schneiden. Man kann also nach beliebiger Neigung um α_2 und erneutem Einstellen auf Dunkelheit durch Drehen um A_1 immer einen weiteren Hauptschnitt in Normalstellung zu A_4 bringen und dessen Vorhandensein an der Erhaltung der Dunkelheit beim Drehen um diese Achse konstatieren. Bei einem Zweiachsigen trifft dies nicht zu, da hier im ganzen nur drei aufeinander senkrecht stehende Hauptschnitte vorhanden sind. Somit kann die Unterscheidung, ob ein- oder zweiachsige Kristalle vorliegen, auch für den erwähnten Spezialfall getroffen werden.

5. Die Bestimmung der Indikatrixlage in bezug auf das Kristallgebäude

a) *Das Einmessen von Spaltflächen und Zwillingsverwachsungsebenen*

Die bis jetzt durchgeführten Untersuchungen ergaben als Resultat die Lage der Indikatrix in bezug auf die an und für sich beliebig gelegene Präparatenebene, indem aus der stereographischen Projektion die Winkel, die z. B. n_α, n_β und n_γ oder die optischen Achsen mit der Schliff- bzw. Präparatennormalen oder -Ebene bilden, abgelesen werden können. Steht der untersuchte Kristall in näherer Beziehung zu einem andern, z. B. in *orientierter Verwachsung*, so kann durch Eintragen der Indikatrix des zweiten Individuums in dieselbe Projektion festgestellt werden, ob die beiden Indikatrizen parallel orientiert sind, ob ihre Hauptachsen bei an sich paralleler Orientierung vertauscht sind usw. Auf diese Weise konnte z. B. festgestellt werden, daß es sich bei den w. u. näher zu erwähnenden Monticellit-Reaktionsrändern resorbierter Olivine, die beide in beliebigen Schnitten verschieden auslöschen, tatsächlich um homoaxiale Verwachsungen handelt.

Von größerer Bedeutung sind jedoch die Fälle, in welchen das Vorhandensein von *kristallographischen Bezugselementen* eine Orientierung der Indikatrix in bezug auf das Kristallgebäude ermöglicht. Als derartige Bezugselemente kommen vor allem solche in Betracht, welche direkt eingemessen werden können: *Spaltflächen, Verwachsungsebenen von Zwillingen* und, jedoch fast ausschließlich bei losen Kristallen, *natürliche Kristallflächen*. Daneben spielen auch solche Elemente eine Rolle, welche erst durch Konstruktion erhalten werden, z. B. *Zwillingsachsen*. Im folgenden soll zuerst das Einmessen von Spaltflächen und hierauf die Konstruktion von Zwillingsachsen kurz besprochen werden.

Zum Einmessen einer *Spalt- oder Verwachsungsfläche* bringt man deren Spur parallel zum vertikalen Okularfaden[1]) und erhält so die Koordinate α_1. Bei der Einmessung der Koordinate α_2 spielt die richtige Beleuchtung eine ausschlaggebende Rolle. Nach M. BEREK[2]) soll die *Beobachtungsapertur möglichst hoch*, die *Beleuchtungsapertur ungefähr gleich groß*, somit weder wesentlich höher noch niedriger sein. Die Gesamtvergrößerung soll möglichst hoch sein. Man betrachtet zuerst, ohne Okular in den Tubus blickend, ob bei völlig geöffneter Objektiviris die volle Öffnung des Objektivs mit Licht ausgefüllt ist. Der Kondensorklappteil ist dabei ausgeschaltet. Ist nur ein Teil des Objektivs mit Licht erfüllt, schaltet man eine Mattscheibe oder ein Stück Pauspapier zwischen Lichtquelle und Mikroskop ein. Als Okular benützt man ein 12—15faches Periplanat (Leitz) oder dgl., als Objektiv UM_3 oder UM_4 (Leitz) mit voll geöffneter Blende oder ein entsprechendes System. Man neigt nun (bei ausgeschaltetem Analysator) um A_2, bis die Spaltrisse als möglichst feine Linien erscheinen. Manchmal läßt sich auch die Vertikalstellung dadurch nachkontrollieren, daß bei guter Fokussierung die Beckesche

---

[1]) Der Verfasser hat bei derartigen Untersuchungen sehr gute Erfahrungen mit einem Okular gemacht, dessen Vertikalfaden als *Doppelfaden* ausgebildet ist. Für die Untersuchung sehr komplizierter Zwillingsstöcke, wie sie beispielsweise bei Plagioklasen auftreten können, hat sich auch die Verwendung eines nach Art des üblichen Fadenkreuzes parallel zu den Hauptschnitten der Nicols fest justierten *Netzmikrometers* gut bewährt. Dieses gestattet ein genaues Einmessen aller kristallographischen Bezugsrichtungen an verschiedenen Punkten des Präparates, ohne daß dieses verschoben werden muß.

[2]) M. BEREK, l. c. (1924), S. 65/66.

Linie zu beiden Seiten des Risses in gleicher Weise erscheint, sowie daß die Spaltrisse bei geringen Tubusverschiebungen ihre Lage nicht ändern. Auf alle Fälle
handelt es sich um sehr delikate Messungen, bei deren Ausführung größte Sorgfalt
angezeigt ist, und wobei eine Reihe von Beobachtungen vorgenommen werden
muß. Die Genauigkeit des Resultates wird größer bei der Verwendung dickerer
Schliffe.

Die Einmessung von *Zwillingsverwachsungsebenen* erfolgt auf analoge Weise,
nur daß man zwischen gekreuzten Nicols beobachtet. Dabei ist im allgemeinen
ein *Aufsatzanalysator* dem Tubusanalysator vorzuziehen, da er ein, wenn auch
räumlich beschränktes, so doch sehr klares Bild liefert. Er erlaubt auch, die
beiden Zwillingsindividuen, wenn nötig, durch Drehung auf ähnliche Helligkeit
zu bringen, was bei einem nicht drehbaren Tubusanalysator nicht möglich ist.
Die eingemessenen Spalt- oder Verwachsungsflächen werden mit Hilfe der ermittelten Koordinaten α_1 und α_2 in die stereographische Projektion eingetragen, wie
wenn es sich um optische Symmetrieebenen handeln würde. Man gibt ihnen
ebenfalls eine besondere Signatur, z. B.

$$\boxplus \; Sp. \quad \text{oder} \quad \boxplus \; VE \; \text{usw.}$$

Besteht auch hier eine größere Differenz in der Lichtbrechung zwischen
Mineral und Segment, so muß ebenfalls eine Korrektur nach dem Brechungsgesetz angebracht werden. Die Verhältnisse liegen hier nun aber prinzipiell
anders, wenn es sich um kristallographische Elemente (Spaltflächen, Verwachsungsebenen usw.) handelt. Während bei allen Einstellungen, die man durch
Beobachtung von Polarisationserscheinungen findet, die Wellennormalen und
deren Brechungsindizes, wie man sie der Indikatrix entnehmen kann, die
maßgebende Rolle auch für die auszuführenden Korrekturen spielen, sind bei
Einstellungen, welche die Schärfe der Abbildung von Strukturelementen als
Kriterium benutzen, die Strahlenrichtungen, und daher auch die Brechungsindizes von Strahlen zu berücksichtigen. In praxi würde dies jedoch zu ganz
außerordentlichen Komplikationen führen. Man vernachlässigt daher den Winkel
zwischen Strahl und Wellennormale und rechnet auch hier näherungsweise so,
als ob man es mit Wellennormalen zu tun hätte. Um das korrigierende n zu
finden, hat man aber hier noch die Lage der Schwingungsrichtungen gegen
das betrachtete kristallographische Element nach erfolgter Einstellung zu
berücksichtigen. Man erhält dann zur Bestimmung von n_M einen allgemeinen
Indikatrixschnitt, für den hinsichtlich der Koeffizienten λ, μ, ν im allgemeinen
nicht mehr die vereinfachenden Beziehungen der weiter oben gegebenen
Tabelle bestehen. In praxi wird man sich, um die viele Rechenarbeit zu vermeiden, falls nicht gerade die Verhältnisse besonders einfach liegen, in der
Regel damit begnügen, die Reduktion mit einem aus den drei Hauptbrechungsindizes abgeleiteten mittleren Wert durchzuführen.

Als Beispiel für die Benützung einer eingemessenen Spaltfläche zur Festlegung der optischen Orientierung soll nochmals der schon weiter oben erwähnte
Augit betrachtet werden, für welchen sich die Koordinaten einer Spaltbarkeit zu

$$\alpha_1 = 342° \quad \text{und} \quad \alpha_2 = 19° r$$

ergaben.

Burri 18

In Fig. 151, welche in bezug auf die Indikatrixorientierung mit Fig. 150 übereinstimmt, ist der Pol der Spaltfläche mit Sp bezeichnet. Zur Konstruktion der Beziehungen zwischen Indikatrix und Kristallgebäude geht man wie folgt vor. Da man weiß, daß bei den meisten monoklinen Augiten $n_\beta = b$ ist, so entspricht der Pol von n_β zugleich demjenigen von (010). Die eingemessene Spaltfläche entspricht entweder (1$\bar{1}$0) oder (110). Der Großkreis durch die beiden Pole (in Fig. 151 punktiert eingezeichnet) stellt somit die Zone der c-Achse, sein Pol diese selbst dar. Wegen der monoklinen Symmetrie muß die c-Achse in die Symmetrieebene, d. h. auf den Großkreis $n_\gamma n_\alpha$ fallen. Ist dies nicht der Fall, so liegt ein Meßfehler vor, wobei eine ungenaue Ermittlung der Koordinate α_2 für die Spaltfläche am wahrscheinlichsten ist. Umgekehrt bildet aber der Umstand, daß die konstruierte c-Achse in (010) zu liegen kommt, keinen Beweis für die Richtigkeit aller Messungen. Der Winkel $c/n_\gamma = 42°$ ist die gesuchte Auslöschungsschiefe auf (010), durch welche die Lage der Indikatrix zum Kristallgebäude festgelegt wird. Die Methode läßt sich natürlich gleicher-

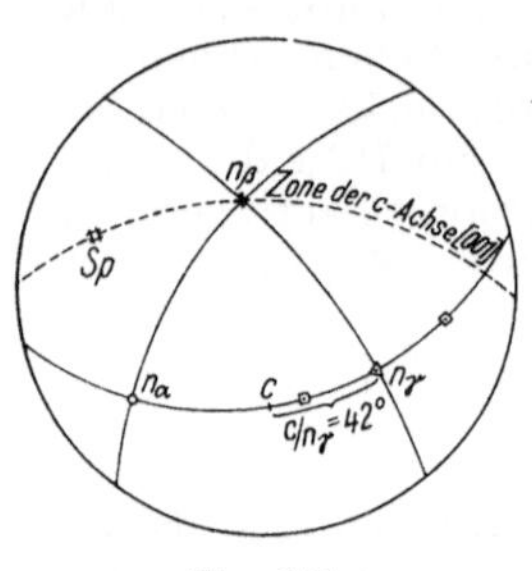

Fig. 151

Gleiche Projektion wie Fig. 150. Bestimmung der Auslöschungsschiefe c/n_γ auf (010) durch Konstruktion der c-Achse als Zonenachse von (010) und (110).

weise bei Hornblenden anwenden. Sie gewinnt an Zuverlässigkeit, wenn es gelingt, beide prismatischen Spaltflächen einzumessen. Dazu eignen sich vor allem Schnitte ungefähr $\perp c$.

b) *Anwendung auf die Plagioklasbestimmung an Hand von Schnitten der Zone $\perp$ (010)*

Die meistverwendeten Plagioklasbestimmungsmethoden sind diejenigen, welche sich der *Schnitte der Zone $\perp$* (010) bedienen (*Methode der maximalen symmetrischen Auslöschung* und der Auslöschung für Schnitte $\perp a$). Während man jedoch bei Verwendung des gewöhnlichen Polarisationsmikroskopes darauf angewiesen ist, sich die Schnitte dieser Zone an Hand ihrer symmetrisch auslöschenden Zwillinge nach dem Albitgesetz herauszusuchen, können bei Verwendung des U-Tisches auch abweichende Schnittlagen gebraucht werden, indem man die Verwachsungsebene (010) der Zwillinge durch Neigen um A_2 in die zu A_4 normale Lage bringt. Die sich für diese Lage einstellende symmetrische Auslöschung liefert hierbei ein zusätzliches Kriterium. Die Achse A_4 entspricht der Zonenachse $\perp$ (010) und gestattet somit, beliebige Richtungen innerhalb dieser Zone in die Beobachtungsrichtung einzustellen. Man kann sich somit über die Auslöschungsverhältnisse der *ganzen Zone* orientieren, indem man die Auslöschungswinkel n'_α/Spur (010) für eine Reihe von verschiedenen Stellungen von A_4, z. B. von 10° zu 10° mißt und in Form einer *Auslöschungskurve* graphisch darstellt. Mit der sich aus einer solchen Kurve ergebenden maximalen Auslöschung kann dann aus dem bekannten Bestimmungsdiagramm der Anorthitgehalt entnommen werden. Beim Vorhandensein von Spaltrissen nach (001) ist es auch möglich, diese senkrecht zu stellen, wodurch die Auslöschung für Schnitte $\perp a$ der Messung zugänglich wird. Schließlich können auch die *konjugierten Auslöschungsschiefen* von Doppelzwillingen nach dem Albit- und Karlsbadergesetz benutzt werden, worauf besonders K. Chudoba[1]) hingewiesen hat. Alle Messungen der Auslöschungsschiefe müssen

---

[1]) K. Chudoba, *Bestimmung der Plagioklase in Doppelzwillingen nach dem Albit- und Karlsbadergesetz bei Untersuchungen mit Hilfe des Universaldrehtisches*, N. Jb. Min. usw. Abt. A. B.-Bd. *63*, 267—278 (1932).

unter Benützung der Achsen A_5 oder A_3 durchgeführt werden, damit die eingestellte Lage des Präparates nicht geändert wird.

Eine vorzüglich brauchbare Verallgemeinerung dieser Methodik mit Berücksichtigung weiterer Zwillingsgesetze und Verwachsungsebenen stellt die *Zonenmethode* von A. RITTMANN[1]) dar.

c) *Konstruktion von Zwillingselementen*

Weisen die beiden Individuen eines Zwillingskristalls eine ebene *Verwachsungsfläche* auf, die sich einmessen läßt, so ist damit ein kristallographisches Bezugselement gewonnen, das sich zur Orientierung der Indikatrix gegenüber dem Kristallgebäude verwenden läßt. Ist die Verwachsung jedoch unregelmäßig, z. B. als Durchdringung, ausgebildet, so fällt diese Möglichkeit weg. Aus der gegenseitigen Lage der Indikatrizen verzwillingter Individuen kann jedoch die Zwillingsachse bzw. die darauf senkrecht stehende Zwillingsebene durch rein geometrische Konstruktionen ermittelt werden, womit auch in diesem Falle eine kristallographische Bezugsrichtung gewonnen wird. Zu diesem Zwecke sucht man (insofern der untersuchte Kristall ein Symmetriezentrum aufweist, was in der Folge vorausgesetzt wird) diejenige Richtung auf, um die das erste Individuum bzw. dessen Indikatrix um 180° gedreht werden muß, damit es mit dem zweiten Individuum bzw. seiner Indikatrix zur Deckung gelangt. Diese Richtung ist die *Zwillingsachse*, die senkrecht dazu stehende Ebene die *Zwillingsebene*.

Aus der Definition der Zwillingsachse ergibt sich, daß irgendeine Richtung von Individuum 1, z. B. $n_{\alpha1}$, der Ausstichpunkt der Zwillingsachse und der Pol der korrespondierenden Richtung $n_{\alpha2}$ von Individuum 2 in stereographischer Projektion auf einem Großkreis liegen müssen. Da dies nicht nur für die Richtung n_α, sondern beispielsweise auch für n_β oder n_γ oder irgendeine andere optische oder kristallographische Richtung gilt, so ergibt sich sofort eine *erste Art der Konstruktion für die Zwillingsachse:*

Man legt durch drei Paare korrespondierender Richtungen der beiden Individuen, z. B. $n_{\alpha1}\,n_{\alpha2}$, $n_{\beta1}\,n_{\beta2}$ und $n_{\gamma1}\,n_{\gamma2}$, je einen Großkreis. Diese drei Großkreise müssen sich in einem Punkte, dem Ausstichpunkt der gesuchten *Zwillingsachse*, schneiden. In der Praxis wird man statt eines wohldefinierten Schnittpunktes ein mehr oder weniger großes Fehlerdreieck

Konstruktion der Zwillingsachse *ZA* als Schnittpunkt der durch die Pole von je zwei korrespondierenden Richtungen der beiden Zwillingsindividuen gelegten Großkreise. (Optische Symmetrieebenen des ersten Individuums ausgezogen, des zweiten gestrichelt, Konstruktionskreise strichpunktiert.)

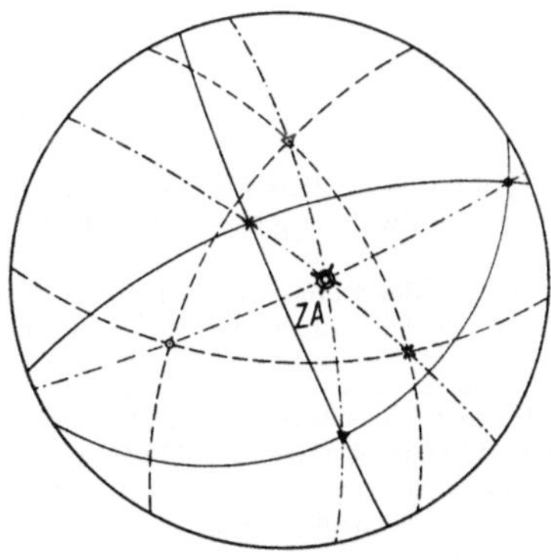

Fig. 152

---

[1]) A. RITTMANN, *Die Zonenmethode. Ein Beitrag zur Methodik der Plagioklasbestimmung mit Hilfe des Theodolittisches*, Schweiz. Min.-Petr. Mitt. *9*, 1−46 (1929).

erhalten. Sein Schwerpunkt ist der wahrscheinlichste Ort der gesuchten Zwillingsachse (Fig. 152). Die Konstruktion versagt, sobald ein Paar korrespondierender
Pole sehr nahe beieinander liegt, da die Zwillingsachse in diesem Falle gewissermaßen «am langen Hebelarm» liegt (BEREK) und kleine Fehler in der Position der
eingemessenen Richtungen einen sehr großen Einfluß auf die Lage der Zwillingsachse ausüben können.

Eine *zweite Art der Konstruktion* ist darauf begründet, daß der Pol der Zwillingsachse immer gleich weit von den Polen korrespondierender Richtungen entfernt sein muß, da ja die Zwillingsachse den Winkel zwischen diesen halbiert. Da
solche korrespondierenden Richtungen jedoch immer zwei (sich zu $180°$ ergän-
zende) Winkel miteinander einschließen, so weiß man nicht von vornherein,
welche der beiden aufeinander senkrecht stehenden Richtungen Z_1 und Z_2, die die
beiden Winkel halbieren, der gesuchten Zwillingsachse für die beiden Individuen
wirklich entspricht. Betrachtet man z. B. in Fig. 153a in stereographischer Projektion[1]) zwei gleichwertige Richtungen A_1 und A_2, deren Gegenrichtungen durch
A_1' und A_2' außerhalb des Grundkreises zu liegen kommen, so können sie sowohl

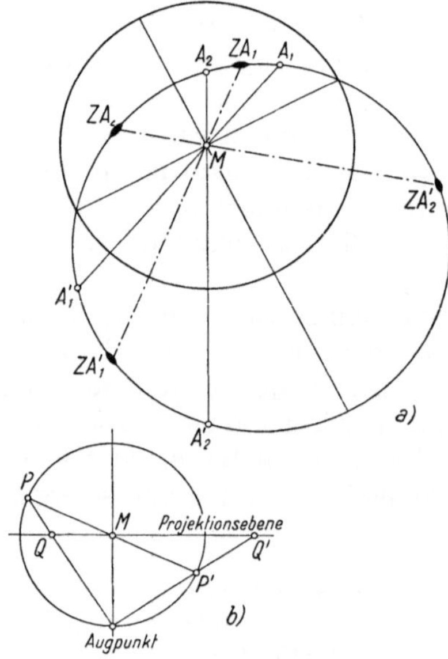

Fig. 153

a) Zwei korrespondierende Richtungen $A_1 A_1'$ und $A_2 A_2'$ zweier verzwillingter Individuen können
durch zwei Zwillingsachsen $ZA_1 ZA_1'$ bzw. $ZA_2 ZA_2'$, welche aufeinander senkrecht stehen, ineinander übergeführt werden.

b) Schema der stereographischen Projektion mit Abbildung beider Halbkugeln vom untern Aug-
punkt aus. Die auf der unteren Halbkugel gelegenen Pole fallen in der Projektion außerhalb des
Grundkreises.

---

[1]) Im Gegensatz zu der in der Kristallographie sonst üblichen (von F. NEUMANN 1825 eingeführten) Darstellungsweise, bei welcher nur die Pole der *oberen* Halbkugel abgebildet werden und
diejenigen der *untern*, wenn benötigt, durch Verlegung des Augpunktes in den Zenit ebenfalls
innerhalb des Grundkreises projiziert werden, empfiehlt sich immer dann, wenn die zu einer Richtung gehörige Gegenrichtung mit betrachtet werden soll, wie dies z. B. bei Zwillingsstudien der
Fall ist, eine andere Art der Darstellung. Bei dieser werden *obere und untere Halbkugel* unter Belassung des Augpunktes im Nadir *gleichzeitig* abgebildet. Dabei fallen die Pole der *unteren* Halbkugel
außerhalb des Grundkreises (Fig. 153b). Pol und Gegenpol, d. h. die beiden Enden einer durch den
Kugelmittelpunkt verlaufenden Richtung, liegen hierbei immer auf demselben Großkreis, der *obere*
innerhalb, der *untere außerhalb* des Grundkreises und zugleich auf dem gleichen Durchmesser desselben.

durch die Drehungen um ZA_1 wie ZA_2 um je 180° ineinander übergeführt werden. Für diese Richtungen ist somit sowohl ZA_1 wie ZA_2 Zwillingsachse, d. h. die Halbierende sowohl des spitzen wie des stumpfen Winkels, den A_1 und A_2 miteinander bilden. Da ZA_1 und ZA_2 als Halbierende des inneren wie des äußeren Winkels zweier Geraden senkrecht aufeinander stehen müssen, so kann die zweite Zwillingsachse in stereographischer Projektion sofort eingezeichnet werden, ohne daß man die Verhältnisse auf der unteren Halbkugel in Betracht zu ziehen braucht. Sie liegt auf dem durch die beiden Richtungen und die erste Zwillingsachse verlaufenden Großkreis im Abstand von 90° von der ersten Zwillingsachse.

Man geht daher so vor, daß man die drei Halbierungspunkte der Bögen $n_{\alpha 1} n_{\alpha 2}$, $n_{\beta 1} n_{\beta 2}$ und $n_{\gamma 1} n_{\gamma 2}$ bestimmt, sowie zugleich die davon um 90° entfernten Punkte auf dem gleichen Großkreise. Theoretisch müssen drei dieser insgesamt sechs Punkte im Ausstichpunkt der Zwillingsachse in einem Punkt zusammenfallen und die drei andern, als 90° davon abstehend, einen dazu polaren Großkreis, die *Zwillingsebene*, bestimmen. Praktisch wird dies nur mit mehr oder weniger großer Annäherung zutreffen, und man erhält den wahrscheinlichsten Punkt für den Ausstich der *Zwillingsachse* als Pol des Großkreises, den man durch die drei nicht zusammenfallenden Punkte legen kann, wobei unter Umständen etwas ausgeglichen werden muß (Fig. 154).

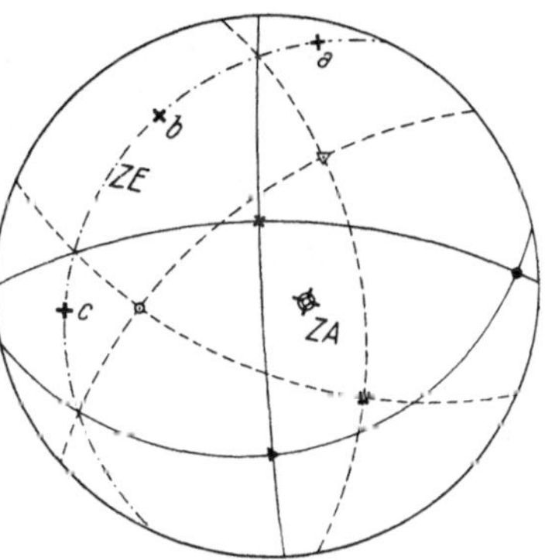

Fig. 154

Von den sechs Halbierungspunkten der Winkel, welche je drei Paare korrespondierender Richtungen zweier verzwillingter Individuen miteinander bilden, fallen drei zusammen und bestimmen die Zwillingsachse ZA, während die drei andern, a, b, c, in 90° Abstand hiervon die Zwillingsebene definieren.

Eine dritte Methode wird von M. Berek[1]) wie folgt angegeben. Man bestimmt, wie vorhin, die Halbierungspunkte korrespondierender Richtungen und die auf dem gleichen Großkreis liegenden, um je 90° von ihnen entfernten Punkte. Bezeichnet man nun ein Paar solcher Punkte mit P und P', so bringt man zuerst P auf den Äquator und zeichnet ein kurzes Stück des in dieser Lage durch P' verlaufenden Großkreises. Darauf wiederholt man die gleiche Prozedur, indem man P' auf den Äquator bringt und ein kleines Stück des nun durch P verlaufenden Großkreises nachzeichnet. Diese Konstruktion wiederholt man für die andern zwei Paare korrespondierender Pole. Drei der so gezeichneten Bogenstücke schneiden sich in einem Punkt, dem gesuchten Pol der Zwillingsachse. Der Vorteil dieser Methode liegt darin, daß der Fehler in der Position der erhaltenen Zwillingsachse maximal gleich dem beim Einmessen der Symmetrieebenen gemachten Fehler ist. Das Nichtauftreten eines Fehlerdreiecks bildet aber an und für sich keinen Beweis für die Richtigkeit der Messungen selbst. Es besagt nur, daß für die projizierten Indikatrizen eine gemeinsame Drehrichtung existiert, welche korrespondierende Richtungen durch Drehung um einen gewissen Winkel ineinander überführt. Um daher zu entscheiden, ob tatsächlich ein Zwilling oder nur eine zentrische Verdrehung um einen von 180° abweichenden Winkel vorliegt, muß immer auch der Betrag des Drehwinkels nachgeprüft werden, wenn die Achse nach diesem an und für sich sehr geeigneten Verfahren ermittelt wurde[2]). Dies ist mit Hilfe eines Wulffschen Netzes ohne weiteres möglich.

---

[1]) M. Berek, l. c. (1924), 74.

[2]) Vgl. hierzu: E. Baier, *Der Zwilling als Spezialfall zentrischer Verdrehung zweier Kristalle*, Z. Krist. 87, 306—325 (1934).

Die auf eine der beschriebenen Arten gewonnenen Zwillingsachsen bzw. Zwillingsebenen bilden kristallographische Richtungen, die zur Orientierung der Indikatrix gegenüber dem Kristallgebäude dienen können, sei es, daß für die untersuchte Substanz das Zwillingsgesetz bekannt ist oder daß man die Zwillingselemente mit Wachstums- oder Spaltflächen in Beziehung setzen kann. Unter Umständen ist es auch möglich, aus dem bekannten kristallographischen Achsenverhältnis und bei bekannter Lage der kristallographischen Achsen die Indizes der Zwillingselemente zu bestimmen. Das ist besonders für orthorhombische Kristalle der Fall.

Eine ausgedehnte Verwendung finden sowohl eingemessene wie auch konstruierte Zwillingselemente bei der Plagioklasbestimmung. Auf diese äußerst eleganten und vorzüglich ausgearbeiteten Methoden, welche das klassische Anwendungsgebiet der U-Tisch-Methoden seit ihrer Begründung durch E. v. FEDOROW darstellen, kann im Rahmen dieser Darstellung nicht näher eingegangen werden. Es muß hierfür in erster Linie auf die ausgezeichnete Darstellung durch M. REINHARD (l.c., 1931) verwiesen werden[1]).

Bei der Betrachtung der Zwillinge wurde bis jetzt immer der allgemeine Fall vorausgesetzt, nämlich, daß für die beiden Individuen keine der optisch korrespondierenden Richtungen zusammenfallen. In der Praxis, besonders bei Plagioklasuntersuchungen, trifft man jedoch nicht selten einen Spezialfall von der Art, daß eine der drei Hauptschwingungsrichtungen für die beiden Individuen annähernd oder völlig zusammenfällt. Die beiden andern liegen dann für beide Individuen in einer gemeinsamen

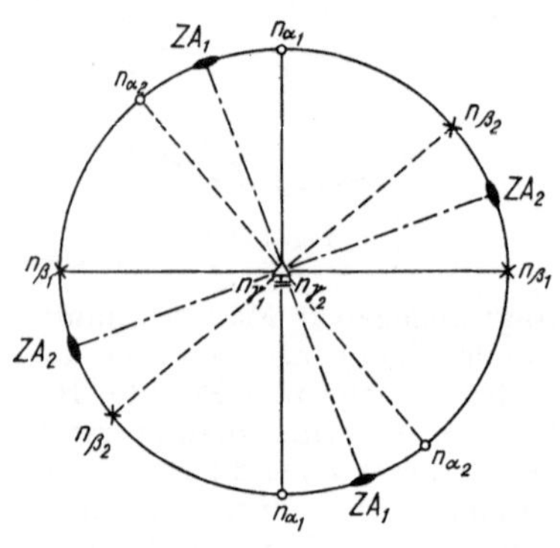

Fig. 155

Fallen zwei korrespondierende Richtungen zweier verzwillingter Individuen zusammen (in der Figur ist dies für $n_{\gamma 1}$ und $n_{\gamma 2}$ angenommen), so kann die Verzwillingung durch zwei aufeinander senkrechte Zwillingsachsen ZA_1 und ZA_2 gedeutet werden.

Ebene normal zur gemeinsamen Richtung. In Fig. 155 sind die Verhältnisse dieser Ebene für den Fall dargestellt, daß $n_{\gamma 1}$ und $n_{\gamma 2}$ zusammenfallen. Es ist sofort ersichtlich, daß sich für diesen Fall zwei Zwillingsachsen konstruieren lassen, ZA_1 und ZA_2, welche durch Drehungen um 180° die Richtungen $n_{\alpha 1}$, $n_{\beta 1}$ und $n_{\gamma 1}$ in die korrespondierenden $n_{\alpha 2}$, $n_{\beta 2}$ und $n_{\gamma 2}$ überführen. Sind die Kristallindividuen von der gleichen Symmetrie wie die Indikatrizen, so heißt dies, daß sich der vorliegende Zwilling durch zwei verschiedene Zwillingsgesetze deuten läßt. Bei niedrigerer Kristallsymmetrie besteht die Möglichkeit, daß nur eine der beiden Zwillingsachsen, wie sie für die orthorhombisch-holoedrischen Indika-

---

[1]) Vgl. auch die Diagramme von W. NIKITIN, l. c. (1936), und in: *Korrekturen und Vervollständigungen der Diagramme zur Bestimmung der Feldspate nach Fedorows Methode*, Min.-Petr. Mitt. (Leipzig) *44*, 117–160 (1933).

trizen konstruierbar sind, auch für die Kristallindividuen vorhanden ist. Sehr oft läßt sich dies durch Einmessen von morphologischen Bezugselementen, z. B. Spaltflächen, zeigen und so eine Entscheidung über das vorhandene Zwillingsgesetz herbeiführen. Oft muß jedoch die Frage unentschieden bleiben.

III. EINIGE SPEZIELLE U-TISCH-METHODEN

1. Messung des Gangunterschiedes in einer bestimmten Richtung

Jede beliebige, in stereographischer Projektion gegebene Richtung R kann innerhalb der durch die Konstruktion des U-Tisches gegebenen Möglichkeiten, d. h. wenn sie nicht mehr als 45° bis 50° zur Schliffnormale geneigt ist, auf einfache Weise in die Beobachtungsrichtung (Mikroskopachse) eingestellt werden. Man bringt zu diesem Zwecke durch Drehen der Pause (Fig. 156) auf dem Wulffschen Netz den Pol von R auf den Äquator und liest für diese Stellung die Koordinaten α_1 und α_2 ab, welche hierauf an den Achsen A_1 und A_2 des Tisches eingestellt werden. Muß die Lichtbrechung von Mineral und Segment als verschieden angenommen werden, so stellt die aus der stereographi-

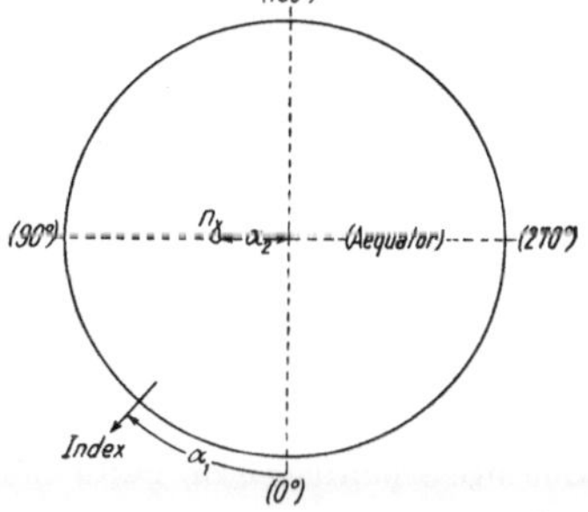

Einstellung einer beliebigen, in stereographischer Projektion gegebenen Richtung n_α in die Beobachtungsrichtung. Eingeklammerte Bezeichnungen beziehen sich auf das Wulffsche Netz, die andern auf die diesem aufliegende, drehbare Pause.

Fig. 156

schen Projektion entnommene Koordinate α_2 den auf das Mineral bezogenen Wert dar, der auf das Segment (dessen Neigungswinkel am Wrightschen Bügel abgelesen bzw. eingestellt wird) korrigiert werden muß. Ist die Richtung R parallel der Beobachtungsrichtung eingestellt, so bringt man das Präparat durch Drehung um A_3 (Arretierung lösen und nachträglich wieder feststellen!) in genaue *Auslöschungsstellung* und hierauf durch Drehen um A_5 in *Subtraktionsstellung* zum Kompensator, worauf mit diesem der Gangunterschied gemessen wird, wie dies in Kapitel E III beschrieben wurde. Damit die an ein und demselben Präparat gemessenen Gangunterschiede miteinander vergleichbar werden, müssen sie auf die Schliffdicke in Richtung der Schliffnormalen *reduziert* werden, da ja bei der Messung der Gangunterschiede je nach dem Werte von α_2 ganz verschiedene Schliffdicken ins Spiel kommen. Dies geschieht durch Multiplikation des gemessenen Gangunterschiedes mit $\cos\alpha_2$. Für diese Reduktion kommt immer der direkt aus der stereographischen Projektion entnommene Winkel α_2 in Betracht, nicht etwa der auf das Segment umgerechnete. Die Methode hat in erster Linie Bedeutung für die Bestimmung der *Hauptdoppelbrechung* $(n_\gamma - n_\alpha)$, die sowohl für ein- wie für zweiachsige Kristalle eine charakteristische Konstante darstellt und außerdem bei Kenntnis des einen Hauptbrechungsindex (z. B. mit Immersionsmethode gewonnen) den andern ebenfalls anzugeben gestattet. Zu ihrer Bestimmung bedarf es allerdings noch der Kenntnis der Präparatendicke, die entweder, wie S. 107 erläutert, nach der Methode des DUC DE CHAULNES oder, wie unten gezeigt werden wird, auch mit dem U-Tisch ermittelt werden kann.

Die Methode der Doppelbrechungsmessung in verschiedenen schiefen und zur Plattennormalen symmetrischen Richtungen ist von J. MÉLON[1]) besonders entwickelt und zur Bestimmung der optischen Orientierung und der angenäherten Lichtbrechung benützt worden. Für Einzelheiten muß auf die Originalarbeit verwiesen werden.

2. Ermittlung von $2V$ aus Gangunterschiedsmessungen

Wird die eben erläuterte Methode der Gangunterschiedsmessung in der Richtung von zwei optischen Symmetrieachsen, d. h. Hauptschwingungsrich-

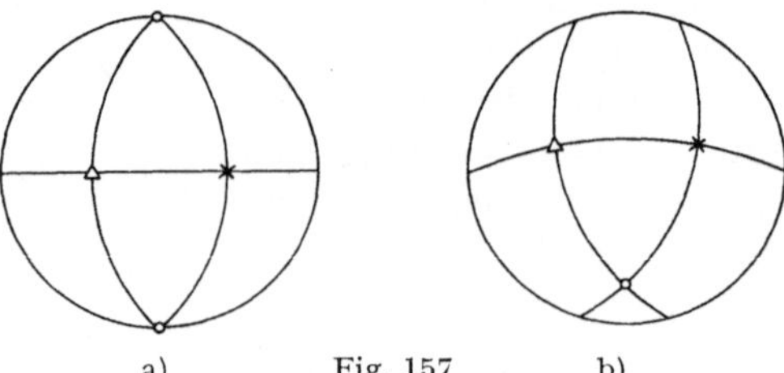

a)   Fig. 157   b)

Günstige Schnittlagen zur Bestimmung von zwei Hauptgangunterschieden mit Hilfe des U-Tisches.

tungen durchgeführt, so ergibt sich unter Benützung der Mallardschen Formeln (A 30), welche eine angenäherte Beziehung zwischen zwei Hauptdoppelbrechungen und dem Achsenwinkel $2V$ herstellen, die Möglichkeit der Bestimmung von $2V$. Sie übertrifft diejenige durch direkte Einstellung der beiden Achsen im allgemeinen an Genauigkeit. Voraussetzung zu ihrer Durchführung ist allerdings, daß die Richtung zweier optischer Symmetrieachsen in die Beobachtungsrichtung eingestellt werden kann, was nicht für alle Schnittlagen der Fall ist. Die ideale Schnittlage wäre gegeben, wenn (Fig. 157a) eine optische Symmetrieebene normal zur Präparatenebene stehen würde und die beiden andern je unter 45° zur Schliffnormale. In diesem Falle könnten zwei optische Symmetrieachsen durch Neigungen von $\alpha_2 = 45°$ in die Beobachtungsrichtungen eingestellt werden. In der Praxis wird man sich im allgemeinen mit Annäherungen an diesen Idealfall begnügen müssen, etwa vom Typus der Fig. 157b. Da die Doppelbrechung für geringe Abweichungen von der Richtung einer Haupt-

[1]) J. MÉLON, *Essai de détermination des propriétés optiques d'un minéral par la mesure, en lumière parallèle oblique, des retards en différents points d'une lame cristalline*, Ann. Soc. Géol. Belgique (Liège) *57*, M 3—M 108 (1933—34). — Vgl. a. R. MOSEBACH, *Über die Bestimmung der Brechzahlen doppeltbrechender Minerale im gedeckten Dünnschliff*, Nachr. Akad. Wiss. Göttingen, Math.-Phys. Kl. (*1947*), 20—22.

schwingungsrichtung sich nur sehr geringfügig ändert, erübrigt sich im allgemeinen eine Korrektur für den Lichtbrechungsunterschied von Mineral und Segment.

Die Mallardschen Formeln liefern den gesuchten Achsenwinkel $2V$ aus zwei Hauptdoppelbrechungen, wie man sie aus Gangunterschiedsmessungen durch Division durch die Schliffdicke erhält. Da diese jedoch sowohl im Zähler wie im Nenner auftritt, hebt sie sich heraus und braucht nicht bestimmt zu werden, was die Anwendung der Methode sehr vereinfacht und auch bedeutend zu ihrer Genauigkeit beiträgt, da sich nach dem früher Gesagten Gangunterschiede sehr genau bestimmen lassen, während die Schliffdickenmessung immer mit Fehlern behaftet ist.

Bezeichnet man mit R_γ, R_β, R_α die in Richtung der optischen Symmetrieachsen n_γ, n_β, n_α gemessenen Gangunterschiede, so gilt z. B.

$$\sin V_\gamma = \sqrt{\frac{n_\beta - n_\alpha}{n_\gamma - n_\alpha}} = \sqrt{\frac{R_\gamma \cos \alpha_2'''}{R_\beta \cos \alpha_2''}} , \tag{H 2}$$

wenn man mit α_2''' bzw. α_2'' die für die Einstellung der beiden Richtungen n_γ und n_β in die Beobachtungsrichtung notwendigen Neigungen um A_2 bezeichnet. Man kann somit statt zweier Hauptdoppelbrechungen die zwei entsprechenden auf die Schliffdicke in Richtung der Schliffnormalen reduzierten *Hauptgangunterschiede benutzen.* Sind nicht R_γ und R_β der Messung zugänglich, wie im angeführten Beispiel angenommen wurde, sondern R_γ und R_α oder R_β und R_α, so kann aus den zwei gemessenen und auf die Schliffdicke reduzierten Hauptgangunterschieden der dritte berechnet werden, da immer gilt, daß

$$R_\beta \cos \alpha_2'' = R_\gamma \cos \alpha_2''' + R_\alpha \cos \alpha_2'. \tag{H 3}$$

Die auf diese Weise erhaltenen Achsenwinkel $2V$ sind im allgemeinen für geringe Doppelbrechungen (für welche die Mallardschen Formeln gültig sind) sehr genau, einmal, weil die Doppelbrechung in Richtung optischer Symmetrieachsen verhältnismäßig flache Maxima oder Minima zeigt, somit fehlerhafte Einmessung der drei Hauptschwingungsrichtungen nur von geringem Einfluß ist, sowie, weil die Gangunterschiedsmessungen mit den Kapitel E, III, erwähnten Drehkompensatoren moderner Ausführung sehr genau möglich sind.

Für den Fall, daß nur ein Hauptgangunterschied der Messung zugänglich ist, hat M. Berek[1]) in Verallgemeinerung eines früher von W. Nikitin gegebenen Verfahrens eine Methode entwickelt, bei der $2V$ aus den Gangunterschieden in Richtung einer optischen Symmetrieachse und einer Hilfsrichtung H, die mit dieser innerhalb eines Hauptschnittes einen bekannten Winkel einschließt, erhalten wird. Sie ist jedoch weniger genau als die sich auf zwei Doppelbrechungen stützende, da ein eventueller Einstellfehler für H von größerem Einfluß ist als für die Richtung optischer Symmetrieachsen.

Sehr gute Werte für $2V$ aus Gangunterschiedsmessungen liefert auch die ebenfalls von M. Berek[2]) entwickelte Methode der sogenannten charakteristischen

---

[1]) M. Berek, l. c. (1924), S. 103—108.

[2]) M. Berek, l. c. (1924), S. 114—127. — Vgl. auch W. Nieuwenkamp, *On M. Berek's Methode der charakteristischen Gangunterschiedsverhältnisse*, Proc. k. Akad. Wetensch. Amsterdam *30*, 534—542 (1927).

Gangunterschiedsverhältnisse. Für beide Methoden muß auf die Originaldarstellung verwiesen werden.

Eine weitere Methode, diejenige der sogenannten «charakteristischen Auslöschung[1])», gibt $2\,V$ auf Grund einer einzigen Auslöschungsmessung, die jedoch sehr genau erfolgen muß. Der Wahl geeigneter Versuchsbedingungen kommt dabei unter Umständen große Bedeutung zu. Die Methode eignet sich in erster Linie für völlig homogene, nicht zonare, einheitlich auslöschende Kristalle.

3. Bestimmung der drei Hauptdoppelbrechungen und der Schliffdicke aus der bekannten Doppelbrechung von Quarz

Nach dem soeben Gesagten ergeben sich somit aus den auf die Schliffdicke reduzierten Gangunterschiedsmessungen in Richtung von zwei optischen Symmetrieachsen sämtliche drei ebenfalls auf die Schliffdicke reduzierte Hauptgangunterschiede. Kennt man die Schliffdicke, so erhält man daraus die drei Hauptdoppelbrechungen $(n_\gamma - n_\alpha)$, $(n_\gamma - n_\beta)$ und $(n_\beta - n_\alpha)$. Ihre Kenntnis ist sehr wertvoll, da man aus ihnen bei Bekanntsein eines einzigen Hauptbrechungsindex (z. B. mittels der Immersionsmethode gewonnen) ohne weiteres die beiden andern erhält, wodurch die Methode dem eingangs erwähnten Ideal der «Universalität» in dem Sinne, daß sie alle zur Charakterisierung eines Kristalls wichtigen Konstanten zu liefern imstande ist, recht nahe kommt.

Ist die Bestimmung der Schliffdicke nicht möglich, so kann man nach dem Vorschlag von M. BEREK wenigstens das Verhältnis der drei Hauptdoppelbrechungen angeben, z. B. in der Form

$$(n_\gamma - n_\alpha) : (n_\gamma - n_\beta) : (n_\beta - n_\alpha) = a : 1 : c.$$

Auf S. 107 wurde die *Dickenbestimmung* nach der Methode des DUC DE CHAULNES behandelt, wobei erwähnt wurde, daß sie nur bei sehr vorsichtiger Anwendung gute Resultate liefert. Die Gangunterschiedsmessungen am U-Tisch eröffnen nun noch einen prinzipiell andern Weg zur Dickenmessung an Dünnschliffen, der genauere Resultate ergibt.

Wie man an einem beliebigen Mineral aus dem in Richtung einer optischen Symmetrieachse gemessenen Gangunterschied und der bekannten Dicke die Hauptdoppelbrechung bestimmen kann, so ist es umgekehrt möglich, bei bekannter Doppelbrechung eines Minerals aus dem gemessenen Gangunterschied auf die Dicke desselben und damit auch auf diejenige benachbarter Individuen im gleichen Dünnschliff zu schließen. Als hierzu geeignetes Mineral kommt sozusagen nur der *Quarz* in Betracht, da er unter den häufigeren gesteinsbildenden Mineralien das einzige von konstanter Zusammensetzung und daher auch konstanter Doppelbrechung ist, sowie zudem in zahlreichen Paragenesen auftritt.

Ist R der Gangunterschied für das Quarzindividuum, gemessen in der Richtung senkrecht zur optischen Achse, sind ω und ε die Hauptbrechungsindizes

---

[1]) M. BEREK, 1. c. (1924), S. 91—97. — Vgl. auch T. A. DODGE, *The determination of optic angle with the universal stage*, Amer. Min. *19*, 62—75 (1934).

des Quarzes und α_{2Q} der für den Unterschied in der Lichtbrechung zwischen Quarz und Segment korrigierte Neigungswinkel um A_2, so gilt

$$d = \frac{R\cos\alpha_{2Q}}{\varepsilon - \omega}, \quad \text{wobei} \quad \sin\alpha_{2Q} = \frac{M_S}{n_Q}\sin\alpha_{2S}. \tag{H 4}$$

Die Dicke wird dabei in Millimetern, $\mu\mu$ oder Ångström erhalten, je nachdem R ebenfalls in Millimetern, $\mu\mu$ oder Ångström in Rechnung gesetzt wird.

Die Korrektur für die unterschiedliche Lichtbrechung von Quarz und Segment muß im allgemeinen vorgenommen werden, da die Segmente in Hinsicht auf das Mineral, dessen Hauptdoppelbrechungen man bestimmen will, gewählt werden, und nicht mit Rücksicht auf den nur zur Dickenbestimmung untersuchten Quarz. Scheut man den Segmentwechsel nicht, so kann bei Verwendung der Segmente $n = 1{,}554$ die Korrektur natürlich unterbleiben. Im andern Fall sind die benötigten Daten für Quarz die folgenden:

	C	D	F	$\lambda = 550$
$(\varepsilon - \omega)$	0,00903	0,00911	0,00930	0,00918
n_M	1,546	1,549	1,554	1,550

Zur Messung des Gangunterschiedes sucht man sich in der Nähe des untersuchten Mineralkorns ein Quarzindividuum mit möglichst hohen Interferenzfarben heraus, um eine zu starke Neigung um A_2 zu vermeiden. Darauf bringt man es durch Betätigung von A_1 nacheinander in die beiden Auslöschungslagen und prüft jedesmal durch Neigen um A_4, ob die Auslöschung erhalten bleibt. (Für den einachsigen Quarz muß dies nach dem S. 271 Gesagten für eine Schwingungsrichtung immer der Fall sein. Trifft es nicht zu, so ist entweder der Quarz durch Druckeinwirkung zweiachsig und kann deshalb nicht verwendet werden, oder es liegt ein Irrtum in der Bestimmung vor, d.h., es handelt sich nicht um Quarz.) Die nicht erhalten bleibende Auslöschungsrichtung stellt man in N S-Richtung und neigt um A_4 bis zur maximalen Aufhellung, darauf bis zur Wiederherstellung der Dunkelstellung um A_2. Durch diese Prozedur erreicht man die Horizontalstellung der c-Achse, wie sie zur Messung des maximalen Gangunterschiedes d $(\varepsilon - \omega)$ benötigt wird.

Die Messung des Gangunterschiedes erfolgt, wie schon beschrieben, indem man durch Drehung um A_5 in die Diagonalstellung übergeht (Subtraktionsstellung in bezug auf den Kompensator).

Zur Berechnung der gesuchten Hauptdoppelbrechungen des Minerals werden die auf Schliffdicke in Richtung der Schliffnormalen reduzierten Hauptgangunterschiede durch die Dicke des Quarzes dividiert, wobei Dividend und Divisor in den gleichen Einheiten auszudrücken sind. Benötigt man die Gangunterschiede des Minerals bzw. die Dicke nicht explizite, so kann man die Hauptdoppelbrechungen auch direkt nach der Formel

$$(n_x - n_y) = \frac{R_{zM}\cos\alpha_{2zM}}{R_Q\cos\alpha_{2Q}}(\varepsilon - \omega) \tag{H 5}$$

berechnen, wobei sich der Index M auf das untersuchte Mineral, der Index Q auf den Quarz bezieht und x, y, z die drei Hauptbrechungsindizes n_γ, n_β, und n_α des Minerals in zyklischer Anordnung bedeuten.

Mit der Ermittlung der drei Hauptdoppelbrechungen läßt sich natürlich sehr einfach die Bestimmung von $2V$ nach der in Abschnitt 2 behandelten Methode verbinden.

IV. U-TISCH- UND KONOSKOPISCHE METHODEN
(DREHKONOSKOP)

Die bis jetzt behandelten U-Tisch-Methoden bedienten sich ausschließlich des *orthoskopischen* Strahlengangs. Unter gewissen Umständen kann jedoch auch eine Kombination des Drehtisches mit *konoskopischen* Methoden von Vorteil sein. Obwohl schon E. v. FEDOROW und W. NIKITIN sich dieses Umstandes durchaus bewußt waren, geriet indessen diese Möglichkeit später in Vergessenheit. Erst in neuerer Zeit hat H. SCHUMANN wiederum darauf aufmerksam gemacht[1]. Das «*Drehkonoskop*», wie dieser Autor die Vorrichtung nennt, eignet sich besonders zur Untersuchung dickerer Präparate, auch solcher in Körnerform, sowie solcher von stärkerer Doppelbrechung. Für diese ist sie besonders geeignet, weil die interessierenden optischen Richtungen ohne Fehler eingestellt werden können, da sie entweder keine Doppelbrechung aufweisen (optische Achsen) oder Richtungen darstellen, für welche Strahl und Wellennormale zusammenfallen (optische Symmetrieachsen).

Ist eine Korrektur für den Lichtbrechungsunterschied zwischen Kristall und Segment notwendig, so nimmt man für die optischen Achsen n_β, für die Symmetrieachsen das Mittel der Brechungsindizes der beiden sich in ihrer Richtung fortpflanzenden Wellen. Ein großer Vorteil der Methode beruht darin, daß sich die optischen Achsen viel genauer einstellen lassen als im parallelen Licht. Es lassen sich daher unter Verwendung des Nonius des Teilkreises von A_4, besonders in homogenem Licht, bedeutend genauere Werte für $2V$ erhalten. Nach H. SCHUMANN erreicht die Genauigkeit unter günstigen Umständen 0,2°.

Zur Ausführung der Methode benützt man ein Objektiv von möglichst hoher Apertur. Diesem Bestreben sind allerdings dadurch Grenzen gesetzt, daß solche Objektive so kleine Objektabstände besitzen, daß sie wegen der sphärischen Segmente nicht benutzt werden können. Man ist daher auf einen Kompromiß angewiesen. Durch Verwendung von Segmenten mit kleinem Radius wird natürlich die Verwendung von Objektiven mit kleinerem Abstand und höherer Apertur möglich[2]. Als Kondensor kann man ein Mikroskopobjektiv der gleichen Art ver-

---

[1] H. SCHUMANN, *Erweiterung der konoskopischen Beobachtungsweise durch den Drehtisch*, Fortschr. Min. Petr. Krist. *21*, 102—105 (1937); *Über den Anwendungsbereich der konoskopischen Methodik*, ibid. *25*, 217—252 (1941); *Demonstration allseitig drehbarer konoskopischer Interferenzbilder mittels Mikroprojektionsapparats und Drehtisches*, C. B. f. Min. etc. Abt. A. (1938), S. 120—127.

[2] Mit den großen Segmenten des Leitzschen U-Tisches und analoger Modelle verwendet man am besten das Leitzsche Spezialobjektiv UM 3, mit dem man für Segmente von $n = 1,65$ z. B. einen konoskopischen Winkelbereich von zirka 66° erreicht. Der Winkelsche U-Tisch mit seinen Segmenten von wesentlich kleinerem Radius ermöglicht die Verwendung des speziell für diese Zwecke konstruierten Objektes F 10 dieser Firma, das bei einer Apertur von 0,38 mit den gleichen Segmenten einen konoskopischen Winkelbereich von zirka 77° ergibt.

wenden, wie es zur Beobachtung dient, wobei eine Vorrichtung geschaffen werden muß, um es an Stelle des Kondensors gut zentriert in den Strahlengang einzuschalten[1]). Dadurch erhält man eine Anordnung, die dem bekannten Adamschen Achsenwinkelapparat entspricht und auch entsprechend gebraucht werden kann. In neuerer Zeit wurden von den Firmen Leitz und Winkel auch spezielle auswechselbare Zusatzkondensoren hergestellt, welche die nötige Beleuchtungsapertur liefern. Man beobachtet unter Verwendung der Bertrandschen Linse, welche gut zentriert sein muß.

Abgesehen von der Erweiterung des Anwendungsbereichs für den U-Tisch, den das Drehkonoskop mit sich bringt, liegt die Bedeutung der Methode auch in pädagogisch-didaktischer Richtung. Sie gestattet nämlich in ausgezeichneter Weise, das konoskopische Verhalten der verschiedenen Schnittlagen ein- und zweiachsiger Mineralien an Hand sehr weniger Präparate zu studieren und zu demonstrieren. Dabei ist es besonders wertvoll, daß alle Übergänge zwischen den einzelnen ausgezeichneten Schnittlagen, wie sie in den Lehrbüchern meistens allein behandelt werden, beobachtet werden können. Die zitierten Arbeiten von H. SCHUMANN enthalten vielfach Hinweise für die Praxis, so daß an dieser Stelle darauf verwiesen werden kann.

---

[1]) Der Verfasser machte gute Erfahrungen mit der Verwendung der Zeißschen «Zentriervorrichtung für Mikroskopobjektive, die als Kondensor dienen sollen» (Tel.-Wort «Kovox»). Diese wurde auf einen Schlitten montiert, der statt des Kondensors in die Schlittenführung des großen Beleuchtungsapparates Modell *a* eines Leitzschen Stativs CM eingesetzt werden konnte. Der Schlitten wurde von einem einfachen «Pilztisch» für Erzmikroskopie übernommen.

J. Konstruktion und Berechnung der Auslöschungsschiefe für beliebige Flächen und Zonen zweiachsiger Kristalle

I. KONSTRUKTIVES VERFAHREN

Wie in Kapitel A, S. 52 gezeigt wurde, können mit Hilfe der Fresnelschen Konstruktion bei bekannter Lage der optischen Achsen für beliebige Richtungen die *Schwingungsebenen* der beiden sich im Kristall fortpflanzenden Wellen bzw. die Schwingungsrichtungen für beliebige Flächen zweiachsiger Kristalle bei normaler Inzidenz ermittelt werden. Kennt man außerdem eine geeignete *Bezugsrichtung*, so läßt sich sofort auch der Winkel, den die Schwingungsrichtungen mit ihr bilden, d. h. die *Auslöschungsschiefe* angeben.

Als Beispiel für eine derartige Bestimmung soll die Auslöschungsschiefe eines *Bytownites* von zirka 72% Anorthit auf der *Basis* (001) gegenüber der Spur von (010) konstruiert werden. Gegeben seien die Positionen der beiden optischen Achsen A und B sowie der Flächen P (001) und M (010) in Polarkoordinaten:

	φ	ϱ
A	211°	76°
B	352°	13°
P	81°	26,5°
M	0°	90°

Fig. 158 zeigt die auf Grund dieser Daten entworfene stereographische Projektion. Nach den früher gegebenen Regeln legt man durch die Pole von P und A bzw. P und B die beiden Großkreise E_1 und E_2. Zur Konstruktion der *Halbierungsebenen* der von E_1 und E_2 eingeschlossenen räumlichen Winkel zeichnet man den zu P polaren Großkreis, der E_1 und E_2 in R und S schneidet. Die beiden Halbierungsebenen H_1 und H_2 (Schwingungsebenen) verlaufen durch P und die Halbierungspunkte zwischen R und S. Da das betrachtete Mineral optisch positiv ist, kann n_α als stumpfe Bisektrix eingezeichnet werden. Die im gleichen Winkel der Ebenen E_1 und E_2 liegende *Schwingungsebene* H_1 entspricht somit der *rascheren* Welle, die andere, H_2, der *langsameren*. Die *Schwingungsrichtungen* n_α' und n_γ' können somit eingezeichnet werden. Der zweite Schenkel des gesuchten Auslöschungswinkels wird durch die Spur (Schnittgerade) von M (010) auf P (001) gegeben. Sie wird durch den Schnittpunkt T der beiden zu P und M polaren Großkreise dargestellt. Der gesuchte *Auslöschungswinkel* n_α'/Spur M (010) auf P (001) läßt sich aus der Projektion zu $\sigma = -18°$ ablesen, wenn man konventionsgemäß Auslöschungswinkel im Uhrzeigersinne als plus, im Gegenuhrzeigersinn als minus (von der kristallographischen Bezugsrichtung aus gezählt) in Rechnung stellt.

Die Konstruktion vereinfacht sich beträchtlich, wenn die untersuchte Fläche zur Projektionsebene gewählt wird, d. h. wenn ihr Pol ins Zentrum zu liegen kommt. Sowohl E_1 und E_2 wie auch H_1 und H_2 projizieren sich in diesem Falle als Kreisdurchmesser, und der Auslöschungswinkel kann auf dem Grundkreise abgelesen werden.

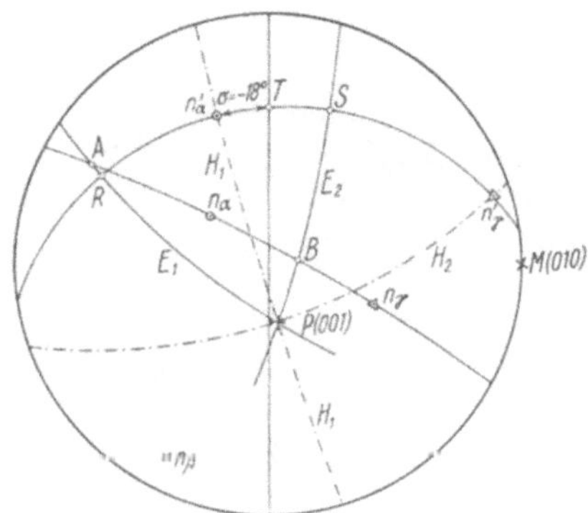

Fig. 158

Konstruktion der Auslöschungsschiefe n_α'/Spur (010) auf der Basis von Bytownit An_{72}.

Als weiteres Anwendungsbeispiel sollen die schon S. 272 kurz erwähnten *Olivine mit Reaktionsrändern von Monticellit* aus Polzenit (Fig. 159) in bezug auf ihre Auslöschungsverhältnisse näher untersucht werden. Da Olivin und Monticellit verschiedene Auslöschung zeigen, könnte eventuell zuerst vermutet werden, daß die Verwachsung nicht achsenparallel (homoaxial) sei. Die Untersuchung mit dem U-Tisch zeigt jedoch eindeutig, daß dies doch der Fall ist, indem die optischen

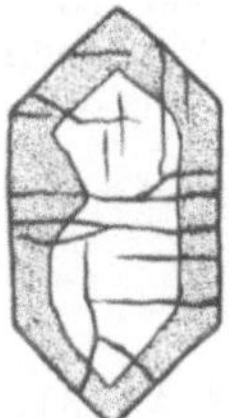

Fig. 159

Resorbierter Olivin mit Monticellitrand.

Symmetrieebenen für Kern und Rand zusammenfallen. Fig. 160 zeigt die Verhältnisse in stereographischer Projektion auf die Schliffebene, wie sie sich unmittelbar für ein bestimmtes Beispiel ergibt. Für den Olivinkern wurde dabei gefunden $(+)\,2V = 86°$, für den Monticellitrand $(-)\,2V = 72°$. Da die Schliffnormale im Zentrum der Projektion aussticht, ergeben sich die zur Konstruktion der Auslöschungsschiefe benötigten Großkreise E_1 und E_2, die durch die Achsenspuren verlaufen, als Kreisdurchmesser. Sie sind in der Figur, ebenso wie die Schwingungsebenen, für Olivin und Monticellit durch die Indizes O und M unterschieden. Es ist sofort ersichtlich, daß die Schwingungsebenen für Kern und Rand tatsächlich nicht zusammenfallen. Für die Differenz der Auslöschungen $\sigma_M - \sigma_O$ läßt sich aus der Projektion 4° ablesen, was mit der Beobachtung übereinstimmt. Bezieht man die Auslöschungen auf die allerdings unvollkommen ausgebildeten Spaltrisse nach der Basis, deren Pol mit demjenigen von n_β zusammenfällt, so ergeben sich für n'_γ Auslöschungswinkel von 30,5° für den Monticellitrand bzw. 26,5° für den Olivinkern. Als Resultat der Untersuchung ergibt sich somit, daß auch bei homoaxialer Verwachsung, d. h. identischer Indikatrixschnittlage, verschiedene Auslöschungsschiefen auftreten müssen, sofern $2V$ nicht für beide Individuen übereinstimmt.

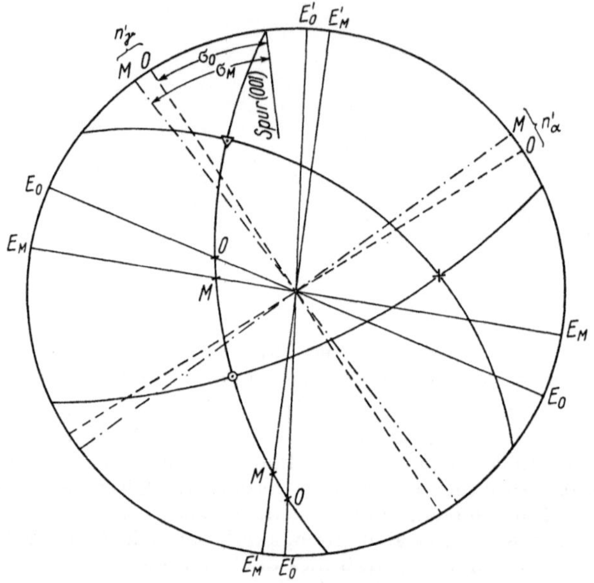

Fig. 160

Stereographische Projektion von Olivin mit Monticellitrand und Konstruktion der Auslöschungsschiefen. Obwohl die Hauptschwingungsrichtungen zusammenfallen (homoaxiale Verwachsung) ergibt sich wegen der verschiedenen $2V$ für Kern ($+2V = 86°$) und Rand ($-2V = 72°$) eine Differenz der Auslöschungsschiefen σ_0 und σ_M von 4° für die betrachtete Schnittlage.

II. BERECHNUNG DER AUSLÖSCHUNGSSCHIEFE

Von verschiedenen Autoren wurde versucht, die Fresnelsche Konstruktion mathematisch zu formulieren mit dem Ziel, die Auslöschungsschiefen für einzelne Flächen oder für eine Reihe von Flächen einer beliebigen Zone zu berechnen. An dieser Stelle soll nur die von A. MICHEL-LÉVY bereits 1877 gegebene Lösung kurz erwähnt werden.

Es sei (Fig. 161) eine stereographische Projektion eines optisch zweiachsigen Kristalls auf die Achsenebene gegeben. A bzw. A' seien die optischen Achsen, Bx_a und Bx_0 die spitze bzw. stumpfe Bisektrix und Z eine beliebige Zonenachse, die mit den der Bisektrix benachbarten Ästen der optischen Achse die Winkel ϑ und ϑ' einschließe. Dabei seien die Annahmen so gewählt, daß

$(\vartheta + \vartheta') \leqq \pi$, was immer möglich ist. Bezeichnet man den spitzen räumlichen Winkel der beiden durch Z und A bzw. A' gelegten Ebenen mit 2γ und setzt man ferner $2V + \vartheta + \vartheta' = 2p$, so folgt aus dem sphärischen Dreieck AZA'

$$\operatorname{tg} \gamma = \sqrt{\frac{\sin(p - \vartheta)\sin(p - \vartheta')}{\sin p \sin(p - 2V)}} \tag{J 1}$$

und

$$\cos 2V = \cos\vartheta \cos\vartheta' + \sin\vartheta \sin\vartheta' \cos 2\gamma. \tag{J 2}$$

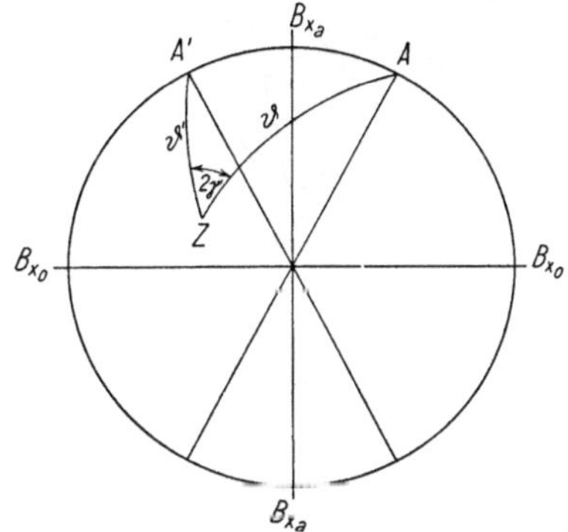

Fig. 161

Zur Berechnung der Auslöschungsschiefe auf den Flächen einer Zone Z. Bezeichnung nach Michel-Lévy. Die Zonenachse Z bildet mit den der spitzen Bisektrix Bx_a benachbarten Ästen der optischen Achsen A und A' die Winkel ϑ und ϑ', wobei diese so zu wählen sind, daß $(\vartheta + \vartheta') \leqq \pi$ ist.

Fig. 162 zeigt die gleichen Verhältnisse in einer Projektion auf die Ebene normal Z, wobei SS' eine beliebige Fläche der Zone darstellt. Ihre Lage ist durch den Winkel φ, den sie mit der Halbierungsebene des räumlichen Winkels 2γ bildet, bestimmt. Der Auslöschungswinkel σ, bezogen auf die Zonenachse, wird in bekannter Weise erhalten, indem man durch den Pol N der Fläche SS' und die beiden der spitzen Bisektrix benachbarten Achsenspuren A und B die Ebenen E_1 und E_2 legt. Die Schnittlinie der Halbierungsebene H_1 des von E_1 und E_2 gebildeten Winkels mit SS' ist eine der gesuchten Schwingungsrichtungen, ihr Winkel σ mit der Zonenachse der gesuchte Auslöschungswinkel, bezogen auf die letztere. Die Schwingungsrichtung n'_x entspricht n'_γ oder n'_α, je nachdem der Kristall optisch positiv oder negativ ist.

Bezeichnet man die Schnittpunkte der durch N und A bzw. B gelegten Großkreise mit SS' als a bzw. b, so ist $\sigma = (aZ + bZ)/2$. Aus dem rechtwinkligen sphärischen Dreieck aZA folgt: $\operatorname{tg} aZ = \operatorname{tg}\vartheta \cos(\varphi+\gamma)$ und gleicherweise aus Dreieck bZB: $\operatorname{tg} bZ = \operatorname{tg}\vartheta' \cos(\varphi - \gamma)$, somit, weil

$$\operatorname{ctg}(\alpha + \beta) = (1 - \operatorname{tg}\alpha \operatorname{tg}\beta)/(\operatorname{tg}\alpha + \operatorname{tg}\beta)$$

ist:

$$\operatorname{ctg} 2\sigma = \operatorname{ctg}(aZ + bZ) = \frac{1 - \operatorname{tg}\vartheta \operatorname{tg}\vartheta' \cos(\varphi + \gamma)\cos(\varphi - \gamma)}{\operatorname{tg}\vartheta \cos(\varphi + \gamma) + \operatorname{tg}\vartheta' \cos(\varphi - \gamma)}. \tag{J 3}$$

Entwickelt man die Kosinus, so erhält man für die gesuchte Auslöschungsschiefe σ in Funktion von ϑ, ϑ', φ und γ einen Ausdruck von der Form

$$\operatorname{ctg} 2\sigma = \frac{A + B \sin^2 \varphi}{C \cos \varphi - D \sin \varphi} \,. \qquad (\text{J } 4)$$

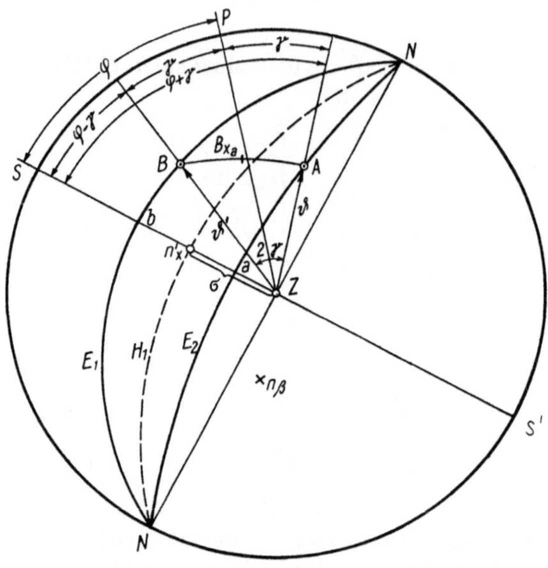

Fig. 162

Berechnung der Auslöschungsschiefe auf den Flächen einer Zone Z nach MICHEL-LÉVY. Die Lage der betrachteten Fläche innerhalb der Zone wird durch den von der Halbierungsebene des Winkels 2γ aus gezählten Winkel φ bestimmt.

Im *allgemeinen* Fall, d. h. wenn Z keine spezielle Lage in bezug auf die Symmetrieelemente der Indikatrix aufweist, haben die Koeffizienten A, B, C und D folgende Bedeutung:

$$\begin{aligned}
A &= \cos \vartheta \cos \vartheta' - \sin \vartheta \sin \vartheta' \cos^2 \gamma, \\
B &= \sin \vartheta \sin \vartheta', \\
C &= \sin (\vartheta + \vartheta') \cos \gamma, \\
D &= \sin (\vartheta - \vartheta') \sin \gamma.
\end{aligned} \qquad (\text{J } 5)$$

Bei *spezieller* Lage der Zonenachse vereinfacht sich die Formel wie folgt[1]:

a) Die Zonenachse liegt in der Ebene der spitzen Bisektrix und der optischen Normalen. In diesem Falle ist $\vartheta = \vartheta'$, somit wird

$$\begin{aligned}
A &= \cos^2 \vartheta - \sin^2 \vartheta \cos^2 \gamma, & C &= \sin 2 \vartheta \cos \gamma, \\
B &= \sin^2 \vartheta, & D &= 0.
\end{aligned} \qquad (\text{J } 5a)$$

---

[1] Für eine vollständige Diskussion vergleiche man: A. MICHEL-LÉVY und A. LACROIX, *Les minéraux des roches* (Paris 1888), S. 9—40.

b) Die Zonenachse liegt in der optischen Achsenebene, außerhalb des spitzen Achsenwinkels. In diesem Falle ist $\gamma = 0$ und

$$A = \cos\vartheta\cos\vartheta' - \sin\vartheta\sin\vartheta', \qquad\qquad C = \sin(\vartheta + \vartheta'), \qquad\qquad (\text{J } 5\text{b})$$
$$B = \sin\vartheta\sin\vartheta', \qquad\qquad\qquad\qquad D = 0.$$

c) Die Zonenachse liegt in der optischen Achsenebene, innerhalb des spitzen Achsenwinkels. Für diesen Fall ist $\gamma = \pi$ und

$$A = \cos\vartheta\cos\vartheta' - \sin\vartheta\sin\vartheta', \qquad\qquad C = \sin(\vartheta + \vartheta'), \qquad\qquad (\text{J } 5\text{c})$$
$$B = \sin\vartheta\sin\vartheta', \qquad\qquad\qquad\qquad D = 0.$$

d) Die Zonenachse liegt in der Ebene der stumpfen Bisektrix und der optischen Normalen. Dann ist $(\vartheta + \vartheta') = \pi$ und

$$A = \cos\vartheta\cos\vartheta' - \sin\vartheta\sin\vartheta'\cos^2\gamma, \qquad\qquad C = 0, \qquad\qquad (\text{J } 5\text{d})$$
$$ = -\cos^2\vartheta - \sin^2\vartheta\cos^2\gamma. \qquad\qquad\qquad D = \sin(\vartheta - \vartheta')\sin\gamma,$$
$$B = \sin\vartheta\sin\vartheta' = \sin^2\vartheta, \qquad\qquad\qquad\qquad = -\sin 2\vartheta\sin\gamma.$$

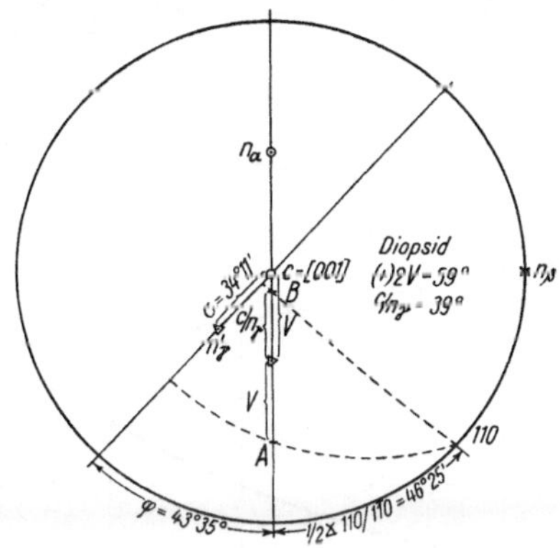

Fig. 163
Berechnung der Auslöschungsschiefe c/n_γ' auf (110) für Diopsid.

Als Beispiel für die Anwendung der Michel-Lévyschen Methode sei die Berechnung der Auslöschungsschiefe c/n_γ' für ein prismatisches Spaltplättchen von Diopsid durchgeführt, wie sie zur Ergänzung der S. 252 erläuterten Berechnung der Brechungsindizes von Wichtigkeit ist. Als Konstanten seien gegeben:

$$(+)\ 2V = 59°, \qquad c/n_\gamma = 39° \text{ auf } (010),$$

im stumpfen Winkel β, d. h. nach vorn, und der Normalenwinkel

$$\sphericalangle\ 110/1\overline{1}0 = 92°\,50'.$$

Da die Zonenachse (001) in der optischen Achsenebene liegt, und zwar außerhalb des spitzen Achsenwinkels (Fall b), so ist $\gamma = 0$ und folglich $D = 0$. Ferner ist

$$\vartheta = c/n_\gamma + V = 68°\,30' \quad\text{und}\quad \vartheta' = c/n_\gamma - V = 9°\,30' \quad\text{sowie}$$

$$\varphi = 90° - \frac{1}{2}\ \sphericalangle\ 110/1\overline{1}0 = 43°\,35',$$

wie sich aus Fig. 163 ablesen läßt. Auf Grund von (J 5b) und (J 4) berechnet sich die gesuchte Auslöschungsschiefe zu $\sigma = 34°\,11'$.

Indem man φ z. B. von 10° zu 10° variieren läßt, kann Aufschluß über die Variation der Auslöschung für die ganze Zone erhalten werden, wobei das Resultat am übersichtlichsten in Form einer sogenannten Auslöschungskurve mit φ als Abszisse gegeben wird, wie sie für die vorliegenden Annahmen in Fig. 164 unter a) dargestellt ist.

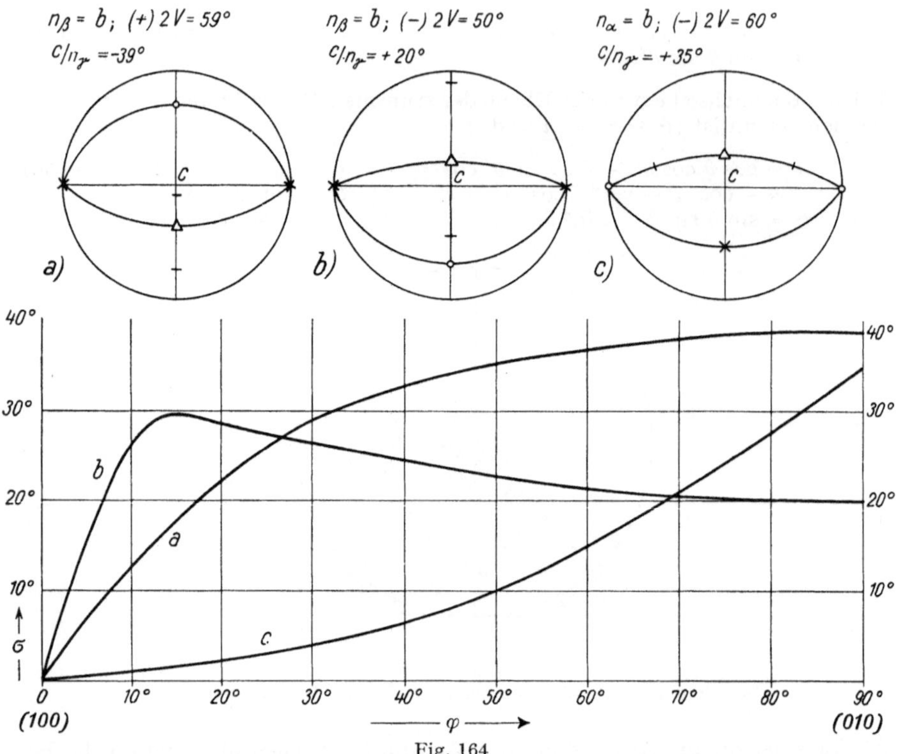

Fig. 164

Veranschaulichung der Variation der Auslöschungsschiefe σ auf den Flächen der Prismenzone für drei ausgewählte Beispiele monokliner Kristalle von verschiedener optischer Orientierung.

Bei der Beurteilung der Auslöschungsverhältnisse der c-Achsenzone monokliner Kristalle ist zu berücksichtigen, daß der Verlauf der Auslöschungskurve nicht immer so einfach ist wie im eben behandelten Beispiel, sondern daß er in starkem Maße von der Lage der Achsenebene und der Größe von $2V$ abhängt. Für eine erschöpfende Diskussion dieses für den Mikroskopiker zuweilen sehr wichtigen Umstandes muß hier aus Raummangel auf die Darstellung von E. A. WÜLFING verwiesen werden[1].

An dieser Stelle soll nur an Hand von zwei ausgewählten Beispielen gezeigt werden, wie sich die Verhältnisse gestalten können. Fig. 164b gibt die Auslöschungskurve für die Zone [001] eines monoklinen Kristalles mit $n_\beta = b$,

---

[1] ROSENBUSCH-WÜLFING, l. c. (1921—24), S. 487—496. Für eine andersgeartete, originelle Darstellungsweise vgl. DUPARC-PEARCE, l. c. (1907), S. 249—260.

$(-)\ 2V = 50°$ und $c/n_\gamma = 20°$ im spitzen Winkel β, und Fig. 164c für den Fall $n_\alpha = b$, $(-)\ 2V = 60°$ und $c/n_\gamma = 35°$, ebenfalls nach hinten, d. h. im spitzen Winkel β wieder. Während im Fall b) zwischen (100) und (010) Auslöschungsschiefen auftreten, welche diejenige auf (010) um fast 10° übertreffen, ist dies für c) nicht der Fall. Dafür nimmt hier der maximale Auslöschungswinkel auf (010) bei nur sehr geringer Abweichung von dieser Fläche sehr rasch ab, so daß im Gegensatz zu a) und b) bei nicht genauer Innehaltung der Schnittlage leicht zu kleine Werte für die Auslöschungsschiefe erhalten werden.

III. DIE AUSLÖSCHUNGSVERHÄLTNISSE ORTHORHOMBISCHER KRISTALLE

Die Lage der Schwingungsrichtungen für die verschiedenen Flächenlagen orthorhombischer Kristalle wird merkwürdigerweise in manchen, sonst vortrefflichen Darstellungen der Kristalloptik nicht in einer der praktischen Bedeutung des Problems für den Mikroskopiker entsprechenden Weise berücksichtigt. Entweder sind die diesbezüglichen Ausführungen unvollständig, indem sie auf das Verhalten der Schnitte allgemeiner Lage überhaupt nicht eingehen, oder es findet sich die summarische Angabe, daß «orthorhombische Kristalle immer gerade auslöschen», was eine unzulässige Verallgemeinerung des Verhaltens spezieller Schnittlagen darstellt. Dies ist um so auffälliger, als die Verhältnisse schon 1907 durch J. SCHMUTZER[1]) ausführlich diskutiert und richtig dargestellt wurden.

Beschränkt man sich vorerst auf die Auslöschung in bezug auf die Spuren der drei Hauptpinakoide a (100), b (010) und c (001), so zeigt eine einfache Überlegung unter Anwendung des Fundamentalsatzes der Kristalloptik oder der Fresnelschen Konstruktion, daß *gerade* Auslöschung *nur für Schnittlagen parallel mindestens einer Hauptschwingungsrichtung* möglich ist. Da im orthorhombischen System die drei Hauptschwingungsrichtungen mit den drei Kristallachsen zusammenfallen, trifft dies somit für alle Flächen $(0kl)$, $(h0l)$ und $(hk0)$, inbegriffen die drei Hauptpinakoide (100), (010) und (001), zu. Für *alle andern Flächen* bzw. Schnittlagen ist die *Auslöschung schief*, wie dies z. B. auch schon für die weiter oben erwähnten Olivine mit Reaktionsrändern von Monticellit konstatiert wurde. Die Spuren der drei Hauptpinakoide können dabei als Spaltrisse ausgebildet sein oder aber auch als Umrißkanten im Dünnschliff, wenn die betreffenden Hauptpinakoide als Kristallflächen entwickelt sind und mit der Schliffebene zum Schnitt kommen.

Fig. 165 gibt die optischen Verhältnisse eines orthorhombischen Kristalls in stereographischer Projektion wieder, wobei die spitze Bisektrix Bx im Zentrum ausstechend und die Achsenebene in (100) liegend angenommen ist. $2V = 70°$. P ist der Pol einer Fläche allgemeiner Lage mit $\varphi = 40°$ und $\varrho = 50°$.

---

[1]) J. SCHMUTZER, *About the oblique extinction of rhombic crystals*, Proc. k. Akad. Wetensch. Amsterdam (1907), S. 368–386.

Die der spitzen Bisektrix Bx für die Fläche P entsprechende Schwingungs-richtung Bx' wird in gewohnter Weise durch die Fresnelsche Konstruktion erhalten. Die Auslöschungswinkel σ_a, σ_b und σ_c in bezug auf die Spuren der drei Hauptpinakoide $a\,(100)$, $b\,(010)$ und $c\,(001)$ sind dann durch die Bogen-stücke zwischen Bx' und den Schnittpunkten des zu P polaren Großkreises mit den drei a, b und c entsprechenden Großkreisen gegeben. In Fig. 165 lassen sie sich zu $\sigma_a = +41°$, $\sigma_b = -24°$ und $\sigma_c = -79°$ ablesen.

Zur Übersicht über die Gesamtauslöschungsverhältnisse eines gegebenen Kristalls eignet sich ganz allgemein, nicht nur bei orthorhombischer Symmetrie,

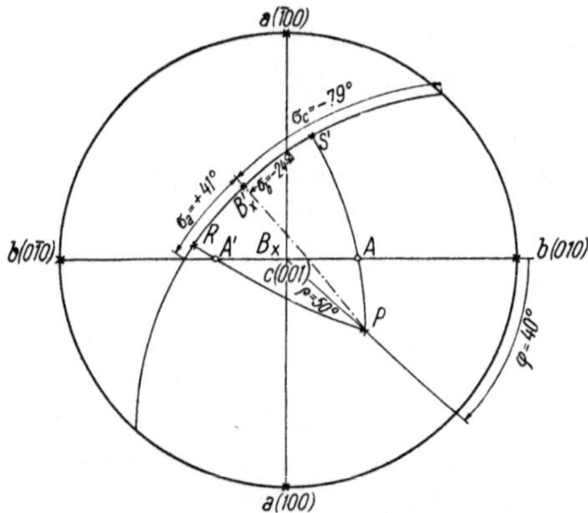

Fig. 165

Konstruktion der Auslöschungsschiefen in bezug auf die Spuren der drei Hauptpina-koide für die Fläche $\varphi = 40°$, $\varrho = 50°$ eines orthorhombischen Minerals mit $2V = 70°$ und Achsenebene in (100).

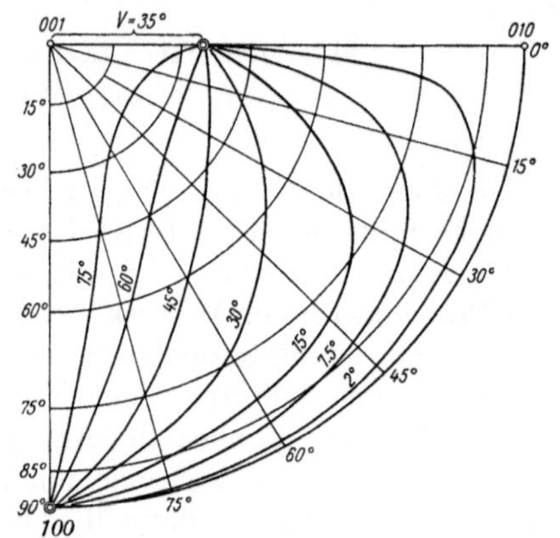

Fig. 166

Kurven gleicher Auslöschungsschiefe in bezug auf die Spur von (100) für ein orthorhom-bisches Mineral von der Orientierung von Fig. 165.

eine zuerst von A. MICHEL-LÉVY gegebene Darstellungsweise, die ebenfalls von der stereographischen Projektion Gebrauch macht. Man zeichnet hierfür die Groß- und Kleinkreise in regelmäßigen Abständen, z. B. von 10° zu 10° oder von 15° zu 15° und bestimmt für die ihren Schnittpunkten entsprechenden Flächenlagen die Auslöschungsschiefen entweder mit der Fresnelschen Kon-struktion oder rechnerisch nach Formel (J4), wobei auf das Vorzeichen der Auslöschung genau zu achten ist[1].

Trägt man die gefundenen Auslöschungsschiefen in die Projektion ein, so lassen sich mit Hilfe des Wulffschen Netzes *Kurven gleicher Auslöschungsschiefe* konstruieren, die gestatten, diese Größe für eine ganz beliebige Flächenlage zu interpolieren. Durch ihren allgemeinen Verlauf geben diese Kurven einen

---

[1]) Nach A. MICHEL-LÉVY, *Etudes sur la détermination des Feldspaths dans les plaques minces*, I (Paris 1896), wo sich ausgezeichnete Beispiele derartiger Darstellungen finden, ist dabei folgende Regel zu beobachten (S. 16): «Die Auslöschungswinkel werden von 0° bis 90° gerechnet, und zwar positiv nach rechts, negativ nach links, von der Spur der Bezugsfläche aus genommen. Der Beob-achter wird dabei oberhalb des Diagramms vorausgesetzt, und zwar senkrecht zum betreffenden Kugelradius, den Körper parallel zur Spur der Bezugsfläche, den Kopf höher als die Füße für den untern Halbkreis, und tiefer als die Füße für den oberen.»

instruktiven Überblick über die Änderung der Auslöschungsschiefe in Abhängigkeit von der Flächenlage.

Diese Kurven weisen einige bemerkenswerte, allgemeingültige Eigenschaften auf. Alle Kurven gleicher Auslöschungsschiefe verlaufen durch die Ausstichspunkte der optischen Achsen, da für diese die Auslöschung unbestimmt ist. Zu beiden Seiten der Achsenausstichspunkte entsprechen die beiden Äste ein und derselben Kurve komplementären Auslöschungswinkeln mit entgegengesetztem Vorzeichen. Sämtliche Kurven verlaufen außerdem auch durch die Pole der Fläche, auf deren Spur mit der Präparatenebene die Auslöschungsschiefe

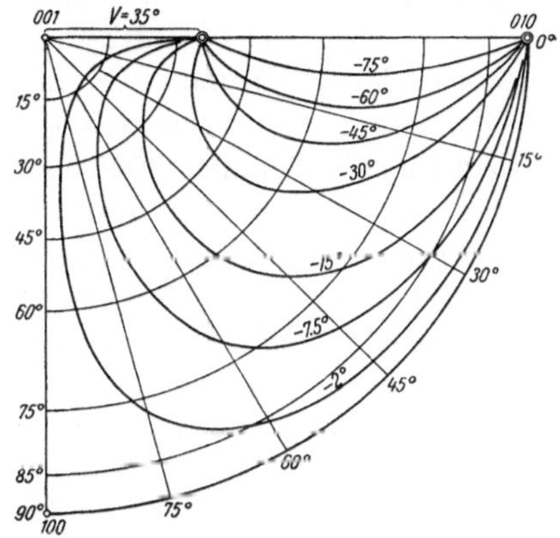

Fig. 167

Kurven gleicher Auslöschungsschiefe in bezug auf die Spur von (010) für ein orthorhombisches Mineral von der Orientierung von Fig. 165.

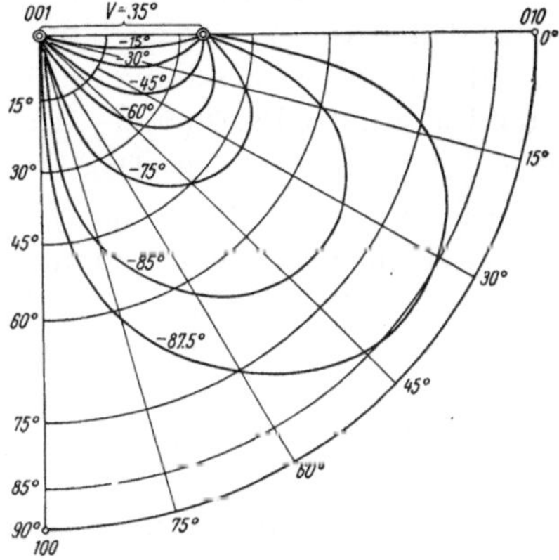

Fig. 168

Kurven gleicher Auslöschungsschiefe in bezug auf die Spur von (001) für ein orthorhombisches Mineral von der Orientierung von Fig. 165.

bezogen wird, und für welche sie ebenfalls unbestimmt ist. Unter allen Kurven gleicher Auslöschungsschiefe ist diejenige für 0° bzw. $\pm 90°$ von besonderem Interesse. Sie verbindet alle Flächenpole mit gerader Auslöschung und teilt das ganze Diagramm in zwei Teilfelder mit positiver bzw. negativer Auslöschung. Als Ganzes betrachtet, zeigt das Kurvenbild die kristallographische Symmetrie. Es ist daher für trikline Kristalle asymmetrisch (C_1), für monokline monosymmetrisch (C_s) oder digyrisch (C_2), je nachdem die Projektionsebene normal zur Spiegelebene oder zur Digyre gewählt wird, und für orthorhombische disymmetrisch und zugleich digyrisch (C_{2v}) für den Fall, daß sie normal zu einer kristallographischen Achse bzw. Hauptschwingungsrichtung liegt.

Wendet man diese Darstellungsweise auf das bereits in Fig. 165 kurz behandelte Problem an, indem man die Auslöschungsschiefen σ_a, σ_b, σ_c für die Schnittpunkte der im Abstand von 15° zu 15° gelegenen Groß- und Kleinkreise bestimmt und die Kurven gleicher Auslöschungsschiefe konstruiert, so resultieren die Figuren 166—168. Aus Symmetriegründen genügt dabei die Wiedergabe eines einzelnen Quadranten. Die Diagramme zeigen in Übereinstimmung mit dem bereits Gesagten, daß gerade Auslöschung tatsächlich nur für Schnitte der Zonen [100], [010] und [001] auftritt. Für alle andern Flächenlagen ist sie schief. Bei größerem $2V$

wachsen die Auslöschungswinkel an, wovon man sich leicht durch Änderung der Annahmen überzeugen kann. Bemerkenswert ist die starke Änderung der Auslöschungsschiefe in Abhängigkeit der Flächenlage für die Nachbarschaft der Achsenaustrittspunkte und der Pole der Bezugsflächen. Praktisch ist dies jedoch nur von geringer Bedeutung. Im ersten Falle ist die Auslöschung, außer bei sehr starker Aperturbeschränkung, überhaupt unscharf, im zweiten sind die Spaltrisse zufolge des flachen Schnittes der Bezugsfläche mit der Präparatenebene nur sehr unvollkommen ausgebildet, so daß in beiden Fällen der Auslöschungswinkel mit einem relativ großen Meßfehler behaftet ist. Einzig für den Fall, daß die Bezugsrichtung eine Kristallkante darstellt, können die großen Auslöschungswinkel auffällig in Erscheinung treten.

Ein besonders wichtiger Fall der Auslöschung im orthorhombischen System tritt bei den ausgezeichnet nach dem Prisma (110) spaltbaren Orthaugiten auf. Hier tritt gerade Auslöschung auf den Hauptpinakoiden (100) und (010) auf, während sie auf der Basis (001) symmetrisch zu den Spuren der beiden Prismenflächen (110) und $(1\overline{1}0)$ ist. Das letztere gilt auch für alle Schnitte $(0kl)$ und $(h0l)$, während für Schnitte $(hk0)$ gerade Auslöschung herrscht. Gerade Auslöschung zu einer der beiden Spuren (110) oder $(1\overline{1}0)$ herrscht außerdem auch für diejenigen Flächen allgemeiner Lage (hkl), deren Pole auf der Auslöschungskurve 0° bzw. $\pm$ 90° liegen. Alle andern Flächenlagen löschen schief aus. Bei diesen Überlegungen ist immer zu beachten, daß in gewissen Schnittlagen das eine Spaltrißsystem gegenüber dem andern stärker hervortreten oder sogar so dominieren kann, daß es allein in Erscheinung tritt. Aus diesen ziemlich komplizierten Verhältnissen ist für den Mikroskopiker als praktisch wichtig festzuhalten, daß Orthaugite in bezug auf die prismatische Spaltbarkeit somit nur in ganz bestimmten Schnittlagen gerade auslöschen. Wenn auch die Größe der Auslöschungswinkel sich im allgemeinen für die Fe-armen Glieder in bescheidenen Grenzen hält und nur für Fe-reichere Hypersthene stärker ansteigt, so ist die schiefe Auslöschung der Orthaugite doch eine auffällige Erscheinung, und der Anfänger muß sich bewußt sein, daß es nicht angängig ist, jeden schief auslöschenden Pyroxen deshalb ohne weiteres als monoklin anzusehen.

Die eben erwähnten Verhältnisse haben auch ihre Bedeutung für die Untersuchung von prismatischen Spaltplättchen von Orthaugiten, wie sie in Körnerpräparaten angetroffen werden können. Da diese Spaltplättchen der Zone [001] angehören, löschen sie gerade aus. Dies gilt jedoch nur für den Idealfall. Sind sie etwas unvollkommen, treppenartig ausgebildet, so daß eine gegenüber der c-Achse mehr oder weniger geneigte Lage auf dem Objektträger resultiert, so erscheint die Auslöschung schief, ohne daß daraus auf monokline Symmetrie geschlossen werden darf[1]). Auch hier gilt, daß die Auslöschungswinkel mit wachsendem $2V$ zunehmen.

---

[1]) A. Harker, *On a question relative to extinction-angles in rock-slides*, Min. Mag. *13*, 66—68 (1901).

Additional material from *Das Polarisationsmikroskop*

ISBN 978-3-0348-4050-7, is available at http://extras.springer.com

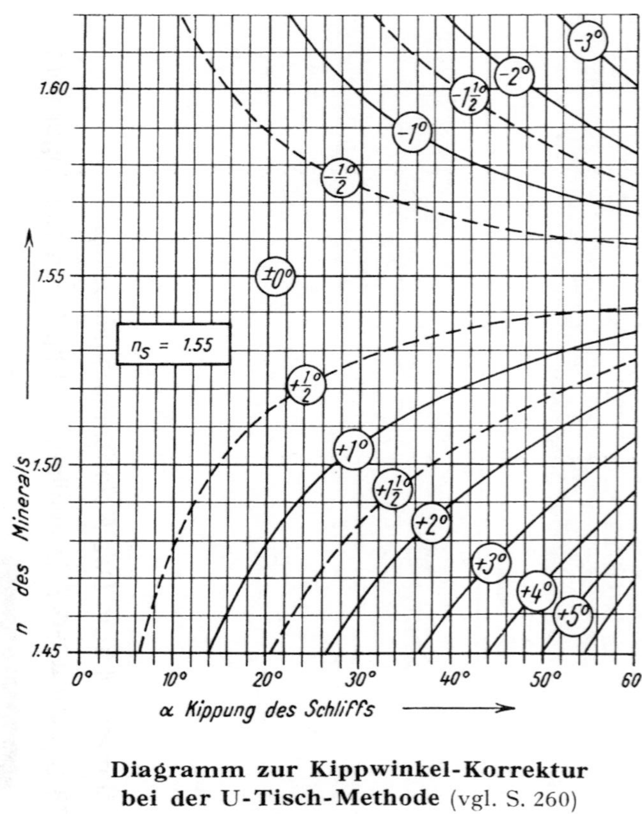

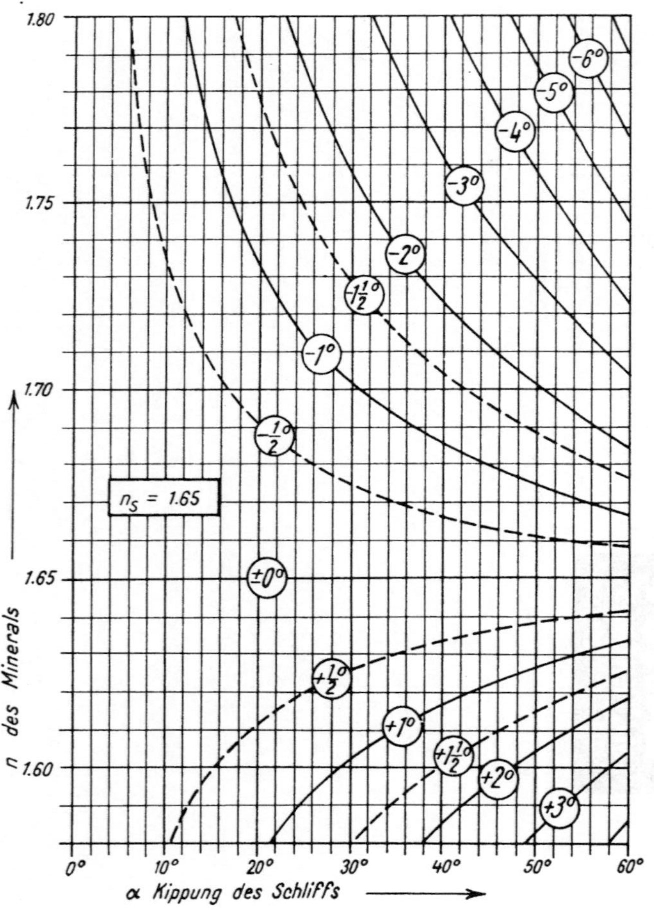

Diagramm zur Kippwinkel-Korrektur bei der U-Tisch-Methode (vgl. S. 260)

nach E. Tröger

SACHREGISTER